biología y geología

ESO 1

Con Savia nueva generación
puedes disfrutar de recursos digitales
y de un entorno donde estarás en contacto
con tu profesor y con tus compañeros de clase.

Entrar en **smsaviang.com** es fácil

Escribe en internet la siguiente dirección:
smsaviang.com

Regístrate e introduce el **número de licencia**
que aparece en la página de la izquierda.
Solo debes registrarte una vez.

Anota tu identificador y contraseña para que
puedas entrar después de haberte registrado.

www.grupo-sm.com/es

Savia nueva generación

sm

Así es tu libro

Bloques de contenidos

Las unidades de tu libro están agrupadas por bloques de contenidos. Cada bloque dispone de una doble página de **apertura** con un índice visual de su contenido y un listado de actividades que te permitirán practicar y aplicar las destrezas básicas de la metodología científica.

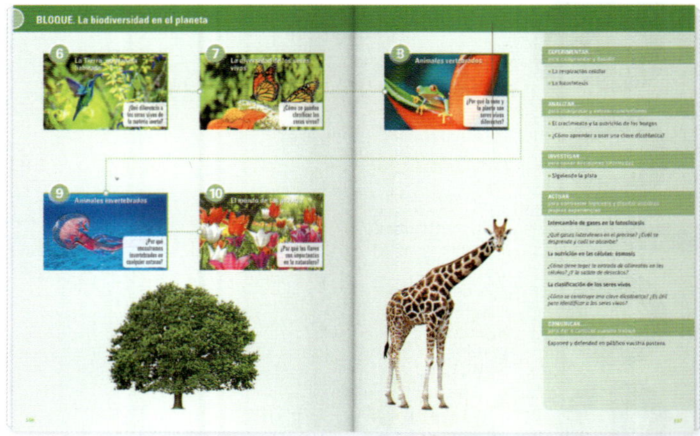

El bloque finaliza con un **cierre** que contiene propuestas concretas para que experimentes, analices, investigues... y finalmente actúes abordando la realización de un proyecto o diseñando tu propio trabajo de investigación.

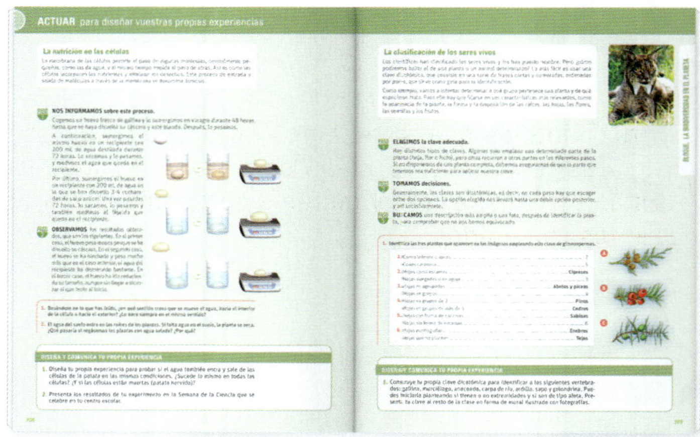

Presentación de la unidad

Averigua qué vas a aprender y empieza a pensar sobre lo que sabes del tema.

En esta unidad aprenderás...
Para conocer los núcleos de aprendizaje de la unidad.

Gran pregunta
Para relacionar la imagen con el contenido y empezar a aportar ideas sobre lo que te sugiere esta cuestión.

Texto y actividades
Para descubrir lo que ya conoces sobre este tema.

Contenidos

Vas a encontrar **desarrollos** muy claros, visuales y atractivos. Con muchas imágenes y ejemplos que te ayudarán a conocer y entender los contenidos.

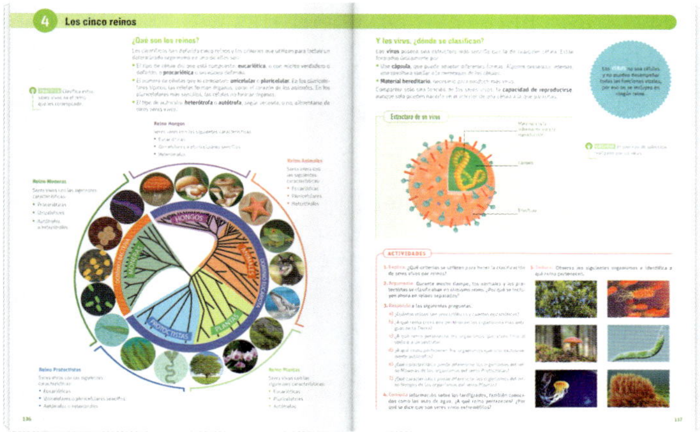

Y **actividades** que te señalan el proceso mental que tendrás que llevar a cabo para poder realizarlas. Estas actividades te ayudarán a comprender y afianzar los contenidos.

Llamada de página

En tu libro aparecen llamadas que te llevan al entorno digital smsaviang.com, en el que podrás encontrar recursos para aprender, ampliar o repasar los contenidos.

Cierre de la unidad

En la sección **Lo esencial** encontrarás resumidas las ideas principales de la unidad y una propuesta para que organices tus ideas y completes con textos e imágenes tu propio esquema-resumen de la unidad.

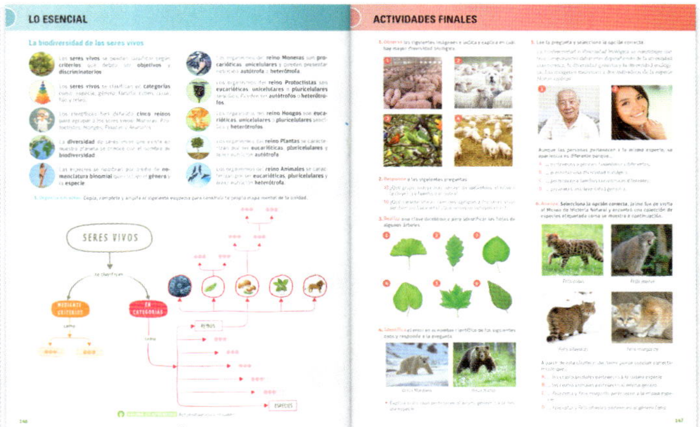

Ciencia en la calle

Una sección para que reconozcas e interpretes la Ciencia que te rodea.

Soy competente

Actividades para entrenar tus competencias en aplicar los conocimientos adquiridos.

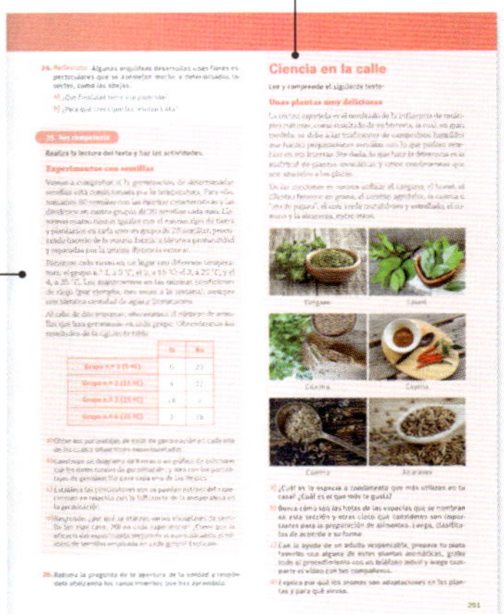

Autoevaluación

Un resumen y una autoevaluación digital en smsaviang.com para que compruebes lo que has aprendido.

Índice

1 La Tierra en el universo

¿Qué lugar ocupa nuestro planeta en el espacio?

2 El planeta Agua

¿Hay vida en otros planetas?

4 La geosfera y sus minerales

¿Se pueden agotar los minerales?

5 Las rocas, diversidad y usos

¿Las rocas pueden enfermar?

3 La atmósfera, un océano de aire

EXPERIMENTAR...
para comprender y decidir

- El vapor de agua y la evapotranspiración
- El origen de las rocas

ANALIZAR...
para interpretar y extraer conclusiones

- Efecto invernadero y calentamiento global
- Valoramos los minerales y las rocas que consumimos

INVESTIGAR...
para tomar decisiones informadas

- La calidad del aire en nuestra ciudad
- Investigamos sobre los fósiles

ACTUAR...
para contrastar hipótesis y diseñar vuestras propias experiencias

El calentamiento global

Diseña una experiencia para comprobar si la fusión de los icebergs y del hielo de los polos afecta al nivel del mar en el planeta.

Las rocas en el paisaje de tu entorno

Identifica las principales rocas que lo forman empleando la guía.

COMUNICAR...
para dar a conocer vuestro trabajo

Exponed y defended en público vuestra postura.

1 LA TIERRA EN EL UNIVERSO

En esta unidad aprenderás...

- Cómo se originaron el universo, el sistema solar y la Tierra.
- Cuáles son la estructura y la organización del sistema solar y de la Tierra.
- Por qué los movimientos de la Tierra se relacionan con las estaciones y el día y la noche.
- Por qué la Luna se ve diferente durante los días del mes.
- Cómo se relacionan la Luna y el Sol con las mareas y los eclipses.

¿Qué lugar ocupa nuestro planeta en el espacio?

La exploración del espacio es una realidad, y desde el exterior de la Tierra se puede hacer una observación diferente de los componentes del universo.

- ¿Cuáles son los componentes del universo?
- ¿Cuál es la posición del planeta Tierra y la Luna en el sistema solar?

1 Ideas históricas sobre el universo

» ¿Se mueve el Sol o la Tierra?

En un estudio realizado sobre la percepción social de la ciencia en el año 2015, se encontró que el 25 % de los encuestados todavía cree que el Sol gira alrededor de la Tierra. ¿Cuál es tu percepción?

El universo en la Antigüedad

En tiempos de Galileo, aún imperaban las ideas defendidas por algunos filósofos griegos, como Platón o Aristóteles (siglo IV a. C.), según las cuales la **Tierra era el centro del universo**.

El sistema geocéntrico

Ptolomeo (siglo II d. C.) desarrolló las ideas de Aristóteles y propuso el modelo del universo que conocemos como sistema geocéntrico. Según este modelo, la Tierra (en griego, *Geos*) ocupa su centro, y alrededor de ella giran todos los demás astros: la Luna, el Sol y las estrellas.

El sistema geocéntrico

Observaciones que sustentaron la prevalencia del sistema geocéntrico hasta el siglo XVII

Cada día el Sol parece dar una vuelta completa alrededor de la Tierra, incluso las estrellas aparentan hacerlo. Vemos aparecer el Sol por el oriente y ocultarse por el occidente, en un movimiento aparente de este astro.

Si observamos la posición de una estrella y volvemos a mirarla unas horas después, veremos que su situación ha cambiado y junto a ella, parece haberse desplazado todo el firmamento. Notaremos que las estrellas parecen describir un círculo.

A pesar de la amplia aceptación del modelo geocéntrico, había algunas observaciones que no lograba explicar bien, como las siguientes:

- ¿Por qué el Sol no sale siempre exactamente por el este?
- ¿Por qué su recorrido es mucho mayor al inicio del verano que al llegar el invierno?
- ¿Por qué hay algunas estrellas que no siguen el mismo movimiento que las demás? A estas estrellas "independientes" las denominaron planetas, palabra que significa 'vagabundo' o 'errante'.

El sistema heliocéntrico

Las ideas que defendió Galileo habían sido expuestas por **Nicolás Copérnico** a mediados del siglo XVI. Su modelo, que conocemos como sistema heliocéntrico, sostenía que el Sol (en griego, *Helios*) es el centro del universo.

El sistema heliocéntrico

Ideas fundamentales correctas

- La Tierra es un planeta.
- La Tierra tiene un movimiento de rotación en torno a su eje y otro de traslación que realiza alrededor del Sol.
- La Luna gira alrededor de la Tierra.

Ideas que se consideran erróneas

- El Sol ocupa el centro del universo y permanece inmóvil en el espacio.
- La Tierra no se mueve.
- Las estrellas se encuentran fijas y estáticas sobre un lejano espacio que se denomina esfera celeste.

Las órbitas de los planetas

Como señalaba Copérnico, la Tierra es un planeta y todos ellos tienen un movimiento de rotación en torno a su eje y otro de traslación alrededor del Sol.

En su movimiento de traslación, los planetas describen trayectorias cerradas, denominadas **órbitas**.

Copérnico afirmaba que las órbitas de los planetas eran circulares. Sin embargo, otro astrónomo del siglo XVII, Johannes Kepler, descubrió que las órbitas en realidad trazaban trayectorias **elípticas**, si bien la forma de las elipses es muy cercana a la circunferencia.

ACTIVIDADES

1. Observa. **La imagen representa un modelo de universo antiguo propuesto por Ptolomeo.**
   a) ¿Qué modelo del universo está representado en la imagen?
   b) ¿Cuáles son las características de este modelo?

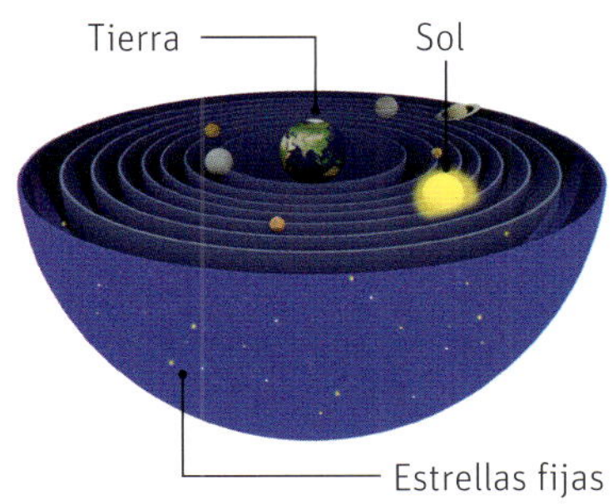

2. Explica. **Según el sistema geocéntrico, ¿cómo se explicaría la sucesión de los días y las noches?**

3. Compara **el sistema geocéntrico con el heliocéntrico, presentando las ideas fundamentales de cada una de ellos; para ello, utiliza esquemas o dibujos.**

2 El sistema solar

Las características del sistema solar

El sistema solar es un sistema planetario que está conformado por una gran estrella llamada **Sol**, los planetas, satélites, asteroides, cometas, polvo y gas cósmico. Está ubicado en un brazo de la galaxia **Vía Láctea**.

Los planetas que conforman el sistema solar se clasifican de acuerdo con su cercanía al Sol en planetas externos y planetas internos. Conozcamos los planetas y algunas de sus características.

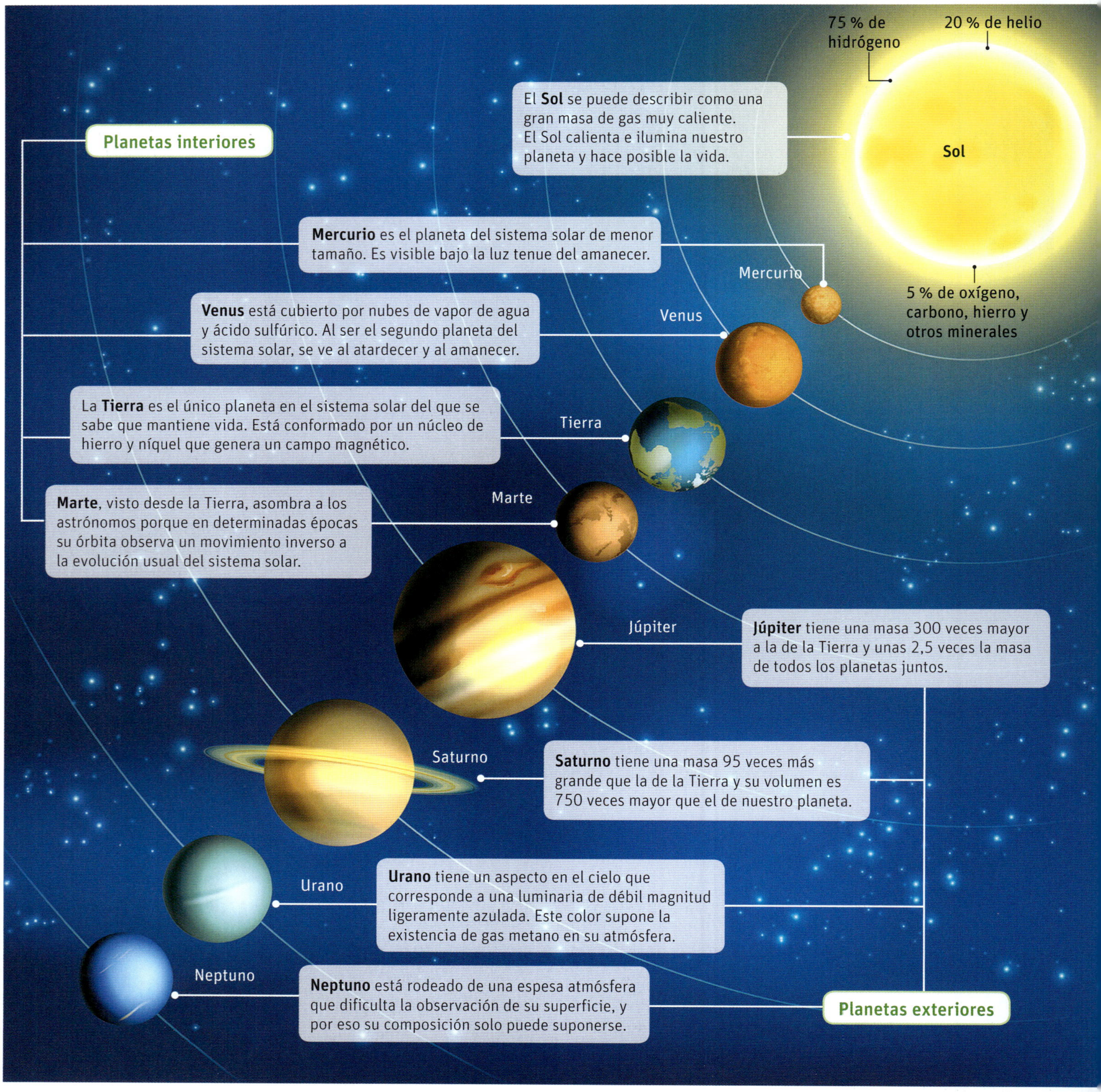

El Sol

El Sol, como todas las estrellas, brilla con luz propia y emite calor. Gracias a la **fuerza gravitatoria**, atrae a los planetas que lo rodean, lo cual mantiene la estructura y la composición estables del sistema solar.

En el núcleo del Sol la temperatura es de varios millones de grados y su tamaño es tan grande que en su interior cabrían un millón de Tierras.

OBSERVA ¿Cómo giran los planetas del sistema solar alrededor del Sol?

Los cuerpos celestes que orbitan alrededor del Sol

Planetas

Planetas interiores: su superficie es compacta, poseen satélites naturales que los orbitan y son rocosos. Estos son Mercurio, Venus, Tierra y Marte.

Planetas exteriores: son planetas gigantes que tienen distintos tipos de gases y están lejos del Sol. Estos son Júpiter, Saturno, Urano y Neptuno.

Planetas enanos

Son cuerpos que orbitan alrededor del Sol, de forma diferente a los planetas. Tienen una fuerza de gravedad que les permite tener una forma casi esférica. Algunos planetas enanos son Plutón, Ceres y Aumea.

Ceres

Cuerpos menores

Giran alrededor del Sol y tienen un tamaño menor que los planetas enanos.

Los asteroides: son cuerpos menores rocosos o metálicos, casi siempre de forma irregular.

Los cometas: son cuerpos menores constituidos por hielo, polvo y rocas que orbitan más allá de Neptuno.

Los meteoritos: son fragmentos de cuerpos celestes que chocan con un planeta a gran velocidad.

Satélites

Son cuerpos celestes que giran en torno a los planetas. La Luna es el satélite de la Tierra y, por extensión, suele llamarse lunas a los satélites de otros planetas.

Luna

Los planetas

En el año 2006, la Unión Astronómica Internacional (UAI) acordó que un cuerpo celeste es un **planeta** solo si cumple los siguientes requisitos:

- **Orbita** alrededor del Sol.
- Posee una **masa** tan grande como para tener una forma casi esférica.
- Ha barrido todos los cuerpos menores de los alrededores de su órbita.

ACTIVIDADES

1. Explica las razones por las cuales Plutón ya no es considerado un planeta.
2. Compara las características de los planetas interiores y exteriores. Para ello elabora un cuadro comparativo.
3. Resume las características de un cuerpo celeste de tu elección en el elemento visual que prefieras (cartelera, folleto, video, modelo, etc.). Luego, presenta la información a tus compañeros de clase.
4. Investiga las condiciones de temperatura y la duración de los días y los años en cada planeta.
   a) ¿Cómo se relaciona el tamaño del planeta con la duración del día?
   b) ¿Cómo se relaciona la distancia del Sol con la temperatura de los planetas?
   c) ¿Cuál es la relación entre la distancia de los planetas y la duración de los años?

3 La medida de la Tierra

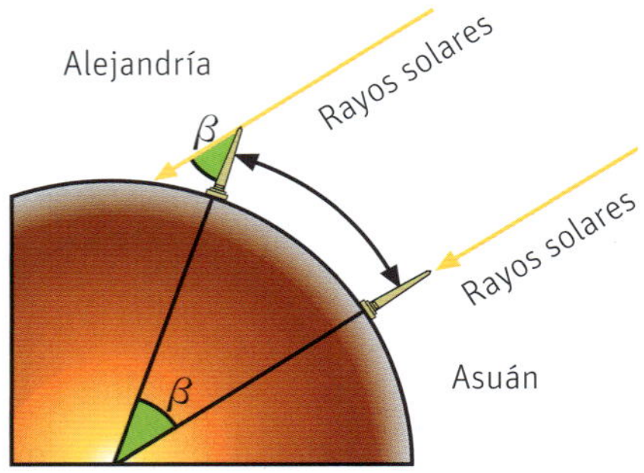

Cálculo de Eratóstenes

Medir la Tierra con lápiz y papel

Eratóstenes (s. II a. C.) ideó una de las experiencias más interesantes de la historia de la astronomía. Era el director de la famosa biblioteca de Alejandría (norte de Egipto). Este astrónomo sabía que en la ciudad de Asuán (sur de Egipto) el 21 de junio, al mediodía, los obeliscos no hacían sombra.

Esto no ocurría en Alejandría ese día ni ningún otro. Si la Tierra fuese plana, pensó, el mismo día a la misma hora, todos los objetos de igual altura darían idéntica sombra. Si no sucede así es porque la Tierra es redonda. La medida del ángulo que formaba la sombra le permitió calcular las dimensiones de la Tierra.

¿Cómo es la Tierra?

En tiempos de Eratóstenes, e incluso muchos siglos después, la mayoría de las personas creían que la Tierra era plana. Sin embargo, algunos astrónomos y filósofos estaban convencidos de que era redonda. Así, Aristóteles (s. IV a. C.) aportaba tres **pruebas de la esfericidad terrestre**:

- En los días en que el aire está limpio, se puede observar cómo **los barcos desaparecen** en el horizonte: primero se oculta el casco, y después, las velas. Si la Tierra fuese plana el barco se vería completo, aunque cada vez más pequeño.
- A veces, en los eclipses, se ve la **sombra de la Tierra** proyectada en la Luna, y siempre tiene forma circular, es decir, el tipo de sombra que da una esfera.
- Al desplazarnos hacia el norte o hacia el sur, vemos nuevas **estrellas** y dejamos de ver otras.

La Tierra, una esfera imperfecta

La Tierra tiene forma esférica, pero no es una esfera perfecta. En la dirección de su eje de giro, es decir, desde el Polo Norte al Polo Sur, tiene un diámetro aproximado de 12 714 km. Sin embargo, en el plano ecuatorial, este es de 12 756 km.

El plano ecuatorial divide a la Tierra en dos mitades o hemisferios (de *hemi*, 'mitad'), el hemisferio norte y el hemisferio sur.

ACTIVIDADES

1. Observa. **Un evento similar al que está representado en la imagen permitió formular conclusiones importantes sobre la comprensión de aspectos importantes de la Tierra.**

a) Describe lo que ocurre en la imagen y lo que observan desde el faro.

b) ¿Qué observa una persona que mira desde el barco?

c) ¿Qué afirmaciones puede hacer una persona que observa desde el faro?

2. Analiza. **Si la Tierra fuese un disco plano, como el de la imagen, en todo el planeta amanecería al mismo tiempo. ¿Qué puedes hacer para demostrar que eso no ocurre?**

3. Elabora un dibujo que represente las medidas propuestas para la Tierra. Recuerda que la Tierra tiene forma de esfera imperfecta y un eje inclinado.

4 La Tierra en movimiento

La traslación y la rotación

Como afirmaba Galileo, la Tierra es un planeta y, como tal, no solo no permanece quieta, sino que continuamente realiza dos movimientos.

El movimiento de traslación
La **Tierra** tarda 365 días en completar una vuelta alrededor del **Sol**. A este movimiento se lo llama **traslación** y da lugar a las cuatro estaciones del año en algunas zonas del planeta.

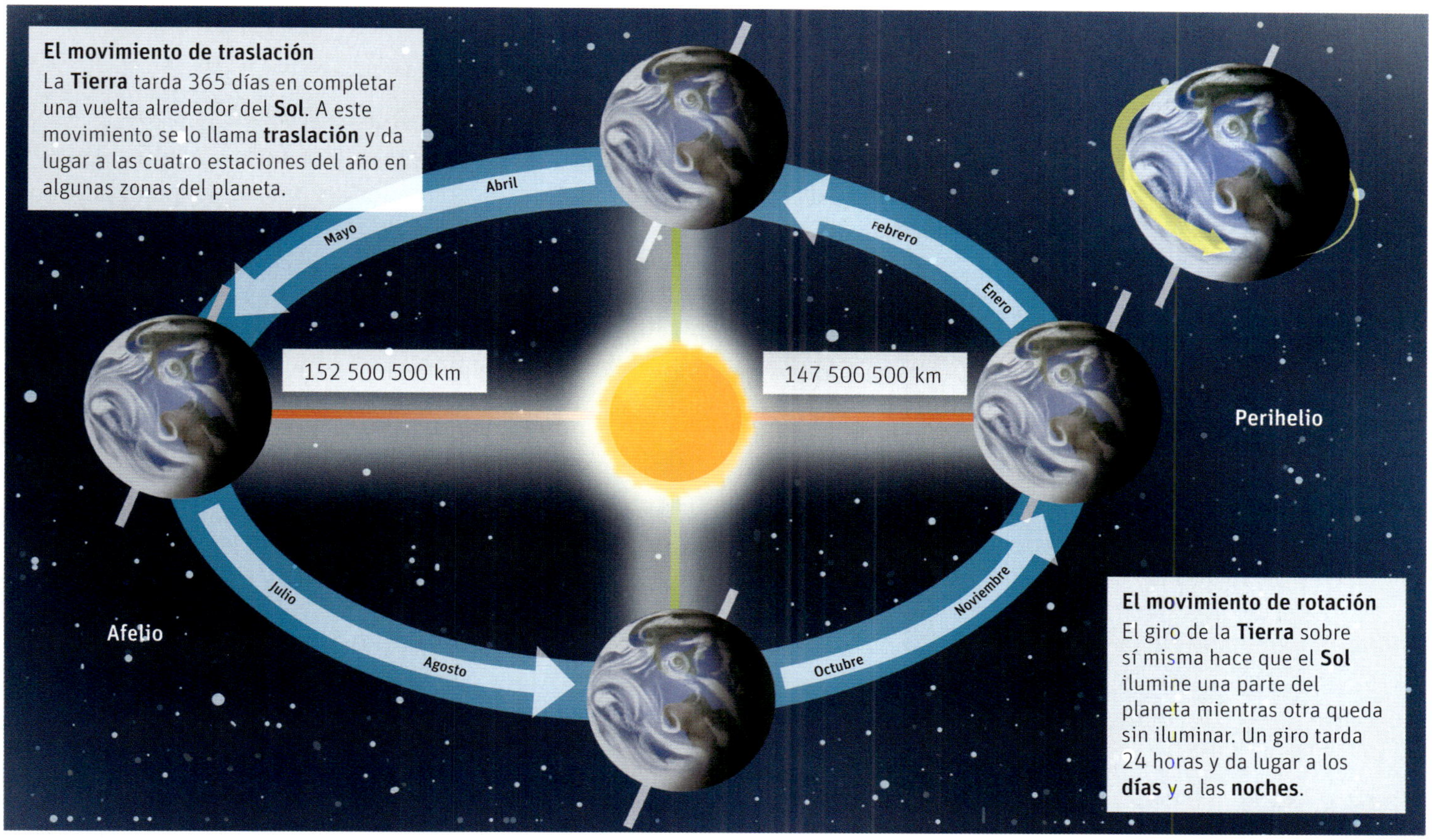

El movimiento de rotación
El giro de la **Tierra** sobre sí misma hace que el **Sol** ilumine una parte del planeta mientras otra queda sin iluminar. Un giro tarda 24 horas y da lugar a los **días** y a las **noches**.

La órbita terrestre

La Tierra describe una **órbita elíptica** alrededor del Sol. Es una elipse de muy poca excentricidad, es decir, muy cercana a la circunferencia. En todo caso, su distancia al Sol varía a lo largo del año de la siguiente manera:

- El 4 de enero, la Tierra se encuentra a algo más de 147 millones de kilómetros del Sol. Es el punto de la órbita terrestre más cercano al Sol y se llama **perihelio**.
- El 4 de julio, la Tierra se halla a más de 152 millones de kilómetros del Sol. Es el punto de la órbita más alejado y se denomina **afelio**.

El plano imaginario que contiene la órbita de la Tierra recibe el nombre de **plano de la eclíptica**. El eje de rotación terrestre no es perpendicular al plano de la eclíptica, sino que está inclinado 23,5° con respecto a la vertical.

ACTIVIDADES

1. Explica. ¿Es igual la duración del día en todos los planetas? Explica tu respuesta.
2. Compara la duración de los movimientos de rotación y traslación y explica sus consecuencias.
3. Investiga sobre otros movimientos que puede presentar el planeta Tierra (nutación y precesión).
4. Elabora un modelo con el cual puedas explicar los movimientos de la Tierra. Para ello, ten en cuenta:
   a) La forma de la órbita del planeta.
   b) La inclinación de la Tierra.
   c) La distancia de la Tierra al Sol.
   d) Las consecuencias de cada movimiento.

5 El día, la noche y las estaciones

>> La forma de la Tierra

Imagínate, ¿cómo sería la Tierra si fuera plana?

Si la Tierra fuera plana, toda ella estaría oscura o iluminada a la misma hora.

Mitad luz y mitad oscuridad

Si la Tierra fuese plana, el Sol iluminaría al mismo tiempo toda su superficie. Pero como es redonda, el Sol en cada momento solo ilumina la mitad de la esfera, mientras que la otra mitad está en la oscuridad. La rotación terrestre hace que vaya cambiando la zona con luz solar, en la que es de día, y la zona en la que es de noche.

¿Por qué cambia la duración del día y la noche?

Si el eje de giro de la Tierra fuese perpendicular a la eclíptica, el día y la noche durarían exactamente **12 horas** cada uno, en todos los puntos del planeta y todos los días del año.

Sin embargo, como el eje de la Tierra está **inclinado 23,5°**, la duración de los días y las noches es diferente en unos lugares y otros.

La traslación de la Tierra alrededor del Sol hace que la duración de días y noches cambie a lo largo del año. Así, durante algunos meses, el hemisferio norte recibe más horas de luz, y los días aquí son más largos. En cambio, en otros meses, es el hemisferio sur el que más horas de luz tiene.

Esta es la razón por la cual en los polos podemos encontrar períodos tan prolongados de luz y oscuridad.

El día y la noche en la Tierra

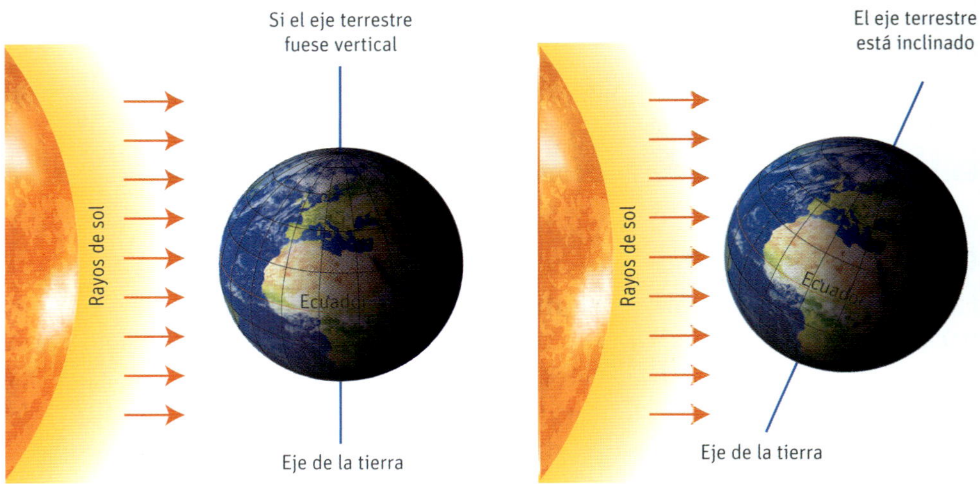

La trayectoria aparente del Sol

Para un observador situado en la Tierra, cada mañana el Sol sale por el horizonte, se eleva hasta alcanzar su máxima altura al mediodía y desciende hasta el **ocaso**. Es lo que se conoce como trayectoria aparente del Sol, y cambia a lo largo del año.

En el hemisferio norte, el recorrido más largo se hace el 21 de junio. Pero no solo se modifica la longitud de la trayectoria aparente, sino también la altura que alcanza el Sol al mediodía.

Los **meridianos** son líneas imaginarias semicirculares que van de polo a polo. Se utilizan para marcar los **husos horarios** que, a modo de naranja, dividen la Tierra en 24 "gajos", uno por cada hora del día. El meridiano del lugar es el que pasa por el punto en el que está el observador. Todos los puntos del mismo meridiano tienen igual hora solar.

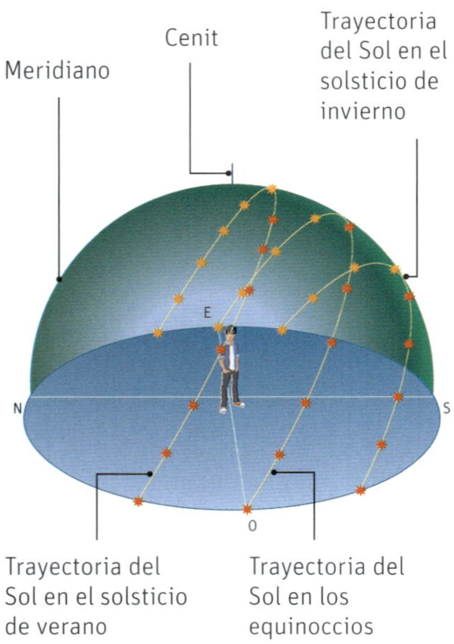

Trayectoria aparente del Sol

¿Por qué hay estaciones?

En las zonas de clima **templado**, como Europa, se distinguen **cuatro estaciones**: primavera, verano, otoño e invierno. La separación entre ellas se hace en función de la duración del día y viene marcada por los días singulares:

- **Equinoccios** (de *equi*, 'igual', y *noctium*, 'noche'). Son los dos días del año en los que la noche y el día tienen la misma duración. El 21 de marzo es el equinoccio de primavera en el hemisferio norte y marca aquí el inicio de esta estación. El 23 de septiembre es el equinoccio de otoño.
- **Solsticios.** Son las dos fechas del año con mayor diferencia entre la duración del día y la noche. En el hemisferio norte, el solsticio de verano es el 21 de junio, y el solsticio de invierno el 21 de diciembre. En el hemisferio sur ocurre al revés.

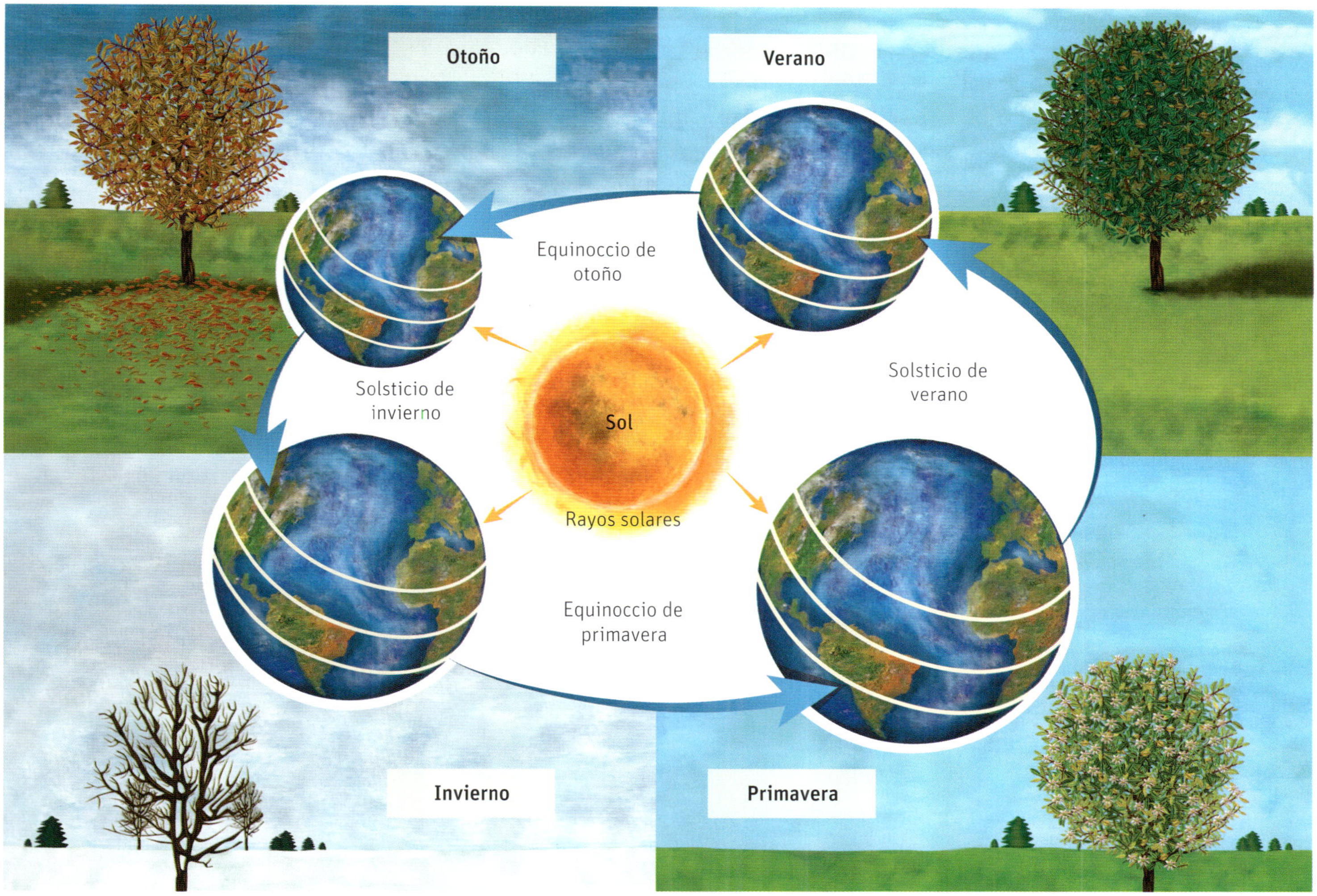

ACTIVIDADES

1. Elabora un esquema que resuma las condiciones y las consecuencias de las cuatro estaciones. Ten en cuenta el clima y la incidencia de las estaciones sobre los seres vivos.

2. Razona. Cuando en España se celebra la llegada del solsticio de verano, en Argentina da comienzo el invierno.
   a) ¿Cuál es el día del año más largo en Argentina?
   b) ¿Hay algún día en el que las noches tengan la misma duración en Argentina y en España?

3. Razona. La profesora de Ciencias lleva a la clase dos linternas y un globo terráqueo para realizar la actividad que se observa en la imagen.
   a) ¿Qué quiere explicar la maestra?
   b) De acuerdo con la imagen, ¿cómo es el clima en la región sur y cómo en la norte?
   c) ¿Qué representa la línea roja?

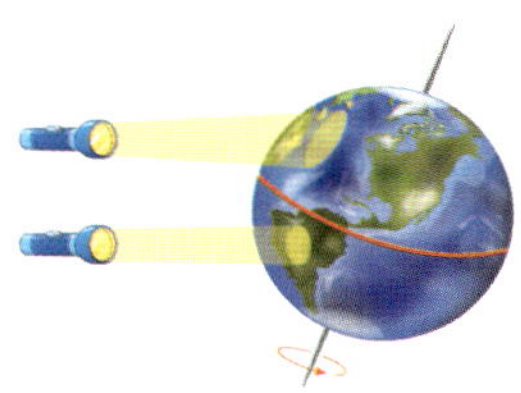

6 La Luna y sus efectos

El origen de la Luna

Hace unos 4500 Ma, debido al choque entre la Tierra y el protoplaneta Theia, una gran cantidad de materia salió expulsada hacia el espacio. Todo ese material se agrupó formando la Luna.

La Luna: nuestro satélite

La Luna es el único **satélite natural** de la Tierra. Debido a la fuerte atracción que ejerce sobre la Tierra, interviene en la formación de las mareas en los océanos. Se han identificado dos movimientos: la **rotación**, donde gira sobre sí misma, y la **traslación**, cuando gira alrededor de la Tierra por aproximadamente 28 días.

Existen tres teorías sobre su formación:

- La primera se refiere a un sistema en el cual la Tierra y la Luna surgieron de la **misma masa** de materia en el sistema solar.
- La segunda habla de un cuerpo que tenía una trayectoria independiente y la gravedad de la Tierra lo **capturó**.
- En la tercera se afirma que la Luna es una porción de la Tierra que se desprendió luego de una **gran colisión**.

Las fases de la Luna

Al no producir luz propia, la Luna **refleja la luz** del Sol. Sin embargo, como esta gira alrededor de la Tierra, la luz visible que transmite no siempre es igual, pues cambia de ángulos de acuerdo a su posición con respecto a la Tierra. Por esta razón, la Luna tiene cuatro fases:

- La **Luna nueva**, **o novilunio**, es la fase donde la Luna está entre la Tierra y el Sol. No se ve a simple vista.
- La **Luna en cuarto creciente** ocurre cuando hay una alineación entre la Tierra, la Luna y el Sol en forma de "L". El Sol ilumina el lado derecho de la Luna y se puede observar la mitad.
- La **Luna llena**, **o plenilunio**, ocurre cuando la Tierra está entre el Sol y la Luna. Allí la Luna recibe los rayos del Sol en su totalidad, por lo que se puede observar completamente su forma esférica.
- La **Luna en cuarto menguante** se da cuando existe una formación en "L", pero el lado iluminado es el izquierdo y se observa solamente la mitad.

COMPRENDE Las fases de la Luna.

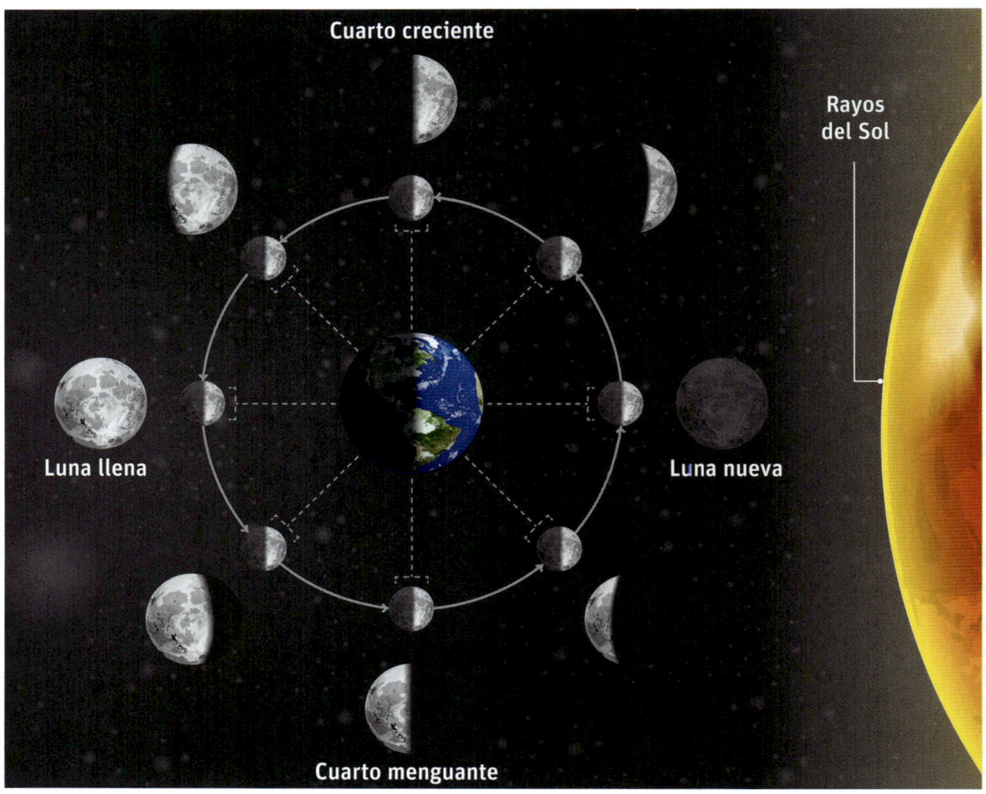

Los eclipses

Un eclipse es la **ocultación de un astro**, debida a que se interpone otro que impide su visión. Puede ser **parcial**, si solo queda oculta una parte del astro, o **total**, si es todo el astro el que queda tapado. En función del astro que dejamos de ver, los eclipses se clasifican en dos tipos.

Eclipse de Sol

Se produce si es el Sol o una parte de él lo que ha sido ocultado. Cuando la Luna se interpone entre el Sol y la Tierra, la sombra lunar queda proyectada sobre la superficie terrestre y habrá un eclipse de Sol.

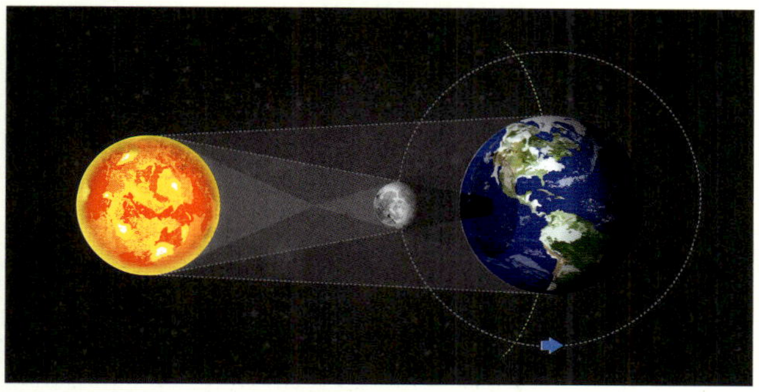

Eclipse de Luna

Tiene lugar si es la Luna o una parte de ella lo que deja de verse. Como cualquier cuerpo opaco, la Tierra proyecta una sombra. Si la Luna queda dentro de esa sombra, dejará de estar iluminada y no se verá. Un eclipse de Luna tiene lugar cuando la Tierra se sitúa entre el Sol y la Luna.

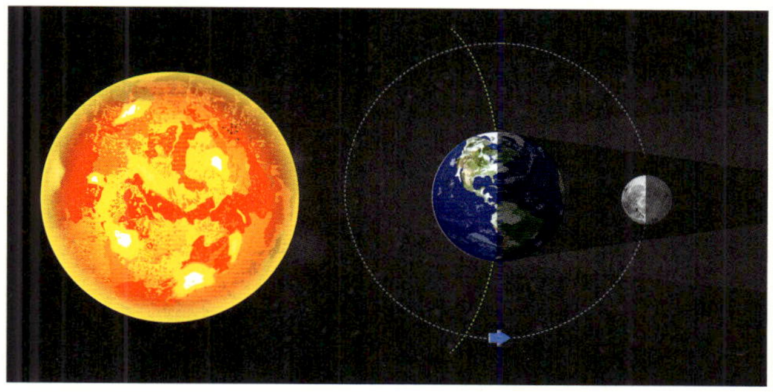

Las mareas

La **atracción gravitatoria** entre la Luna y la Tierra genera cambios apreciables en la superficie del océano. Llamamos mareas a las oscilaciones de elevación y descenso del nivel del mar causadas por la atracción de la Luna y el Sol. La mayor proximidad de la Luna hace que su influencia sea mayor que la del Sol.

El movimiento de ascenso del nivel del mar se denomina flujo y alcanza su máximo en la **pleamar**, mientras que el de descenso, o reflujo, logra su máximo en la **bajamar**. Cuando están alineados la Tierra, la Luna y el Sol el efecto es mayor, originando las **mareas vivas**. Pleamar y bajamar se alternan aproximadamente cada seis horas.

ACTIVIDADES

1. Observa. La imagen muestra la relación de la Luna y el Sol sobre las mareas.

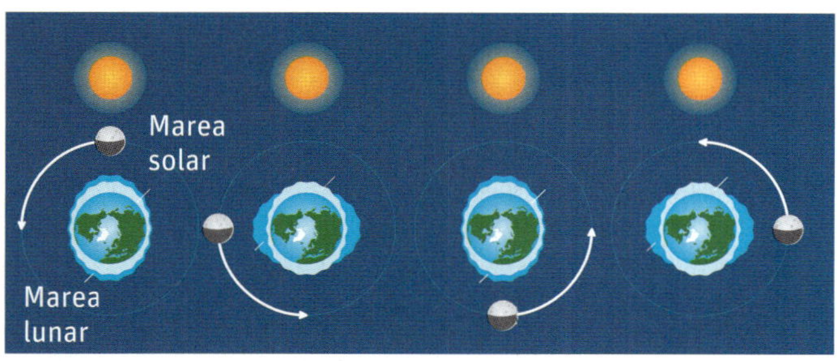

   a) ¿Cómo influyen la Luna y el Sol sobre las mareas?

   b) ¿En cuál de las imágenes se deberían formar las mareas más altas o pleamar? ¿Por qué?

2. Explica. Cuando observas por la noche la Luna, puedes notar que no se ve igual todos los días, sino que va presentando pequeñas diferencias. ¿Por qué la Luna se ve de forma diferente durante el transcurso del mes?

3. Analiza. Cuando se presenta un eclipse, la Luna se encuentra en una determinada fase de su ciclo.

   a) ¿En qué fase lunar se encuentra la Luna cuando se presenta un eclipse de Luna?

   b) ¿En qué fase lunar se encuentra la Luna cuando ocurre un eclipse de Sol?

4. Investiga sobre los saberes ancestrales y las creencias relacionados con las fases de la Luna en diferentes culturas o regiones. También puedes consultar mitos y presentarlos a tus compañeros para evaluar su validez.

7 El origen del universo

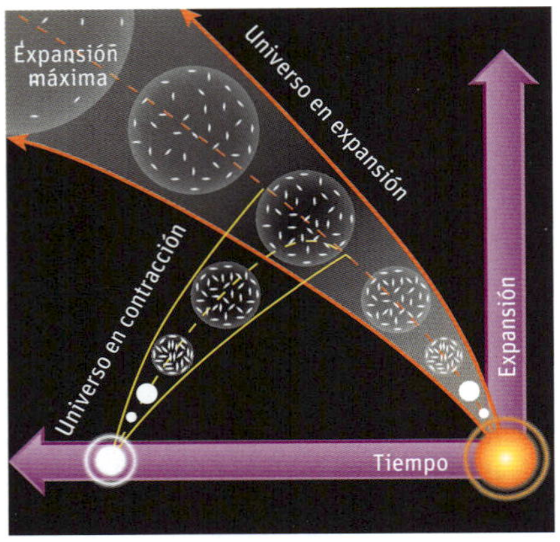

Representación del universo pulsante.

El universo es todo lo que conocemos, el espacio y el tiempo. El ser humano ha tratado responder a la pregunta: ¿cómo se originó el universo?

Algunas **teorías no científicas**, como el creacionismo, responden a esta pregunta desde la existencia de un creador, al cual se le atribuye este poder. En contraste, las **teorías científicas** se basan en evidencias para explicar este suceso. Estas teorías son las siguientes.

La teoría inflacionaria

Esta teoría parte de un proceso llamado **inflación**, donde después de la gran explosión, el universo se expandió muy rápido a partir de una partícula reproducida una y otra vez a gran velocidad. Esta teoría propone que el crecimiento del universo se acelerará con el tiempo.

La teoría del universo pulsante u oscilante

Explica cómo el universo se contrae por su propia gravedad y colapsa sobre sí mismo, volviendo a su estado inicial a la espera de que ocurra otra gran explosión que dé origen a otro universo. Esta teoría sostiene que el universo es resultado de la **expansión** y **contracción** de otros universos que existieron.

La teoría del Big Bang o Gran Explosión

Según esta teoría, el universo se originó por la concentración de **energía** y **materia** en un espacio muy pequeño, caliente y denso que luego se expandió enfriándose lo suficiente para permitir la formación de partículas subatómicas y luego de átomos. Con el tiempo, estos conformaron nubes gigantes de elementos primordiales que se unieron y formaron estrellas y galaxias.

Cronología del universo

1. **13,7 millones de años**
   El universo estalló expandiéndose más rápido que la velocidad de la luz y arrojó toda la materia y energía en todas las direcciones.
2. **13,6 millones de años**
   Formación de las primeras estrellas con luz por fusión nuclear.
3. **13,2 millones de años**
   Formación de las primeras galaxias. Los gases densos y fríos colapsaron bajo su propia gravedad hasta formar las galaxias.
4. **Actualidad**
   La era estelar, la energía oscura prevalece, el universo está en expansión y es cada vez menos denso.

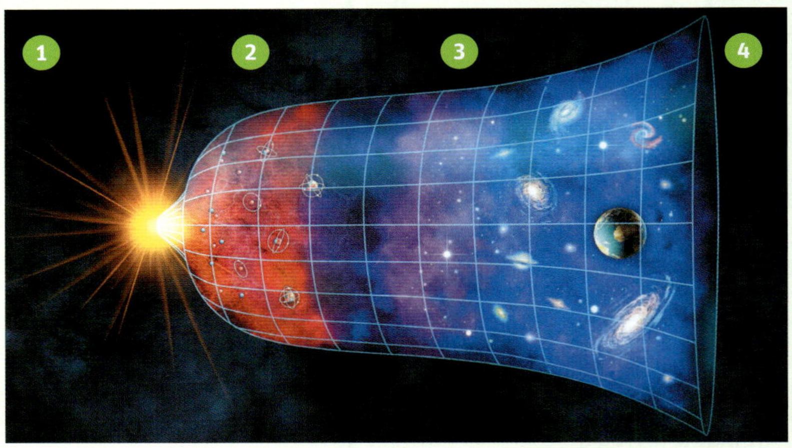

ACTIVIDADES

1. Observa con detalle la ilustración. ¿Qué representan los puntos amarillos dentro de los círculos? Describe con tus propias palabras esta teoría.

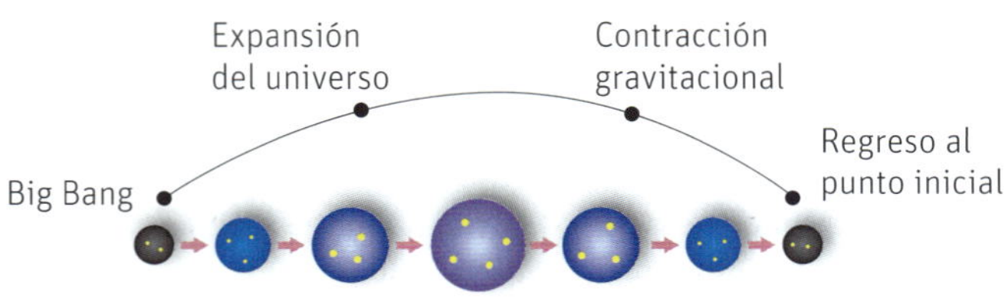

2. Compara las teorías del origen del universo, inflacionaria, universo pulsante y Big Bang, y elabora un esquema que señale sus similitudes y diferencias.
3. Explica. Escribe en tu cuaderno dos párrafos en los cuales expliques por qué el Big Bang es la teoría más aceptada.
4. Elabora una línea del tiempo con los eventos más sobresalientes desde el Big Bang hasta hoy.

8 El origen de la Vía Láctea y el sistema solar

La evolución de la galaxia

La **evolución de las galaxias** es explicada mediante la ley universal de gravitación, la cual afirma que todo cuerpo con una materia lo suficientemente grande ejerce fuerza de gravedad sobre sí mismo.

Durante el origen de **una galaxia** se forma una gran nube de gas, materia oscura y materiales como polvo y elementos sólidos.

El gas más abundante en la formación de la galaxia era el hidrógeno, el cual constituye el combustible para la fusión nuclear que se lleva a cabo en las estrellas. Estas estrellas se mantienen unidas gracias a la ley de gravitación universal.

Las **galaxias** están en constante expansión y movimiento. Aunque es imposible notarlo, ahora mismo hay galaxias que se devoran y colisionan dando lugar al nacimiento de nuevas estrellas e innumerables fenómenos astronómicos.

El origen del sistema solar

La teoría del origen del sistema solar fue desarrollada por el sueco René Descartes (1596-1650) y retomada por el alemán Emmanuel Kant (1724-1804) y el francés Simón Laplace (1749-1827). Ellos establecieron que el sistema solar se formó hace, aproximadamente, 4700 millones de años a partir de una gran nube giratoria de gas y polvo interestelar conocida como **nebulosa**.

La nebulosa que se formó comenzó a contraerse debido a la fuerza de **atracción gravitatoria**. El aumento de la contracción de partículas generó un incremento en la velocidad de rotación y, como consecuencia, se formaron unos anillos de gases calientes que, al desprenderse, sufrieron un proceso de condensación que dio origen a los planetas y al **Sol**.

El Sol se formó en la región central, que era la más caliente. Cerca al Sol se ubicaron los **planetas** más densos como Mercurio, el cual posee un núcleo de hierro. A distancias lejanas se formaron los planetas compuestos por hielo, hidrógeno y helio, como Júpiter.

Cronología del sistema solar

1. Hace 4600 millones de años una enorme nube de gases y polvo giraba en torno a su eje.
2. La gravedad hizo que las partículas se concentraran dando origen al Sol; el resto giraba en torno al él.
3. Las partículas de polvo y gas se unieron, constituyendo cuerpos similares a los asteroides.
4. Los asteroides se unían, originando cuerpos mayores como los planetas primitivos o los satélites.
5. Los planetas primitivos iban barriendo su órbita e incorporando más materiales, lo cual daría lugar a los planetas actuales.

ACTIVIDADES

1. Explica. **Los planetas se mantienen en sus órbitas girando alrededor del Sol gracias a fuerzas que ayudan a mantener un delicado equilibrio en el sistema solar.**
   a) ¿Qué fuerza hace que los planetas giren alrededor del Sol en el sistema solar?
   b) ¿Cómo actúa esta fuerza sobre los planetas?
2. Explica. **¿Cómo son los planetas que están ubicados cerca del Sol?**
3. Analiza. **Los elementos del sistema solar se formaron gracias a la acción de una fuerza que permitió la contracción de una gran nebulosa.**
   a) ¿Cuál es esa fuerza?
   b) ¿Qué es una nebulosa?
   c) ¿Cómo se formaron los planetas y el Sol?
4. Compara **el origen de las galaxias, el sistema solar y el origen del universo. ¿Qué similitud encuentras entre su formación? ¿Qué fuerzas han influido para dar origen a su estructura actual?**
5. Razona. **Observa las imágenes, en ellas se presentan diferentes componentes del universo relacionados con la formación del sistema solar.**

1

2

3

4
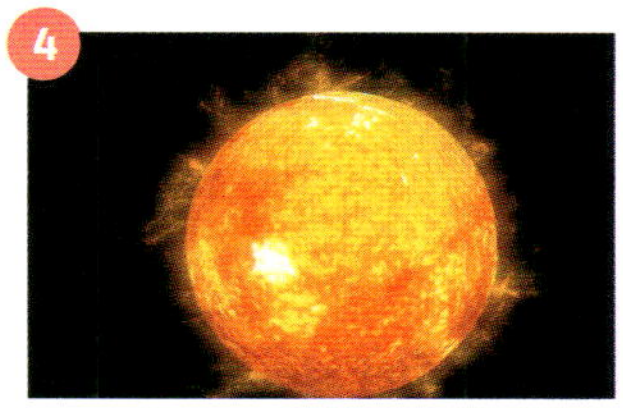

   a) Organiza las imágenes desde la más pequeña hasta la más grande.
   b) ¿Cuál de las imágenes corresponde a una nebulosa, cuál a una galaxia y cuál al sistema solar?

9 Escalas y observación del universo

Desde lo más pequeño a lo más grande, el universo es todo lo que existe. Desde el mundo invisible de las **partículas subatómicas** hasta las grandes **galaxias** formadas por millones y millones de estrellas.

Observación del universo

El hombre siempre ha sentido curiosidad sobre lo que observa en el cielo nocturno. El Sol, la Luna, las estrellas fugaces y los fenómenos celestes, como los eclipses, han llamado la atención de todas las **civilizaciones** alrededor del mundo.

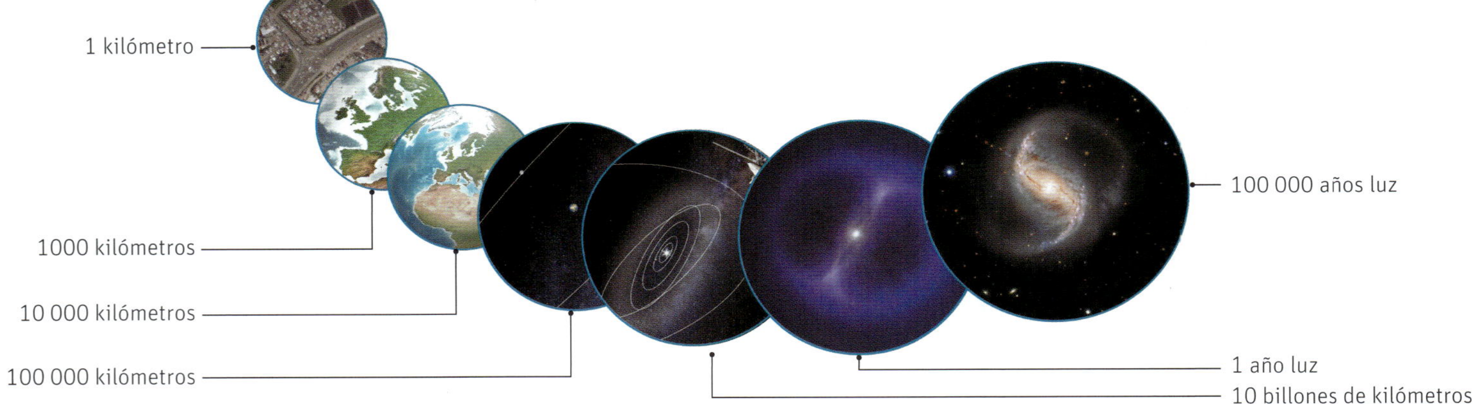

La observación astronómica

Monolitos

Antiguamente se usaban grandes rocas como puntos de referencia para observar el firmamento, para luego pasar a usar monolitos.

Monumentos

La observación del firmamento llevó a detectar lugares para observar fenómenos en fechas determinadas. Esto ayudó a la creación de los calendarios.

Primeros observatorios

En torno a los monolitos se construyeron edificios que constituyeron los primeros observatorios diseñados para la observación astronómica.

Observatorios modernos

Luego de la invención del telescopio en 1609, se construyeron edificios dedicados a la observación astronómica.

Telescopios espaciales

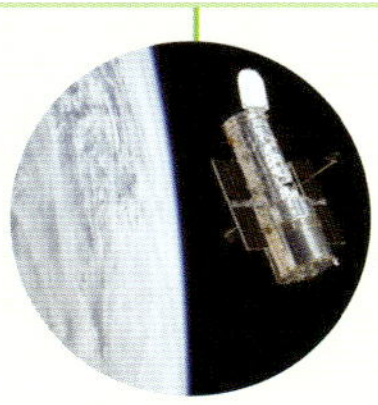

Los avances de la tecnología en los últimos 70 años permitieron colocar telescopios en aviones y naves espaciales.

Interferómetros

Los observatorios más modernos detectan puntos que emiten tipos específicos de radiación en el espacio (interferómetros).

ACTIVIDADES

1. Investiga. ¿Quién inventó el telescopio y qué avances o mejoras ha tenido este instrumento desde su invención?

2. Elabora un esquema o dibujo que ilustre el uso de las rocas para la observación astronómica en la Antigüedad.

10 Un planeta singular

La Tierra es el tercer planeta desde el Sol, el quinto más grande de todos los planetas del sistema solar y el más denso respecto a su tamaño. Se desplaza en una trayectoria apenas elíptica alrededor del Sol a una distancia de unos 150 millones de kilómetros.

Las principales características de la Tierra son las siguientes:

- El volumen de la Tierra es casi un millón de veces menor que el del Sol, mientras la masa terrestre es 81 veces mayor que la de su satélite natural, la Luna.
- La Tierra es un planeta **rocoso** y geológicamente activo que está compuesto principalmente por roca derretida, que se encuentra en constante movimiento en su interior y cuya actividad genera, a su vez, un fuerte **campo magnético** que protege la Tierra de los rayos UV.
- Sobre su ardiente fluido interno flota una capa de roca solidificada conocida como **corteza terrestre**, sobre la cual están los océanos y la tierra firme.
- La Tierra tiene cuatro capas: La **biosfera**, la **atmósfera**, la **hidrósfera** y la **geosfera**. Cada una tiene una composición diferente que le da propiedades definidas.

La TIERRA es un planeta rocoso que tiene un campo magnético y posee cuatro capas: biosfera, atmósfera, geosfera e hidrosfera.

Las capas de la Tierra

Atmósfera
Es la capa gaseosa que envuelve la Tierra. Es delgada pero desempeña un papel clave para la vida.

Geosfera
Es la esfera rocosa que comprende la mayoría de los materiales terrestres, desde las rocas superficiales hasta las zonas más profundas del planeta.

Hidrosfera
Es la capa de agua formada por los océanos, los hielos polares, los lagos y los ríos.

Biosfera
Está integrada por el conjunto de los seres vivos que habitan el planeta. No es una capa continua y se sitúa en la frontera entre las tres capas anteriores.

ACTIVIDADES

1. Compara la composición de las cuatro capas de la Tierra y relaciónalas con los servicios o beneficios que les prestan a los seres vivos.

2. Compara las características de la atmósfera primitiva de la Tierra con las de la atmósfera actual.
   a) ¿Cuáles fueron las causas de los cambios en la atmósfera?
   b) Químicamente, ¿cómo era la composición de la atmósfera primitiva y la de la actual?

3. Elabora un mapa conceptual que resuma las características de la Tierra.

4. Analiza. La atmósfera terrestre tiene un 78 % de nitrógeno, un 21 % de oxígeno, un 0,9 % de argón y un 0,038 % de dióxido de carbono.
   a) La presencia en la atmósfera de uno de estos gases se debe a la aportación de los animales. ¿Cuál es ese gas?
   b) La presencia de un gas es responsabilidad de las plantas, ¿sabes cuál es ese gas?

5. Investiga otros eventos relacionados con el origen y la evolución de la Tierra. Luego, retoma los presentados en este tema y elabora una línea del tiempo o infografía que represente el origen y la evolución de la Tierra.

Del universo a la Tierra

En la Antigüedad prevalecía el **sistema geocéntrico** propuesto por Ptolomeo, el cual sostenía que la Tierra era el centro del universo.

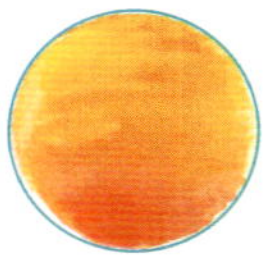

El sistema geocéntrico fue reemplazado por el **sistema heliocéntrico**, el cual afirma que la Tierra y los demás planetas giran en torno al Sol.

El **sistema solar** está compuesto por satélites, cometas, asteroides, el Sol, los planetas enanos y los planetas.

Los **planetas** pueden clasificarse de la siguiente forma: interiores, como la Tierra, Marte y Mercurio, o exteriores, como Júpiter y Saturno.

La **Tierra** presenta un **movimiento de traslación**, en órbita elíptica alrededor del Sol. Este movimiento tiene como consecuencia la presencia de las estaciones.

El **movimiento de rotación** de la Tierra es realizado sobre su propio eje y tiene como consecuencia la presencia del día y la noche.

La **Luna** es nuestro satélite natural. Los eclipses se presentan cuando un astro se interpone a otro. Pueden ser de Sol o de Luna.

La **ubicación del Sol** y la Luna respecto a la Tierra tiene influencia sobre la formación de las mareas, debido a la **fuerza gravitatoria**.

El **origen del universo** se explica desde diferentes teorías científicas: teoría inflacionaria, pulsante u oscilante y el Big Bang.

La Vía Láctea, el sistema solar, el Sol y los planetas se formaron gracias a las **fuerzas de atracción gravitacional** que permitieron concentrar grandes cantidades de materia en determinados lugares.

1. Organiza tus ideas. Copia, completa y amplía el siguiente esquema para construir tu propio mapa mental de la unidad.

VALORA LO APRENDIDO Autoevaluación y resumen.

ACTIVIDADES FINALES

1. Observa la imagen de las fases de la Luna.

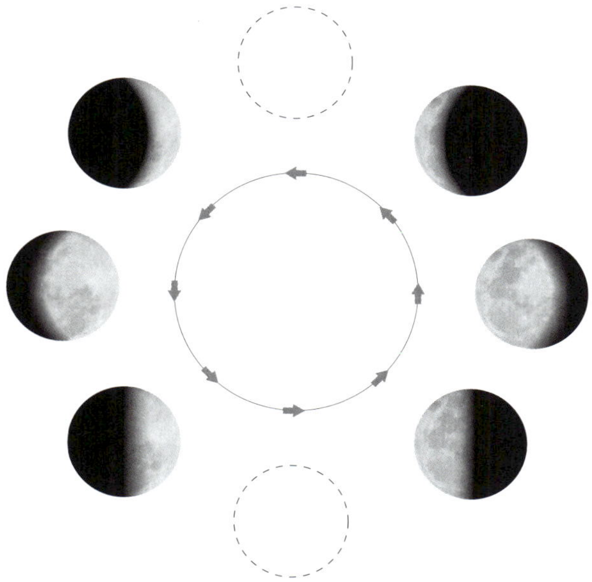

a) ¿Cuáles fases de la Luna hacen falta en la imagen?

b) ¿En qué lugar de la imagen debe estar ubicado el Sol?

c) ¿Crees que los satélites de Júpiter también presentan fases como la Luna?

d) ¿Existen fenómenos como los eclipses lunares en planetas que tienen varios satélites? Explica tu respuesta mediante un dibujo.

2. Analiza las figuras que representan la Tierra y los rayos del Sol que llegan a ella.

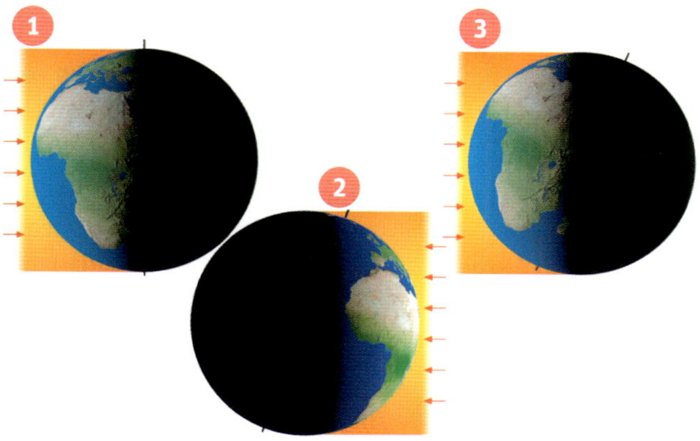

a) ¿Cuál de estas imágenes muestra la situación del día de San Juan en el hemisferio norte?

b) ¿Qué situaciones presentan las otras imágenes?

3. Explica. ¿A qué cuerpo celeste se refiere cada una de estas frases?

a) Orbita alrededor del Sol y tiene una masa suficiente para adoptar forma esférica, pero no para barrer su órbita.

b) Es un cuerpo rocoso menor que orbita en torno al Sol.

c) Es una enorme esfera de gases incandescentes.

d) Es un cuerpo menor compuesto por hielo, polvo y rocas que orbita alrededor del Sol.

e) Orbita alrededor de un planeta.

4. Diseña un diagrama de flujo que te permita identificar los cuerpos celestes del sistema solar. Puedes empezar así:

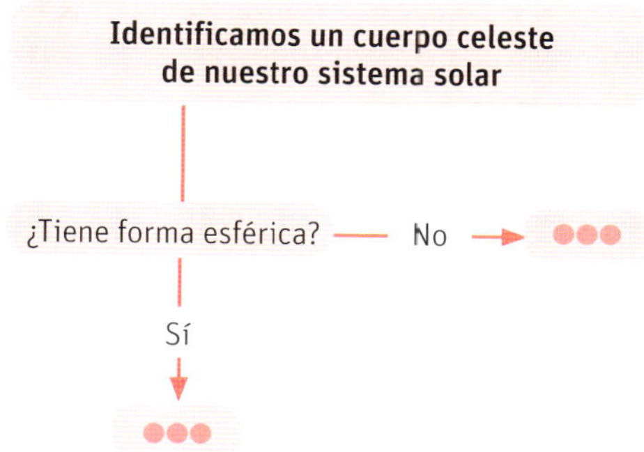

5. Construye un modelo terrestre.

- Atraviesa una bola de porexpán con un palo. Este representará el eje de la Tierra.
- Coloca alfileres sobre la bola, uno te representa a ti y los otros representan personas en el lugar del mundo que tú escojas, tales como polo norte o sur. Es importante que el alfiler se coloque en la latitud en la que vives.
- Observa tu bola de porexpán. No olvides la inclinación que debe tener tu modelo.
- Imagina ahora que todas las personas levantan sus manos hacia el cielo. ¿Todas apuntan hacia la misma dirección?

6. Ordena los planetas de menor a mayor diámetro ecuatorial. Luego escribe el número de satélites que poseen y elabora una gráfica de barras que muestre esta relación.

Planeta	Diámetro ecuatorial	Masa	Radio orbital (UA)	Período orbital (años)	Rotación (días)	Satélites naturales
Mercurio	0,382	0,06	0,39	0,241	58,6	0
Venus	0,949	0,82	0,72	0,615	−243	0
Tierra	1,00	1,00	1,00	1,00	1,00	1
Marte	0,53	0,11	1,52	1,88	1,03	2
Júpiter	11,2	318	5,20	11,86	0,414	67
Saturno	9,41	95	9,54	29,46	0,426	62
Urano	3,98	14,6	19,19	84,01	0,718	27
Neptuno	3,81	17,2	30,06	164,79	0,671	14

a) ¿Puedes encontrar algún patrón o relación entre el diámetro ecuatorial de los planetas y su número de satélites? Argumenta tu respuesta.

b) Compara datos de la tabla que tengan un comportamiento similar. ¿Puedes identificar patrones existentes entre los datos de la tabla?

ACTIVIDADES FINALES

7. Observa. En la Antigüedad se tenía la percepción de que la Tierra era plana. Sin embargo, algunas observaciones permitieron poner en duda esta teoría y proponer un modelo de Tierra redonda. Observa las imágenes y escribe argumentos u observaciones que apoyen y desmientan cada modelo.

Tierra plana — Tierra esférica

8. Analiza el siguiente texto y contesta a la pregunta.

En muchas ciudades españolas se hacen hogueras en la noche del 23 al 24 de junio, o noche de San Juan. En torno a estas hogueras se reúnen amigos, se canta, se baila y se piden deseos. Es una fiesta de origen pagano, en la que se celebraba la llegada del solsticio de verano, o momento en que el Sol alcanza al mediodía su punto más alto en el horizonte. A partir de ese punto, el Sol inicia su descenso hasta el solsticio de invierno. Según parece, con las hogueras se pretendía suministrar más poder al Sol para que no comenzase a declinar en el horizonte.

- La noche de San Juan no es la más corta del año. ¿Cuál es, más exactamente, esa noche?

9. Concluye. Como señaló Kepler, los planetas describen órbitas elípticas en torno al Sol. Pero son unas elipses de muy poca excentricidad, es decir, muy próximas a la circunferencia, cuya excentricidad es cero. La tabla recoge la excentricidad de la órbita de algunos planetas.

Planeta	Mercurio	Venus	Tierra	Marte	Júpiter
Excentricidad	0,21	0,01	0,017	0,09	0,05

a) ¿Qué órbita planetaria tiene mayor excentricidad?

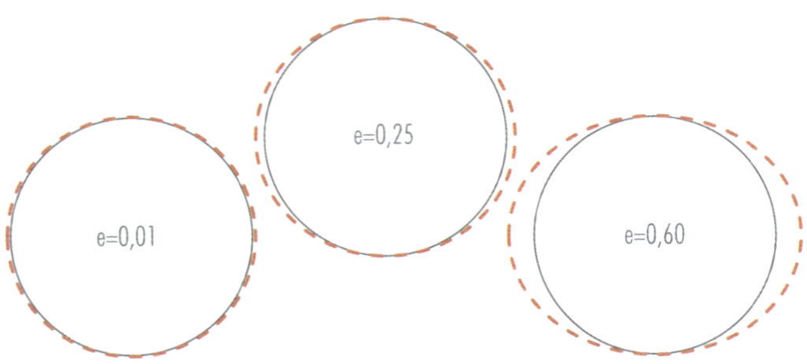

b) La figura representa la excentricidad de algunas elipses frente a la circunferencia. ¿Cuál de estas elipses tiene una excentricidad más parecida a la de la órbita terrestre?

10. Emprende. Si reprodujéramos en un libro el sistema solar a escala, reduciendo el mismo número de veces el tamaño de sus componentes y las distancias entre ellos, el Sol sería un punto y el resto de la página parecería estar en blanco, dadas las minúsculas dimensiones de sus elementos.

Para lograr una idea más ajustada de las diferencias reales de tamaños y de las distancias que separan a los principales astros del sistema solar, haremos este trabajo en grupo. La tabla recoge las proporciones aproximadas de esas distancias y tamaños a escala.

Astro	Objeto que lo representa	Distancia al Sol a escala
Sol	Pelota: 20 cm	0
Mercurio	Grano de arena fina: 0,08 cm	9 m
Venus	Grano de pimienta: 0,2 cm	16 m
Tierra	Grano de pimienta: 0,2 cm	23 m
Marte	Cabeza de aguja: 0,1 cm	35 m
Asteroides	Granos de sal fina	66 m
Júpiter	Nuez: 2,3 cm	131 m
Saturno	Canica grande: 1,8 cm	231 m
Urano	Canica pequeña: 0,8 cm	453 m
Neptuno	Canica pequeña: 0,7 cm	703 m

a) Seleccionad los objetos que usaréis como astros.

b) Llevadlos al patio del centro. Situad el Sol en un extremo e id midiendo las distancias a las que colocaréis los planetas. ¿Cuántos planetas os caben en el patio?

11. Investiga. Los telescopios actuales permiten observar lejanas galaxias y apreciar algunas características, tales como sus formas. Este criterio ha sido utilizado para clasificarlas; un ejemplo de galaxia es nuestra Vía Láctea.

12. Argumenta. ¿Las estrellas que observamos mirando en la misma dirección a la misma hora son las mismas que vemos día tras día? Argumenta tu respuesta.

a) La Vía Láctea es una galaxia en forma de espiral. ¿Qué otros tipos de galaxias existen? Dibújalos.

b) ¿A qué tipo de galaxia pertenece la pequeña nube de Magallanes?

13. Experimenta. Queremos saber cuándo es, exactamente, el mediodía solar en nuestro centro, es decir, la hora exacta a la que pasa el Sol por el meridiano del lugar. Para ello hemos puesto un gnomon en el patio y hemos medido la longitud de su sombra a lo largo de la mañana. La tabla recoge los datos obtenidos.

Hora oficial	12	12:30	13	13:30	13:45	14	14:15	14:30	14:45
Sombra (cm)	53	43	36	32	30	29,5	29	29,5	30

a) ¿Qué hora oficial marca el mediodía solar en tu centro?

b) Hemos comenzado midiendo la longitud de la sombra cada media hora y, cuando sabíamos que se acercaba el mediodía, hemos realizado las mediciones cada 15 minutos. ¿Qué deberíamos hacer si quisiéramos calcular con mayor seguridad y precisión este dato?

c) ¿Qué otras ciudades tienen el mediodía solar a la misma hora que la tuya?

14. Soy competente

Lee y selecciona la opción que consideres correcta.

Dos estudiantes discuten sobre la fuerza de gravedad y su importancia para nuestro sistema solar.

¿Cuál de las siguientes afirmaciones explica la relación de la fuerza de gravedad con los planetas que componen el sistema solar?

A. La fuerza de gravedad es la responsable de mantener los planetas en sus órbitas.

B. La fuerza de gravedad transmite el calor desde el Sol a los planetas del sistema solar.

C. La fuerza de gravedad permite la transmisión de ondas electromagnéticas en el espacio exterior.

D. La fuerza de gravedad evita la entrada de la radiación solar a los planetas.

15. Retoma la pregunta de la apertura de unidad y respóndela utilizando los conocimientos que aprendiste sobre la Tierra y el universo. ¿Qué puede cosas puede ver la persona que tomó esta foto?

Ciencia en la calle

Lee y comprende el siguiente texto:

Verano extremo

Las temperaturas extremas de los veranos de los últimos años afectan la salud de la población española. Los golpes de calor agravan patologías ya existentes, especialmente en los grupos considerados como de riesgo, como las personas mayores y los niños.

El cansancio, el decaimiento y los problemas para conciliar el sueño son las principales dificultades que sufren los españoles a causa del calor extremo veraniego. En el primer caso, el cansancio afecta de forma más importante a las mujeres, entre las que alcanza a un 60 % de la población; y también a las personas mayores de entre 55 y 64 años. Por su parte, los problemas para dormir afectan especialmente a las personas de entre 25 y 34 años.

Otros síntomas generados por las altas temperaturas del verano son la falta de apetito, el mal humor, la ansiedad y la impaciencia. Aun así, hay un 30 % de la población española que no se ve afectada por ningún síntoma derivado del calor producido durante el verano.

a) ¿Por qué las temperatura extremas afectan especialmente a determinados grupos de personas?

b) ¿Qué medidas toman los españoles para afrontar las temperaturas extremas durante el verano?

c) ¿Por qué algunas regiones del planeta no presentan problemáticas similares a las de España en el verano?

d) ¿Cómo se relaciona la ubicación de España en el planeta con los cambios de temperatura a lo largo del año?

2 EL PLANETA AGUA

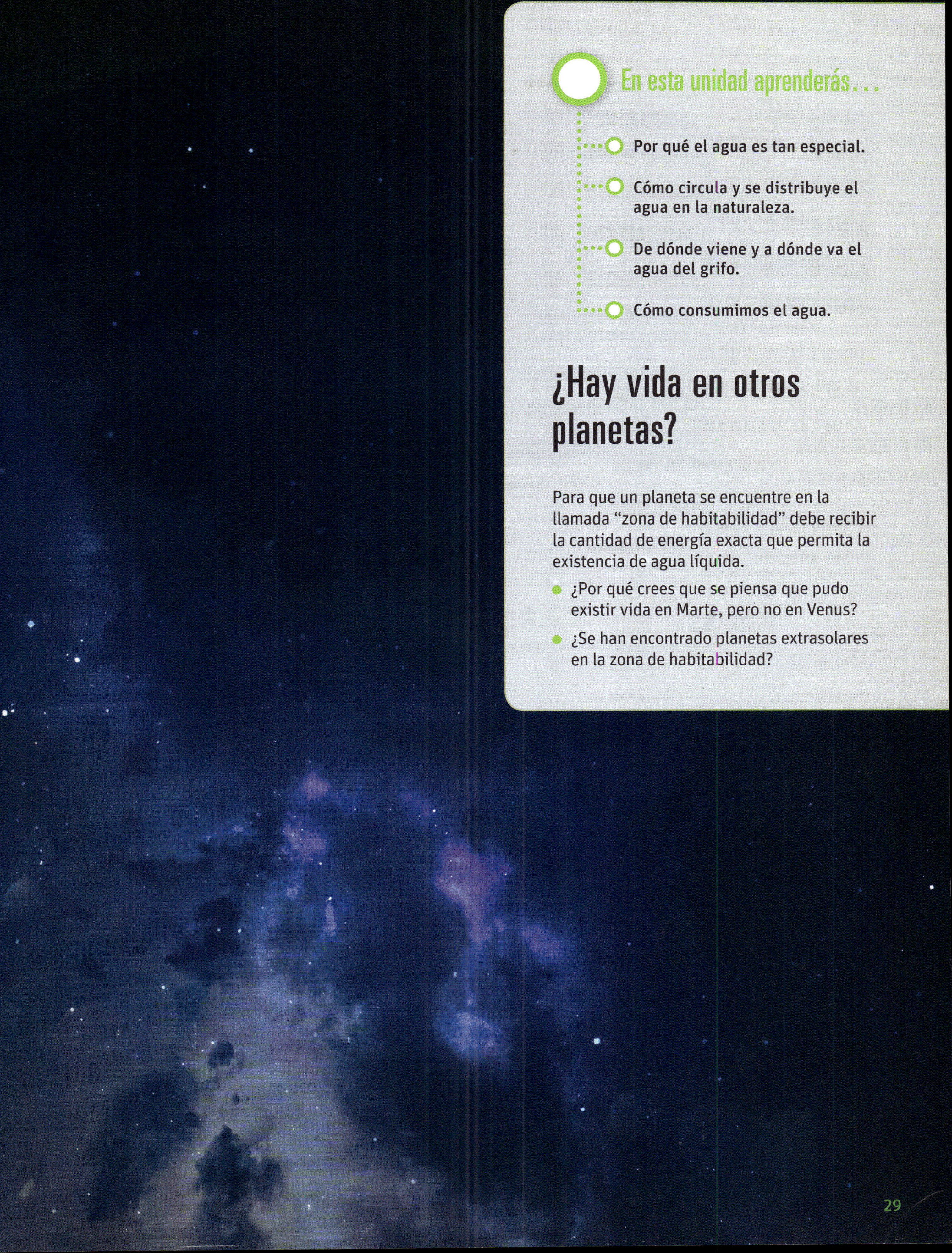

En esta unidad aprenderás...

- Por qué el agua es tan especial.
- Cómo circula y se distribuye el agua en la naturaleza.
- De dónde viene y a dónde va el agua del grifo.
- Cómo consumimos el agua.

¿Hay vida en otros planetas?

Para que un planeta se encuentre en la llamada “zona de habitabilidad” debe recibir la cantidad de energía exacta que permita la existencia de agua líquida.

- ¿Por qué crees que se piensa que pudo existir vida en Marte, pero no en Venus?
- ¿Se han encontrado planetas extrasolares en la zona de habitabilidad?

1 Un planeta llamado Agua

La Tierra es un planeta rocoso, como lo son Mercurio, Venus y Marte. Este hecho los diferencia de los planetas gigantes, como Júpiter, Urano o Neptuno, compuestos mayoritariamente por gases.

Lo que hace de la Tierra un planeta singular no es, por tanto, la presencia de rocas o tierra, sino la existencia de **agua líquida**.

La Tierra es, por tanto, el único planeta del sistema solar con agua en abundancia. Por eso se dice a veces que nuestro planeta, más que Tierra, debería llamarse Agua.

La cantidad de agua presente en la Tierra no solo es mayor que en cualquier otro planeta, sino que, además, se puede encontrar en los tres estados: sólido, líquido y gaseoso. Pero no siempre fue así.

El origen del agua en la Tierra

Hace 4500 Ma

La temperatura de la Tierra era tan alta que toda el agua se encontraba en forma de **gas** en la atmósfera.

Hace 4000 Ma

La temperatura de la Tierra bajó y el vapor de agua se condensó precipitando en forma de lluvia, dando lugar así al **agua líquida**.

Hace 1700 Ma

La temperatura de la Tierra bajó bruscamente, se produjo una gran glaciación y apareció el **hielo** en la superficie terrestre.

¿Por qué hay agua en la Tierra?

Hemos visto que Marte también se halla dentro de la llamada zona de habitabilidad, es decir, en la región en torno a la estrella de su sistema en la que la energía que se recibe de ella hace posible la existencia de agua líquida. Entonces, ¿por qué no tiene agua en estado líquido?

La temperatura de la superficie de un planeta puede depender fundamentalmente de dos factores:

La distancia a su estrella

Determina la cantidad de radiación recibida por el planeta.

Las características de la atmósfera

Influyen en la temperatura media del planeta.

La TIERRA es el único planeta del sistema solar que posee abundante agua en los tres estados: sólida, líquida y gaseosa

Por ejemplo, una atmósfera como la de la Tierra favorece el calentamiento de la superficie durante el día y reduce el enfriamiento por la noche. En cambio, La atmósfera de Marte es muy tenue y resulta insuficiente para tener agua líquida. Incluso la Tierra, si careciese de atmósfera, sería un planeta helado.

ACTIVIDADES

1. **Observa** la imagen del sistema solar presentada en la página anterior. ¿Dónde se sitúan los planetas rocosos? ¿Y los gaseosos?

2. **Reflexiona.** El agua es muy abundante en los cometas y otros elementos de la zona externa del sistema solar. ¿En qué estado crees que se encontrará el agua presente en los cometas?

3. **Investiga.** Mercurio es el planeta más cercano al Sol, situado a 58 millones de kilómetros. Esto implica que la temperatura de la superficie de Mercurio puede superar los 450 ºC. Busca información sobre la presencia de agua en Mercurio y contesta a las siguientes preguntas.
   a) ¿En qué estado se encuentra?
   b) ¿Cómo puede existir agua en un ambiente con temperaturas tan extremas?

4. **Ordena** cronológicamente los estados del agua según cuándo aparecieron en la Tierra.

5. **Analiza.** La tabla recoge la distancia al Sol de tres planetas y su temperatura media real, así como la temperatura teórica que tendrían si carecieran de atmósfera.

Planeta	Distancia al Sol (millones de años)	Temperatura media en la superficie (en °C)	Temperatura teórica sin atmósfera (en °C)
Venus	108	445	155
Tierra	150	15	−18
Marte	228	−55	−63

   a) ¿Cuántos grados de diferencia hay entre la temperatura real de la Tierra y su temperatura teórica?
   b) La diferencia entre la temperatura real y la teórica en Venus es de 290 °C, mientras que en Marte es de 8 °C. ¿Cuál de estos planetas tendrá una atmósfera más densa?
   c) ¿Qué ocurriría si Marte tuviese una atmósfera como la de Venus?

2 ¿Qué hace tan especial el agua?

El agua en la naturaleza se encuentra, especialmente, formando parte de los océanos.

Las propiedades del agua

El agua es una sustancia que posee unas propiedades nada corrientes:

- Es **incolora en estado gaseoso** y, en pequeñas cantidades, en estado líquido. El agua líquida en grandes cantidades adquiere un color azul verdoso.
- Es **inodora e insípida**, es decir, no tiene olor ni sabor. Si nos huele o nos sabe a "algo", es porque lleva sustancias disueltas.
- **Solidifica a los 0 °C** y, si está al nivel del mar, **hierve a los 100 °C**.
- **Flota en el agua líquida** cuando se halla en estado sólido, en forma de **hielo**.
- Posee un gran **poder de disolución**.

El agua en la Tierra

Estas propiedades hacen que el agua sea de las pocas sustancias que podemos encontrar en la Tierra en los **tres estados físicos**: **sólido**, **líquido** y **gaseoso**. En todos estos estados sigue siendo agua.

Los estados del agua

Estado sólido

En estado sólido forma la nieve, de color blanco, y el hielo glaciar, de color blanco azulado.

Estado líquido

El agua líquida se halla en océanos, ríos y lagos, y constituye una parte esencial de nuestro cuerpo.

Estado gaseoso

El vapor de agua forma parte de la atmósfera y es incoloro. Las nubes tienen agua líquida y cristalitos de hielo.

¿El agua natural es agua pura?

Esta agua, el **agua natural**, tanto dulce como salada, no es agua pura porque siempre contiene otras sustancias disueltas. Ni siquiera lo es el agua de lluvia, ya que disuelve gases de la atmósfera e incorpora partículas que se encuentran en suspensión en el aire.

También el agua del grifo y el agua embotellada para consumo humano tienen sustancias disueltas.

El **agua pura**, o **agua destilada**, puede obtenerse a partir del agua natural mediante un proceso llamado **destilación**.

El agua y la vida

La vida en la Tierra se originó en el agua, y todos los seres vivos dependemos de ella. Allí donde hay agua líquida en abundancia prolifera la vida. El agua es, además, el componente mayoritario de los seres vivos.

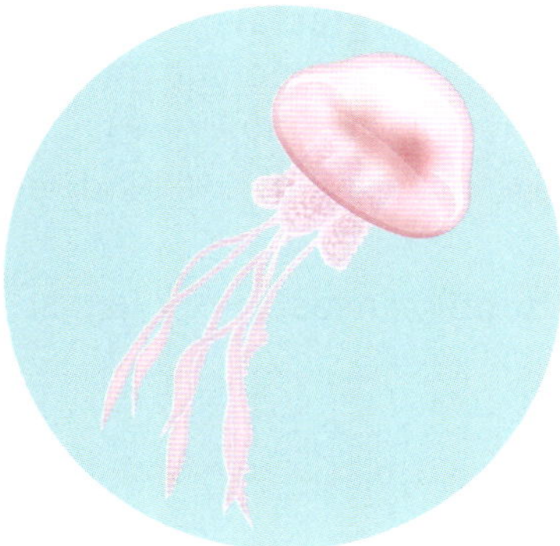

El 98 % del peso de una medusa es agua.

El 65 % del peso de una persona es agua.

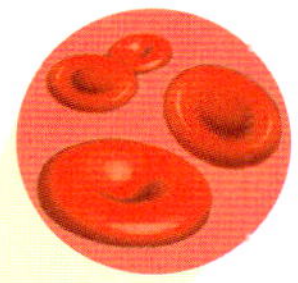

92 % plasma sanguíneo

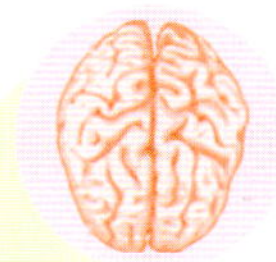

82 % cerebro

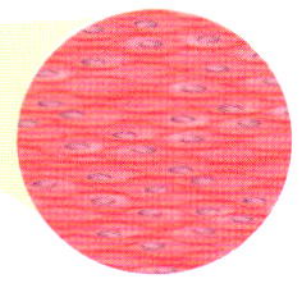

80 % tejido muscular

20 % huesos

Como hemos visto, el agua tiene unas características muy especiales que le permiten ser esencial para la vida. Una de ellas es su capacidad como disolvente.

El agua es conocida como el **disolvente universal**, ya que puede disolver una gran variedad de sustancias sólidas, líquidas y gaseosas. Esta capacidad es fundamental para la vida.

PRACTICA Las propiedades del agua.

La aportación de nutrientes sólidos y líquidos se realiza gracias a sistemas de transporte acuosos que los disuelven, como la **sangre** en algunos animales o la **savia** de las plantas.

También los desechos se eliminan disueltos en agua.

Igualmente, el agua disuelve gases como el **oxígeno** (O_2), que es necesario para la respiración de los seres vivos, y el **dióxido de carbono** (CO_2), que es imprescindible para la nutrición de las plantas.

La mayoría de las sustancias aumentan su **densidad** cuando pasan del estado líquido al sólido. El agua, sin embargo, disminuye su densidad. Por eso, en las regiones frías, la superficie de los lagos se congela, y debajo de la capa de hielo queda agua líquida en la que continúan desarrollándose los seres vivos.

Además, el agua desempeña un papel esencial en el **mantenimiento de la temperatura** de nuestro cuerpo, porque en ella se dan dos propiedades fundamentales:

- Es capaz de absorber una gran cantidad de calor sin que su temperatura suba mucho. De igual manera, también tarda mucho en enfriarse.
- Al pasar de líquido a gas, absorbe calor y lo toma de la superficie de la piel. De este modo, al evaporarse las gotitas de sudor refrescan nuestra piel.

ACTIVIDADES

1. Deduce. **En el océano Ártico, bajo la capa de hielo hay agua líquida. ¿Qué ocurriría si el hielo no flotase en el agua?**

2. Experimenta. **Mójate el dedo índice de ambas manos. Mueve uno de ellos y mantén quieto el otro.**

a) ¿En cuál de los dedos sientes más frío? ¿Cuál se seca antes?

b) ¿Cómo explicas lo ocurrido?

c) ¿Crees que el sudor ayuda a que no suba la temperatura de nuestro cuerpo?

3 La distribución del agua en la Tierra

>> ¿Cuál es el origen de la sal que contiene el agua del mar?

A lo largo de la historia de la Tierra, el agua de lluvia ha disuelto algunas sales que contienen las rocas y las ha llevado al mar.

Además, las erupciones volcánicas submarinas también han aportado sal.

¿Cuánta agua hay en la Tierra?

El agua cubre casi las tres cuartas partes de la superficie terrestre y ocupa un volumen enorme. Ten en cuenta que la profundidad media de los océanos es de 3800 metros.

De cada 100 litros de agua que hay en la Tierra, 97 se hallan en el océano y son, por tanto, **agua salada**; 2,1 litros son **hielo glaciar**, y 0,9 litros corresponden a **agua dulce líquida**. También existe una pequeña cantidad de agua en la atmósfera y formando parte de todos los organismos vivos.

En conclusión, de toda el agua de la Tierra, menos del 1 % es directamente aprovechable por el ser humano.

Esta agua disponible se reparte en aguas subterráneas, ríos y lagos.

Distribución del agua terrestre

1. El agua de los océanos

Los océanos son la principal reserva de agua de la Tierra y constituyen el hábitat de un gran número de seres vivos. Además, actúan como moderadores del clima. En las zonas cercanas al ecuador llega una mayor radiación solar y el agua marina se calienta más. Las **corrientes marinas**, como la circulación termohalina, llevan agua cálida hacia las regiones polares y contribuyen a reducir las diferencias de temperatura entre las distintas zonas del planeta. Los océanos también son una importante fuente de recursos para los seres humanos: alimentos (pesca), minerales (sal), agua dulce mediante desalinización, etc.

3. El agua atmosférica

Una pequeña cantidad del agua presente en la Tierra se encuentra en forma de **vapor de agua** en la atmósfera.

3

2. El agua en los seres vivos

Una pequeña parte del agua se encuentra formando parte de todos los seres vivos.

ACTIVIDADES

1. Reflexiona sobre la relación entre las aguas superficiales y las aguas subterráneas, y contesta:
   a) ¿Se produce un intercambio entre las aguas superficiales y las subterráneas?
   b) ¿Cómo puede el agua superficial pasar a ser subterránea, y viceversa?

2. Deduce. El nivel freático varía, de modo que no siempre se encuentra a la misma profundidad. ¿Cuáles crees que pueden ser las causas que hagan que suba? Justifica tu respuesta.

3. Explica cómo, en verano, después de meses sin llover, un río puede llevar agua.

4. Selecciona la respuesta. ¿Por qué la temperatura en una localidad costera es más suave que en una interior?
   A. Porque la superficie de los mares y los océanos se calienta y se enfría rápidamente.
   B. Porque la superficie de los mares y los océanos se calienta y se enfría lentamente.
   C. Porque la superficie de los mares y los océanos mantiene siempre una temperatura constante.

4. Hielo glaciar

En las regiones polares y en las zonas de alta montaña, las precipitaciones se producen en forma de nieve. La nieve acumulada se comprime y origina el hielo. Las grandes masas de hielo se denominan **glaciares**.

5. El agua superficial

Parte del agua líquida discurre por la superficie terrestre formando las aguas superficiales, o escorrentía superficial, y da lugar a los torrentes, los ríos y los lagos. Constituye un porcentaje muy pequeño del agua dulce, pero es la que nos resulta más accesible.

6. El agua subterránea

Una parte del agua líquida se infiltra en el terreno y constituye las aguas subterráneas. Estas se acumulan en acuíferos, que son rocas porosas que almacenan agua y permiten su circulación por el subsuelo. La superficie del acuífero por debajo de la cual los poros de la roca se encuentran saturados de agua se denomina **nivel freático**. Si el relieve lo corta, se forma una **fuente**, y así las aguas subterráneas se incorporan a las aguas superficiales. Casi todos los ríos y muchos lagos son alimentados por fuentes.

4 El agua circula en la naturaleza

PRACTICA Recrea el ciclo del agua.

El agua, en constante movimiento

El agua no permanece indefinidamente en un depósito o reservorio (océano, glaciar, río, etc.), sino que se traslada en un viaje sin fin.

La continua circulación del agua en la naturaleza se denomina **ciclo del agua**, o ciclo hidrológico, y se produce gracias a la intervención de la **energía solar**.

La energía solar produce la evaporación del agua elevándola hasta las nubes. El viaje de vuelta a la superficie y su desplazamiento hacia lugares cada vez más bajos se lleva a cabo gracias a la **gravedad**.

El agua a lo largo del ciclo no solo cambia de reservorio, sino que también pasa por los tres estados: gas, líquido y sólido.

El ciclo del agua

1. Evaporación

El sol calienta el agua del mar, de los ríos y la superficie terrestre, y parte de ella se convierte en gas y pasa a la atmósfera.

2. Condensación

El vapor de agua que contiene el aire se enfría y forma nubes.

3. Precipitación

Las nubes devuelven el agua a la superficie terrestre en forma de lluvia o nieve.

4. Infiltración

Parte del agua de lluvia se introduce en el terreno y se integra en las aguas subterráneas.

5. Escorrentía superficial

El agua que no se evapora ni se infiltra en el terreno se desliza por las laderas y forma torrentes o ríos que acaban por transportarla a los mares y los océanos.

6. Transpiración

Los seres vivos, especialmente las plantas, devuelven a la atmósfera, en forma de gas, parte del agua que incorporan.

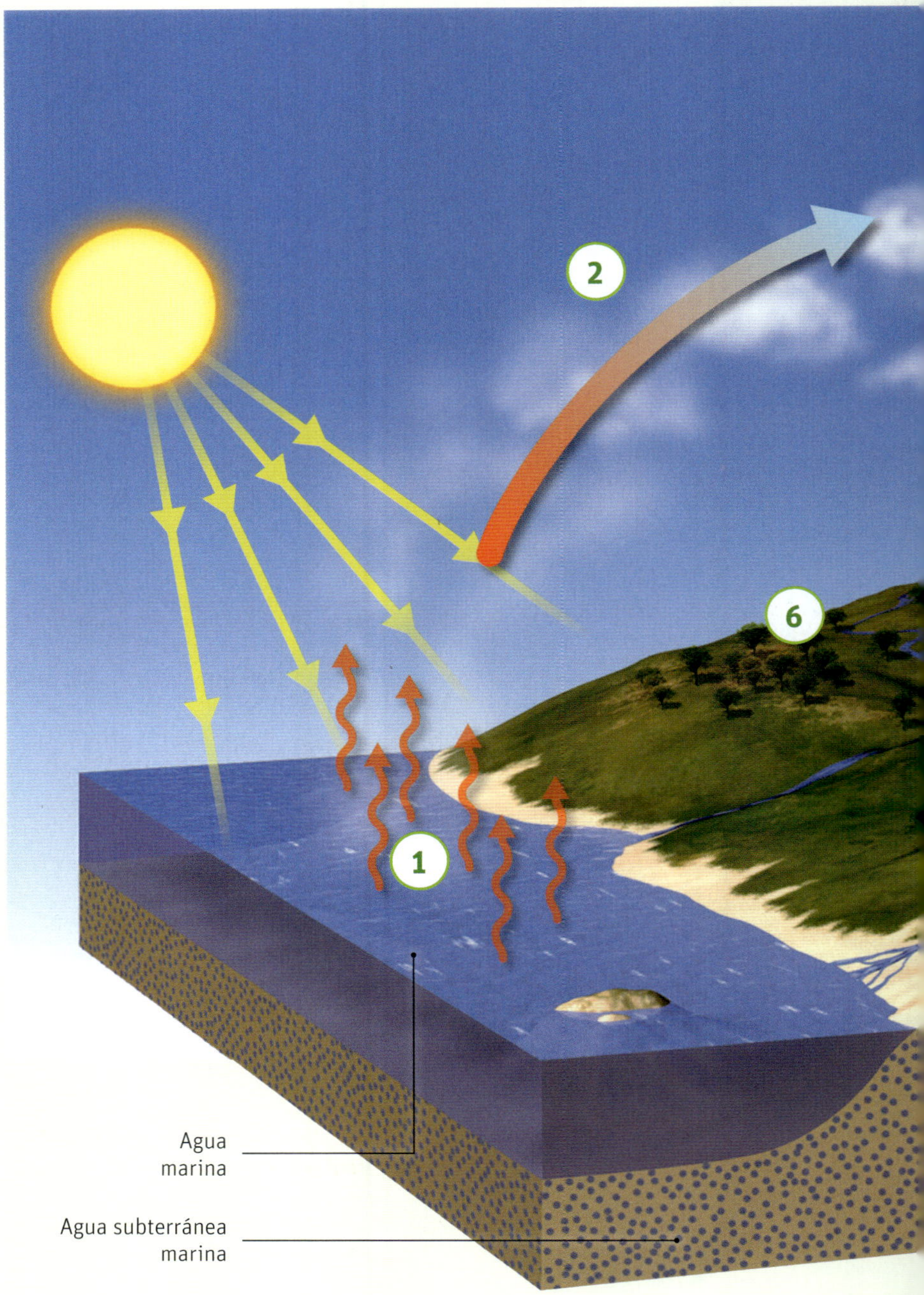

ACTIVIDADES

1. Representa. Utiliza un cronograma para indicar los cambios de estado que se producen en una gota de agua marina hasta que llega a formar parte de un glaciar, así como el proceso que genera cada uno de estos cambios.

2. Deduce. ¿Cómo puede llegar al mar una gota de agua que está en tu cuerpo?

3. Reflexiona. ¿Crees que en la actualidad hay más o menos agua en la Tierra que hace mil años? Para contestar a esta pregunta puedes emplear la técnica "Pensaba, pienso".

4. Razona. ¿Hay evaporación en los continentes o solo en los océanos? ¿Se producen precipitaciones sobre los mares con mucha frecuencia?

5. Deduce. Los seres humanos estamos compuestos por agua en una gran proporción. ¿Cuál de los procesos del ciclo del agua se produce en nuestro organismo cuando sudamos?

6. Observa con atención todo el proceso del ciclo del agua y contesta, de forma razonada, a la siguiente pregunta: ¿de dónde procede el vapor de agua de la atmósfera?

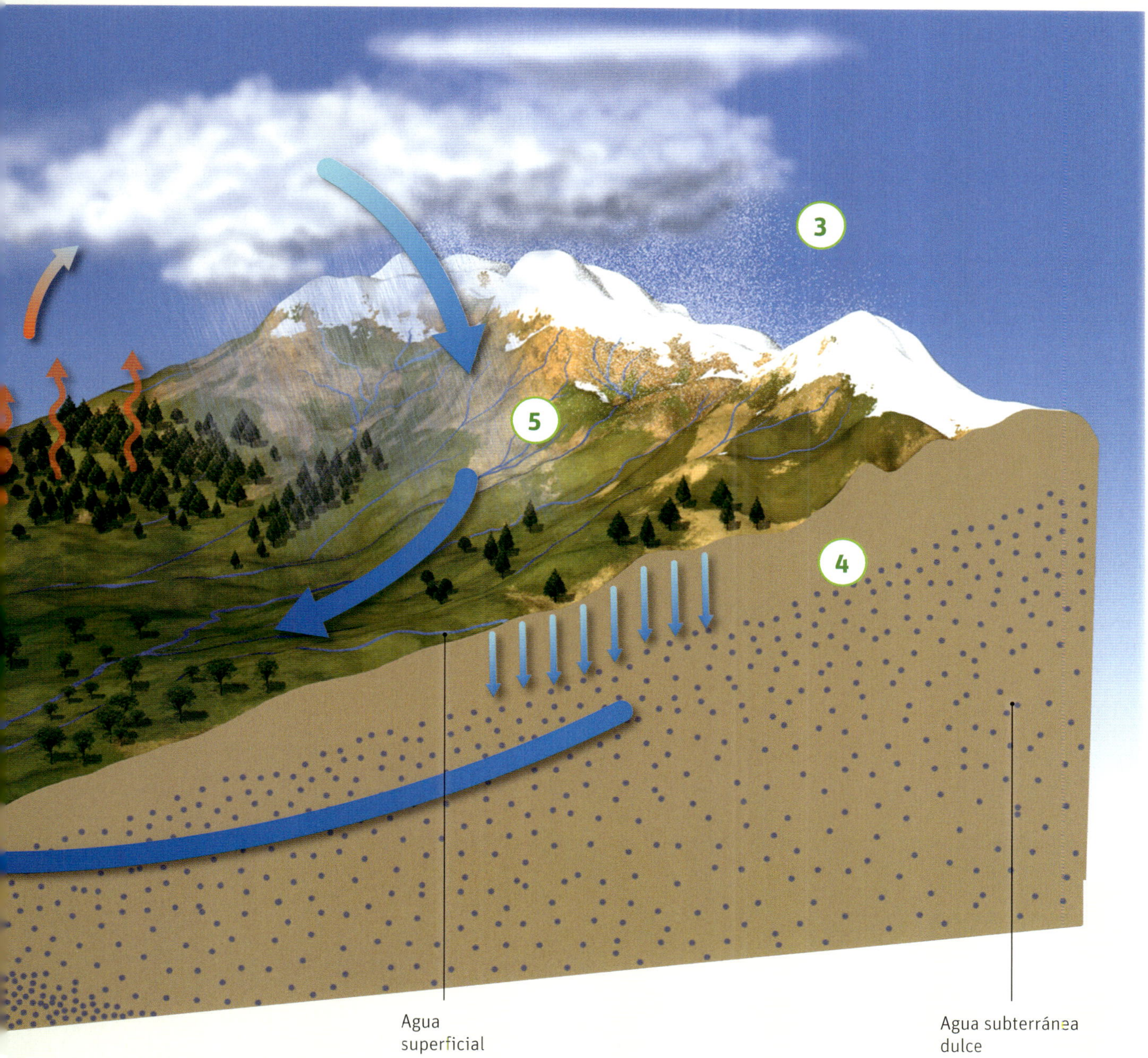

5 El agua que usamos

Cuando abrimos el grifo sale **agua potable**, es decir, agua adecuada para el consumo humano. ¿De dónde se extrae y qué se hace con ella?

OBSERVA ¿Es potable el agua de la depuradora?

¿Qué tratamiento recibe el agua para poder tomarla?

Desde la zona de recogida, como puede ser una presa, las aguas son transportadas a una **planta potabilizadora**, donde el agua será tratada. A este tratamiento lo denominamos **potabilización**.

El agua de los ríos y embalses está turbia, tiene partículas en suspensión, microorganismos y, a veces, sustancias tóxicas. Para transformarla en agua apta para el consumo humano se somete en las plantas potabilizadoras a una serie de procesos, que son el **filtrado**, la **desinfección** y el **almacenamiento**.

1. Captación

La captación es el primer paso necesario para la llegada de agua potable a nuestras casas. Consiste en la extracción de agua del medio natural, como ríos y aguas subterráneas, o de lugares para su recogida, los embalses.

2. Potabilización

- **Filtrado.** Las aguas pasan por unas rejillas que retienen los objetos grandes. Se dejan reposar en unos estanques de decantación para que se depositen los materiales finos y, por último, se pasan por unos filtros de arena y carbón.
- **Desinfección.** Se añade un desinfectante, como cloro u ozono, para destruir a los microorganismos patógenos.
- **Almacenamiento.** El agua que ya es potable se acumula en grandes tanques para su distribución.

3. Distribución

Una compleja red de distribución lleva el agua potable desde los tanques de la planta potabilizadora hasta las viviendas, los comercios y las industrias, para su consumo.

¿A dónde va el agua que utilizamos?

Tras ser utilizada en nuestras viviendas, el agua es recogida por la red de alcantarillado. Es un agua muy diferente de la que nos llegó por el grifo, ahora está **contaminada**: está sucia, ha incorporado detergentes y residuos y ha perdido calidad. Decimos que el agua se encuentra contaminada cuando puede causar daños a los seres vivos y no es adecuada para determinados usos.

Las **aguas residuales urbanas** están cargadas de residuos fecales, y la materia orgánica que contienen favorece el desarrollo de las bacterias. Estas consumen el oxígeno disuelto en el agua y provocan la desaparición de otras formas de vida en los ríos, en los lagos y en el mar.

Para evitarlo, es necesario depurar las aguas antes de ser devueltas a su lugar de origen. Las instalaciones en las que se realiza este proceso son las **depuradoras**.

Los principales contaminantes del agua son las sustancias tóxicas derivadas de abonos, pesticidas y productos industriales, así como los desechos orgánicos procedentes de granjas y de aguas fecales.

Disponer de agua apta para el **CONSUMO HUMANO** requiere varios procesos: la **captación**, el **tratamiento** y la **distribución**. Después de su utilización, el agua está contaminada y debe ser **depurada**.

ACTIVIDADES

1. Razona. A veces, el agua de algunos ríos parece limpia y clara. ¿Qué razones darías a una amiga para que no beba esa agua?

2. Experimenta. Reproduce el proceso de decantación que tiene lugar en los estanques: echa un puñado de tierra en una botella con agua y agítala; el agua se pondrá turbia; déjala reposar y obsérvala pasadas unas horas. ¿Qué ha ocurrido?

3. Reflexiona. ¿Es potable el agua que sale de la depuradora? ¿Qué ocurriría si llegara ese agua directamente al mar?

4. Investiga. Del proceso de depuración se obtienen productos útiles. Busca información sobre ellos.

5. Deduce por qué las aguas contaminadas con desechos fecales pueden causar la muerte de muchos organismos.

6 El consumo de agua

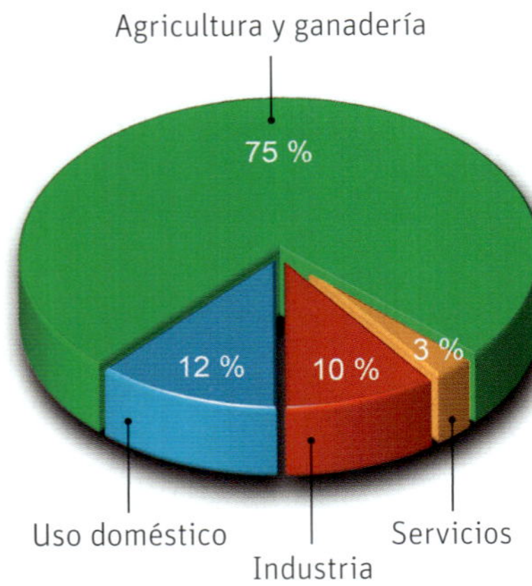

Consumo de agua en España.

¿Por qué necesitamos beber agua?

Casi todas las actividades de nuestro organismo requieren la presencia de agua. Por ejemplo, digerir los alimentos, llevar los nutrientes a las células, eliminar sustancias de desecho, mantener la temperatura corporal, etc. De ahí la necesidad de estar bien hidratados.

No todos los organismos tienen el mismo grado de dependencia del agua. Pero, en cualquier caso, la actividad vital se paraliza sin ella. Incluso algunas formas de resistencia, como las semillas, cuyo contenido en agua es inferior al 15 %, no germinan hasta que incorporan una importante cantidad de agua.

¿Cómo usamos el agua?

La Organización Mundial de la Salud considera que el consumo de agua por persona y día debería estar entre cincuenta y cien litros.

El tipo de vida que se lleva a cabo en los países desarrollados implica un elevado **consumo** de agua.

Por ejemplo, en España ese consumo medio es de ciento cincuenta litros. Pero aun siendo elevada, esta cifra es una pequeña parte de nuestro consumo real, que se distribuye entre las actividades agrícolas y ganaderas, las actividades industriales y de servicios, y el uso doméstico.

Uso del agua

Agricultura y ganadería

La mayor parte del agua consumida en el mundo, un 60 %, se destina a la agricultura y la ganadería.

Una cosecha de tomates, por ejemplo, necesita unos cuatrocientos litros de agua por metro cuadrado.

Industria

Alrededor de un 25 % del agua que se usa en el mundo se destina a procesos industriales.

Fabricar mil kilogramos de aluminio, por ejemplo, requiere mil quinientos litros de agua.

Servicios

En torno a un 5 % del consumo del agua se produce en el sector servicios. Esta cantidad difiere mucho entre los países según cual sea su grado de desarrollo.

Uso doméstico

En torno a un 10 % se utiliza para beber, limpiar y cocinar. El porcentaje de agua destinada a este uso está disminuyendo en algunos países desarrollados.

¿Habrá agua para todos?

En el último siglo, el consumo de agua en el mundo se ha multiplicado por siete. Para atender a esta demanda se recurre a las aguas superficiales y a las subterráneas, un recurso que, en principio, podríamos considerar **renovable**.

Desafortunadamente, el agua es uno de los recursos peor administrados en el planeta. Se desperdicia y se contamina, y solo una pequeña parte se depura.

El agua dulce es un recurso renovable siempre que no recurramos a algunas acciones que la pongan en peligro:

- Contaminar el agua con mayor rapidez de la que se depura.
- Sobrecargar el agua con desechos no degradables.
- Extraer agua de los depósitos subterráneos más rápido de lo que se vuelven a llenar.

Estas acciones conllevan la **sobrexplotación de los acuíferos**, es decir, la extracción de más agua subterránea de la que se recarga con la infiltración. Esto tiene diversas consecuencias, como poner en riesgo algunos de nuestros humedales.

Para evitar esta sobrexplotación es necesario tomar medidas y hacer un **consumo sostenible** del agua.

» El agua es un derecho

El acceso al agua es un derecho fundamental de todos los seres humanos.

Sin embargo, millones de personas no disponen de agua potable.

No dejes el grifo abierto mientras te cepillas los dientes.

Repara las posibles fugas.

Dúchate en vez de bañarte y cierra el grifo mientras te enjabonas.

Utiliza lavavajillas y lavadoras con carga completa.

No uses el inodoro como cubo de basura.

No utilices el agua del grifo para descongelar alimentos.

Reduce la capacidad de agua de tu cisterna.

Riega las plantas y el jardín al anochecer o al amanecer.

ACTIVIDADES

1. Calcula. La siguiente tabla recoge el consumo aproximado de agua cuando realizamos distintas actividades cotidianas.

	Actividad	Litros
Baño	Darse un baño	150
	Ducha de cuatro minutos	40
	Cisterna completa	14
	Cepillarse los dientes	2
	Lavarse las manos	2

a) Anota cuáles de estas actividades llevas a cabo al día y calcula tu consumo de agua diario, por actividad y en total.

b) Haz un gráfico de barras que recoja tu consumo de agua distribuido por cada una de las acciones.

2. Reflexiona. De los consejos de ahorro, ¿cuáles no cumples? Indica qué deberías hacer para reducir tu consumo de agua.

3. Observa el gráfico de la página anterior y contesta a la siguiente pregunta: ¿por qué en España se utiliza, proporcionalmente, más agua en agricultura y ganadería, y menos en industria que la media mundial?

4. Investiga sobre los efectos de la sobrexplotación de los acuíferos en tu comunidad y realiza una infografía en la que reflejes la situación de estos acuíferos, y qué medidas deberían llevarse a cabo para evitar su sobrexplotación.

5. Reflexiona. ¿Por qué crees que el uso doméstico del agua está disminuyendo en algunos países desarrollados?

El planeta Agua

La Tierra es el único planeta del sistema solar con **agua líquida** en abundancia. El agua es imprescindible para la vida.

El agua presente en la Tierra se distribuye de forma desigual entre los **océanos** (97 %), el **hielo glaciar** (2,1 %) y el **agua dulce líquida** (2,1 %).

Disponer de agua apta para el consumo humano requiere un proceso de **captación**, **potabilización** y **distribución**.

El agua disponible puede ser considerada un recurso renovable si se gestiona correctamente. Si no, se da una **sobrexplotación**.

El agua tiene unas características que nos permite encontrarla en la Tierra en los tres estados: **sólido**, **líquido** y **gaseoso**.

Gracias a la **energía solar** y la **gravedad**, el agua circula permanentemente por la naturaleza y se recicla.

El agua se contamina con el uso, y debe ser **depurada** antes de devolverla a los ríos y al mar.

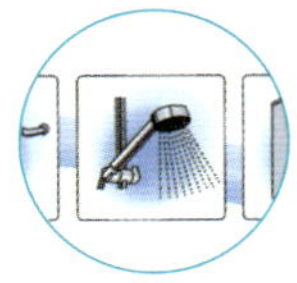

Debemos garantizar el derecho de todos al agua y moderar nuestro consumo para que sea **sostenible**.

1. Organiza tus ideas. **Copia, completa y amplía el siguiente esquema para construir tu propio mapa mental de la unidad.**

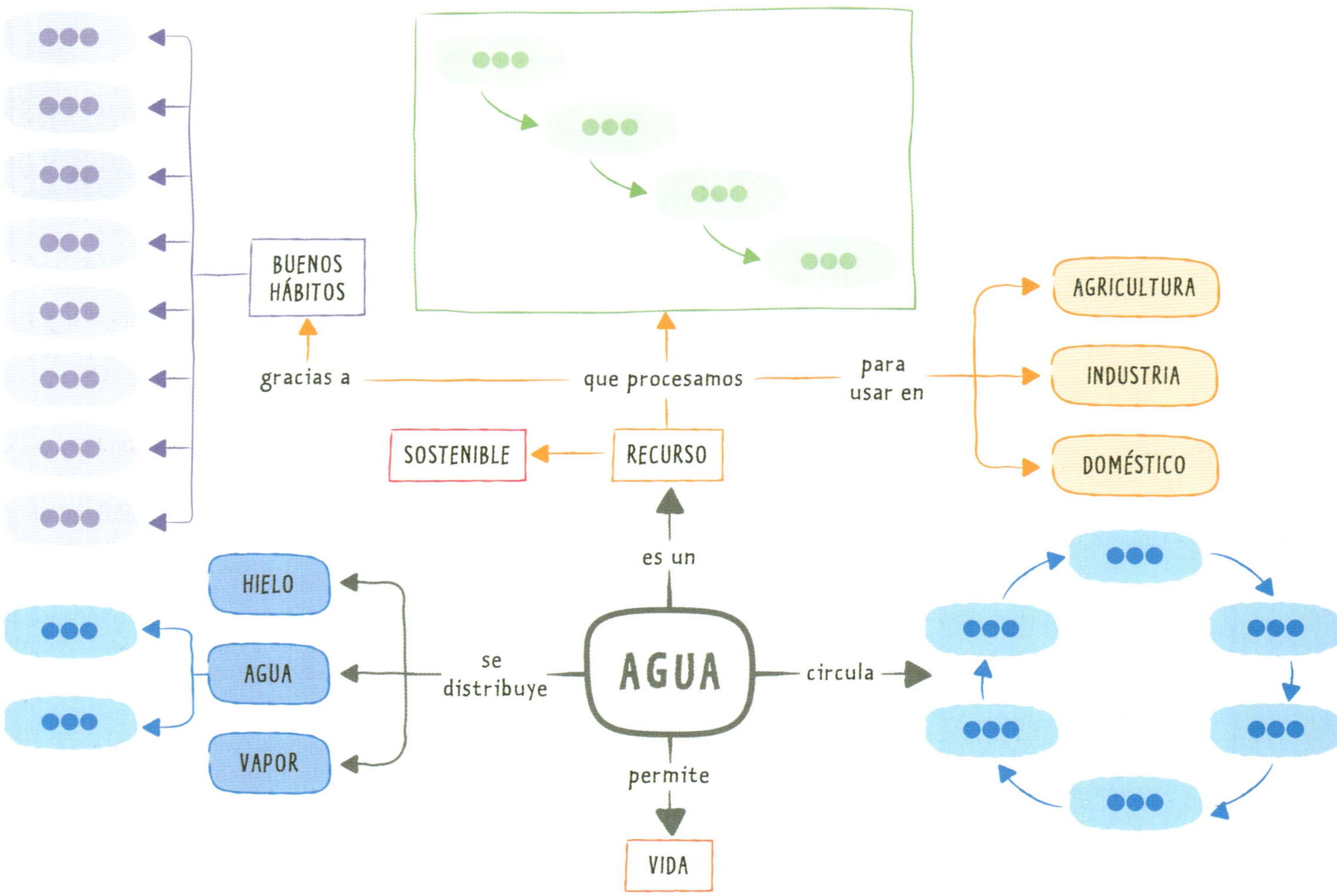

VALORA LO APRENDIDO Autoevaluación y resumen.

ACTIVIDADES FINALES

1. Observa **la siguiente tabla, , que recoge la distancia al Sol de tres planetas, su temperatura media real y la presencia de vapor de agua en su atmósfera.**

Planeta	Distancia al Sol (millones de años)	Temperatura media en superficie (en ºC)	Vapor de agua presente en su atmósfera (en %)
Venus	108	445	0,002
Marte	228	-55	0,03
Saturno	1418	–125	0,1

a) Representa, mediante un diagrama de barras, la distancia al Sol y la Temperatura media en superficie de Venus, Marte y Saturno. ¿Crees que ambos parámetros están relacionados?

b) Añade ahora al diagrama una gráfica de línea representando el vapor de agua que cada uno presenta en su atmósfera. En base a ese resultado, ¿podrías afirmar que cuanto más cerca del Sol, menos vapor de agua tendrá un planeta? ¿Por qué?

2. Deduce. **Metemos en el congelador dos vasos iguales con la misma cantidad de agua. En uno de ellos se han disuelto dos cucharaditas de sal. Tras una hora, el agua del vaso sin sal está completamente congelada, mientras que el agua del otro vaso aún no lo está. Sin embargo, el termómetro marca –3 °C.**

a) ¿A qué temperatura se congela el agua?

b) ¿Qué conclusión podemos sacar de que a –3 °C el agua salada no esté congelada, pero sí lo esté el agua dulce?

c) A la vista de este resultado, ¿dirías que el agua del mar se congela a 0 °C o es probable que necesite una temperatura inferior?

3. Experimenta. **El agua de lluvia, la de un río e incluso la del grifo tienen aire disuelto. La capacidad para disolver gases, como los del aire, es mayor en el agua fría que en la caliente.**

Ponemos a calentar agua del grifo; veremos que se forman pequeñas burbujas en las paredes y en el fondo del recipiente.

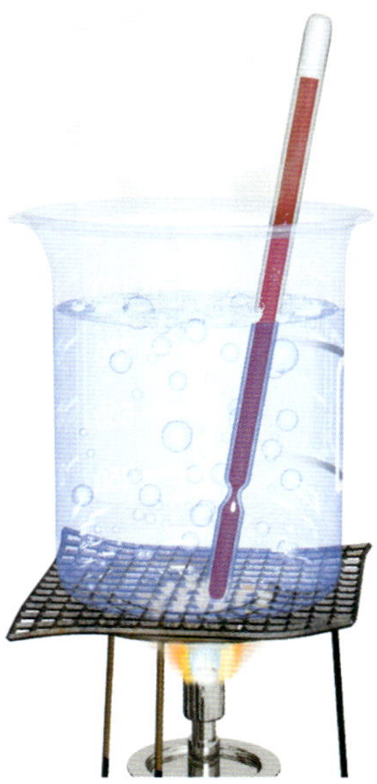

a) ¿De qué son estas burbujas?

b) ¿Por qué se forman?

c) ¿Qué ocurre con las burbujas?, ¿a dónde van?

d) Algunos peces necesitan respirar en aguas muy oxigenadas. ¿Crees que preferirán aguas frías o cálidas?

4. Investiga **de dónde viene el agua que se consume en tu localidad y redacta un breve ensayo en el que expliques el proceso de captación.**

5. Analiza. **Envolvemos un geranio en una bolsa de plástico y la cerramos bien por la base de la planta para aislarlo del exterior, dejando fuera la maceta. Al día siguiente observamos que en el interior de la bolsa hay gotitas de agua.**

a) ¿De dónde proceden estas gotas de agua?, ¿pueden venir directamente de la tierra de esa maceta que hemos regado?

b) ¿Qué cambios de estado se han producido en el agua hasta aparecer en la bolsa de plástico?, ¿en dónde ha ocurrido cada uno de ellos?

6. Experimenta. **Echa un cubito de hielo en un vaso con agua.**

a) Describe lo que ocurre: ¿el cubito flota o se va al fondo? ¿Qué es más denso, el hielo o el agua?

b) Ahora coge un vaso de aceite y échale un cubito de aceite previamente congelado. Describe lo que ocurre: ¿el cubito de aceite flota o se va al fondo? ¿Qué es más denso, el aceite sólido o el líquido?

c) Prepara un vaso con la mitad de agua y la mitad de aceite y échale un cubito de hielo. ¿Qué crees que ocurrirá?, ¿en dónde se situará el cubito de hielo? Compruébalo.

7 Analiza. **Por equipos, enumerad razones basadas en evidencias que puedan provocar la contaminación del agua del mar. Después de realizar el análisis, valorad en una escala del 1 al 5 si las causas y las pruebas encontradas explican satisfactoriamente el suceso analizado.**

SUCESO: LA COSTA SE HA CONTAMINADO	
Causas	Pruebas
Las personas tiran bolsas al mar.	Hay plásticos flotando en el agua.
•••	•••
Valoración 1, 2, 3, 4, 5	

8. Concluye. **Tenemos agua que contiene trozos de hojas, tierra en suspensión y microorganismos. ¿Cuáles de los siguientes procesos serán adecuados para eliminar cada uno de estos componentes? Explícalo.**

a) Añadir cloro.

b) Utilizar un filtro de grava.

c) Decantar.

9. Experimenta. **Para construir un filtro de agua cortamos la base a una botella de plástico de un litro y medio. Cogemos tres puñados de arena y los lavamos hasta que el agua salga limpia. Hacemos lo mismo con tres puñados de grava. Invertimos la botella, y metemos por la base papel de filtro y una capa de algodón. Sobre ella añadimos la arena y, por último, la grava.**

Para probar nuestro filtro, vertemos agua sucia a la que hemos echado tierra, y trozos de hojas y ramas.

a) Recoge en un vaso el agua filtrada y describe sus características. ¿Qué diferencias observas con respecto al agua que vertimos?

b) ¿Esa agua filtrada será potable? ¿Por qué?

c) ¿Has observado diferencias en el tiempo en que tarda el agua en filtrarse con la grava y la arena? ¿A qué crees que se debe?

10. Infiere. **Un laboratorio nos ha enviado el análisis del agua de un río. El resultado lo recoge la siguiente tabla.**

Sustancias disueltas	Gramos por litro
Bicarbonato de calcio	0,085
Cloruro de sodio	0,012
Silicatos	0,010
Sulfatos	0,008
Otros	0,006

a) ¿Es pura el agua de este río?

b) ¿Cuántos gramos de sustancias tiene por cada litro?

c) El agua de este río es dulce. ¿Significa eso que no contiene sales?

d) ¿Podrías obtener agua pura a partir del agua de este río? Investiga y explica los pasos que deberías seguir para conseguir agua pura.

11. Emprende. **Una auditoría es un examen que se hace a una organización sobre su funcionamiento. Su objetivo es analizar qué se puede mejorar. Si el examen se realiza desde una perspectiva medioambiental, se habla de ecoauditoría. ¿En tu centro se consume más agua de la necesaria? Vamos a comprobarlo haciendo una ecoauditoría. Podéis llevar a cabo el trabajo en grupos.**

1. Recoged los datos básicos. El secretario os puede informar de cuánta agua se consume al mes, y cuántos estudiantes, profesores y personal no docente hay en el centro.
2. Revisad el estado de los grifos y cisternas.
3. Elaborad un listado con las medidas de ahorro.
4. Realizad una campaña de concienciación dirigida a todos los estudiantes del centro.
5. Comprobad los resultados pasado un tiempo.

12. Soy competente

Lee atentamente el siguiente texto y resuelve las actividades que se formulan.

El agua dulce representa apenas el 3 % del total de la que existe en el planeta. El 70 % se encuentra en forma de hielo glaciar; el 28,6 % es agua subterránea; el 1,1 % se halla en los ríos y lagos, y el resto se reparte entre la atmósfera y los seres vivos.

a) Haz una gráfica de barras, con los datos del texto, que represente la distribución del agua dulce en la Tierra.

b) El agua dulce fluye desde los continentes hacia los océanos. Lo hace en la superficie por los ríos y, más lentamente, debajo del suelo, por las aguas subterráneas. ¿Qué factor provoca que el agua vuelva a ascender desde los mares y océanos hasta las montañas?

A. El sol

B. La condensación en las nubes

C. La evaporación

D. La lluvia

Sara en Asturias y Juan en Granada han medido durante tres años la cantidad de agua de lluvia caída y la cantidad de agua evaporada. Las dos zonas elegidas tienen la misma superficie. La tabla muestra los datos recogidos.

	Superficie en km^2	Precipitación media anual en hm^3	Evaporación media anual en hm^3
Zona de Asturias	60 000	75 300	31 500
Zona de Granada	60 000	36 100	28 100

a) ¿Qué porcentaje del agua de lluvia se pierde por evaporación en la región asturiana? ¿Y en la granadina?

b) ¿A qué crees que puede deberse esta diferencia?

c) Si dos zonas tienen la misma precipitación media anual, ¿podemos afirmar que disponen de idéntica cantidad de agua? ¿Por qué?

13. Calcula. Podemos imaginar una gota de agua circulando por la naturaleza hasta regresar al lugar de salida. Su recorrido puede ser muy variado y pasar por diferentes lugares y seres vivos. En función del trayecto que siga, invertirá más o menos tiempo.

El tiempo medio que una gota de agua permanece en cada uno de los reservorios es lo que se denomina tiempo de residencia.

A lo largo de la historia de la Tierra, el volumen de agua del planeta ha sido básicamente el mismo.

Reservorio	Tiempo de residencia
Seres vivos	Entre 6 y 7 días
Atmósfera	Entre 9 y 11 días
Ríos	De 15 a 30 días
Lagos	10 años
Hielo glaciar	De 1000 a 10 000 años
Océano	4000 años
Agua subterránea	De 15 días a millones de años

a) ¿Cuánto calculas que tardaría, como mínimo, una gota de agua que está en un río en volver a él pasando por un glaciar?

b) En la historia de la Tierra, ¿crees que una gota de agua ha podido pasar varias veces por un reservorio y formado parte de diversos organismos? ¿Por qué?

14. Reflexiona. Para indicar el agua que se necesita para producir algunos alimentos hablamos del "consumo virtual de agua". Así, para disponer de la carne, el pan, el queso y el tomate de una sola hamburguesa se necesitan dos mil cuatrocientos litros de agua.

a) Este tipo de consumo, ¿te parece virtual o es tan real como el agua que usamos para ducharnos?

b) Para generar un kilogramo de algodón se necesitan ocho mil quinientos litros de agua. Si tu camiseta pesa quinientos gramos, ¿cuánta agua se habrá gastado en fabricarla?

15. Retoma la pregunta de la apertura de unidad y respóndela escribiendo un pequeño ensayo en el que justifiques si puede haber o no vida en otros planetas.

Ciencia en la calle

Lee y comprende el siguiente texto:

El consumo de agua

La Organización de las Naciones Unidas para la Alimentación y la Agricultura (FAO) ha empleado una imagen similar a esta para subrayar la necesidad de moderar nuestro consumo de agua.

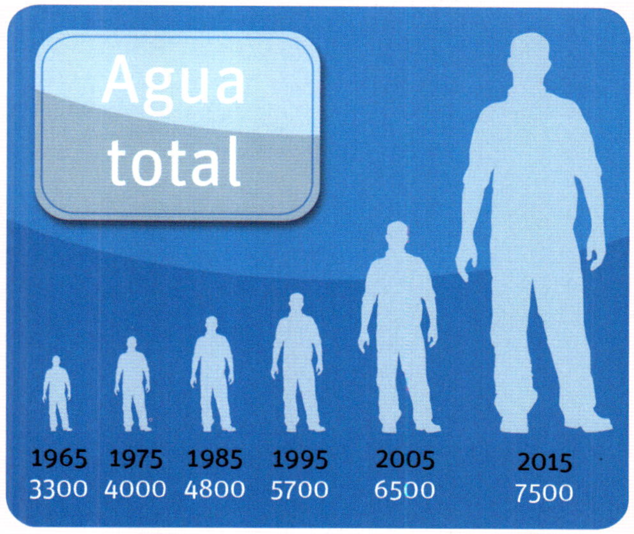

En el gráfico se observa que el agua es un recurso limitado y que la población mundial está aumentando a un gran ritmo.

a) ¿Por qué decimos que el agua es un recurso limitado?

b) ¿Desaparece el agua que utilizamos?

c) Para atender al aumento de la población es necesario moderar el consumo de agua. ¿Qué otras medidas debemos adoptar para que todos tengamos acceso al agua que precisamos?

Las siguientes imágenes recogen los litros de agua que se han necesitado para producir algunos alimentos que se consumen con frecuencia.

d) Nuria se ha tomado un chuletón de buey de doscientos gramos, una manzana y un café. ¿Cuánta "agua" ha consumido?

e) Compara la cantidad de agua que se requiere para obtener un kilogramo de carne y un kilogramo de garbanzos. ¿A qué crees que se debe la diferencia? ¿Qué conclusión sacas?

f) Ahora que ya sabes más, ¿qué medidas tomarías para reducir el consumo de agua?

3 LA ATMÓSFERA, UN OCÉANO DE AIRE

En esta unidad aprenderás…

- Cómo es el aire que respiramos.
- Cuál es la estructura de la atmósfera.
- Por qué es importante la atmósfera.
- Qué origina el calentamiento global.
- Qué causa la contaminación atmosférica.

¿Es posible la vida sin atmósfera?

El vapor de agua es uno de los gases que forman la atmósfera. A pesar de aparecer en una proporción muy pequeña, su importancia es enorme, pues está implicado en el clima, en la regulación de la temperatura, en el ciclo del agua y en el desarrollo de la vida.

- Además del vapor de agua, ¿qué otros gases componen la atmósfera?
- ¿En qué capa de la atmósfera se forman las nubes?

1 El aire que te rodea

OBSERVA ¿Cómo se calcula la composición del aire?

La Tierra posee una capa externa gaseosa que la envuelve completamente, la **atmósfera**. Se llama **aire** a la mezcla de gases que componen la atmósfera.

La composición del aire

El aire seco y limpio está compuesto fundamentalmente por nitrógeno (78 %) y oxígeno (21 %).

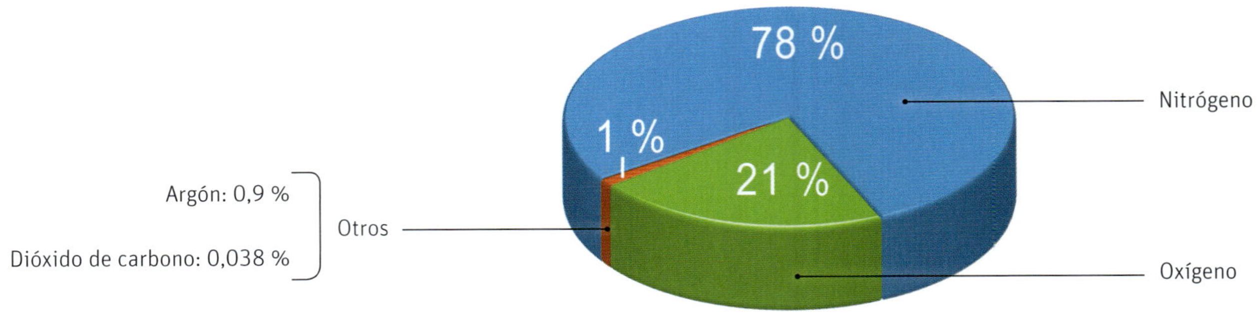

Sin embargo, el aire nunca está completamente seco, sino que contiene cierta cantidad de vapor de agua en una proporción muy variable. El aire tampoco está totalmente limpio, pues lleva partículas sólidas en suspensión: polvo, granos de polen, cenizas volcánicas, etc.

La composición del aire no siempre ha sido igual

Las atmósferas de Venus y Marte carecen de oxígeno, y el gas más abundante es el dióxido de carbono. ¿Por qué es tan diferente la atmósfera terrestre?

La aparición del oxígeno en la Tierra

Hace 4500 Ma

La Tierra primitiva debía de tener una atmósfera similar a la de los planetas más cercanos, como Venus y Marte, que carecen de oxígeno y cuyo gas más abundante es el dióxido de carbono.

Hace 2500 Ma

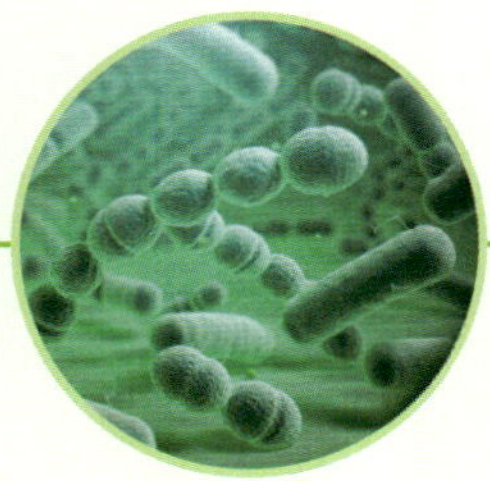

Todo empezó a cambiar con la aparición de los primeros organismos capaces de realizar la fotosíntesis. Eran abundantes unas bacterias que consumían dióxido de carbono para formar materia orgánica y roca caliza.

Actualidad

Las bacterias retiraron enormes cantidades de dióxido de carbono y, además, suministraron oxígeno. El oxígeno de nuestra atmósfera es una aportación de los organismos fotosintéticos.

Las características del aire

Los gases están formados por partículas que no puedes ver, pero que están en continuo movimiento, y chocan unas contra otras y con los objetos que las rodean. Entre las características del aire, destacan las siguientes:

El aire se puede comprimir

Las partículas se pueden juntar y ocupar un volumen menor.

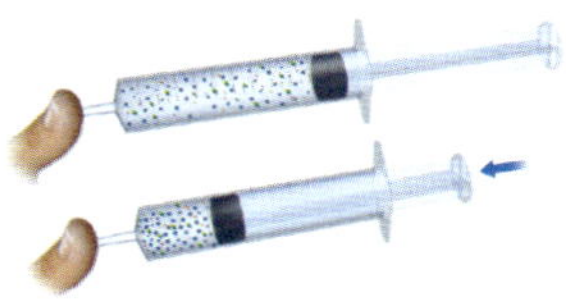

Al tapar la jeringuilla con el dedo y apretar el émbolo, se comprime el aire que hay dentro.

El aire se dilata

Con el calor, las partículas se mueven más rápido y ocupan un volumen mayor.

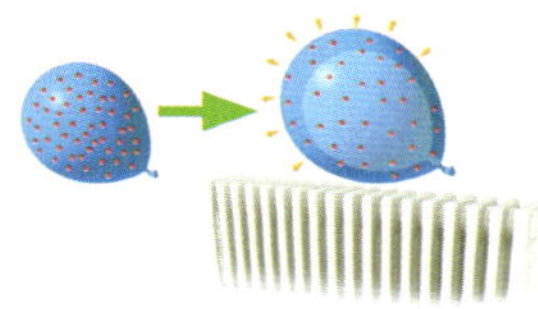

Si colocamos un globo poco hinchado cerca de un radiador caliente, el globo se hincha más.

El aire ejerce presión

Las partículas ejercen presión sobre los objetos: la presión atmosférica.

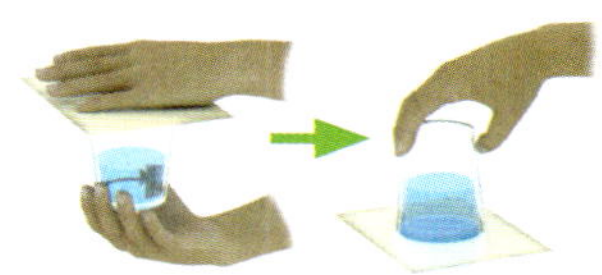

El aire del vaso ejerce presión sobre el agua e impide que se caiga el papel si invertimos el vaso.

La circulación del aire en la atmósfera

Cuando el aire se calienta, sus partículas se separan. Al dilatarse, su densidad disminuye y el aire asciende. Cuando se enfría, las partículas del aire están más juntas, por lo que es más denso y tiende a descender.

1. El Sol calienta la superficie de la Tierra, el ecuador recibe mayor radiación solar y se calienta más.
2. El aire en contacto con la superficie se calienta y asciende.
3. Al ascender, el aire deja tras de sí una zona de **bajas presiones**.
4. La atmósfera tiende a igualar la presión desplazando aire desde lugares con **alta presión**.
5. Las diferencias de presión generan corrientes de aire, y es lo que llamamos **vientos**.
6. Cuando el aire se enfría tiende a descender.

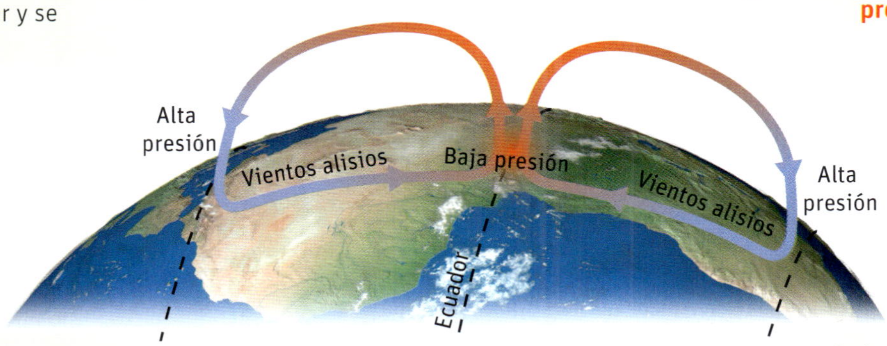

ACTIVIDADES

1. Describe. ¿Qué es el aire? ¿Cuál es su composición?
2. Explica. ¿Cuál era la composición de la atmósfera primitiva de la Tierra? ¿Cómo ha evolucionado?
3. Nombra las características del aire y explícalas mediante un ejemplo.
4. Razona. ¿Cómo circula el aire en la atmósfera?

2 La estructura de la atmósfera

OBSERVA ¿Cómo varía la temperatura en las capas de la atmósfera?

La atmósfera es la capa gaseosa externa que envuelve la Tierra. El aire no se distribuye homogéneamente en ella, sino que, debido a la atracción gravitatoria, se concentra en su parte inferior. La atmósfera se encuentra estratificada en capas con diversas características.

La mayor parte del aire se concentra en la capa inferior o **troposfera**. Sobre ella se sitúan la **estratosfera**, la **mesosfera**, la **termosfera** y la **exosfera**. De esta última se pasa gradualmente al espacio exterior.

Las capas de la atmósfera

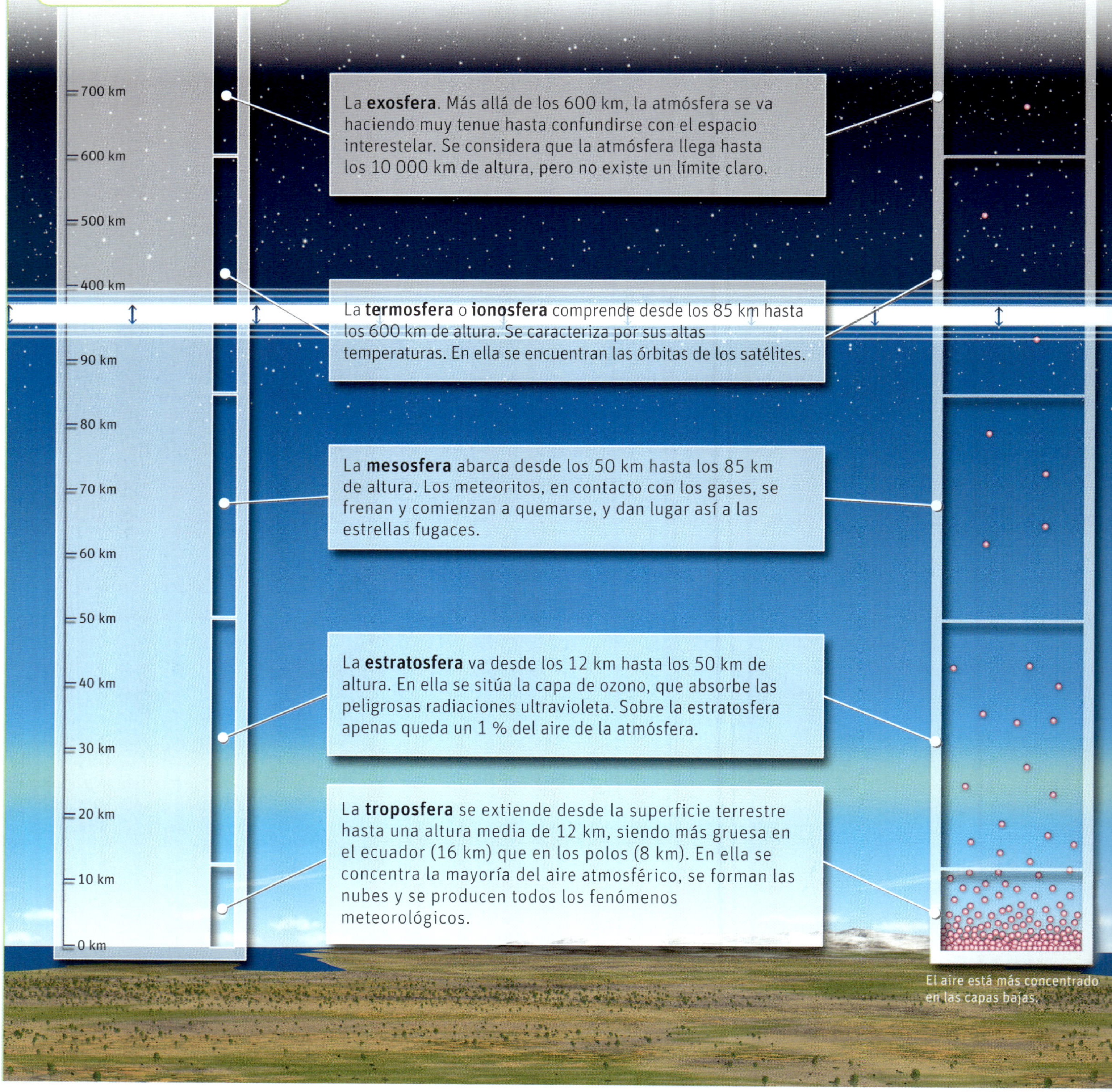

El aire está más concentrado en las capas bajas.

ACTIVIDADES

1. Describe. ¿Qué características distinguen a la troposfera?
2. Señala en qué capa de la atmósfera se encuentra la capa de ozono. ¿Por qué es tan importante?
3. Razona. ¿Por qué el aire no se distribuye de forma homogénea a lo largo de la atmósfera?
4. Identifica en qué capa de la atmósfera se producen los siguientes fenómenos:
   a) La formación de las nubes y las precipitaciones.
   b) La absorción de la luz ultravioleta.
   c) La quema de los meteoritos.

3 La importancia de la atmósfera

La atmósfera terrestre es esencial para la vida en el planeta, reduce las oscilaciones de temperatura, filtra parte de las radiaciones solares y proporciona gases esenciales para los seres vivos.

Las funciones de la atmósfera terrestre

1. **Reduce las oscilaciones de temperatura.** Durante el día, al filtrar parte de las radiaciones y reflejar otras las nubes, la temperatura asciende. Por la noche, la atmósfera dificulta la salida de los rayos infrarrojos, por lo que la temperatura no desciende drásticamente. Es el efecto invernadero.

2. **Actúa como filtro de las radiaciones solares.** Impide la entrada de los rayos X y las radiaciones ultravioleta; estas últimas son retenidas en su mayor parte por la capa de ozono.

3. **Permite la existencia del ciclo del agua.** Retiene el agua que se evapora, la condensa formando las nubes, y la precipita como lluvia o en forma de nieve.

4. **Proporciona gases esenciales para la vida.** El dióxido de carbono es necesario para la fotosíntesis y el oxígeno, para la respiración de la mayoría de los organismos.

5. **Permite el vuelo de los organismos voladores.** Sin la resistencia que ofrece el aire no podrían volar.

6. **Permite la propagación del sonido por el aire.** Las ondas sonoras no se transmiten en el vacío.

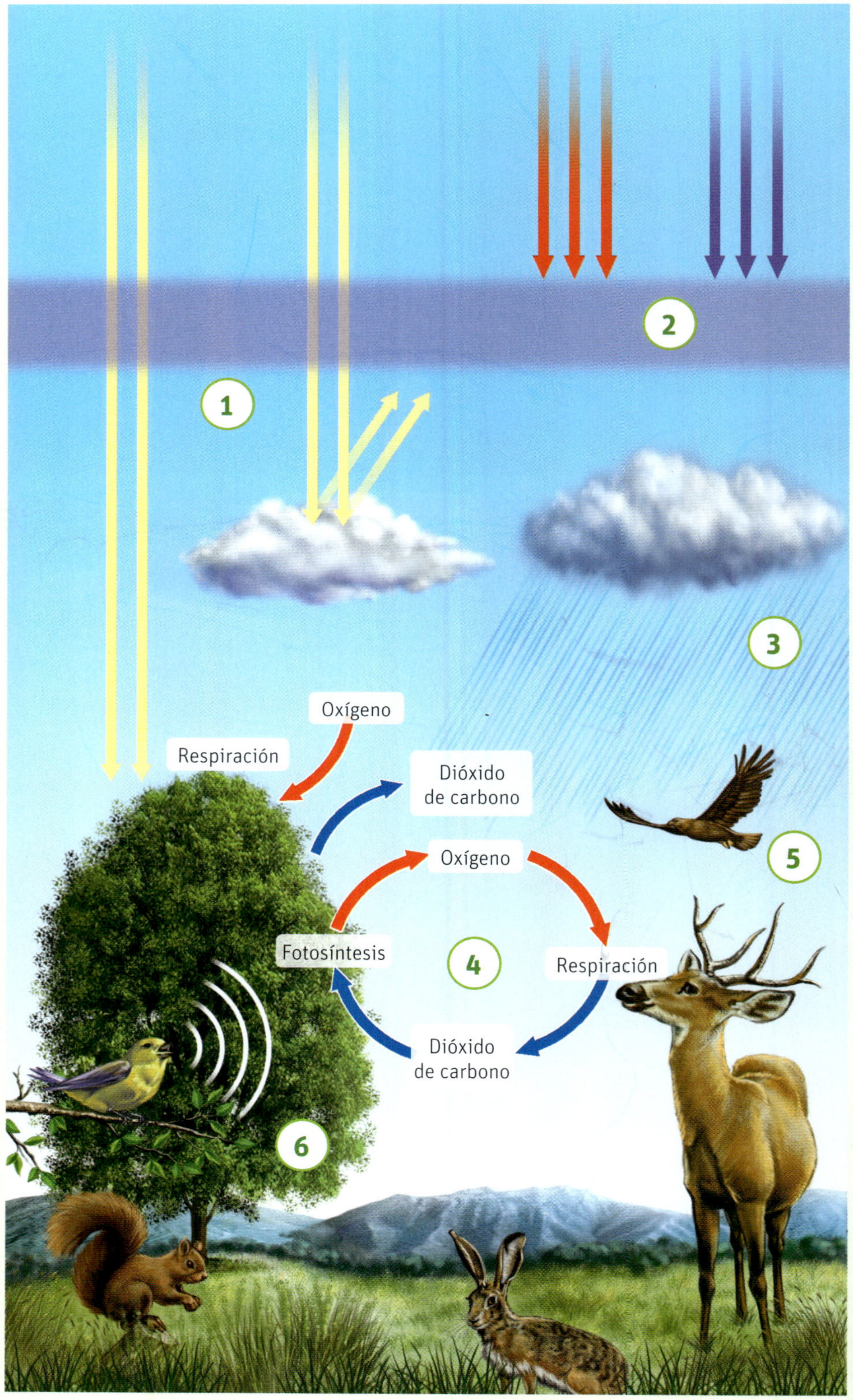

Un invernadero natural

La Tierra goza de una temperatura media de 15 °C. Sin embargo, si nuestro planeta careciera de atmósfera, su temperatura media sería de –18 °C. La diferencia entre ambos valores es el resultado del **efecto invernadero natural**. Este término hace referencia al comportamiento de la atmósfera, que deja pasar la radiación solar, pero dificulta la pérdida de calor y, como consecuencia, sube la temperatura media.

Los gases de la atmósfera, como el vapor de agua, el metano y el dióxido de carbono, que absorben la radiación infrarroja, se denominan **gases de efecto invernadero**.

Otros, como el nitrógeno y el oxígeno, que son los gases más abundantes en la atmósfera, no producen efecto invernadero.

El **EFECTO INVERNADERO NATURAL** es esencial para que exista vida en nuestro planeta.

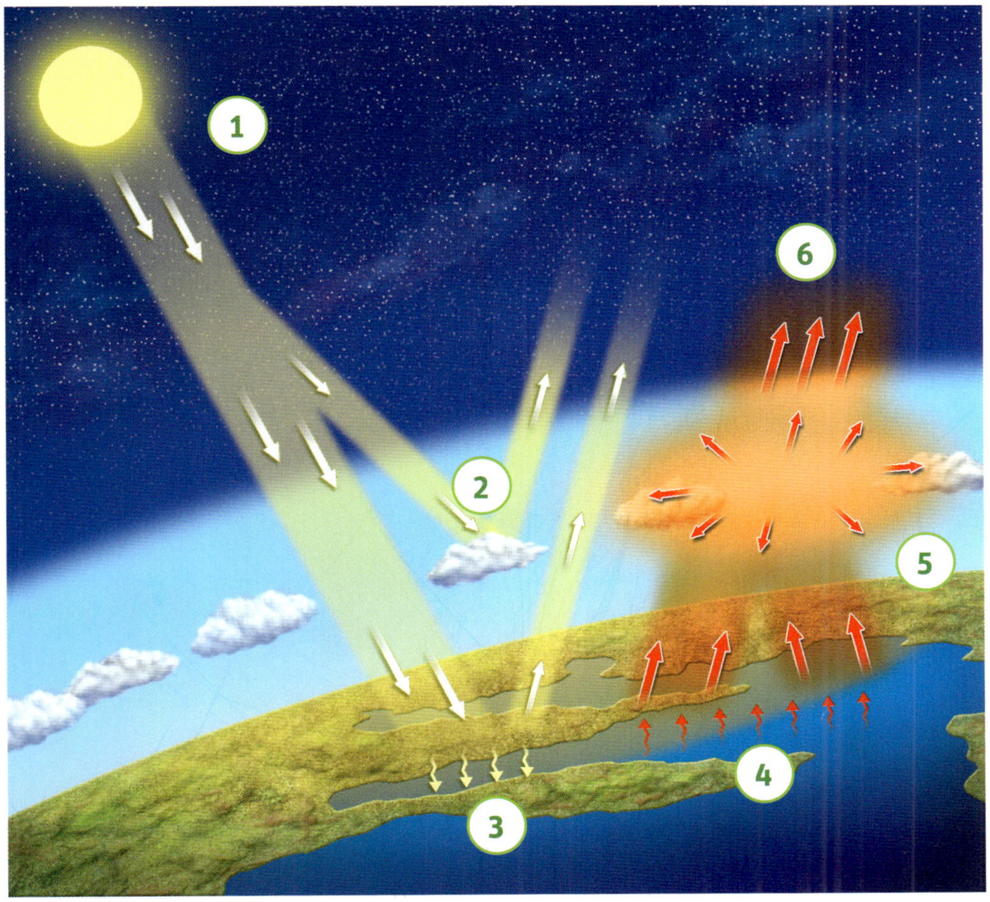

1. Radiación solar recibida.

2. Parte de la radiación es reflejada por las nubes y la superficie terrestre y devuelta al exterior.

3. Otra parte es absorbida por la superficie terrestre (los continentes y los océanos), que se calienta.

4. La superficie terrestre caliente devuelve ese calor en forma de radiación infrarroja.

5. Parte de la radiación infrarroja es absorbida por algunos gases de la atmósfera. Esto provoca que el aire se caliente: es el efecto invernadero.

6. La radiación infrarroja acaba saliendo al espacio exterior.

ACTIVIDADES

1. Analiza. La Luna se encuentra a la misma distancia del Sol que la Tierra, pero no tiene atmósfera. ¿Cómo influye esto en que las oscilaciones de temperatura sean mucho mayores que en nuestro planeta?

2. Razona. Las plantas utilizan el dióxido de carbono para la fotosíntesis. ¿Emplean también el oxígeno?

3. Explica. ¿Por qué la atmósfera actúa como un filtro solar?

4. Justifica. ¿Por qué el efecto invernadero es esencial para que exista vida en la Tierra?

5. Elabora un mapa conceptual que refleje lo que sucede en la Tierra con las radiaciones que provienen del Sol. Podrías empezar del siguiente modo:

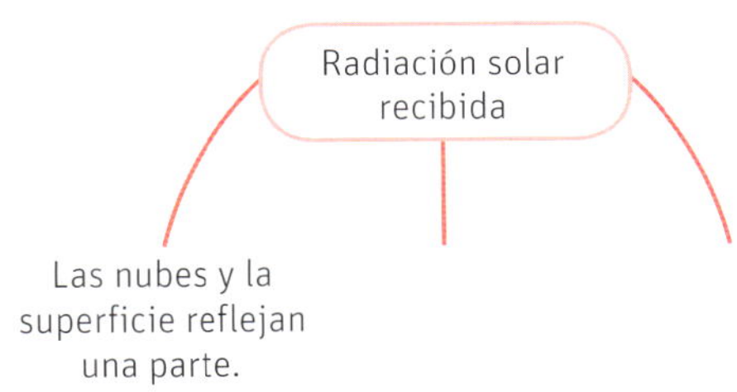

4 El calentamiento global

El análisis del hielo de la Antártida ha permitido conocer la composición de la atmósfera desde hace miles de años. Así, en el año 1750 la concentración de dióxido de carbono en la atmósfera era solo del 0,028 % del volumen total del aire que nos rodea, y actualmente hemos alcanzado el 0,040 %.

Causas del aumento del dióxido de carbono

Puesto que el dióxido de carbono es un gas de efecto invernadero, su incremento genera un aumento de la temperatura media del planeta. Es lo que se conoce como **calentamiento global**.

Ciertas actividades del ser humano provocan el incremento de la concentración de dióxido de carbono en la atmósfera. Entre estas actividades destacan la quema de combustibles fósiles y la tala de bosques.

Quema de combustibles fósiles

Las emisiones de dióxido de carbono más importantes se deben a la quema de carbón, petróleo y sus derivados. Se realiza para la obtención de energía eléctrica, para la calefacción de las viviendas o para el transporte.

Tala de bosques

Gracias a la fotosíntesis, las plantas retiran grandes cantidades de dióxido de carbono del aire. Por tanto, si eliminamos los bosques estamos favoreciendo el aumento del dióxido de carbono.

Evidencias del calentamiento global

La Organización de las Naciones Unidas (ONU) creó, en 1988, un grupo de estudio sobre el calentamiento global, integrado por más de dos mil científicos de todo el mundo. El objetivo era que analizasen la situación, comprobasen lo que sucedía y señalasen qué medidas se deberían tomar para reducir el impacto ambiental. Entre los datos recogidos por este grupo de científicos destacan los siguientes:

La temperatura media global está aumentando

Durante el siglo XX, la temperatura media global aumentó 0,6 ºC. Para el presente siglo, se pronostican subidas de entre 1,5 y 5,5 ºC.

Los glaciares retroceden

Debido al incremento de la temperatura se produce la fusión del hielo de los glaciares.

Los fenómenos naturales extremos aumentan

En la última década han aumentado fenómenos como las sequías, las inundaciones, las olas de calor y los huracanes.

El nivel del mar asciende

El agua resultante de la fusión de los glaciares acaba en el océano, lo que provoca la subida del nivel del mar. En el siglo XX, el nivel del mar aumentó entre 15 y 20 cm.

Cada vez hay menos mar helado

La fusión del hielo afecta especialmente al mar helado que rodea el Polo Norte. Al reducirse el área cubierta de hielo, se pone en peligro la supervivencia de especies, como el oso polar.

ACTIVIDADES

1. Explica. ¿Por qué decimos que la quema de combustibles fósiles y la tala de bosques contribuyen al calentamiento global?
2. Reflexiona. Cita algunas ciudades españolas que podrían verse afectadas por la subida del nivel del mar. Explica por qué.
3. Justifica. ¿Qué medidas pueden lograr que el incremento de temperatura en este siglo sea menor?
4. Razona. ¿Cómo se relaciona el incremento de la temperatura global con el aumento del nivel del mar?
5. Señala. ¿Cuál o cuáles de las siguientes ideas sobre la disminución del mar helado te parecen correctas?
   - A. No se debe al calentamiento global porque este afecta a la atmósfera, pero no al mar.
   - B. Se debe a que está aumentando la temperatura del agua del mar.
   - C. Se debe a que, a causa del calentamiento global, nieva menos y hay menos nieve que se transforma en hielo.
   - D. Se debe a la contaminación del mar generada por las actividades humanas.

5 Los males del aire

APLICA ¿Cómo se puede evitar la contaminación atmosférica?

La contaminación del aire

La quema de combustibles fósiles supone la emisión a la atmósfera de gases y diversas partículas que alteran la composición del aire. Lo mismo ocurre con muchas otras actividades industriales y domésticas.

Llamamos **contaminación del aire** a la presencia en él de gases y otras sustancias que implican un riesgo, un daño o una molestia para los seres vivos.

Los contaminantes pueden ser de **origen natural**, como los gases que sueltan los volcanes, pero la mayoría son generados por las actividades humanas.

Los contaminantes puedes tener efectos locales, si alteran la calidad del aire de nuestras localidades, pero también pueden afectar a todo el planeta, contribuyendo al calentamiento global o provocando la disminución de la capa de ozono.

Erupciones volcánicas

En las erupciones volcánicas se emiten gases y partículas sólidas que contaminan el aire.

Quema de combustibles fósiles

La quema de combustibles fósiles contamina el aire y contribuye al calentamiento global.

Efectos de la contaminación del aire

Los contaminantes del aire desequilibran la composición natural de este; algunos afectan a nuestra salud y otros modifican el clima del planeta. Los principales efectos de la contaminación del aire son el efecto invernadero, el agujero de la capa de ozono, la lluvia ácida y el esmog.

ACTIVIDADES

1. **Analiza.** Desde la perspectiva científica, ¿es riguroso hablar de “agujero” de la capa de ozono? ¿Por qué?
2. **Investiga** sobre “el mal de la piedra”. ¿Qué es? ¿Qué lo causa? ¿Cómo nos afecta?

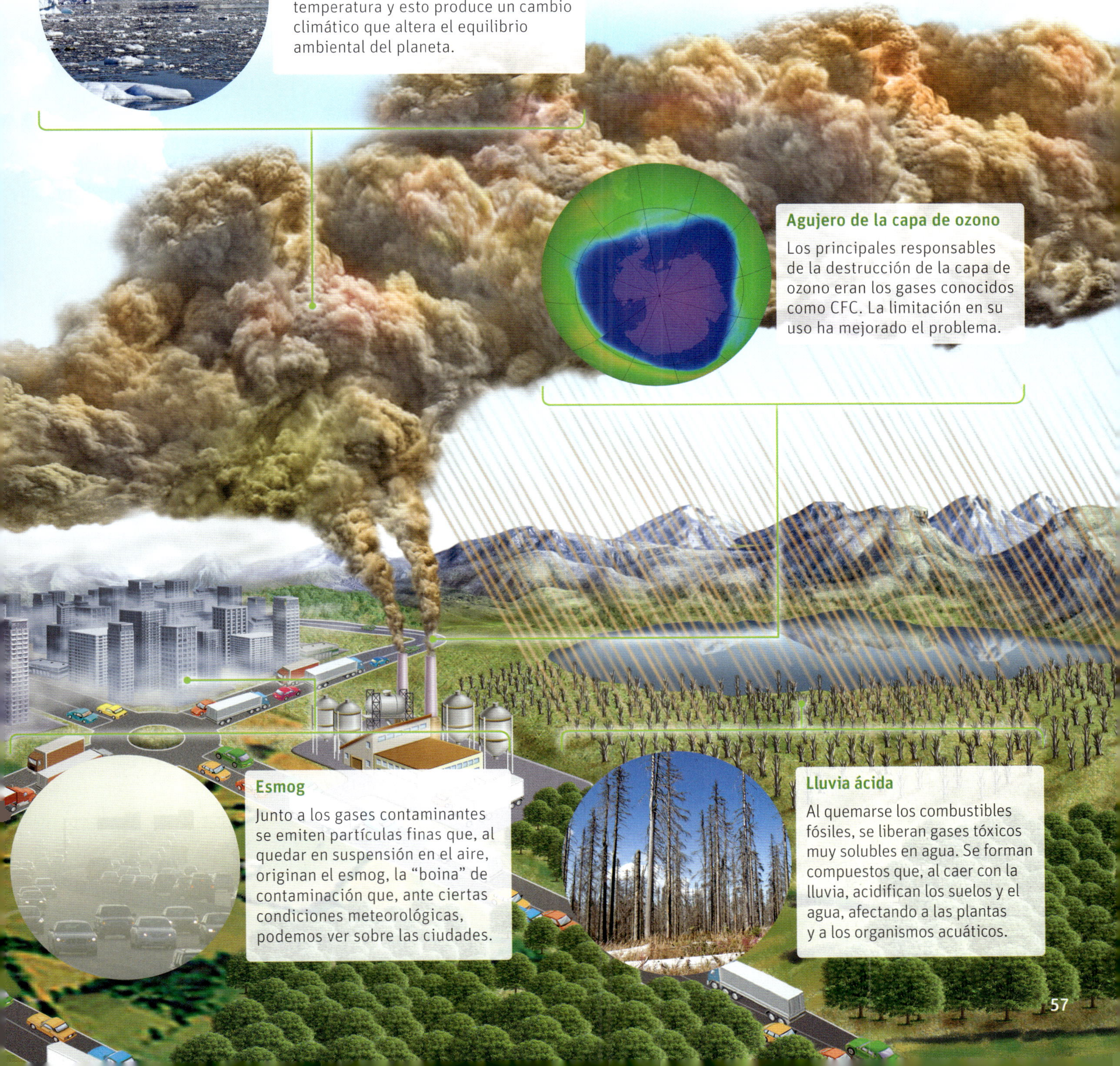

Efecto invernadero

El aumento de dióxido de carbono en la atmósfera hace que aumente la temperatura y esto produce un cambio climático que altera el equilibrio ambiental del planeta.

Agujero de la capa de ozono

Los principales responsables de la destrucción de la capa de ozono eran los gases conocidos como CFC. La limitación en su uso ha mejorado el problema.

Esmog

Junto a los gases contaminantes se emiten partículas finas que, al quedar en suspensión en el aire, originan el esmog, la “boina” de contaminación que, ante ciertas condiciones meteorológicas, podemos ver sobre las ciudades.

Lluvia ácida

Al quemarse los combustibles fósiles, se liberan gases tóxicos muy solubles en agua. Se forman compuestos que, al caer con la lluvia, acidifican los suelos y el agua, afectando a las plantas y a los organismos acuáticos.

La atmósfera, un océano de aire

La atmósfera terrestre es muy diferente a la de otros planetas. Está compuesta principalmente por **nitrógeno** y **oxígeno**.

La atmósfera posee cinco capas: **troposfera**, **estratosfera**, **mesosfera**, **termosfera** y **exosfera**.

La atmósfera filtra las radiaciones solares, reduce las oscilaciones térmicas y proporciona gases esenciales para los seres vivos.

Algunos gases de la atmósfera retienen el calor y favorecen el **efecto invernadero**. Gracias a él, la Tierra tiene una temperatura media de 15 °C.

Diversas actividades del ser humano contaminan la atmósfera, incrementan el contenido en dióxido de carbono y generan el calentamiento global.

Los datos recogidos por los científicos demuestran que se está produciendo un aumento de la temperatura; es el **calentamiento global**.

La contaminación del aire es la presencia en él de gases y otras sustancias que implican un riesgo o daño para los seres vivos.

Algunos de los efectos más nocivos de la contaminación del aire son el **efecto invernadero**, el **agujero de la capa de ozono**, el **esmog** y la **lluvia ácida**.

1. Organiza tus ideas. **Copia, completa y amplía el siguiente esquema para construir tu propio mapa mental de la unidad.**

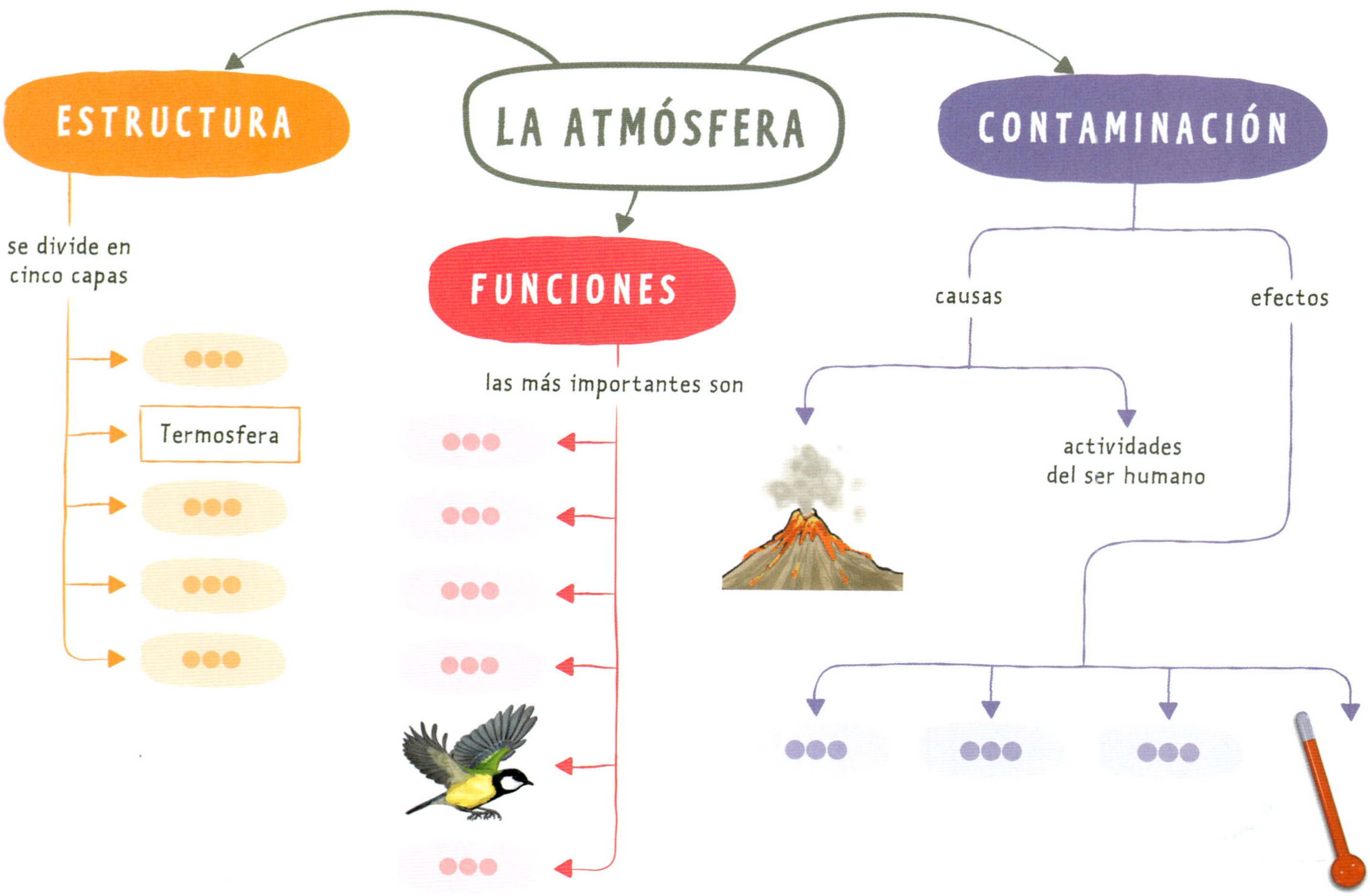

VALORA LO APRENDIDO Autoevaluación y resumen.

1. Interpreta. La gráfica recoge las temperaturas medias de la atmósfera a diferentes alturas.

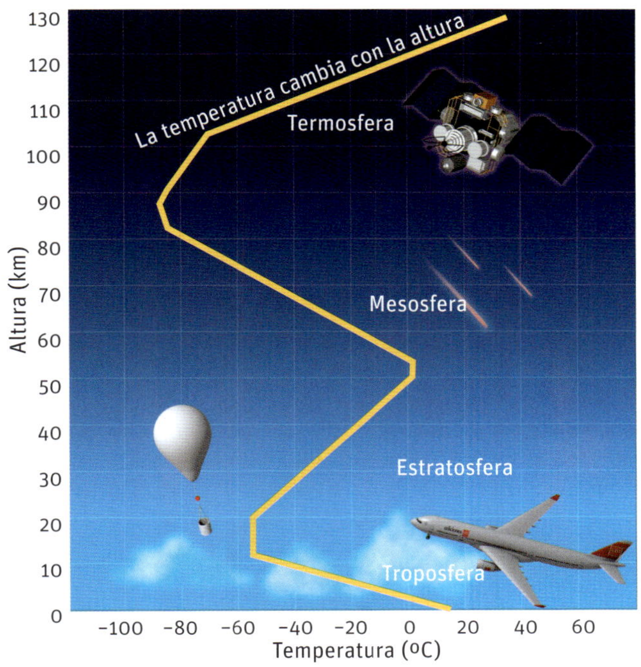

a) Dentro de la troposfera, ¿la temperatura es mayor en las zonas bajas o en las altas?

b) ¿A qué altura alcanza la atmósfera las temperaturas más bajas? ¿Y las más altas?

c) En los límites entre cada capa de la atmósfera se produce una inflexión o cambio en la tendencia de las temperaturas (si estaban subiendo, comienzan a bajar, y viceversa). ¿A qué altura situarías cada uno de estos límites? ¿Crees que tienen alguna relación con las capas de la atmósfera?

2. Justifica si las siguientes fotografías muestran causas o efectos de la contaminación.

3. Infiere. ¿De dónde puede proceder el vapor de agua que hay en la atmósfera?

4. Experimenta. Uno de los principales efectos del calentamiento global es la subida del nivel del mar. A ese ascenso contribuye la fusión del hielo de los glaciares, ya que el agua líquida que se forma acaba en el mar.

La hipótesis es: ¿la fusión de los icebergs incrementa también el nivel del mar? Para comprobarlo, echamos agua en un vaso de precipitados, le añadimos dos cubitos de hielo, y tomamos nota del nivel alcanzado por el agua antes y después de que los cubitos se fundan.

a) Piensa qué ocurrirá cuando el hielo se haya fundido. ¿Subirá el nivel del agua, bajará o se quedará igual?

b) Realiza el experimento e indica qué ha ocurrido.

5. Razona. ¿Qué acciones puedes realizar tú para no contribuir a la contaminación del aire?

6. Emprende. Como consecuencia del calentamiento global, cada verano es menor la zona del océano Ártico cubierta por el hielo. Esta situación permitiría el establecimiento de nuevas rutas marinas, pero puede tener un efecto fatal para el oso polar. Haced un trabajo en grupo:

a) Buscad información sobre la reducción del hielo ártico que se ha producido en los últimos años.

b) ¿Por qué se ve afectado el oso polar?

c) Haced una presentación que recoja las ideas más importantes sobre las causas y las consecuencias de la reducción del hielo ártico.

7. Analiza. **La tabla recoge la composición actual de las atmósferas de la Tierra y de los dos planetas más cercanos a ella.**

	COMPOSICIÓN DE LA ATMÓSFERA (% EN VOLUMEN)		
Planeta	Nitrógeno	Oxígeno	Dióxido de carbono
Venus	3	0	96
Tierra	78	21	0,038
Marte	3	0	95

a) ¿Qué planetas tienen la atmósfera con una composición más parecida?

b) ¿Qué diferencia hay entre las atmósferas de la Tierra y de Venus?

c) ¿Cómo explicas la especial composición de la atmósfera terrestre?

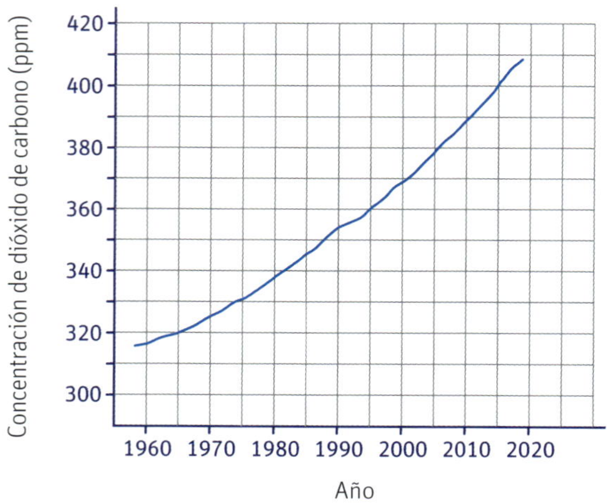

8. Interpreta. **Un observatorio situado en las islas Hawái viene analizando la atmósfera desde 1960. La gráfica recoge la evolución de la concentración de dióxido de carbono que han detectado desde entonces hasta el año 2018.**

a) ¿Qué porcentaje de dióxido de carbono había en el año 1960?

b) ¿Qué tanto por ciento había en 2018?

c) ¿Cuánto ha aumentado la concentración de dióxido de carbono durante este tiempo?

d) ¿Crees que ese incremento tiene algún efecto en la temperatura? Justifica tu respuesta.

9. Razona. **Indica si cada uno de los siguientes procesos causa el calentamiento global, si es consecuencia de él o si no tiene ninguna relación con ello.**

A. Quema de combustibles fósiles

B. Elevación del nivel del mar

C. Retroceso de los glaciares

D. Aumento de la concentración de dióxido de carbono

E. Incremento de la temperatura del mar

F. Tala de los bosques

G. Reducción de la superficie de mar helado

10. Investiga. **¿Cuál es la fuente principal de contaminantes atmosféricos? ¿Qué efectos puede tener la contaminación sobre las personas? ¿Qué consecuencias puede acarrear a escala planetaria?**

11. Averigua. **¿Qué es el Protocolo de Montreal? ¿Con qué objetivo se creó? ¿Quienes participaron?**

12. Soy competente

El Grupo Intergubernamental de Expertos sobre el Cambio Climático es una entidad científica creada por Naciones Unidas para proporcionar información objetiva sobre el cambio climático. En su informe de 2018 publicó lo siguiente: "El calentamiento causado por las emisiones antropogénicas persistirá durante siglos y milenios, y provocará cambios a largo plazo en el sistema climático, como la subida del nivel del mar e impactos asociados".

- ¿Cuál o cuáles de las siguientes ideas son correctas?

  A. En la Tierra no había efecto invernadero hasta que la actividad humana, como la quema de combustibles, lo originó.

  B. El efecto invernadero se debe a que algunos gases de la atmósfera absorben la radiación infrarroja y eso hace que la temperatura sea más alta.

  C. El calentamiento global es el resultado de sumar al efecto invernadero natural el provocado por las actividades humanas.

- El vapor de agua y el dióxido de carbono son los gases de efecto invernadero más importantes, pero no son los únicos. Otro gas con este efecto es el metano. Este gas se origina en zonas pantanosas, en los cultivos de arroz y en el aparato digestivo de las vacas. La tabla recoge la evolución de la concentración de metano en la atmósfera.

Año	Litros de metano en un millón de litros de aire
1984	1640
1994	1710
2004	1750
2014	1780

a) Elabora un diagrama de barras que refleje la evolución del contenido de metano en la atmósfera.

b) ¿Qué influencia sobre el calentamiento global estará teniendo el incremento de metano?

13. Analiza. **Septiembre es el mes del año en el que la cubierta de mar helado en el océano Ártico es menor. La Administración Nacional Oceánica y Atmosférica de Estados Unidos estudia desde hace décadas estudia la evolución de la zona ocupada por el hielo en el Ártico.**

El mapa recoge el área cubierta por el hielo durante el mes de septiembre desde 1980 hasta 2016.

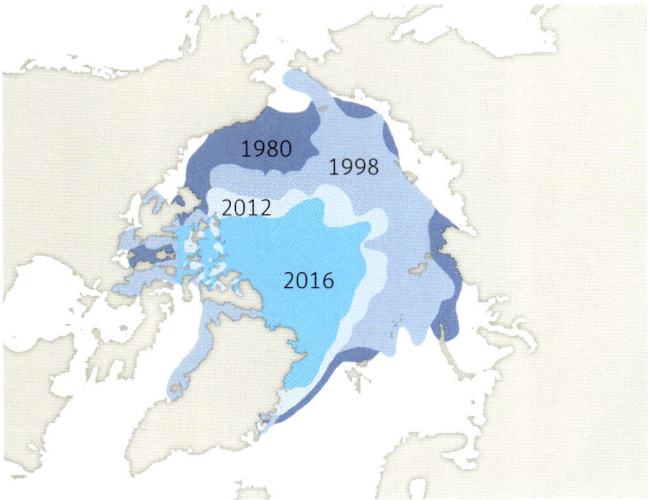

a) Si el océano está helado en su superficie, ¿significa que también lo está hasta en el fondo? ¿Por qué?

b) Describe la evolución del mar helado que se recoge en el mapa.

14. Observa **la imagen y responde a las preguntas.**

a) ¿Qué efecto de la contaminación se puede observar?

b) Investiga qué efectos tiene sobre la salud de las personas.

c) ¿Por qué es un problema que afecta más a las grandes ciudades?

d) Propón medidas para intentar reducirlo.

15. Explica. **La cantidad de oxígeno y dióxido de carbono de la atmósfera se mantiene prácticamente constante, aunque ambos gases son consumidos por los seres vivos. ¿Qué procesos biológicos contribuyen a su estabilidad? ¿Qué acciones humanas están afectando a ese equilibrio?**

16. Retoma **la pregunta de la apertura de unidad y respóndela utilizando todos los conocimientos que has aprendido acerca de la importancia de la atmósfera para la vida en el planeta.**

Ciencia en la calle

Lee con atención el siguiente texto:

Al contenedor amarillo

La contaminación es un problema a escala mundial. Según la Organización Mundial de la Salud, nueve de cada diez personas respiran aire contaminado.

De forma individual, son muchas las medidas que podemos tomar: utilizar el transporte público y reducir el uso del coche; aumentar el consumo de frutas y verduras, y reducir la ingesta de carne; adquirir electrodomésticos y bombillas más eficientes, o reducir y reciclar los envases de plástico y las latas de conserva depositándolos en el contenedor amarillo.

Ecoembes realizó una campaña para mostrar la cantidad de envases que se debe reciclar para contrarrestar la contaminación causada por un tubo de escape durante diez minutos.

a) **¿Por qué crees que reducimos la contaminación si tiramos los envases al contenedor amarillo?**

b) **¿Es más efectivo reducir o reciclar? Justifica tu respuesta.**

c) **Haz una lista con la cantidad de latas y envases de plástico que recicláis en casa durante una semana. A continuación, calcula el número de minutos de contaminación provocada por un tubo de escape que habéis contrarrestado.**

d) **¿Qué medidas llevas a cabo para reducir las emisiones de dióxido de carbono? ¿Se te ocurren nuevas acciones que puedas incorporar para seguir contribuyendo?**

4 LA GEOSFERA Y SUS MINERALES

En esta unidad aprenderás...

- Cómo es el interior de la Tierra.
- Qué son los minerales y cómo se diferencian.
- Qué tipos de minerales hay y para qué se usan.

¿Se pueden agotar los minerales?

En la naturaleza hay muchos minerales diferentes. Unos sirven para extraer metales, otros tienen aplicación en la industria y hay algunos más que, por su belleza, brillo y transparencia, se utilizan para la creación de joyas y elementos de adorno.

- ¿Sabes a qué se llama piedras preciosas?
- ¿Conoces algunos minerales que nos resulten útiles?
- ¿Sabes cómo se presentan en la naturaleza?

1 La esfera rocosa

La Tierra está estructurada en capas de densidad creciente. De fuera hacia dentro son las siguientes:

- **Atmósfera** o capa gaseosa; es la más externa.
- **Hidrosfera** o capa del agua.
- **Geosfera** o capa rocosa.

En la frontera entre las tres está la **biosfera** o capa integrada por los seres vivos.

Los materiales que observamos se disponen en capas de densidad creciente.

El interior de la Tierra

Está caliente

La temperatura aumenta a medida que se profundiza en las minas. Las erupciones volcánicas evidencian que el interior terrestre se encuentra a temperaturas muy altas.

Es denso

El valor de la densidad media de la geosfera es, aproximadamente, el doble del que tienen las rocas de la superficie.

Parece un imán

Si la brújula se orienta señalando al norte es porque la Tierra posee un campo magnético que se considera causado por la existencia de un núcleo metálico.

En capas

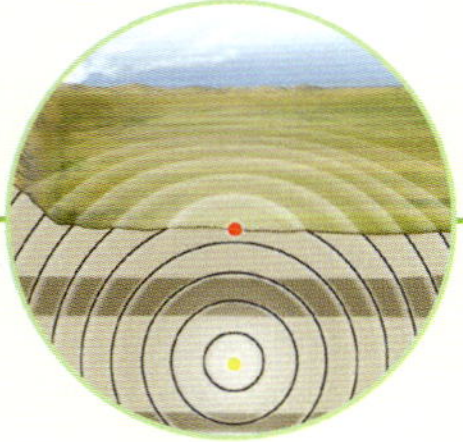

El análisis de la propagación de las ondas producidas por un terremoto ha permitido detectar diversas capas que forman el interior terrestre.

Las capas de la geosfera

Como la Tierra en su conjunto, también la geosfera se encuentra estructurada en capas de densidad creciente: la corteza, el manto y el núcleo.

Corteza

Capa más externa y delgada de la geosfera; su grosor no es uniforme. En la corteza continental abundan rocas como el granito, la arcilla o la pizarra; la oceánica está constituida por una roca oscura, el basalto.

Manto

Capa intermedia. Está formada por unas rocas denominadas peridotitas. La mayoría se hallan en estado sólido, aunque reblandecidas debido a las altas temperaturas, pero otras llegan a fundirse.

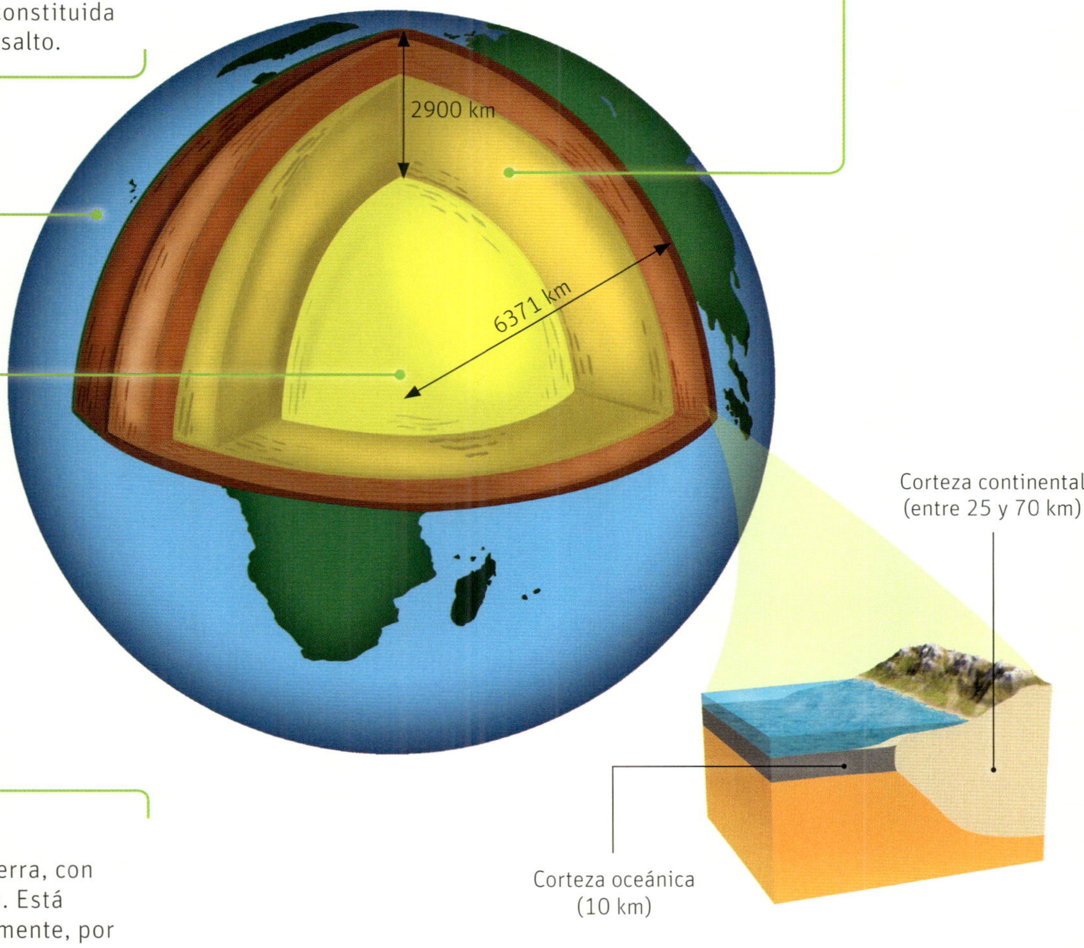

Núcleo

Zona más interna de la Tierra, con una temperatura muy alta. Está constituido, fundamentalmente, por hierro y níquel. El núcleo externo está fundido, mientras que el núcleo interno se halla en estado sólido.

PRACTICA Sitúa las capas de la Tierra.

ACTIVIDADES

1. Analiza. Sabiendo que la densidad media de la geosfera es de 5,5 g/cm^3 y la de la corteza de 2,7 g/cm^3, ¿crees que el núcleo tendrá una densidad superior a 7 g/cm^3? ¿Por qué?

2. Explica. Considerando la composición de la corteza, el manto y el núcleo, así como el grosor de cada una de estas capas, ¿qué roca será la más abundante en la geosfera?

3. Aplica. Observa la figura del interior terrestre, en la que se muestran las capas de la geosfera.

a) ¿Por qué decimos que el manto ocupa la mayor parte del interior de la Tierra?

b) Fíjate en la profundidad de cada capa terrestre y calcula el valor que tiene el radio del núcleo.

2 Minerales por todas partes

» El mineral más antiguo del mundo

En Australia se han encontrado los ejemplares minerales más antiguos de la Tierra. Son unos pequeños cristales de circón que tienen 4400 millones de años, es decir, casi tan antiguos como nuestro planeta.

Los minerales se forman y se destruyen. En este momento se están originando nuevos minerales, mientras que otros se están descomponiendo.

¿Qué es un mineral?

Los minerales son los constituyentes básicos, o "ladrillos", que componen la geosfera. El suelo que pisamos, las montañas más altas o los fondos oceánicos están constituidos por minerales.

La "receta química" es específica de cada mineral; es decir, cada uno tiene su composición química. Así, la galena está formada por azufre y plomo, mientras que el cuarzo está formado por silicio y oxígeno. Además, cada mineral se forma siempre a partir de unas condiciones concretas de presión y temperatura.

En la naturaleza, los minerales no suelen encontrarse aislados, sino formando unos agregados que reciben el nombre de **rocas**.

ACTIVIDADES

1. Deduce. Hay muchos minerales diferentes, pero no todo lo que nos rodea son minerales. Observa estos elementos:
   a) ¿Cuáles son minerales? ¿Cuáles no lo son?
   b) Señala la característica o características que no cumplen esos elementos.

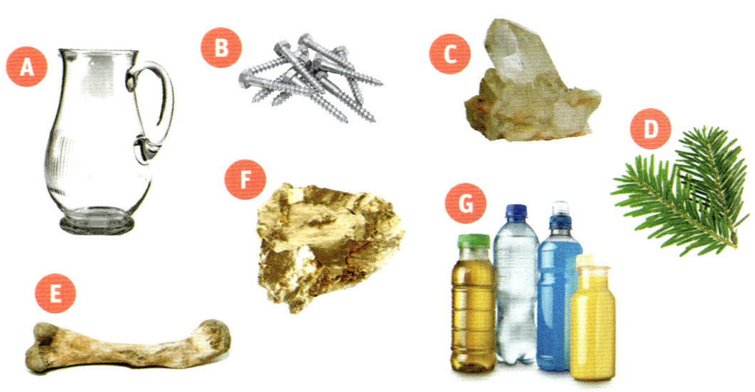

2. Averigua. El diamante y el grafito tienen la misma composición química: son carbono puro. Entonces, ¿a qué puede deberse que sean minerales tan diferentes en aspecto y propiedades?
3. Investiga. El ámbar es resina fósil; es decir, una sustancia elaborada hace millones de años por algunas plantas. Suele utilizarse en joyería y objetos ornamentales. ¿Crees que el ámbar puede considerarse un mineral? Explica tu respuesta.
4. Justifica. Se ha logrado fabricar diamantes de laboratorio. ¿Crees que estos diamantes pueden considerarse minerales? ¿Por qué?
5. Identifica. Observa tu aula e indica lo que supones que desaparecería de ella si retirásemos todo lo elaborado a partir de minerales.

3 Propiedades características

En la naturaleza existen unos 4500 minerales diferentes, y la mayoría de ellos son muy poco frecuentes.

¿Cómo se diferencian unos minerales de otros?

Identificar los minerales no siempre es fácil, pues requiere estudiar sus propiedades características. Las propiedades más fáciles de estudiar para realizar la identificación de cualquier muestra son la forma de sus cristales, su color y su brillo.

No obstante, en ocasiones esta primera observación no es suficiente y es preciso observarlos al microscopio o hacer un análisis para determinar su composición química.

PRACTICA Relaciona cada mineral con su color.

Las propiedades principales

Forma

En la mayoría de los minerales, la forma y el tamaño no sirven para identificarlos. Pero hay algunos, como la pirita, que presentan formas poliédricas con caras planas, aristas y vértices. Son lo que denominamos "cristales".

Pirita

Color

Es una propiedad útil para reconocer los minerales que tienen un color característico, como el cinabrio, que es rojo. Pero la mayoría pueden presentar diversos colores, como el cuarzo, que puede ser blanco, gris, violeta, o también transparente e incoloro.

Azufre

Brillo

Es el aspecto que ofrece la superficie del mineral al reflejar la luz. El brillo es metálico si brilla como los metales; vítreo si lo hace como el vidrio; sedoso si recuerda al de la seda; nacarado o perlado si brilla como las perlas, y mate si no tiene brillo.

Magnetita

ACTIVIDADES

1. Explica. ¿Qué tipo de brillo tiene la pirita?
2. Deduce. Para determinar el brillo de un mineral se emplea una superficie fresca o un corte reciente. ¿Por qué?
3. Concluye. Con frecuencia, los cristales se presentan agrupados originando formas características. Asocia cada imagen de la derecha con su forma correspondiente.
   a) Drusa: superficie plana o convexa tapizada de cristales.
   b) Geoda: cavidad tapizada por cristales.
   c) Dendrita: agrupación de cristales microscópicos con forma arborescente.

A

B

C

4 Otras propiedades características

Escala de Mohs

1 Talco

2 Yeso

Uña

3 Calcita

Moneda de 5 céntimos

4 Fluorita

5 Apatito

Vidrio

6 Ortosa

7 Cuarzo

Papel de lija

8 Topacio

9 Corindón

10 Diamante

Más propiedades

Un mineral puede identificarse también por otras propiedades.

Dureza

Es la resistencia que ofrece un mineral a ser rayado por otro mineral u otro objeto. Para medir la dureza se aplica la escala de Mohs, que va del 1 al 10, desde el más blando al más duro.

Para conocer la dureza de un mineral se comprueba qué ejemplar de la escala lo raya y cuál es rayado por él.

El grafito es un mineral muy blando, de dureza entre 1 y 2.

Tenacidad

Es la resistencia que ofrece un mineral a romperse o doblarse al ser golpeado o presionado.

Si se rompe con facilidad es **frágil**; en caso contrario es **tenaz**.

No debe confundirse tenacidad con dureza. Un mineral puede rayarse con dificultad y ser frágil porque se rompe fácilmente.

El azufre es muy frágil y se pulveriza con facilidad.

Exfoliación y fractura

Si al golpear un mineral se fragmenta de forma irregular, decimos que se ha producido una fractura.

Si se divide de manera regular, siguiendo planos, fibras o figuras poliédricas, es una exfoliación. Así, al golpear un cubo de halita, se divide en cubos pequeños.

La mica tiene una exfoliación perfecta en láminas.

ACTIVIDADES

1. Explica. **Si no disponemos de la escala de Mohs, la dureza de un mineral se puede medir de forma aproximada del siguiente modo.**

Si se raya con la uña, su dureza es 1 o 2. Si no se raya con la uña, pero sí con una moneda de cinco céntimos, su dureza es 3. Si no se raya con la moneda, pero sí con un vidrio, su dureza está entre 3,5 y 5,5. Si no se raya con el vidrio, pero sí con papel de lija, su dureza es 6 o 7. Si no se raya con la lija, su dureza está entre 7,5 y 10. Aplicando esa forma de medida aproximada, responde a las siguientes cuestiones:

a) ¿Qué dureza puede tener un mineral que es rayado por la lija?

b) ¿Qué dureza puede tener un mineral que raye al vidrio?

2. Calcula. **Ahora, fijándote en los grados de dureza que establece la escala de Mohs, calcula qué dureza tendrá un mineral que es rayado por el cuarzo y que, a su vez, raya el apatito.**

5 Diversidad de minerales, diversidad de usos

Si exceptuamos la madera, las fibras vegetales, la piel y la lana, casi todos los productos que utilizamos se han hecho a partir de minerales o rocas.

¿Cómo clasificamos los minerales?

Existe una gran diversidad de minerales, con características y composiciones muy diferentes. Para clasificarlos pueden utilizarse diversos criterios.

Nosotros los dividiremos en tres grandes grupos, en función de su **utilidad**:

Metálicos o menas metálicas

Agrupa los minerales de los que se extraen los metales que empleamos a diario, como el hierro o el aluminio. Suelen hallarse en pequeñas proporciones en las rocas, aunque a veces se concentran en lugares llamados **yacimientos**.

Minerales industriales

Son los minerales más abundantes de la Tierra. Se usan en grandes cantidades tal y como se hallan en la naturaleza, o sometiéndolos a pequeñas transformaciones. Este grupo incluye el cuarzo, los feldespatos o la calcita.

Piedras preciosas

Son minerales que se utilizan en joyería y ornamentación. Resultan muy escasos en la naturaleza y se caracterizan por ser muy duros, de brillo intenso y gran belleza. En este grupo se incluyen el diamante, la esmeralda o el rubí.

Cuando los minerales aparecen en pequeñas proporciones en las rocas, como suele ser el caso de la magnetita, la calcopirita o el cinabrio, su extracción es difícil y, por lo general, no resulta rentable.

Cuando los minerales se hallan en un **yacimiento**, siempre que su extracción resulte rentable, el mineral se considera una **mena**. El objetivo de la explotación de cualquier yacimiento es uno o varios minerales que constituyen la mena. Los demás minerales del yacimiento forman la **ganga**.

Para extraer el mineral de un yacimiento se excavan minas.

ACTIVIDADES

1. Deduce. La ortosa es uno de los minerales más abundantes en la naturaleza y un constituyente básico de muchas rocas. ¿En qué grupo la incluirías?

2. Explica. ¿Un mineral puede ser considerado mena en un yacimiento y ganga en otro? ¿Por qué?

6 Minerales metálicos

APLICA Ordena los minerales según los metales que proporcionan.

El hierro, el cobre, el aluminio, el plomo, el mercurio, el cinc y otros muchos metales que empleamos se obtienen de minerales denominados **menas metálicas**.

Generalmente, estos minerales son una combinación del propio metal y otros elementos químicos. Sin embargo, en ocasiones se encuentra el metal en estado puro; son los **minerales nativos**.

Los metales más utilizados son: hierro, cobre, aluminio, plomo, mercurio y cinc. Estos metales se extraen de los siguientes minerales:

Menas metálicas

Hierro

El hierro de los clavos, los tornillos, las máquinas o las estructuras de los edificios se obtiene de minerales como la **hematites**, la **magnetita**, la **siderita** o la **pirita**.

HEMATITES

Dureza: 6

Color: pardo rojizo, a veces casi negro

Aspecto: desde terroso a compacto

Es la principal mena de hierro.

MAGNETITA

Dureza: 6

Brillo: metálico

Color: negro

Es atraída por el imán.

Contiene más hierro que la hematites, pero es menos abundante.

SIDERITA

Dureza: 4

Brillo: vítreo

Color: pardo amarillento

Desprende burbujas con los ácidos.

PIRITA

Dureza: 6,5

Brillo: metálico

Color: amarillo latón

Aunque contiene hierro, suele usarse para la obtención de azufre.

Cobre

El cobre con que se hacen los cables eléctricos, los tubos de gas o los transformadores eléctricos se obtiene de minerales como la **calcopirita**, la **malaquita** y la **azurita**.

CALCOPIRITA

Dureza: 4

Brillo: metálico

Color: amarillo latón

Es la principal mena de cobre.

Parecida a la pirita, pero más dura.

MALAQUITA

Dureza: 4

Color: verde intenso

Uso: más ornamental que como mena de cobre.

Suele ir acompañada de azurita, de color azul.

ACTIVIDADES

1. Explica. Al medir la dureza de la bauxita comprobamos que en algunas zonas es de 1,5, mientras que en otras es de 3,5. ¿Cómo explicas este hecho?

2. Deduce. Durante muchos siglos la malaquita y la azurita se han triturado para hacer pinturas. ¿Qué colores se obtendrían de cada una de ellas?

3. Analiza. Uno de los metales cuyo consumo ha aumentado en las últimas décadas es el aluminio. ¿Qué podrías hacer tú para reducir su consumo?

4. Visita la siguiente dirección web y responde: ¿qué ocurriría si nos quedásemos sin minerales?
Enlace: www.e-sm.net/sngbg1eso04_01

Aluminio

El aluminio con el que se hacen la mayoría de los frigoríficos, coches, latas de refrescos y el papel de aluminio se obtiene de la **bauxita**.

BAUXITA

Color: pardo con manchas rojizas

Más que un mineral es un agregado de varios minerales de aluminio.

Plomo

El plomo con el que se hacen las soldaduras, los acumuladores o algunos pigmentos se obtiene a partir de la **galena**.

GALENA

Dureza: 2,5

Brillo: metálico

Color: gris plomo

Con el ácido clorhídrico desprende olor a podrido.

Mercurio

El mercurio usado en la fabricación de espejos, instrumentos científicos o lámparas fluorescentes se obtiene del **cinabrio**.

CINABRIO

Dureza: 2,5

Color: rojo intenso

En la antigüedad se utilizaba para hacer pintura roja.

Cinc

El cinc que se utiliza en las baterías o para proteger el acero de la corrosión (galvanizado) se obtiene de la **blenda**.

BLENDA

Dureza: 4

La variedad más frecuente es la blenda acaramelada, de brillo resinoso y color amarillo pardo.

También se denomina esfalerita.

7 Minerales industriales

De los 4500 minerales existentes, apenas 20 constituyen la casi totalidad de las rocas. Según su composición, podemos dividir estos minerales en **silicatos** y **no silicatos**.

Silicatos

Los silicatos constituyen más del 75 % de la corteza terrestre. Todos los minerales de este grupo están compuestos por **silicio** y **oxígeno**. Estos elementos pueden estar acompañados de otros, como aluminio, hierro, magnesio o calcio.

Feldespatos

Son los más abundantes. Se usan como componentes secundarios para porcelana, esmaltes y la obtención del vidrio.

ORTOSA

Dureza: 6

Brillo: vítreo

Color: rosado

PLAGIOCLASA

Dureza: 6

Brillo: vítreo

Color: blanco

Cuarzo

Después de los feldespatos, es el más abundante. Se usa en paneles fotovoltaicos y para la obtención de vidrio, cristal líquido para las pantallas y silicio para chips informáticos.

CUARZO

Dureza: 7

Brillo: vítreo

Color: variado; el cuarzo lechoso es blanco; el cuarzo rosado, rosa.

Talco

Se utiliza para elaborar polvos de talco y otros cosméticos.

TALCO

Dureza: 1

Brillo: céreo

Color: de blanco a verde pálido

Es muy suave al tacto.

Micas

Se utilizan como aislantes térmicos y para elaborar cosméticos.

MICAS

Grupo de minerales con exfoliación en láminas

Mica moscovita: color blanco y brillo nacarado

Mica biotita: color oscuro

Olivino

Se utiliza para la fabricación de refractarios.

OLIVINO

Dureza: 6,5

Brillo: vítreo

Color: verde oliva

No silicatos

Entre los minerales no silicatos más frecuentes y usados están la calcita, el yeso, la halita y la fluorita.

Calcita

Se usa para fabricar cemento y cal. Mezclada con yeso se obtiene tiza. Mezclada con cuarzo se obtiene vidrio.

CALCITA

Dureza: 3

Color: blanco o pardo

Desprende burbujas con los ácidos.

Yeso

Se utiliza para la fabricación del yeso que se emplea en la construcción o los vendajes para fracturas.

YESO

Dureza: 2 (se raya con la uña)

Color: suele ser blanco.

A veces tiene aspecto fibroso.

Halita

Es la sal que se emplea en la cocina y como conservante.

HALITA

Dureza: 2,5

Color: incolora o blanca

Sabor salado

Fluorita

Se utiliza para hacer pasta de dientes.

FLUORITA

Dureza: 4

Color: púrpura, verde o amarillo

ACTIVIDADES

1. Razona. Tanto la calcita como el yeso y la halita pueden tener color blanco y brillo vítreo. ¿Cómo los diferenciarías en ese caso?

2. Averigua. El circón es un silicato de dureza 7,5, muy resistente a los cambios físicos y químicos, y de color variado. A veces se usa como piedra semipreciosa, pero no debe confundirse con la circonita. ¿Es la circonita un mineral? Busca información sobre ella.

3. Clasifica. Casi todo lo que hay en un cuarto de baño se ha hecho a partir de minerales o con alguna aportación suya.
   a) En la imagen figuran minerales industriales, pero también menas o minerales metálicos. Haz un listado de los minerales de la imagen que se incluyen en cada uno de estos dos grupos.
   b) Para dar más consistencia al papel, en su elaboración se utilizan talco y caolinita, pero ¿sabes cuál es la base fundamental de la que está fabricado el papel?

4. Investiga. La caolinita es un mineral del grupo de los silicatos con dureza 2, aspecto terroso y color blanco. Busca información sobre este mineral.

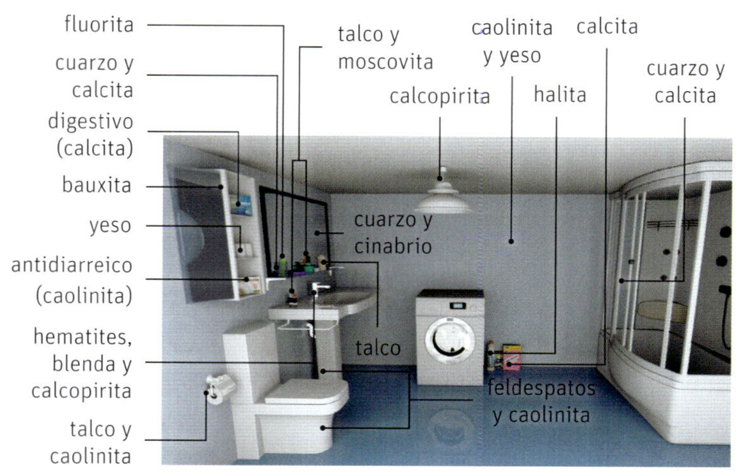

8 Piedras preciosas

Para que un mineral se considere **piedra preciosa** o **gema** no basta con que tenga un color, un brillo y una transparencia que le proporcionen gran belleza; además, es necesario que posea una gran dureza, más de 8 en la escala de Mohs, y también ha de ser muy escaso.

Estos minerales son tallados y pulidos para realzar su brillo y sus tonalidades características. Con ellos se confeccionan joyas y otros objetos de lujo.

Tradicionalmente, los **diamantes** son la piedra preciosa por excelencia. También son gemas el **rubí**, el **zafiro**, la **esmeralda** y el **topacio**.

Nombre	Características	Propiedades	Natural	Tallado
Diamante	Es carbono puro.	Dureza: 10 Color: suele ser incoloro, aunque los hay de casi todas las tonalidades. Brillo: adamantino		
Rubí	Es la variedad de color rojo del corindón.	Dureza: 9 Color: posee diferentes tonos de rojo, según la cantidad de cromo que lleve. Brillo: adamantino	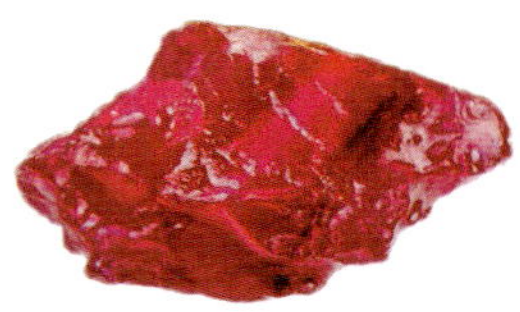	
Zafiro	Es la variedad de color azul del corindón.	Dureza: 9 Color: azul; también puede ser desde transparente a amarillo y morado. Brillo: vítreo		
Esmeralda	Es la variedad de color verde del berilo.	Dureza: 8 Color: verde Brillo: vítreo Se vuelve más transparente y adquiere mayor brillo al pulirse.		
Topacio	Es una piedra preciosa difícil de trabajar.	Dureza: 8 Color: el más común es el amarillo ocre, pero también puede ser incoloro, azul pálido, verde, rojo o marrón. Brillo: vítreo		

Dentro del grupo de las piedras preciosas se incluyen otros minerales que son considerados **piedras semipreciosas**. Agrupa unas 130 especies minerales.

Se diferencian de las piedras preciosas en que su dureza es menor: suele estar comprendida entre 7 y 8. También se encuentran en la naturaleza en mayor abundancia que las piedras preciosas.

Las piedras semipreciosas más utilizadas son la **turmalina**, los **granates**, el **circón**, la **turquesa** y la **malaquita**. El ágata, la amatista, el ámbar, el jaspe o el lapislázuli son otras de uso frecuente en joyería y ornamentación.

Al pulir las **PIEDRAS SEMIPRECIOSAS** algunas se vuelven transparentes y otras permanecen opacas.

Nombre	Propiedades	Natural
Turmalina	Dureza: 7,5 Color: tiene diversos colores, aunque el más frecuente es el negro. Brillo: vítreo	
Granates	No se trata de un único mineral, sino de un grupo de ellos. Dureza: 7,5 Color: desde púrpura oscuro (almandino) a rojo intenso (piropo)	
Circón	Dureza: 7,5 Color: incoloro, verde, amarillo, rojo, azul, violeta o negro Brillo: de vítreo a adamantino	
Turquesa	Dureza: 5 - 6 Color: varios tonos de azul o verde grisáceo Brillo: vítreo, terroso o céreo Sin pulir, es opaca.	
Malaquita	Dureza: 4 Color: verde intenso En la naturaleza suele presentarse acompañada de azurita, de color azul.	

ACTIVIDADES

1. Resuelve. ¿Qué características se utilizan para diferenciar las piedras preciosas de las semipreciosas?

2. Investiga. En algunos países africanos, los diamantes son extraídos por personas en régimen de semiesclavitud, y con el dinero obtenido se financian las guerras. Son los denominados "diamantes de sangre" o "diamantes de guerra". En 2003, la ONU propuso algunas condiciones para evitar su comercio. Busca información sobre esa normativa.

LO ESENCIAL

La geosfera y sus minerales

La Tierra se estructura en capas cuya densidad va creciendo desde el exterior hacia el interior: **atmósfera**, **hidrosfera**, **geosfera** y **biosfera**.

Al igual que la Tierra, la geosfera también se estructura en capas de densidad creciente: la **corteza**, el **manto** y el **núcleo**.

Los componentes básicos de la geosfera son los **minerales**. Para diferenciar unos de otros se utilizan sus propiedades características.

Los minerales no suelen encontrarse aislados, sino formando agregados de uno o más minerales, que reciben la denominación de **rocas**.

Muchos de los objetos habituales se obtienen a partir de minerales. Según su utilidad, los minerales se dividen en: **metálicos**, **industriales** y **piedras preciosas**.

Son **minerales metálicos** los usados para la extracción de metales. En los llamados **nativos**, el metal está en estado puro; el resto son una combinación del metal y otros elementos químicos.

Los **minerales industriales** son los más abundantes. Se utilizan tal y como se extraen de la naturaleza o con pequeñas transformaciones.

Se consideran **piedras preciosas** los minerales que se emplean en joyería. Suelen ser duros y tener un brillo intenso.

1. Organiza tus ideas. **Copia, completa y amplía el siguiente esquema para construir tu propio mapa mental de la unidad.**

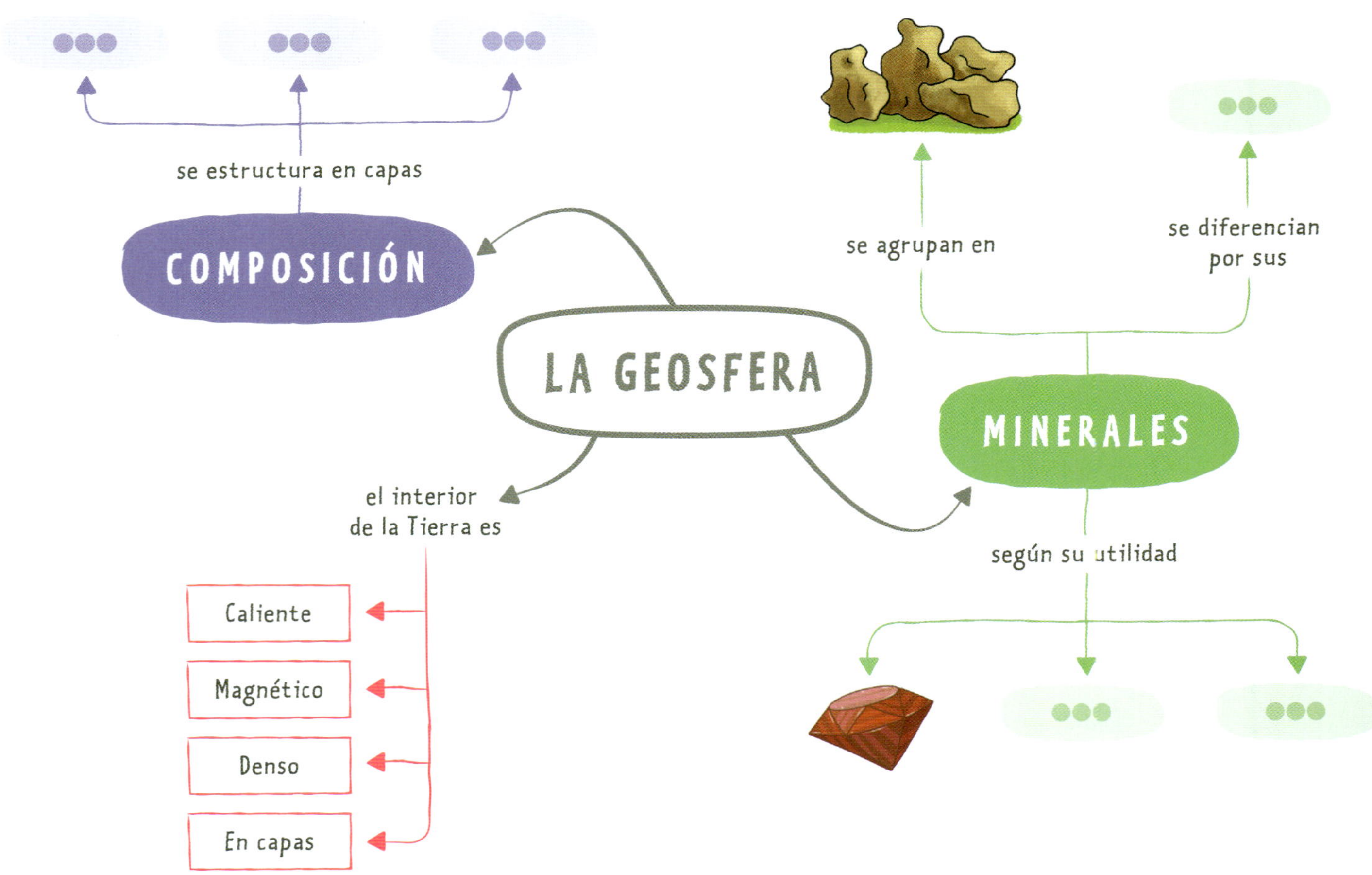

VALORA LO APRENDIDO Autoevaluación y resumen.

ACTIVIDADES FINALES

1. Observa las siguientes imágenes, que recogen muestras de cuatro minerales.

a) ¿Hay algún cristal entre ellas? ¿Cómo lo distingues?

b) Describe el brillo que tiene cada una de estas cuatro muestras minerales.

c) ¿Qué minerales identificas? ¿Qué características te han permitido reconocerlos?

d) ¿Tienes dudas sobre alguno de ellos? ¿Qué minerales podrían ser? ¿Qué harías para salir de dudas si los tuvieras delante? Puedes utilizar la técnica: "Pensaba, pienso".

e) ¿Cuál o cuáles de estos minerales crees que tienen buena exfoliación?

2. Concluye. **Tanto la pirita como la calcopirita se conocen como "el oro de los tontos", porque su parecido con este metal ha llevado a muchos inexpertos a confundirlos con oro.**

a) Dispones de una moneda de 5 céntimos de euro y un trozo de vidrio. Sabiendo que el oro tiene una dureza de entre 2,5 y 3, ¿qué harías para comprobar si una muestra mineral es oro o no?

b) ¿Cómo diferenciarías la pirita de la calcopirita?

3. Resuelve. **Durante una clase de observación de minerales en el laboratorio, un estudiante completa la siguiente tabla de datos referida a uno de los ejemplares que se han mostrado:**

Color	Amarillo
Brillo	Metálico
Forma	Cúbica
Dureza	No se raya con la navaja, pero sí con el vidrio, aunque con dificultad.
Densidad	5 g/cm^3

Teniendo en cuenta los datos recogidos, responde:

a) ¿Cuáles son propiedades características del mineral y cuáles no?

b) ¿Qué dureza tiene ese mineral?

c) ¿Sabes qué mineral está observando?

4. Experimenta. **Para calcular con precisión la densidad de un mineral, necesitamos conocer su masa y su volumen. Mediremos la masa con una balanza y el volumen, con una probeta graduada. Para ello, echamos agua en la probeta y anotamos el volumen que marca. Introducimos el mineral y apuntamos el nuevo nivel alcanzado por el agua.**

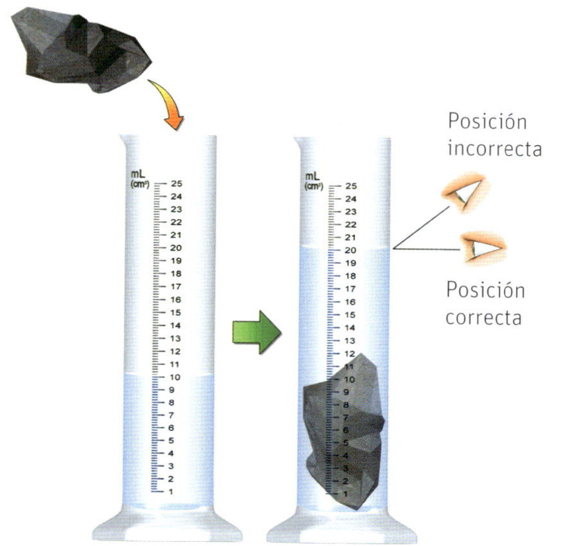

a) Según el dibujo, ¿cuál es el volumen del mineral?

b) Si la balanza muestra que la masa de ese mineral es 50 g, ¿cuál será su densidad? Ten en cuenta que densidad = masa / volumen.

c) Elige un mineral y repite este procedimiento para calcular su densidad. ¿Qué mineral has elegido? ¿Qué densidad tiene?

5. Emprende. **No solo hay "diamantes de sangre", también hay "coltán de sangre". El coltán es la mezcla de dos minerales, columbita y tantalita, de cuyas letras iniciales toma el nombre. Tiene color gris azulado y es la principal mena de tantalio, un metal que ha adquirido una gran importancia por su uso en electrónica.**

Coltán

El principal productor de coltán es la República Democrática del Congo. Entre 1998 y 2003 se libró en este país una guerra civil en la que murieron cuatro millones de personas. El motivo encubierto fue controlar el coltán. Aunque formalmente la guerra finalizó en 2003, los fallecidos por esta causa se elevan ya a seis millones.

a) En grupo, buscad información sobre el coltán y señalad algunos aparatos que utilicéis y tengan tantalio.

b) Jane Goodall, la experta en grandes primates, ha impulsado una campaña para reciclar móviles y reducir así el consumo de coltán. Cread un póster en el que indiquéis las razones acerca de la necesidad de reciclar los móviles.

c) Valorad la posibilidad de iniciar en vuestro centro una campaña de recogida de móviles viejos.

6. Deduce. **Hemos encontrado una caja con una colección de minerales, pero están desordenados, y las cartulinas con los nombres y las características de cada uno están fuera de sitio. Para ordenarlos hemos elaborado una tabla: en una columna hemos puesto los nombres de los minerales y en la otra, las características.**

Mineral	Características
Cinabrio	1. Color negro, dureza 6 y brillo metálico. Es atraído por el imán.
Talco	2. Color amarillo latón, dureza 4 y brillo metálico.
Halita	3. Color pardo con manchas rojizas. La dureza varía de 1,5 a 3,5, y en cuanto al brillo es mate.
Magnetita	4. Color rojo intenso, dureza 2,5 y brillo vítreo.
Calcopirita	5. Color gris plomo, dureza 2,5 y brillo metálico. Desprende olor a podrido con el ácido.
Ortosa	6. Color rosado, dureza 6 y brillo vítreo.
Galena	7. Color blanco, dureza 1, brillo céreo y muy suave al tacto.
Malaquita	8. Color blanco, dureza 2,5, brillo vítreo y sabor salado.
Bauxita	9. Color verde y bandeado, dureza 4 y brillo vítreo.

a) Relaciona en tu cuaderno el nombre de cada mineral con la descripción que mejor crees que le encaja.

b) Ahora relaciona un mineral de la tabla anterior con la fotografía que le corresponda según su utilidad.

7. Deduce. **Entre las órbitas de Marte y Júpiter se halla el cinturón de asteroides. Su edad es la misma que la de la Tierra. Cuando colisionan algunos de estos asteroides, o partes de ellos, caen en la Tierra: son los meteoritos.**

a) Si, como creen los científicos, la composición de estos meteoritos es similar a la de los asteroides que se unieron para originar la Tierra, ¿qué roca formará los meteoritos más frecuentes?

b) Otros meteoritos tienen una composición similar a la del núcleo. ¿Cuál es?

c) ¿Por qué crees que se utiliza el estudio de estos meteoritos para conocer el interior terrestre?

8. Reflexiona. **Te han regalado los minerales de las siguientes imágenes. Se trata de cuarzo, yeso y calcita. Quieres colocarlos en tu cuarto con su nombre correspondiente.**

a) ¿Sabrías identificarlos?

b) Dispones de una moneda de 5 céntimos y un trozo de vidrio. ¿Podrías identificarlos por su dureza?

c) ¿Cuál de ellos desprenderá burbujas con el ácido?

9. Observa **el mineral de la imagen y después responde a las siguientes cuestiones:**

a) ¿Cuáles son el color y el brillo de este mineral?

b) ¿Qué mineral crees que es? Si lo tuvieses en la mano, ¿qué harías para asegurarte?

c) ¿Sabes qué nombre reciben los agregados de cristales que tienen esta forma?

10. Soy competente

Una de las propiedades que ayuda a identificar los minerales es su densidad. Puedes hacerte una idea aproximada de la densidad de un material así: toma un envase de un litro; si lo llenas de agua, pesará 1 kg; si lo llenas de arena, pesará algo más del doble; si lo llenas de hierro, pesará ocho veces más, pero si lo llenas de aire, pesará 1000 veces menos que con el agua.

La tabla muestra las densidades de algunos materiales frecuentes en la Tierra.

Material:	Agua	Granito	Hierro	Aire
Densidad (kg/L o g/cm^3)	1	2,7	7,8	0,001

a) ¿Es lo mismo peso que densidad?

b) Relaciona cada uno de estos materiales con una capa de la Tierra.

c) Ordena los materiales de menor a mayor densidad. ¿Hay alguna relación con la distribución en capas de la Tierra?

11. Experimenta. Si disponemos varios fluidos (líquidos o gases) en un recipiente, los más densos irán al fondo y los menos densos, a la superficie. Pero si utilizamos sólidos, permanecerán en el orden en que se han echado.

En un vaso de precipitados de 100 cm^3 introducimos unos trocitos de corcho, dos cucharadas de limaduras de hierro (o clavos) y tres cucharadas de vaselina. Lo removemos todo para que los ingredientes queden homogéneamente distribuidos y calentamos el recipiente al baño maría.

a) ¿Qué esperas que ocurra al calentar la mezcla al baño maría?

b) ¿Qué sucede realmente?

c) Cada uno de los materiales que hemos introducido en el vaso de precipitados pretende representar los materiales en una capa de la geosfera. ¿Cuáles son unos y otras?

d) ¿Crees que esta experiencia nos dice algo acerca del proceso de formación de la Tierra?

12. Reflexiona. Al papel de lija y a las limas de uñas se les añaden pequeños cristales de cuarzo o corindón. ¿Por qué no se utilizan cristales de yeso o de calcita?

Yeso

Calcita

13. Completa. Durante muchos siglos se han triturado los minerales hasta obtener un polvo fino con el que se hacían las pinturas. Entre los minerales utilizados estaban la hematites, la malaquita, la azurita y el cinabrio. ¿Qué coloraciones se obtendrían con cada uno de ellos?

Mineral	Color
Hematites	●●●
Malaquita	●●●
Azurita	●●●
Cinabrio	●●●

14. Retoma. Ahora que has terminado la unidad, aplica los nuevos conocimientos adquiridos para volver a responder a la pregunta formulada al inicio sobre los minerales.

Ciencia en la calle

Pedaleando sobre minerales

Una gran cantidad de objetos y utensilios que empleamos en la vida diaria están fabricados con materiales cuya materia prima son los minerales industriales, desde el vidrio de las ventanas hasta los componentes que se utilizan en la fabricación de un teléfono móvil, como silicio, cobre, plomo, hierro, tantalio, carbono, estaño, níquel, plata y oro, entre otros.

También la fabricación de una bicicleta se encuentra entre esos objetos de uso cotidiano. En su fabricación se han utilizado muchos elementos químicos y productos obtenidos a partir de minerales. En la imagen se recogen solo algunos de los componentes más empleados.

Debajo se muestran las imágenes de diversos minerales.

a) Identifica cada uno de ellos.

b) Relaciona cada mineral con el componente de la bicicleta o el casco que le corresponda.

c) ¿Hay algún componente abundante en la bicicleta que no aparezca reflejado en las imágenes?

5 LAS ROCAS, DIVERSIDAD Y USOS

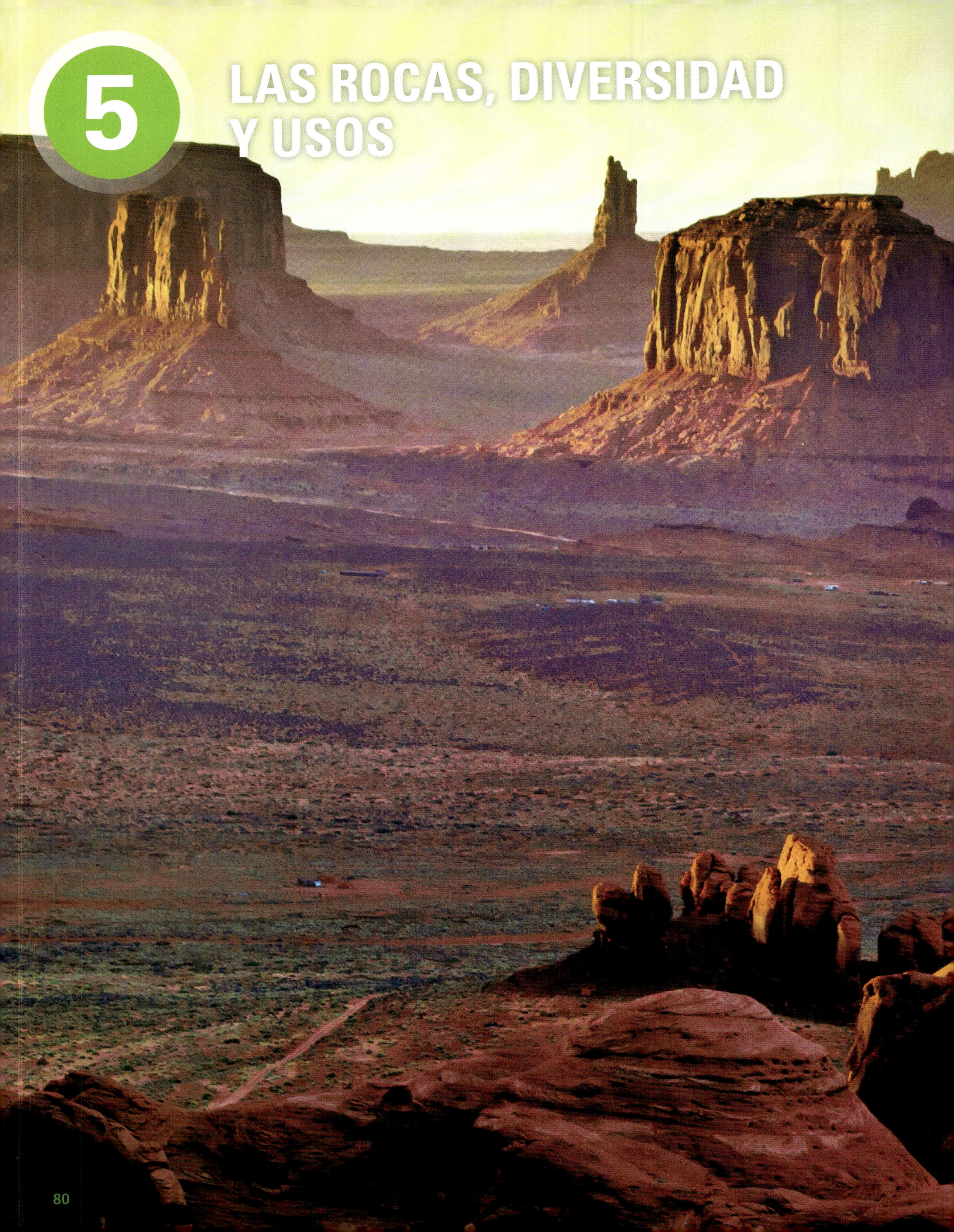

En esta unidad aprenderás...

- **Cómo son y cómo se observan las rocas.**
- **Qué tipos de rocas existen.**
- **Qué son los fósiles, cómo se forman y qué información nos aportan.**
- **Para qué utilizamos las rocas.**
- **Cómo se extraen las rocas y los minerales.**

¿Las rocas pueden enfermar?

La mayor parte de nuestro planeta está constituida por rocas y minerales. Las montañas, la arena de la playa o las piedras de un río lo son. Pero también hallamos rocas en las construcciones de una ciudad, en sus fuentes o en los combustibles que utilizan los vehículos.

- ¿Cuáles son los componentes básicos de las rocas?
- ¿Conoces algunas rocas que nos resulten útiles?
- ¿Sabes por qué las rocas de este paisaje son de color rojizo?

1 Existe una gran diversidad de rocas

Una **roca** es un agregado natural compuesto por uno o más minerales. Las rocas son los materiales más abundantes en la Tierra.

Conocer la **TEXTURA** de una roca y los **MINERALES** que la componen permite identificarla.

Características de las rocas

Composición

Algunas rocas están constituidas mayoritariamente por un solo mineral. Pero eso no es lo habitual, pues la mayoría está formada por varios minerales, como el granito, compuesto por cuarzo, ortosa, plagioclasas, y biotita o moscovita.

La caliza está formada por un solo mineral, la calcita.

Textura

La textura viene definida por la forma, el tamaño y la distribución de los granos o cristales que componen la roca. Esos granos o cristales se pueden distinguir a simple vista, o ser tan pequeños que se necesite una lupa o un microscopio.

En la pudinga, los granos se distinguen a simple vista.

Origen

Algunas rocas se forman al solidificarse la lava que expulsan los volcanes: son las rocas volcánicas.

Otras se forman a partir de fragmentos de otras rocas: son las rocas sedimentarias.

La obsidiana se forma por el enfriamiento rápido de la lava.

Otras características

Los componentes de las rocas pueden estar dispuestos en láminas o tener una estructura masiva.

Pueden contener fósiles o no, y también contar con diferentes edades o antigüedad.

Este fósil marino forma parte de una roca de origen sedimentario.

¿Cómo se observa una roca?

Para descubrir las características de una roca e identificarla es necesario tomar una muestra con la mano para apreciar su tacto, estimar su densidad y ver mejor algunas zonas.

Hay que observarla detenidamente y centrarse en aquellas partes de la superficie que tengan cortes recientes.

Si la roca está formada por un único mineral o una pasta uniforme tendrá un solo color, y se considerará homogénea. En caso contrario, será heterogénea.

Hay rocas, como el granito, que están compuestas por cristalitos de diferentes colores, mientras que otras, como los conglomerados, parecen estar formadas por trozos de otras rocas. También se debe observar cómo responden al golpearlas, ya que algunas, como la pizarra, se fragmentan en láminas muy bien definidas.

Granito

Conglomerado

Pizarra

Analizar las características de una roca supone responder a preguntas como las siguientes:

- ¿Es homogénea o heterogénea?
- ¿Los granos parecen cristales o fragmentos de otra roca?
- ¿Tienen los granos un tamaño similar?
- ¿Se distinguen a simple vista todos los granos que forman la roca?
- ¿Está dispuesta en láminas?
- ¿La roca forma burbujas al añadirle unas gotas de ácido clorhídrico?
- ¿La roca contiene fósiles?

ACTIVIDADES

1. Analiza. **Los seres humanos hacemos diversos usos de las rocas. ¿Crees que hacemos un consumo adecuado o excesivo de este recurso? Anota tu respuesta en una hoja y guárdala. Al final de la unidad, recupérala y contesta a estas preguntas:**

a) ¿Ha cambiado lo que pensabas? ¿Por qué?

b) ¿Crees que es necesario adoptar medidas para hacer un uso más sostenible de las rocas? Indica algunas.

2. Explica. **¿Son visibles todos los granos de un conglomerado? ¿Y los de la pizarra?**

3. Interpreta. **De las rocas de la página anterior, ¿cuáles son homogéneas y cuáles heterogéneas?**

4. Resuelve. **Observa el conglomerado que aparece en la imagen y responde a las preguntas relacionadas con la textura que hemos formulado anteriormente.**

2 Rocas plutónicas

Algunas de las rocas más abundantes en la corteza terrestre están formadas por minerales de aspectos y colores diferentes. Este tipo de rocas heterogéneas, constituidas por cristales minerales observables a simple vista, reciben el nombre de rocas **plutónicas**.

Las rocas plutónicas de mayor interés son el **granito**, la **sienita**, el **gabro** y la **peridotita**.

Principales rocas plutónicas

Granito

Roca cristalina de color gris, aunque a veces es de color rosado. Está compuesta por cuatro minerales: **cuarzo**, **ortosa**, **plagioclasa** y **diorita**.

Sienita

Su color es variable, entre grisáceo y rosado. Se distingue del granito por no tener cuarzo o ser este muy escaso. Su componente principal es la **ortosa**.

Gabro

Es de color oscuro. Sus minerales son difíciles de distinguir a simple vista. Entre ellos están la **biotita** y las **plagioclasas**.

Peridotita

Es similar al gabro, pero contiene más **olivino**. Es poco abundante en la corteza terrestre, pero se trata de la más hallada en el manto de la Tierra.

ACTIVIDADES

1. Deduce. El granito está compuesto por cuatro minerales: cuarzo, que es de color grisáceo y tiene un brillo vítreo; ortosa, que forma cristales de color rosado; plagioclasa, de color blanco, y biotita, que forma cristales negros muy brillantes.

   Con estas descripciones, ¿sabrías identificar a cuál de esos minerales corresponden las imágenes?

2. Razona. ¿Por qué decimos que el granito es una roca heterogénea? Razona tu respuesta.

3 Rocas volcánicas

Las rocas que se forman por un enfriamiento rápido de los materiales expulsados por los volcanes reciben el nombre de **volcánicas**.

Las rocas volcánicas pueden mostrar claramente algunos cristales minerales a simple vista o estar constituidas por una pasta en la que no se distingue ningún cristal. Pero nunca tienen visibles todos sus cristales, como ocurre en las rocas plutónicas.

En algunas zonas de la península, como Olot (Gerona), Ciudad Real o el cabo de Gata (Almería), abundan las rocas volcánicas originadas en erupciones producidas en un pasado muy remoto. Las de las islas Canarias son más recientes.

Principales rocas volcánicas

Basalto

Es de color negro y tiene la superficie mate. Con frecuencia muestra numerosas oquedades (textura vacuolar). La mayoría de sus cristales son microscópicos. Los más grandes suelen ser de olivino.

Pumita o piedra pómez

Es de color claro y tiene tan poca densidad que puede flotar en el agua. Posee numerosas oquedades, por lo que se dice que su textura es vacuolar.

Obsidiana

Es de color negro y tiene un brillo vítreo muy intenso. Está formada por una pasta de vidrio. Al romperse deja superficies cóncavas muy cortantes.

» Las rocas más antiguas de España

En nuestro país hay rocas de edades muy diversas. Algunas apenas tienen unos años, como las formadas en 2011 y 2012 durante la erupción de un volcán submarino en El Hierro (Canarias). Otras son muy antiguas, como las de cabo Ortegal (La Coruña), cuya edad se estima en 1150 millones de años.

COMPRENDE Comprueba al microscopio cómo es la estructura interna de algunas rocas volcánicas.

ACTIVIDADES

1. Analiza. Observa las imágenes A y B de las rocas e indica si son plutónicas o volcánicas.

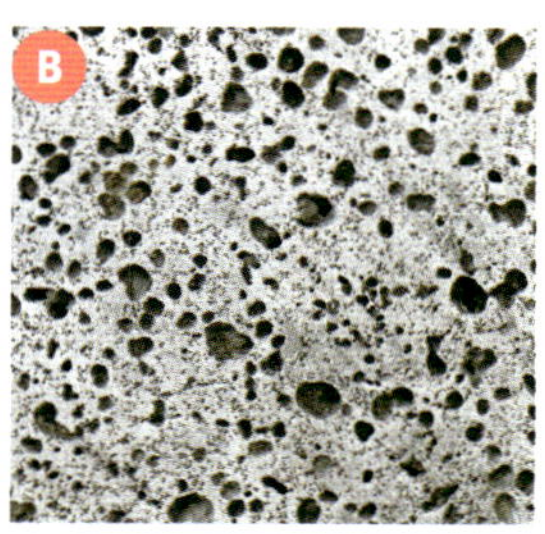

2. Razona. El gabro y el basalto poseen una composición mineralógica similar. ¿Cómo se te ocurre que podríamos diferenciar una roca de otra?

3. Investiga. De la obsidiana se dice que tiene fractura concoidea. ¿A qué hace referencia esa denominación? ¿Cómo son las aristas que se forman? ¿Para qué se empleó esta roca durante la Edad de Piedra?

4. Resuelve. ¿A qué puede deberse la presencia de los huecos que caracterizan la textura vacuolar de muchas rocas volcánicas?

4 Rocas metamórficas

COMPRENDE Comprueba al microscopio cómo es la estructura interna de algunas rocas metamórficas.

La estructura de muchas rocas metamórficas se caracteriza por estar compuesta de láminas u hojas que se disponen prácticamente paralelas entre sí.

Esta organización en láminas recibe el nombre de **foliación** y es característica de muchas **rocas metamórficas**.

La foliación se debe a que estas rocas tienen abundantes minerales planos, como las micas, que se disponen formando capas paralelas.

Las rocas formadas por láminas que aparecen con mayor frecuencia en la naturaleza son la **pizarra**, el **esquisto** y el **gneis**.

Principales rocas metamórficas

Pizarra

Es una roca homogénea, de grano muy fino, con laminación plana, formada por cristales muy pequeños que no se pueden distinguir a simple vista. Su color es muy variable, aunque la mayoría son de color gris oscuro, azul muy oscuro o negro.

Esquisto

Presenta laminación ondulada y una fragmentación en capas muy delgadas debido a que más de la mitad de sus minerales son planos y alargados. Los cristales que lo componen son perceptibles a simple vista. Muchos de ellos son de mica, y le proporcionan al esquisto un brillo intenso.

Gneis

Está constituido por cristales de mayor tamaño que los del esquisto.

Sus minerales se disponen en bandas onduladas en las que las micas se alternan con el cuarzo y los feldespatos, y le proporcionan una estructura de bandas claras y oscuras.

ACTIVIDADES

1. Clasifica. Uno de los materiales más utilizados tradicionalmente para construir los tejados de las edificaciones ha sido la pizarra. La facilidad para separarse en láminas delgadas y ligeras ha sido una característica que ha determinado su uso para este fin.
   a) ¿Qué otra característica debe poseer la pizarra para que se utilice en la construcción de los tejados?
   b) En contraposición a la pizarra, el esquisto y el gneis, a pesar de disponerse en láminas, no son materiales válidos para construir tejados. ¿Cuál crees que es la razón?

2. Razona. Tanto el gneis como el granito son rocas constituidas por cuarzo, feldespatos y micas. ¿Cómo podrías diferenciar estas rocas?

3. Recuerda. Además de la facilidad para separarse en láminas y su poco peso, la pizarra debe tener otra característica para utilizarla en los tejados. ¿Cuál es?

4. Investiga. La pizarra, el esquisto y el gneis son tres rocas metamórficas. Ordena de mayor a menor el tamaño de sus cristales.

5 Rocas sedimentarias

Las rocas que se forman por compactación de sedimentos o de fragmentos de rocas anteriores reciben el nombre de **rocas sedimentarias**.

Son ejemplos de sedimentos la arena de la playa, el lodo del fondo de un lago o los cantos de las orillas de los ríos.

En algunas de estas rocas se conservan las huellas de organismos que vivieron en el pasado, los **fósiles**. El estudio de las rocas sedimentarias permite conocer cómo era una zona y qué organismos la poblaban, como se verá con más detalle en el epígrafe siguiente.

Entre las rocas que se forman por compactación de fragmentos de otras rocas, la clasificación se realiza en función del tamaño de los granos o fragmentos que se compacten; según ese criterio, se diferencia entre **conglomerados**, **areniscas** y **arcillas**.

COMPRENDE Comprueba al microscopio cómo es la estructura interna de algunas rocas sedimentarias.

Principales rocas sedimentarias

Conglomerado

Roca sedimentaria con granos mayores de 2 mm. Estos granos reciben el nombre de **clastos**. Uniendo los clastos hay materiales más finos, que forman la **matriz**. Los clastos puedes ser redondeados o angulosos. En este último caso, la roca se denomina **brecha**.

Arenisca

Roca sedimentaria con granos menores de 2 mm, pero observables a simple vista.

Su tacto es muy áspero, como el de la lija.

Al rascarla con una navaja se desprenden granitos de arena.

Arcilla

Roca sedimentaria constituida por unos granos tan pequeños que se necesita una lupa para verlos.

Su tacto es suave.

La arcilla también recibe el nombre de **argilita**.

Como ya hemos indicado, dentro de la clasificación de las rocas sedimentarias se incluyen otras que no se forman por compactación de fragmentos de rocas preexistentes.

Dentro de este subgrupo de sedimentarias, que es muy diverso, se encuentran rocas tan comunes como la **caliza** y el **yeso**.

Ambas se forman por precipitación de ciertas sustancias que se encuentran disueltas en el agua. En el caso de la caliza, el material que precipita es carbonato cálcico; en el del yeso es un sulfato cálcico.

El **yeso** es un mineral muy común y fácilmente exfoliable. La **caliza** es la roca de mayor importancia dentro de este grupo. Como hemos leído, se forma por precipitación del carbonato cálcico que se encuentra disuelto en el agua. El mineral predominante en su composición es la calcita. Hay calizas con aspectos y colores muy diferentes, pero todas ellas comparten una característica común y es que desprenden burbujas si se les añade un compuesto ácido.

ACTIVIDADES

1. Razona. ¿Qué diferencia hay entre los granos o fragmentos que forman las rocas sedimentarias, y los de las rocas plutónicas o las volcánicas?
2. Investiga. La arena de una duna, ¿es una roca sedimentaria o un sedimento? ¿Qué similitudes y diferencias tiene con la arenisca?
3. Deduce. La caliza es una roca formada por un solo mineral. Puesto que burbujea con el ácido, ¿de qué mineral se tratará?

6 Los fósiles, testimonio del pasado

El ámbar es una resina fósil. En su interior a veces se conservan organismos completos.

¿Qué son los fósiles y cómo se forman?

Un fósil es el resto de un organismo, o de su actividad en el pasado, que ha quedado conservado.

La inmensa mayoría de los fósiles han quedado preservados en rocas sedimentarias. En ellas se conservan las huellas de organismos que habitaron nuestro planeta en el pasado, como los dinosaurios. Estos animales poblaron la Tierra hace algo más de setenta millones de años. Sus huellas quedaron impresas en los lodos, los cuales se compactaron y se transformaron en las rocas sedimentarias que hoy las conservan.

Generalmente, las partes que fosilizan son las más resistentes a la putrefacción, como los esqueletos, los caparazones y las conchas. Sin embargo, en ocasiones queda conservado el individuo completo. Es el caso de la fosilización en ámbar, en asfalto o, incluso, en hielo.

El proceso de fosilización

El proceso por el que se forma un fósil recibe el nombre de **fosilización**. El proceso de fosilización se puede producir de diversas formas; a continuación te mostramos la más frecuente.

1 Un organismo, como, por ejemplo, un amonites, muere y queda enterrado por los sedimentos.

2 Las partes blandas se pudren, pero las duras permanecen más tiempo.

3 El sedimento se compacta y se transforma en roca. La concha, que ha permanecido, fosiliza por alguno de los siguientes procesos.

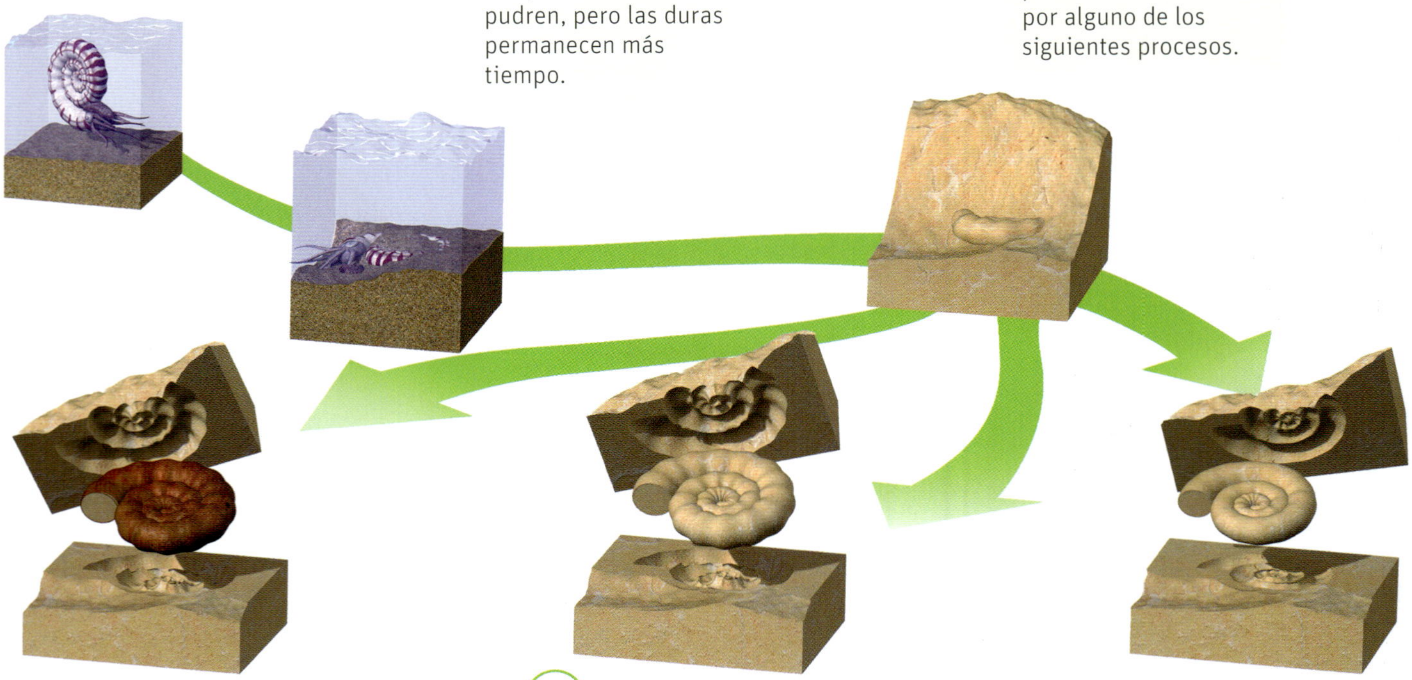

4a A veces se produce una lenta modificación mineralógica; por ejemplo, el aragonito de la concha pasa a calcita o es sustituido por pirita.

4b Con mayor frecuencia, la concha se disuelve y el hueco se rellena con los minerales que va dejando el agua circulante. Se forma el molde externo del organismo.

4c En otras ocasiones, el sedimento que cubrió la concha también llega a su interior. De ese modo se forma el molde interno del organismo.

La información de los fósiles

Los fósiles son una fuente de información única e insustituible que nos permite saber cómo fue la vida en el pasado en nuestro planeta. El análisis de los fósiles permite conocer importantes datos.

¿Qué nos dicen los fósiles?

- Qué organismos vivieron en el pasado.
- Qué características tenían esos organismos.
- Cuál y cómo era el hábitat en el que vivían.
- Algunos de sus hábitos y pautas de conducta.

Algunos fósiles son huellas que los organismos dejaron cuando vivían y, por tanto, nos permiten conocer la actividad que realizaban, de ahí su relevancia. Constituyen un excelente complemento de las informaciones que proporcionan otro tipo de restos, como huesos, dientes o caparazones.

Fósiles de actividad

Entre los fósiles relacionados con la actividad de los organismos destacan:

Icnitas o pisadas

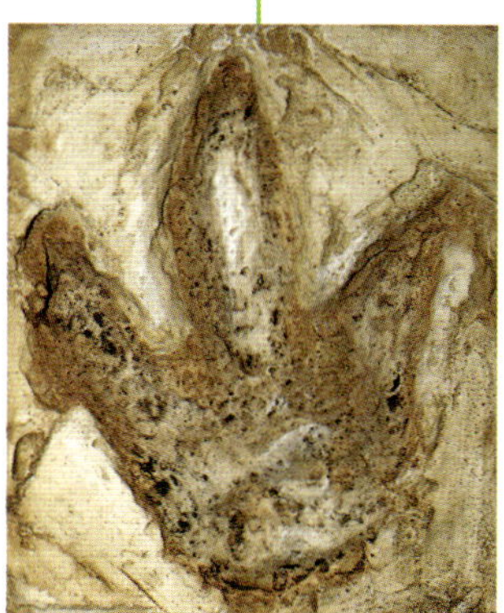

Icnitas o pisadas son, por ejemplo, las de los dinosaurios o las huellas de los trilobites, llamadas **cruzianas**.

Galerías

Las **galerías** se originaron debido a la actividad biológica de algunos organismos para alojarse o alimentarse.

Coprolitos

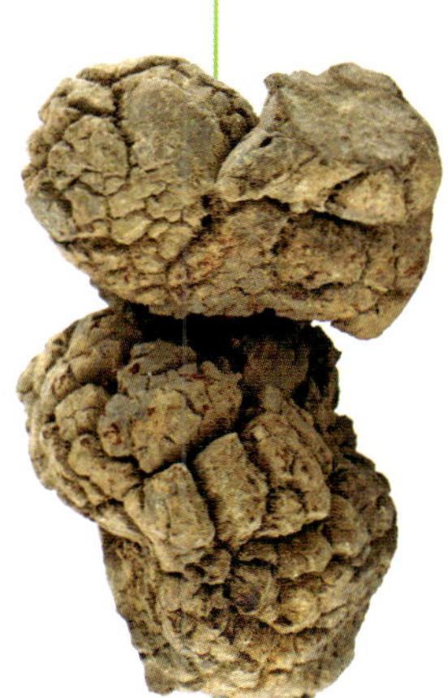

Los **coprolitos** (término que proviene de *kopros*, 'excremento', y *lithos*, 'piedra') son excrementos fosilizados.

ACTIVIDADES

1. Razona. En el proceso de fosilización descrito, el primer paso lo constituye la muerte del organismo. ¿Es necesario que siempre sea así? ¿Por qué?

2. Concluye. ¿La actividad biológica de un ser vivo incluida en una roca sedimentaria es un fósil? ¿Y las partes duras de su organismo?

3. Explica. Al golpear un canto rodado, este se ha roto y en su interior ha aparecido un fósil.
   a) ¿A cuál de los grupos que se han mencionado pertenece la roca que contiene ese fósil?
   b) Hemos añadido unas gotas de ácido clorhídrico y la roca desprende unas burbujas. ¿De qué roca se trata?

7 Las rocas y la construcción

Para construir la casa en la que vives, un coche, la calle que recorres diariamente o incluso el centro en el que estudias se ha empleado una gran cantidad de rocas.

A veces se utilizan los materiales tal y como se encuentran en la naturaleza, como ocurre con la grava o la arena. En otras ocasiones, el producto final (un plástico o una lata de pintura) no se parece en nada a la roca de la que procede.

En función de sus características, podemos diferenciar los siguientes grupos de rocas: **áridos**, **rocas ornamentales**, **piedras de cantería** y **otros materiales de construcción**.

Los áridos

Los áridos son las **gravas**, las **arenas** y las **rocas trituradas**.

Los áridos se diferencian de otros materiales por su resistencia mecánica y su estabilidad química.

Se utilizan en la edificación y se mezclan con el cemento para hacer el hormigón. También se usan en la construcción de carreteras y en las vías de ferrocarril.

Casi la mitad de las rocas que consumimos son áridos. Para reducir su consumo, cada vez más se reutilizan los residuos de anteriores construcciones.

Desde la Antigüedad clásica, la roca ornamental por excelencia ha sido el mármol.

Rocas ornamentales

Son aquellas rocas cuyas cualidades permiten cortarlas y pulirlas para conseguir más brillo y belleza.

Se emplean para crear esculturas y objetos de decoración y, sobre todo, para recubrir fachadas y hacer encimeras.

En la actualidad se les da este uso a muchas rocas. El **mármol** es la roca ornamental más clásica y utilizada, pero en la actualidad también se emplean la **caliza** o el **granito**, que tradicionalmente solo habían sido usados como piedras de cantería.

Piedras de cantería

Son las rocas que se emplean en bloques sin labrar, es decir, tal y como se sacan de la cantera, o semilabradas, para darles la forma adecuada.

Como piedra de cantería se utilizan generalmente rocas como el **granito**, la **arenisca** o el **basalto**.

Cualquier roca utilizada como piedra de cantería debe poseer las siguientes características:

Características

- Ser **coherente**, es decir, que no se descomponga en fragmentos con mucha facilidad.
- Ser **resistente a la presión**, por lo que debe soportar mucho peso sin deformarse.
- No alterarse con facilidad ante el ataque de los agentes atmosféricos.

Dadas las características de la piedra de cantería, no es extraño que los monumentos mejor conservados estén construidos con ellas.

Otros materiales de construcción

Además de grava y arena, o bloques de rocas, en la construcción se emplean habitualmente otros materiales obtenidos a partir de rocas.

Ladrillos y tejas

Se fabrican con arcilla, que se modela con la finalidad de obtener la forma adecuada. Después se cuece en un horno a más de 800 °C para conseguir una estructura permanente de gran resistencia.

Cemento y cal

Se usan para unir los materiales de construcción. El cemento se obtiene triturando la caliza y mezclándola con arcilla; luego se calienta a 1500 °C en un horno y, finalmente, se añade yeso para completar el proceso.

Vidrio

Se obtiene de arenas o rocas con abundante cuarzo. La arena se mezcla con caliza y se funde a temperaturas muy elevadas. Antes de que el vidrio fundido se enfríe por completo, se le da la forma deseada.

ACTIVIDADES

1. Repasa. **La caliza se emplea unas veces como roca ornamental y otras, como piedra de cantería. ¿Qué tratamiento se le dará en cada caso?**

2. Investiga. **Para hacer hormigón se mezclan grava y arena; como aglomerante, se les añade cemento.**
   a) Si el hormigón fuese una roca, ¿cómo describirías su textura?
   b) ¿A qué roca se asemeja el hormigón?
   c) ¿Qué rocas se utilizan para fabricar el cemento?

3. Relaciona **en tu cuaderno los términos que aparecen en la primera de estas columnas con los de la segunda que les corresponden según su uso. Ten en cuenta que una misma roca puede tener varias utilidades:**

Mármol	
Basalto	Árido
Arena	Ornamental
Granito	Cantería
Caliza	

8 Las rocas y los combustibles fósiles

ACTIVIDADES

1. Analiza. Los carbones se forman por alteración de restos vegetales. Teniendo en cuenta su grado de alteración, ¿qué carbón sería el más actual? ¿Y el más antiguo?

Tras la denominación de **combustibles fósiles** se encuentran materiales como el **petróleo** y el **carbón**. Son rocas que arden con facilidad y que se han formado a partir de restos de organismos que habitaron la Tierra hace millones de años.

- El **petróleo** es un líquido aceitoso de color oscuro. A pesar de tener esa consistencia, se considera una roca. De él se obtienen:

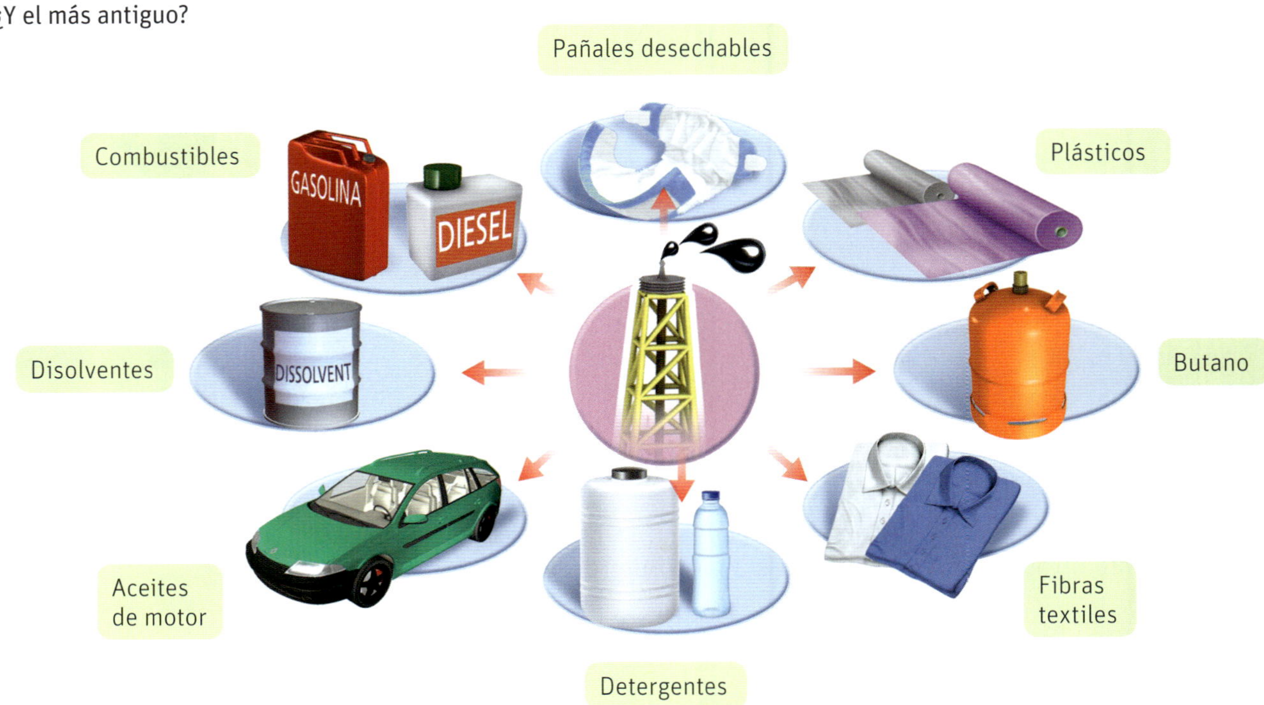

- El **carbón** se emplea principalmente para obtener energía eléctrica. Durante mucho tiempo fue el combustible más utilizado, hasta que hace un siglo fue desplazado por el petróleo.

Carbones

Hay cuatro tipos de carbón según su contenido de carbono:

Turba

La turba es un carbón con hasta un 55 % de carbono. Tiene color pardo y aspecto esponjoso. Muestra restos vegetales aún sin alterar.

Lignito

El lignito contiene hasta un 75 % de carbono. Es de color pardo oscuro. Todos los restos vegetales están ya alterados.

Hulla

La hulla puede contener hasta un 90 % de carbono. Tiene un color negro brillante y es el carbón más empleado como combustible.

Antracita

La antracita es el carbón más rico en carbono. Su color varía de negro a gris acero y posee un lustre muy brillante.

9 Explotación de rocas y minerales

¿Qué es una mina?

Una mina es una excavación realizada para extraer minerales o rocas. En función de las características de su extracción, las minas pueden ser a cielo abierto o subterráneas.

En las **minas a cielo abierto**, el mineral o la roca objeto de la explotación se hallan en la superficie o a escasa profundidad. Los tipos más importantes de minas a cielo abierto son:

Canteras

Las canteras se encuentran en la superficie o a muy poca profundidad. De ellas se extrae la mayor parte de las rocas de construcción y las ornamentales.

Cortas

Son minas de poca o media profundidad, habituales en el aprovechamiento de menas metálicas. Se estructuran en terrazas de profundidad creciente.

Las **minas subterráneas** son las que se excavan en yacimientos que se encuentran a gran profundidad. Constan de una red de túneles horizontales y verticales. Los túneles horizontales son las **galerías** y los verticales, los **pozos**. En las minas subterráneas se explotan minerales metálicos y algunas rocas, como el carbón.

Minería y medioambiente

La extracción de minerales y rocas obliga a remover una gran cantidad de materiales. Como consecuencia de ello, se produce una modificación del medio o impacto ambiental, que puede afectar a la vegetación, a la fauna, al suelo o al aire.

Por eso, para autorizar una explotación minera se exige un estudio de Evaluación de Impacto Ambiental (EIA).

La EIA es un estudio que se encarga de identificar las consecuencias medioambientales que comportará la realización de una explotación y propone alternativas que corrijan o reduzcan los efectos negativos.

Así, una vez finalizada la explotación, la mina ha de ser restaurada para que los terrenos en donde se hallaba puedan adquirir un nuevo uso, ya sea agrícola, cultural o recreativo.

ACTIVIDADES

1. Analiza. Las minas de Almadén han sido los yacimientos de mercurio más importantes del mundo. ¿De dónde se extrae este metal?

2. Investiga. Busca información sobre la explotación de oro que los romanos llevaron a cabo en el siglo I en la región de Las Médulas (León). ¿Qué uso tiene ese territorio en la actualidad?

LO ESENCIAL

Las rocas, diversidad y usos

Las rocas se diferencian por su **composición mineralógica**, su **origen** y su **textura** (la forma, el tamaño o la disposición de los cristales).

Las **rocas plutónicas** están formadas por minerales de aspectos y colores diferentes. Son heterogéneas y sus cristales se distinguen a simple vista.

Las **rocas volcánicas** se forman por un rápido enfriamiento de los materiales expulsados por los volcanes.

Las **rocas metamórficas** se componen de láminas que se disponen paralelas entre sí. Esta organización en láminas se llama foliación.

Las **rocas sedimentarias** se forman por compactación de los sedimentos o de los fragmentos de rocas anteriores.

Algunas rocas sedimentarias encierran **fósiles** que ayudan a conocer qué organismos vivieron en el pasado, su hábitat y su comportamiento.

Las rocas se destinan a **usos muy variados**, desde la construcción (piedras de cantería, ornamentales y otras) hasta la obtención de combustibles fósiles.

La **extracción** de las rocas se realiza en minas a cielo abierto o en minas subterráneas, en función de las características del yacimiento.

1. Organiza tus ideas. **Copia, completa y amplía el siguiente esquema para construir tu propio mapa mental de la unidad.**

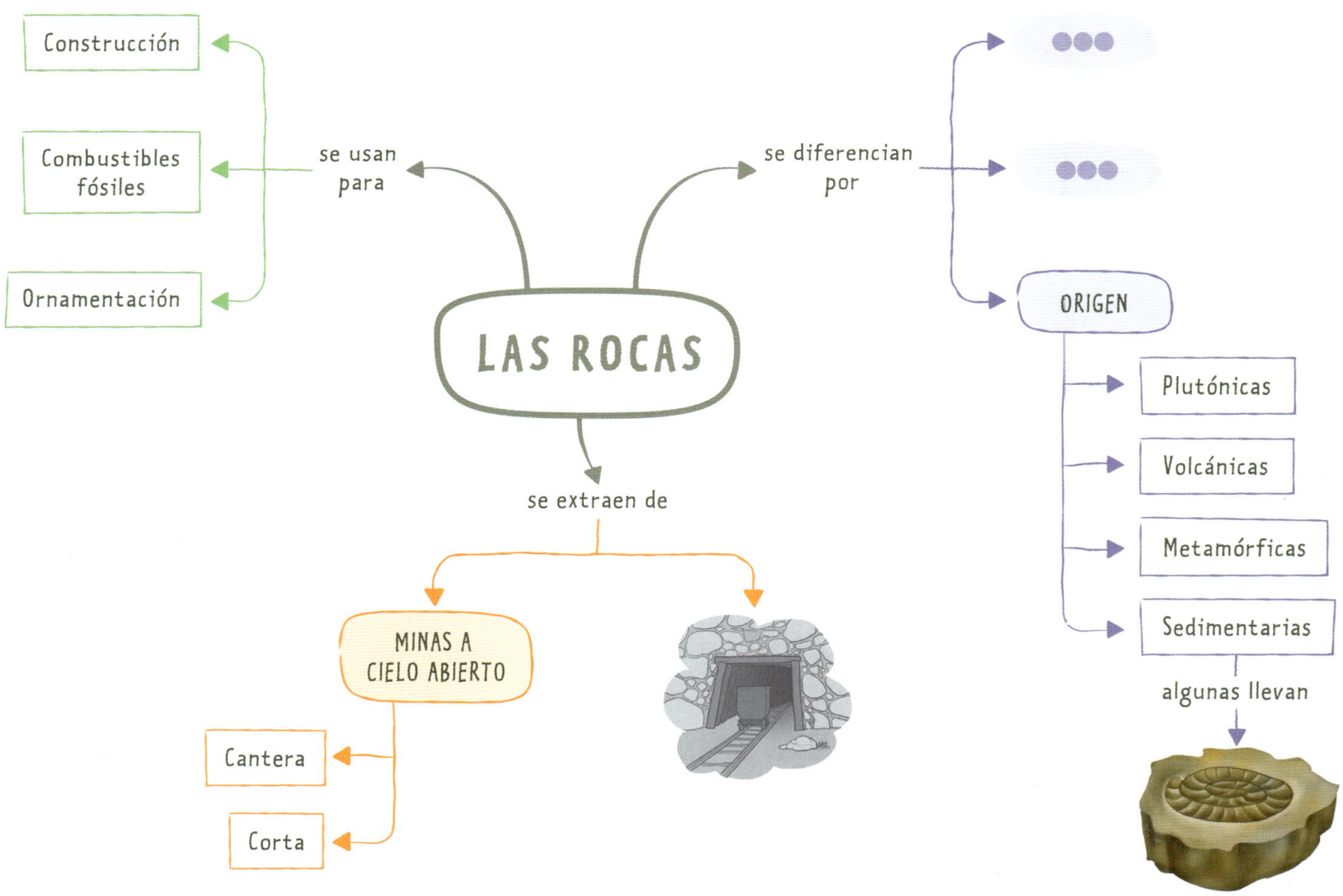

VALORA LO APRENDIDO Autoevaluación y resumen.

ACTIVIDADES FINALES

1. Argumenta. La imagen recoge muestras de tres rocas.

a) Clasifícalas en plutónicas, volcánicas y sedimentarias.

b) ¿Qué criterios has utilizado para identificarlas?

2. Razona. **La arena de la orilla de un río, ¿es un sedimento o una roca sedimentaria?**

3. Calcula. **Analiza estas icnitas o huellas de dinosaurio.**

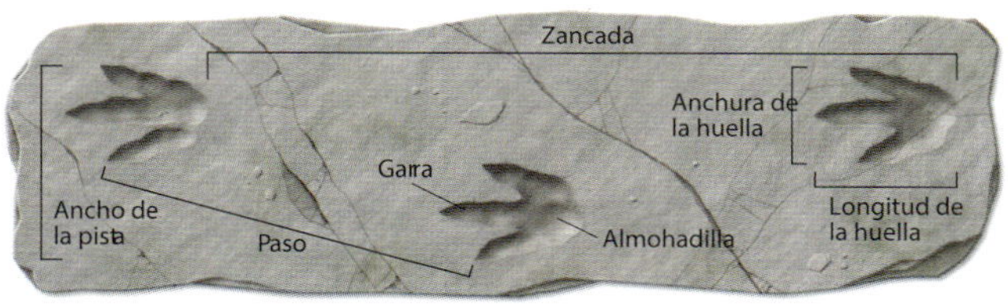

a) ¿Todas las huellas son del mismo pie?

b) ¿Cuántos dedos tenía el animal que dejó impresas estas huellas?

c) ¿El dinosaurio caminaba sobre dos extremidades (era bípedo) o sobre cuatro (cuadrúpedo)?

4. Observa. **Las imágenes representan distintos momentos en el proceso de formación de un fósil de amonites.**

a) Ordena estas seis imágenes según la secuencia cronológica en la que tendrá lugar este proceso.

b) Describe lo que está ocurriendo en cada una de las imágenes mostradas.

c) Explica detalladamente los cambios más importantes que se han producido en cada una de las etapas con respecto a la anterior.

5. Emprende. **A diferencia del agua, la madera o el ganado vacuno, el petróleo es un recurso no renovable, es decir, no se regenera tras su uso. El que consumimos desaparece y en la naturaleza no se genera nuevo petróleo que pueda sustituirlo. Como las reservas de petróleo que hay en el planeta son limitadas, cuanto más consumimos, menos petróleo queda e, inevitablemente, llegará un momento en que se agote.**

Realizaremos el siguiente trabajo en grupo.

a) Buscad más datos sobre el proceso de formación del petróleo. ¿Ha dejado ya de generarse petróleo en la naturaleza? ¿Por qué decimos que es un recurso no renovable?

b) ¿Cuánto petróleo queda? ¿Qué dicen los pronósticos más pesimistas? ¿Y los más optimistas?

c) ¿Qué ocurriría si el petróleo se agotase inmediatamente?

d) El consumo del petróleo tiene efectos sobre el medioambiente. ¿Cuáles son los más relevantes?

e) Haced una presentación en PowerPoint que incluya las conclusiones de vuestro estudio.

6. Infiere. **Si las rocas son los materiales terrestres más frecuentes, no debe sorprendernos que sean muy utilizadas. Y, puesto que hay rocas con características bien distintas, también lo serán los usos que se les dan.**

La imagen muestra una vivienda con paredes de granito y tejado de pizarra. En la chimenea arde carbón (otro tipo de roca) y al fuego hay un recipiente elaborado con arcilla.

a) ¿Qué característica de cada una de las rocas mencionadas es la que determina su uso?

b) ¿Crees que los usos de estas rocas son intercambiables?

c) ¿Conoces alguna otra roca que se emplee con frecuencia? ¿Qué uso tiene?

7. Experimenta. Puedes fabricar en el laboratorio una roca parecida a un conglomerado. Necesitarás cantos rodados o grava de un río o una playa, y escayola.

Amasa la escayola e introdúcela en un vaso de plástico hasta que llene un tercio del mismo. Añade un poco de grava y, si quieres que contenga un fósil, mete una concha. Cúbrelo todo con un poco más de escayola, remuévelo y déjalo secar. Una vez seco, rompe el vaso y tendrás un conglomerado artificial.

a) ¿Qué material de los empleados sería la matriz?

b) ¿Y cuál equivale a los clastos?

c) ¿Qué circunstancia debe darse para que nuestra roca sea similar a una brecha?

8. Relaciona cada elemento con la roca que le corresponda, sin que quede ninguna roca desparejada.

Elementos	Rocas
Ladrillo	Arcilla
Vidrio	Mármol
Escultura	Sienita
Tejado	Pizarra
Gasolina	Arena
Adoquín	Petróleo
Encimera	Granito

9. Deduce. Algunas rocas que tienen abundantes minerales planos presentan una disposición en láminas.

a) ¿Las tres rocas tienen laminación? ¿Poseen todas las rocas laminación?

b) ¿Cuál de las rocas de la imagen no es metamórfica?

10. Explica. La hulla suele contener fósiles de plantas, como la que se muestra en la imagen.

a) ¿Cómo puedes explicar este hecho?

b) La imagen muestra el fósil de una planta procedente de una zona pantanosa, que existió hace unos trescientos millones de años. ¿Qué información nos proporciona?

c) ¿Incluirías la hulla en el grupo de rocas volcánicas, plutónicas, sedimentarias o metamórficas? Razona tu respuesta.

11. Soy competente

Lee la información y realiza las actividades.

Cada año, unos cinco millones de personas visitan el Parque Nacional del Gran Cañón del Colorado (EE UU). Existe una gran preocupación por el deterioro que está sufriendo el parque debido al elevado número de visitantes.

La temperatura en el Gran Cañón varía de menos de 0 °C a más de 40 °C. Aunque la zona es desértica, las grietas de las rocas a veces contienen agua.

En uno de los estratos de caliza del Gran Cañón se encuentran abundantes fósiles de animales marinos, como almejas, peces y corales.

Indica con "Sí" o "No" si es posible responder a las tres primeras cuestiones mediante una investigación científica.

a) ¿Qué cantidad de erosión se produce por la utilización de las pistas forestales?

b) Relaciona cada uno de estos materiales con una capa de la Tierra.

c) ¿El parque es tan bello como lo era hace cien años?

d) ¿De qué manera los siguientes cambios de temperatura y la presencia de agua en las grietas de las rocas contribuyen a acelerar el desmenuzamiento de las rocas?

A. El agua congelada disuelve las rocas calientes.

B. El agua cementa las rocas entre sí.

C. El hielo pule la superficie de las rocas.

D. El agua congelada se dilata en las grietas de las rocas.

e) ¿Qué sucedió hace millones de años para que aparezcan los fósiles mencionados en uno de los estratos?

A. Antiguamente los habitantes transportaban alimentos marinos desde el océano a esta área.

B. En otro tiempo, los océanos eran más violentos, y olas gigantes arrastraban criaturas marinas hacia el interior.

C. En aquella época, la zona estaba cubierta por un océano que más tarde se retiró.

12. Observa. **En un camino hemos recogido la roca de la imagen y queremos analizar con detenimiento sus características e identificar qué tipo de roca es. Obsérvala:**

a) ¿Es homogénea o heterogénea? ¿Por qué?

b) ¿Los granos que la constituyen son cristales o, más bien, fragmentos de otras rocas?

c) ¿Se distinguen a simple vista todos los granos de esta roca?

d) ¿Tienen un tamaño similar?

e) ¿La roca muestra una disposición en láminas?

f) ¿Es una roca plutónica, volcánica, metamórfica o sedimentaria? ¿Por qué?

g) ¿Qué roca es?

13. Investiga. **En las explotaciones mineras se mueven muchos materiales que carecen de interés económico, como los que se retiran hasta llegar al mineral. El lugar donde se acumulan esos materiales es la escombrera. La imagen muestra una explotación minera en la que ya se ha agotado una zona (área A) y se va a empezar la explotación en otra (área B).**

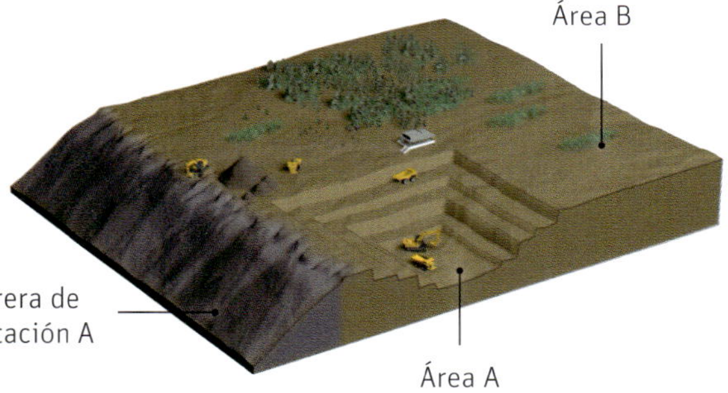

a) ¿Qué tipo de explotación minera es el área A?

b) Las escombreras se localizan en lugares cercanos a la explotación, en los que el impacto medioambiental sea menor. En cualquier caso, una vez acabada la explotación minera, debe restaurarse la zona. ¿Qué harías para restaurar la zona en la que actualmente está la escombrera de la explotación A?

c) ¿Qué lugar usarías como escombrera de la explotación B?

14. Analiza. **¿Alguna de las siguientes rocas es metamórfica? ¿Por qué?**

15. Retoma. **Ahora que has terminado la unidad, aplica los nuevos conocimientos adquiridos para responder de nuevo a la pregunta formulada al inicio de la unidad.**

Ciencia en la calle

Identifica las rocas de tu ciudad

Las calles de tu pueblo o ciudad, sus iglesias y sus plazas, los muros y tejados de los edificios más nobles, los recubrimientos de las fachadas, los monumentos, las fuentes y los lugares comerciales ofrecen una diversidad de rocas ornamentales y de cantería mucho mayor de lo que puedas imaginar.

También los materiales utilizados en la construcción de nuestras casas (ladrillos, tejas, cemento, hormigón, vidrio, etc.) se han obtenido a partir de rocas, pero se han transformado tanto que resulta difícil identificar el material del que proceden. Sin embargo, en otras ocasiones, se utilizan las rocas sin transformar, como es el caso de las rocas de cantería y las ornamentales.

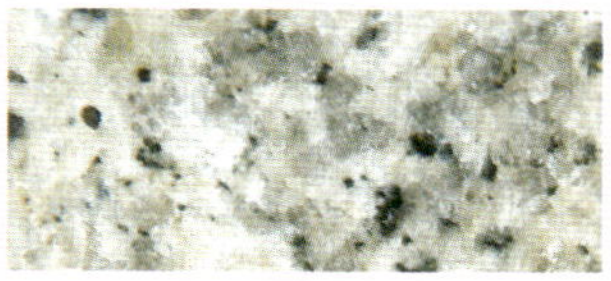

Granito

Sienita

Travertino

Gneis

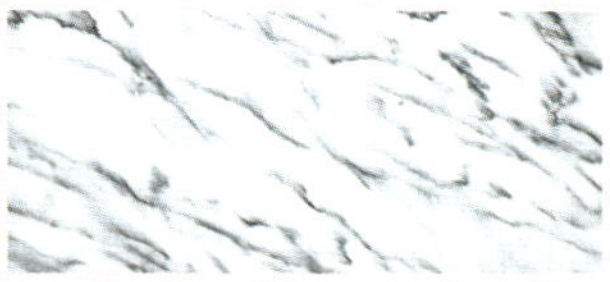

Mármol blanco

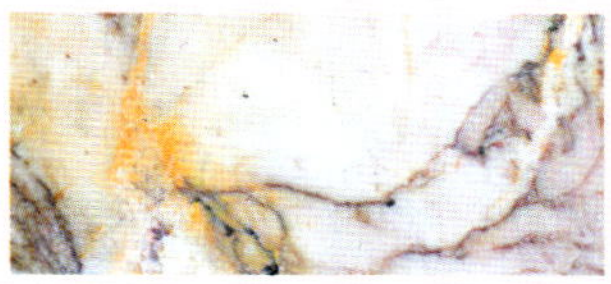

Mármol rosado

Para comprobar las rocas que se utilizan, vas a preparar una ruta geológica por tu ciudad. Necesitarás un plano para marcar el itinerario, el teléfono móvil para fotografiar las rocas, una lupa y una regla para medir los cristales.

a) **Diseña un modelo de ficha para anotar los datos de cada roca que encuentres: su nombre, el lugar en el que se halla y su utilidad.**

b) **Haz un cartel en el que figure el itinerario realizado y los principales datos de las rocas encontradas.**

c) **¿Cuál es la roca ornamental que más se usa en tu localidad? ¿Y la roca de cantería?**

d) **Busca información sobre las rocas que más abunden.**

El vapor de agua y la evapotranspiración

Algunos gases de la atmósfera, como el vapor de agua, retienen el calor y favorecen el efecto invernadero natural, que permite mantener la temperatura media de la Tierra en unos valores aptos para la vida. Pero si la concentración de esos gases aumenta, la atmósfera retiene más calor del necesario y se produce el fenómeno del calentamiento global. Vamos a comprobar en el laboratorio si se calienta más la superficie del océano o la del suelo.

PASO 1 **PREPARAMOS el experimento.**

Tomamos dos vasos de precipitados iguales y los llenamos hasta la misma altura, uno de arena y otro de agua. Colocamos un termómetro en cada vaso, cuidando que la base del mismo se sitúe en la capa más superficial del agua y de la arena. La temperatura inicial deberá ser idéntica en los dos vasos; si no lo es, habrá que esperar hasta que lo sea. Dos focos potentes harán de sol. Los situamos a unos treinta centímetros de altura, a la misma distancia en ambos vasos, y los encendemos.

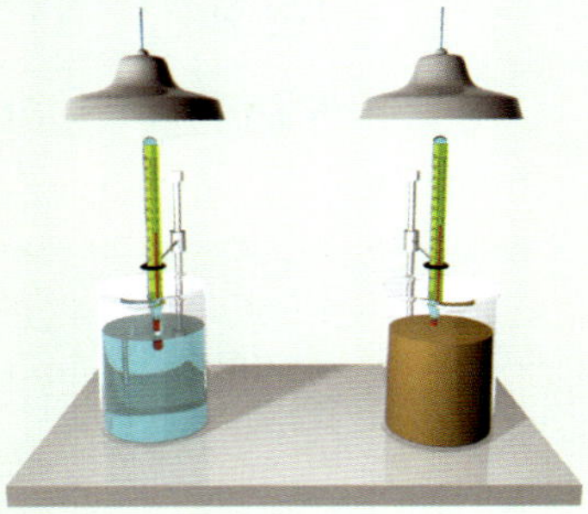

PASO 2 **MEDIMOS** la temperatura de cada vaso al inicio del experimento, pasados quince minutos y de nuevo a los treinta minutos.

TIEMPO	0 min	15 min	30 min
Temperatura del agua	20 °C	22,5 °C	25 °C
Temperatura de la arena	20 °C	26 °C	32 °C

Apagamos el foco y tomamos la temperatura cada diez minutos durante otros treinta minutos. Los resultados son:

TIEMPO	10 min	20 min	30 min
Temperatura del agua	24 °C	23 °C	22 °C
Temperatura de la arena	28 °C	24 °C	20 °C

1. ¿Por qué crees que hemos utilizado dos vasos de precipitados iguales?
2. ¿Por qué ha de ser idéntica la temperatura inicial?
3. ¿Qué vaso se ha calentado más? ¿Cuál se ha enfriado antes?
4. ¿Qué conclusiones se pueden extraer de estas observaciones?
5. Haz una gráfica en tu cuaderno que represente la evolución de las temperaturas con el tiempo en cada vaso de precipitados.

El origen de las rocas

No es posible observar los procesos que experimentan las rocas durante su formación en el interior de la Tierra, pero sí podemos recrear unas condiciones similares y realizar una serie de experimentos. Por ejemplo, las rocas volcánicas y plutónicas se originan por enfriamiento del magma. Este enfriamiento es más rápido en las primeras y más lento en las segundas. En el caso de las rocas metamórficas, la característica disposición laminar que poseen muchas de ellas se debe a la presión. Vamos a comprobarlo con dos experimentos.

EXPERIMENTO 1. Enfriamiento rápido y lento

PASO 1 **PREPARAMOS el experimento.**

En un recipiente se ha calentado azufre hasta que se ha fundido y, a continuación, se ha introducido en agua con hielo.

PASO 2 **OBSERVAMOS el experimento.**

Una vez que el azufre se ha solidificado, se observa con lupa y se comprueba que en la zona A los cristales son grandes, mientras que en la B son pequeños o no existen.

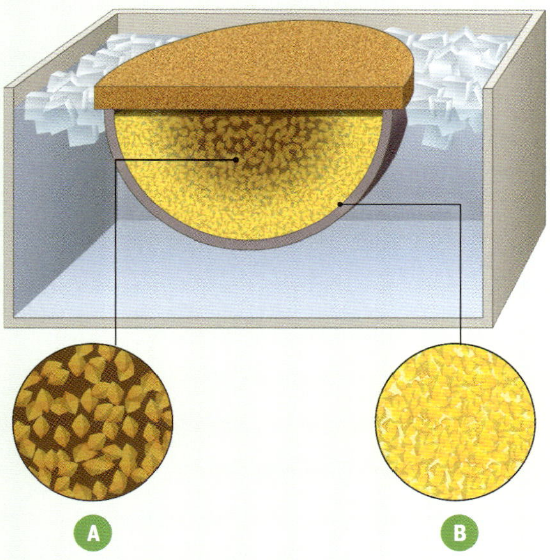

EXPERIMENTO 2. La dirección de la presión

PASO 1 **PREPARAMOS el experimento.**

Cogemos dos puñados de espaguetis: uno lo troceamos y lo dejamos caer sobre la mesa; el otro lo comprimimos entre dos reglas.

PASO 2 **OBSERVAMOS el experimento.**

En el primer caso, los espaguetis quedarán con orientaciones muy diversas, con huecos entre ellos. En el segundo caso, los espaguetis se orientarán en la misma dirección y los huecos se reducen.

1. Experimento 1
   a) ¿Con qué textura asociarías cada zona? ¿En cuál se habrá solidificado más rápido el azufre?
   b) ¿Existe relación entre el tiempo que tarda en solidificarse y el grado de cristalización?
2. Experimento 2
   a) Si retirases las reglas y solo vieses los espaguetis, ¿podrías saber en qué dirección han sido comprimidos?
   b) ¿Qué relación existe entre la dirección en que se ejerce la presión y la orientación de los espaguetis?

Efecto invernadero y calentamiento global

Cuando la radiación solar llega a la Tierra, calienta la superficie de los continentes y los océanos. Después, el calor sobrante se irradia hacia el exterior. Si algunos gases de la atmósfera no redujeran esa pérdida de calor irradiado, la temperatura del planeta bajaría tanto que no sería posible la vida. Pero ¿qué ocurre cuando aumenta la concentración de esos gases atmosféricos?

PASO 1 **NOS INFORMAMOS sobre el efecto invernadero natural.**

La atmósfera terrestre funciona de modo similar a como lo hace el vidrio en un invernadero: la radiación solar atraviesa el vidrio, calienta el suelo, este transmite calor al aire y el vidrio impide que salga al exterior todo el calor sobrante, manteniendo así la temperatura.

En la atmósfera se produce un fenómeno parecido: hay una serie de gases, como el vapor de agua, el dióxido de carbono y el metano, que "atrapan" parte del calor que la superficie del planeta irradia hacia el exterior. Este proceso recibe el nombre de efecto invernadero natural.

PASO 2 **COMPARAMOS con lo que sucede cuando se incrementa ese efecto.**

Algunas actividades humanas, como la tala de bosques y la quema de combustibles fósiles, aumentan la concentración de los gases de efecto invernadero en la atmósfera. El resultado es que en la atmósfera queda atrapada una mayor cantidad de calor, que favorece el calentamiento global del planeta.

PASO 3 **ANALIZAMOS la imagen.**

Para ello, leemos las leyendas, nos fijamos en los colores del planeta y en su significado, y, por último, en las flechas, tanto en su dirección (algunas entran y otras salen) como en el grosor.

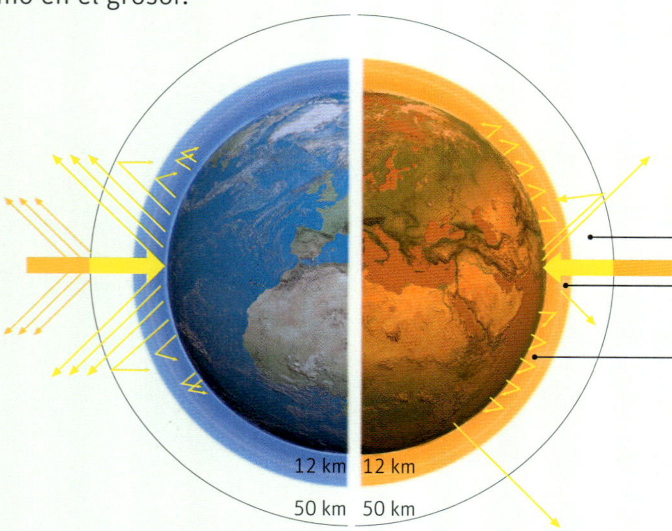

1. **Indica los efectos más visibles del cambio climático producido por el calentamiento global del planeta.**
2. **¿Qué relación crees que existe entre la quema masiva de combustibles fósiles y la elevación de los niveles de concentración de dióxido de carbono?**

Valoramos los minerales y las rocas que consumimos

La Sociedad Minera de los Estados Unidos ha calculado la cantidad de rocas y minerales que cada estadounidense consumirá a lo largo de sus 80 años de vida media: 1377 toneladas (t).

PASO 1 NOS INFORMAMOS sobre la cifra de consumo.

La sorprendente cifra de 1377 toneladas por persona se obtiene sumando lo que cada individuo consume directamente y la parte proporcional que le corresponde de los materiales necesarios para hacer las infraestructuras que utiliza: carreteras, centros de enseñanza, hospitales, etc. Incluye rocas y otros materiales de construcción, así como combustibles fósiles, y minerales industriales y metálicos.

Minerales	Consumo
Sal	12 300 kg
Cinc	536 kg
Hierro	11 820 kg
Cobre	440 kg
Aluminio	2600 kg
Otros minerales no metálicos	25 300 kg
Oro y plata	0,55 kg
Otros metales	14 700 kg

Rocas	Consumo
Rocas de cantería y ornamentales	276 t
Arena y grava	295 t
Cemento	22,5 t
Arcilla	99 t
Carbón	203 t
Petróleo	292 t
Otras rocas	122 t

PASO 2 ANALIZAMOS los materiales de la ropa y el calzado.

En la fabricación de muchas prendas de ropa y en ciertos elementos del calzado también se emplean rocas y minerales. La normativa europea establece que tanto la ropa como el calzado lleven una etiqueta en la que, entre otros datos, se detalle de qué están hechos.

1. En la tabla de la derecha se recogen los metales de mayor consumo. Cópiala en tu cuaderno y, a continuación, indica en cada caso el mineral o los minerales de los que se obtienen.

Elemento metálico	Mineral del que se obtiene
Hierro	•••
Aluminio	•••
Cobre	•••
Cinc	•••
Oro	•••
Plata	•••
Otros metales	•••

2. Un recurso es renovable si puede regenerarse de modo natural tras su uso (agua) u originarse de nuevo (algodón), mientras que si se agota tras su consumo (petróleo) decimos que es no renovable.
   a) ¿Los materiales utilizados para la fabricación de tu ropa y tu calzado son renovables?
   b) ¿Qué tipo de recurso es el material usado en los remaches de unas botas, en el botón de un vaquero, y en la fibra sintética y las cremalleras de un anorak?

La calidad del aire en nuestra ciudad

Los medios de comunicación nos alertan casi a diario de los elevados índices de contaminación del aire que respiramos y de los perjuicios que esa situación conlleva para la salud de toda la población.

A continuación, analizaremos este grave problema medioambiental.

PASO 1 **SELECCIONAMOS** las preguntas a las que queremos dar respuesta, por ejemplo: ¿Cómo es el aire de mi localidad o ciudad? ¿Cuáles son sus principales contaminantes? ¿Resultan perjudiciales para la salud? ¿Exageran los medios de comunicación?

PASO 2 **BUSCAMOS la información.**

El modo más rápido de acceder a la información es introduciendo las palabras clave acerca de la temática de lo que queremos saber en un buscador de internet. Recuerda que si pones los términos entre comillas, como "contaminación del aire en (localidad o ciudad)", únicamente saldrán páginas que los tengan en ese orden.

PASO 3 **SELECCIONAMOS las páginas.**

Hay que ser muy cuidadoso con la información que se obtiene en internet, puesto que no aparece clasificada por su rigor. Estas páginas pueden servirte de ayuda:

- <www.aemet.es>
- <www.miteco.gob.es/es/>

Por último, extrae los datos y las informaciones más importantes para tu propósito.

1. Prueba la búsqueda de las palabras clave: "contaminación", "aire" y "(nombre de tu ciudad)". Ahora, añádeles "dióxido de nitrógeno". ¿Cuántas páginas aparecen en cada caso?
2. Si solo te interesara la situación durante el último año, ¿qué otras palabras pondrías? ¿Y si lo que quieres es conocer la situación en fechas más antiguas, o en otra ciudad o población?
3. Busca datos fiables acerca del origen o las consecuencias de la contaminación por dióxido de nitrógeno.
4. ¿A qué se llama "boina de contaminación"? Busca información sobre ese fenómeno.

Investigamos sobre los fósiles

Las rocas más antiguas que se han hallado en la superficie terrestre tienen unos cuatro mil millones de años. Desde entonces hasta ahora se han formado todas las rocas que vemos. A través de las huellas de las rocas podemos conocer los procesos por los que se formaron y qué cambios experimentaron. Es como si llevasen escrita su propia historia, y los fósiles ayudaran a conocerla.

PASO 1 **SELECCIONAMOS** las preguntas a las que queremos dar respuesta, por ejemplo: ¿Cómo es posible que existan fósiles en el interior de algunas rocas? ¿Cómo han llegado hasta allí?

PASO 2 **BUSCAMOS la información.**

Puedes utilizar internet. Entra en un buscador, como Google, e introduce las palabras clave que lleven a la información deseada. Por ejemplo: "fósil", "fosilización", "helecho fósil", "animal fósil", "dinosaurio"... Cuantas más palabras clave introduzcas, más fácilmente accederás a la información que buscas.

Pterodáctilo fósil

Helecho fósil

PASO 3 **SELECCIONAMOS las páginas.**

No toda la información que se publica en internet es fiable. Procura elegir páginas pertenecientes a instituciones científicas u organismos oficiales.

Es importante que figuren el nombre del autor y su formación académica. Asimismo, es fundamental que sean páginas con la información actualizada y cuyo objetivo se ajuste a la obtención de la información buscada.

1. El fósil de la imagen es un organismo que vivió en los mares hace quince millones de años. ¿Cuál o cuáles de las siguientes conclusiones te parecen correctas?

	Sí	No
Hace quince millones de años ese organismo estaba vivo y la roca que lo contiene todavía no se había formado.	●●●	●●●
Hace quince millones de años ese organismo estaba vivo y la roca que lo contiene ya se había formado; es mucho más antigua.	●●●	●●●
Hace quince millones de años la zona de la que procede esta roca se encontraba bajo el mar.	●●●	●●●

ACTUAR para diseñar vuestras propias experiencias

El calentamiento global

Las transformaciones del agua en hielo y del hielo en agua suponen algunos cambios importantes en la naturaleza. En el caso del calentamiento global, entre otros efectos, este fenómeno favorece la fusión del hielo de los glaciares, los polos y las banquisas. El agua líquida que se genera en la fusión se une a la del mar y hace subir su nivel.

Vamos a comprobar la importancia que tienen estos cambios de estado del agua, tanto en lo que se refiere al volumen como a la masa y a la densidad.

PASO 1 Vierte 100 mL de agua en una probeta pequeña o en un vaso medidor de cocina. Es importante que la medida sea exacta.

PASO 2 Introduce un huevo dentro de una bolsa de plástico transparente.

PASO 3 Mete en el congelador tanto el recipiente con agua como la bolsa de plástico con el huevo en su interior.

PASO 4 Al cabo de un tiempo, cuando se haya congelado el agua, saca ambos elementos del congelador y observa lo sucedido.

1. Comprueba si ha variado el volumen del agua, desde el estado inicial en el que era líquida hasta el final, cuando ya se ha congelado. ¿Y qué le ha ocurrido al huevo? ¿Puedes explicar lo sucedido?
2. Antes de introducir el recipiente con agua en el congelador, mide su masa con ayuda de una báscula o balanza. Repite la medida cuando el agua se haya congelado. ¿Qué diferencia hay?
3. Aplicando los resultados obtenidos en las dos cuestiones anteriores, explica por qué cuando el agua que se introduce entre las grietas de las rocas se congela y se convierte en hielo aumenta el tamaño de esas grietas.

DISEÑA Y COMUNICA TU PROPIA EXPERIENCIA

1. Diseña una experiencia que permita comprobar si la fusión de un iceberg originada por el calentamiento global incrementa el nivel del mar.
2. Los cambios de estado del agua originan cambios de volumen; ¿también provocan cambios en la masa?
3. ¿Qué importancia tienen estas transformaciones en la naturaleza? Organizad en clase una mesa de debate para exponer vuestra opinión.

Las rocas en el paisaje de tu entorno

Cada grupo de rocas, plutónicas, volcánicas, metamórficas y sedimentarias, tiene unas características diferentes en función de su origen, de los procesos que hayan experimentado para su formación, de su composición mineralógica y de su textura.

El siguiente esquema te resultará útil para identificar las rocas más comunes en función de su aspecto, textura, color y la presencia de fósiles.

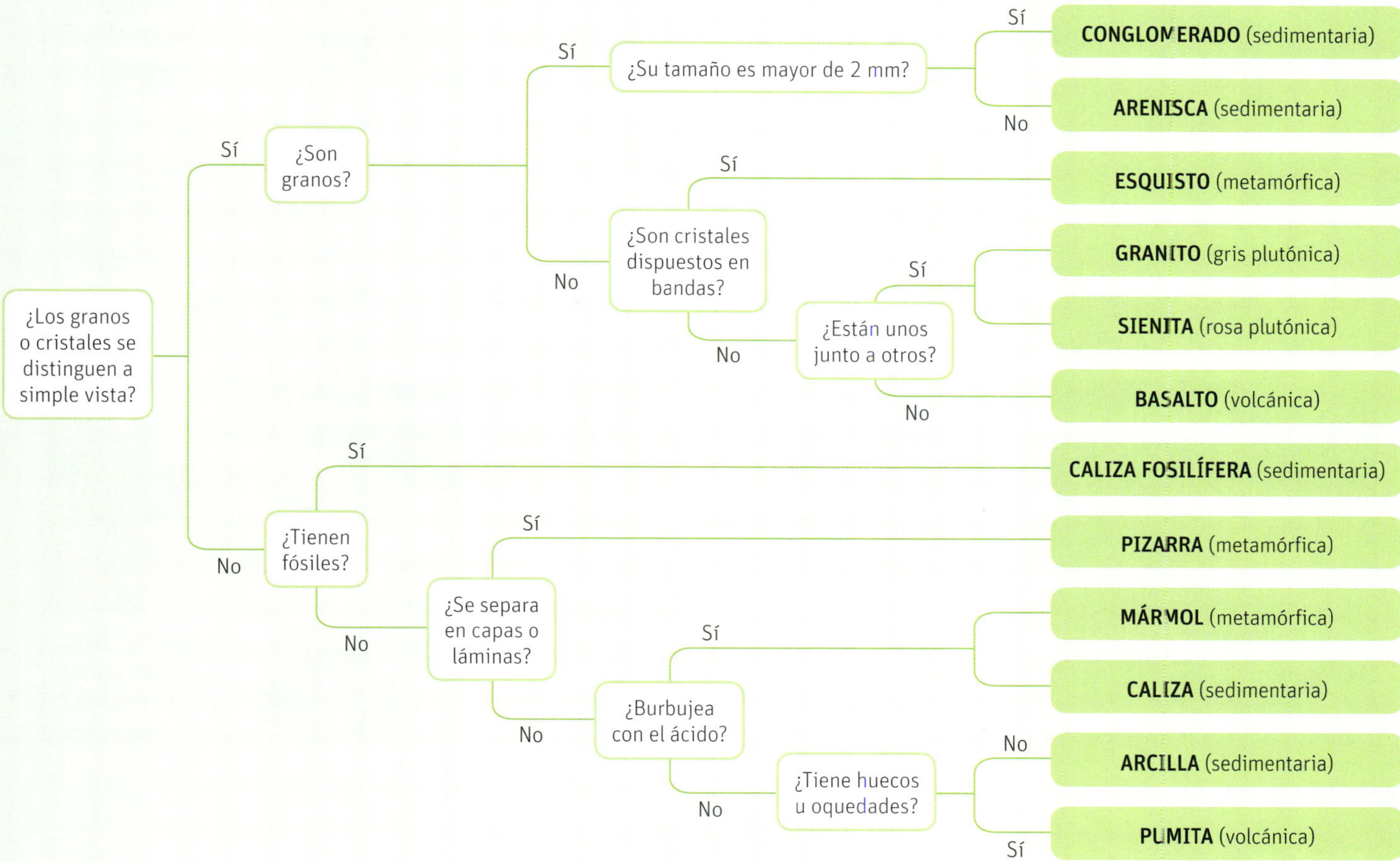

1. Utiliza el esquema anterior para identificar las siguientes rocas.

DISEÑA Y COMUNICA TU PROPIA EXPERIENCIA

1. Contempla el paisaje de tu entorno e identifica las principales rocas que lo conforman. Después, prepara un mural para presentarlo en clase.

6 La Tierra, un planeta habitado

¿Qué diferencia a los seres vivos de la materia inerte?

7 La diversidad de los seres vivos

¿Cómo se pueden clasificar los seres vivos?

9 Animales invertebrados

¿Por qué encontramos invertebrados en cualquier entorno?

10 El mundo de las plantas

¿Por qué las flores son importantes en la naturaleza?

8 Animales vertebrados

EXPERIMENTAR...
para comprender y decidir

- La respiración celular
- La fotosíntesis

ANALIZAR...
para interpretar y extraer conclusiones

- El crecimiento y la nutrición de los hongos
- ¿Cómo aprender a usar una clave dicotómica?

INVESTIGAR...
para tomar decisiones informadas

- Siguiendo la pista

ACTUAR...
para contrastar hipótesis y diseñar vuestras propias experiencias

Intercambio de gases en la fotosíntesis

¿Qué gases intervienen en el proceso? ¿Cuál se desprende y cuál se absorbe?

La nutrición en las células: ósmosis

¿Cómo tiene lugar la entrada de alimentos en las células? ¿Y la salida de desechos?

La clasificación de los seres vivos

¿Cómo se construye una clave dicotómica? ¿Es útil para identificar a los seres vivos?

COMUNICAR...
para dar a conocer vuestro trabajo

Exponed y defended en público vuestra postura.

6 LA TIERRA, UN PLANETA HABITADO

En esta unidad aprenderás...

- Cuál es la unidad de composición y organización de los seres vivos.
- Qué diferencia a las células eucarióticas (animal y vegetal) de las procarióticas.
- Cuáles son las características comunes a todos los seres vivos.
- Qué diferencia a la nutrición autótrofa de la heterótrofa.
- Cómo es el proceso de reproducción sexual y asexual.

¿Qué diferencia a los seres vivos de la materia inerte?

El colibrí consume hasta tres veces su peso corporal en alimento cada día. Se alimenta del néctar de las flores y complementa su dieta con pequeños insectos que atrapa en el momento en que visitan la flor.

- Además de la nutrición, ¿qué otras funciones vitales realiza el colibrí?
- ¿Qué tienen en común el colibrí, la planta, los insectos y los demás seres vivos?

1 Una misma unidad de composición y organización

La composición de los seres vivos

Todos los seres vivos están compuestos de las mismas sustancias:

- **Agua**, en una proporción variable pero siempre elevada.
- **Sales minerales.** El agua y las sales minerales son sustancias presentes a la vez en los seres vivos y en la materia no viva, de ahí que se llamen **inorgánicas**.
- **Sustancias ricas en carbono**, que son características de los seres vivos. También se conocen como "compuestos **orgánicos**", por ser muy abundantes en sus órganos. Esas sustancias son las siguientes:

Compuestos orgánicos

Ácidos nucleicos: como el ADN de nuestras células.

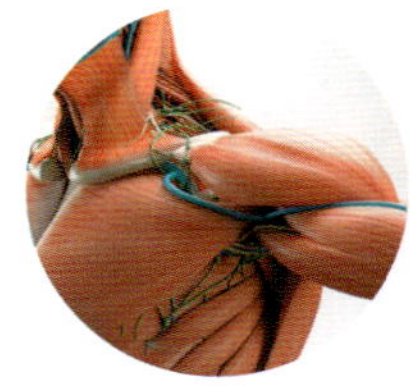

Proteínas: abundan en los músculos de los animales.

Lípidos: como los aceites de las semillas o la grasa que se acumula bajo la piel.

Glúcidos: como la celulosa de las plantas.

> **» Ten en cuenta**
>
> 1 µm (micrómetro) equivale 0,001 mm. Es una unidad de medida que sirve para determinar la longitud de células, como bacterias o protozoos, los cuales no pueden apreciarse a simple vista, y requieren el uso de microscopio.

La organización de los seres vivos

Todos los seres vivos, además de compartir idénticos tipos de moléculas, estamos construidos con las mismas unidades básicas: las **células**.

La **forma de las células** es extraordinariamente diversa. Hay células alargadas, poliédricas, esféricas o con forma de estrella. En general, la forma de las células está relacionada con la función que realizan.

El tamaño de las células también es muy variable, aunque la inmensa mayoría está en torno a los 10 µm, visibles con la ayuda de un microscopio.

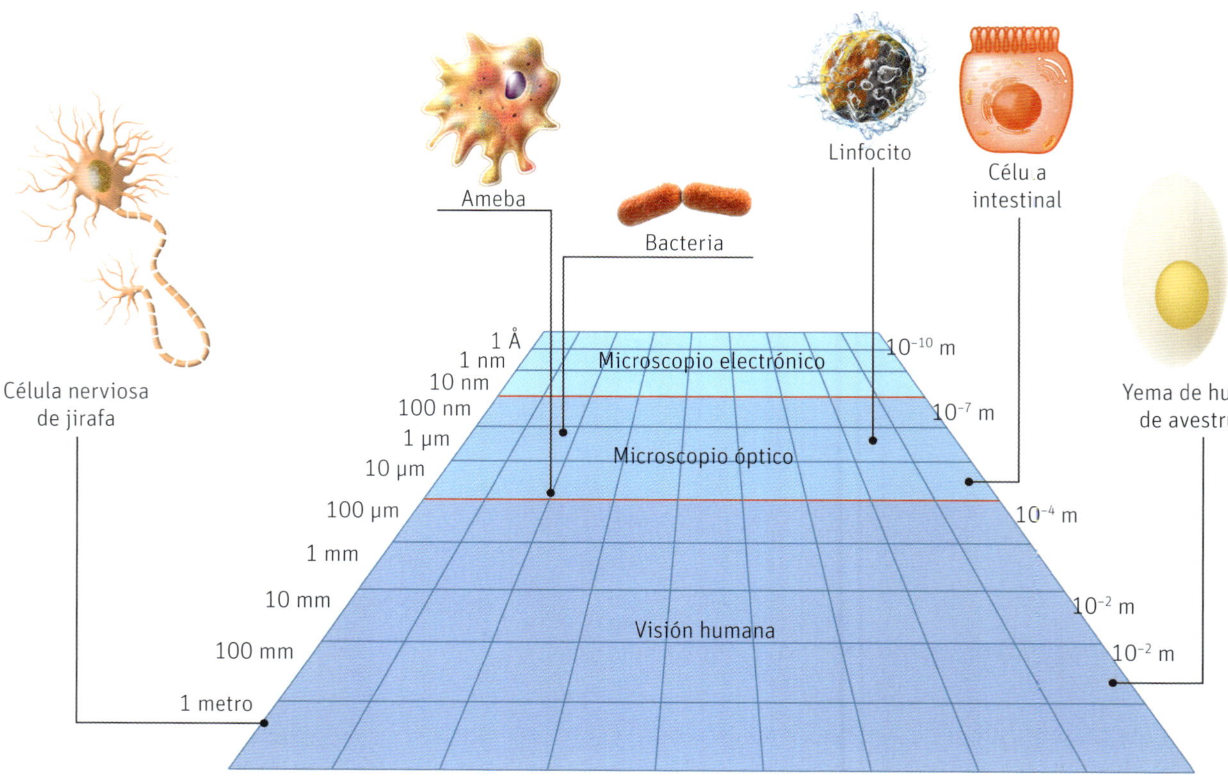

Los seres vivos unicelulares y pluricelulares

Según el número de células que los constituyen, los seres vivos pueden ser unicelulares o pluricelulares.

Organismos unicelulares

Su tamaño es, casi siempre, **microscópico**, es decir, solo podremos verlos si aumentamos el tamaño de su imagen con un microscopio.

Su única célula es capaz de mantenerse con vida. Esto significa que puede hacer todas las funciones que caracterizan a un ser vivo: se nutre, se relaciona y se reproduce.

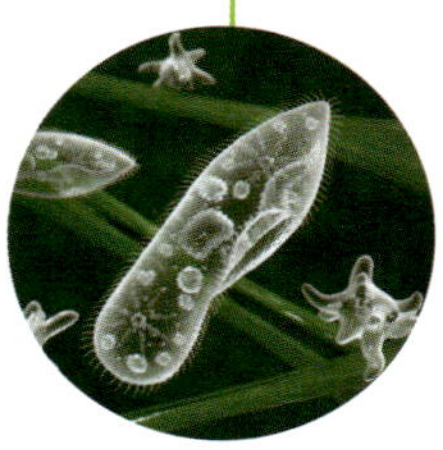
Protozoos

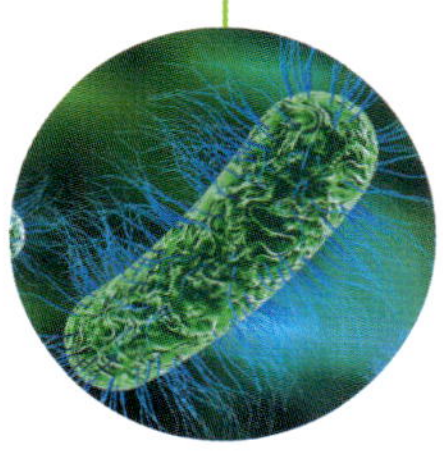
Bacterias

Levaduras

Organismos pluricelulares

Su tamaño es **macroscópico**, es decir, pueden verse a simple vista. Crecen multiplicando el número de sus células y pueden alcanzar enormes dimensiones.

Sus muchas células se reparten el trabajo para conseguir que el organismo se mantenga con vida. Cada célula se especializa en hacer, únicamente, alguna función en particular.

Hongos

Plantas

Animales

ACTIVIDADES

1. Responde. ¿Qué tipo de microscopio necesitarías para observar una bacteria? ¿Y un virus?

2. Explica. Según el número de células, ¿qué tipo de organismos existen? Pon ejemplos de cada uno.

3. Deduce. ¿Qué crees que pensarían los científicos si en una expedición a Marte se recogieran moléculas de proteínas?

4. Averigua de dónde procede el término “célula” y explícalo con tus propias palabras.

5. Investiga la función de los compuestos orgánicos en nuestro organismo.

6. Observa el gráfico de la página anterior y contesta a la pregunta: ¿las células son siempre microscópicas? ¿Por qué?

7. Razona. ¿Qué crees que tiene más ventajas, ser unicelular o ser pluricelular?

8. Compara las características de un organismo unicelular y uno pluricelular. Añade varios ejemplos de cada tipo.

9. Compara los siguientes datos y responde a las preguntas:

% de la masa de los seres vivos		
Carbono 9,5	Nitrógeno 1,4	Aluminio 0,003
Hidrógeno 63	Sodio 0,03	Calcio 0,31
Oxígeno 25,5	Hierro 0,02	Silicio 0,002

% en la corteza terrestre		
Carbono 0,03	Nitrógeno 0,002	Aluminio 7,6
Hidrógeno 0,1	Sodio 2,7	Calcio 3,4
Oxígeno 49,3	Hierro 4,7	Silicio 25,8

a) ¿Por qué crees que el hidrógeno y el oxígeno son tan abundantes en los seres vivos?

b) ¿Cuáles son los cuatro elementos más abundantes en la corteza terrestre? ¿Y en los seres vivos?

c) ¿Qué porcentaje de los seres vivos está formado por la suma de carbono, hidrógeno, oxígeno y nitrógeno?

d) ¿Qué sustancias son comunes a la materia viva y a la no viva? ¿Cuáles son exclusivas de la materia viva?

2 Un poco de historia: la teoría celular

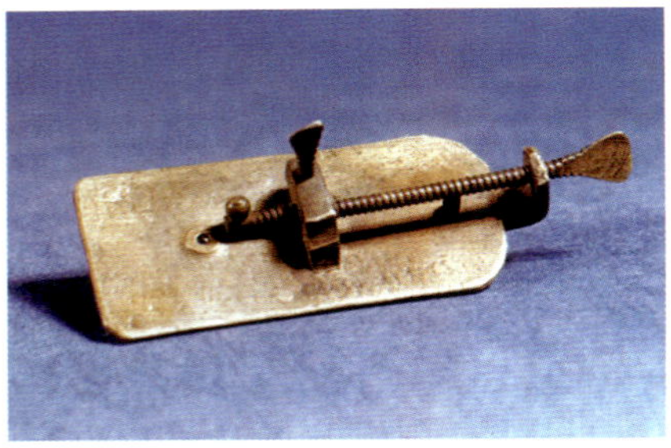

Uno de los primeros modelos de microscopio.

Camino a la célula

Actualmente se acepta que los organismos están formados por células, pero para llegar a esa conclusión han sido necesarios muchos años de estudio y trabajo, además del desarrollo de instrumentos que permitieran su estudio. Así, el descubrimiento y el perfeccionamiento del microscopio fueron vitales para poder llegar a descubrir la célula.

Si nos remontamos al pasado, la idea de que la materia se subdivide en unidades pequeñas se origina en la antigua Grecia.

Leucipo y Demócrito afirmaban que la materia se componía de **pequeñas partes**, a las que llamaron átomos, que ya no podían dividirse más.

Por otro lado, Aristóteles defendía una **continuidad** en la materia, donde no habría espacios vacíos.

Desde esta época hasta el siglo XVII hubo científicos y pensadores que defendieron una u otra postura, tanto al referirse a la materia viva como a la no viva.

Fue en el siglo XVII, tras la invención del **microscopio**, cuando se logró identificar las unidades que componen a los seres vivos.

Sin embargo, no fue sino hasta el siglo XIX, después de dos siglos de debates, cuando los científicos concluyen que todos los seres vivos están formados por **células** y comprenden el papel que estas cumplían en el organismo.

El camino recorrido por la **citología** (rama de la biología que estudia la célula) fue fundamental para la elaboración y la aceptación de la **teoría celular**. La formulación de esta teoría no hubiera sido posible sin los aportes que, en el siglo XVII, realizaron científicos como el holandés Anton van Leeuwenhoek (1632-1723) y el inglés Robert Hooke (1635-1702).

Zacharias Janssen (1588-1638)

Fue un holandés a quien se le atribuye la creación del primer microscopio. Este consistía en dos tubos de latón, soportando una lente cada uno, de 3x y 5x. A Galileo Galilei se le atribuye haber usado el nombre "microscopio" por primera vez.

Anton van Leeuwenhoek (1632-1723)

También desarrolló un microscopio en el que observó muestras de agua, sarro de dientes y sangre. Esto lo llevó, en 1674 y 1677, a hablar por primera vez de "pequeños organismos", hoy conocidos como **bacterias** y protozoos.

Robert Hooke (1635-1703)

Perfeccionó el microscopio de Janssen. Observó en un corcho una serie de poros, un tipo de **celdillas**, que le recordaban a las celdas en una colmena, a las cuales llamó células. En 1665 publicó su obra ***Micrographia***.

Francesco Redi (1626-1697)

Demostró que no podían generarse gusanos de forma espontánea a partir de carne en descomposición, y que los gusanos provenían de los huevos de las moscas que habían estado allí antes. Esto generó dudas sobre la teoría de la **generación espontánea**.

1600

1650

La teoría celular y los seres vivos

Gracias al aporte histórico de distintos científicos, identificamos a la célula como la **unidad** estructural, funcional, de origen y de herencia de los seres vivos.

De manera sintética, podemos presentar la **teoría celular** a partir de los siguientes postulados:

1. Todos los seres vivos están formados por células. La **célula** es su **unidad estructural**.
2. En la célula se llevan a cabo todas las funciones vitales de un ser vivo. Por ello, la célula es su **unidad funcional**.
3. Todas las células proceden de células preexistentes, como resultado de la división de estas. Por tanto, la célula es la **unidad de origen** y **reproducción** de los seres vivos.
4. La célula es la **unidad hereditaria** de los seres vivos, pues contiene y transmite la información genética necesaria para su desarrollo y funcionamiento.
5. Todas las células están conformadas por sustancias ricas en carbono, o **sustancias orgánicas,** como los glúcidos, los lípidos, las proteínas y los ácidos nucleicos.

Los primeros tres postulados se desprenden de los descubrimientos realizados hasta Pasteur en el siglo XIX, mientras que el cuarto y quinto postulados se consideran modernos.

ACTIVIDADES

1. Representa cada uno de los postulados de la teoría celular mediante esquemas o dibujos.
2. Elige uno de los personajes relacionados con la teoría celular y explica cuál fue su aportación a la teoría celular.
3. Investiga. Hace años existe un debate sobre la clasificación de los virus como seres vivos, ¿cuáles son las razones o argumentos de este debate?
4. Explica por qué la célula es definida como la unidad estructural, funcional y de origen de los seres vivos.
5. Contesta. ¿Por qué crees que el microscopio fue importante en el desarrollo de la teoría celular?
6. Razona la importancia del desarrollo de la teoría celular para el estudio de la biología.

Matthias Schleiden (1804-1881)

Fue un botánico alemán que observó **tejidos vegetales** al microscopio, en los que encontró unidades reconocibles o células. En 1838 postuló que todas las plantas estaban formadas por células y que, por ende, la célula es su unidad estructural.

Theodor Schwann (1810-1882)

Fue un fisiólogo alemán que coincide con Schleiden, pero en **tejidos animales**, sobre las mismas estructuras: células. Schleiden y Schwann proponen que la célula es la unidad estructural de los seres vivos. Pero ¿de dónde proviene la célula?

Louis Pasteur (1822-1895)

Fue un **químico** y bacteriólogo francés. Sus experimentos relacionados con la multiplicación de microorganismos fueron fundamentales para debatir la teoría de la generación espontánea y consolidar la teoría celular.

Rudolph Virchow (1821-1902)

Fue un **médico** alemán que, en 1855, concluyó que toda célula proviene de una preexistente y no surge de materia inanimada. Postuló que "un animal solo puede provenir de otro animal y una planta de otra".

1800

1850

3 El microscopio y la observación de células

Gracias al **MICROSCOPIO** conseguimos ver estructuras tan pequeñas como las **células**.

La observación microscópica

En el estudio de la biología, la observación de los elementos que conforman a los seres vivos en sus diferentes **niveles** (células, tejidos y órganos) ha requerido del desarrollo de diversos métodos y técnicas, que se han venido perfeccionando a la par de la invención de los instrumentos.

El **microscopio** es un instrumento óptico que permite observar microorganismos y otros elementos tan pequeños que no se pueden ver a simple vista. Los tipos básicos de microscopios son el óptico y el electrónico.

- En el **microscopio óptico** la muestra es iluminada mediante luz visible. Esto significa que existe un foco de luz apuntando hacia la muestra. Esa misma luz es conducida a través del **objetivo** y del **ocular** hasta llegar a formar la imagen en el ojo del observador.
- En el **microscopio electrónico** la muestra no es iluminada con luz sino que se utilizan **electrones**. Los electrones impactan contra la muestra dentro de una **cámara de vacío**.

Preparación y observación de muestras al microscopio

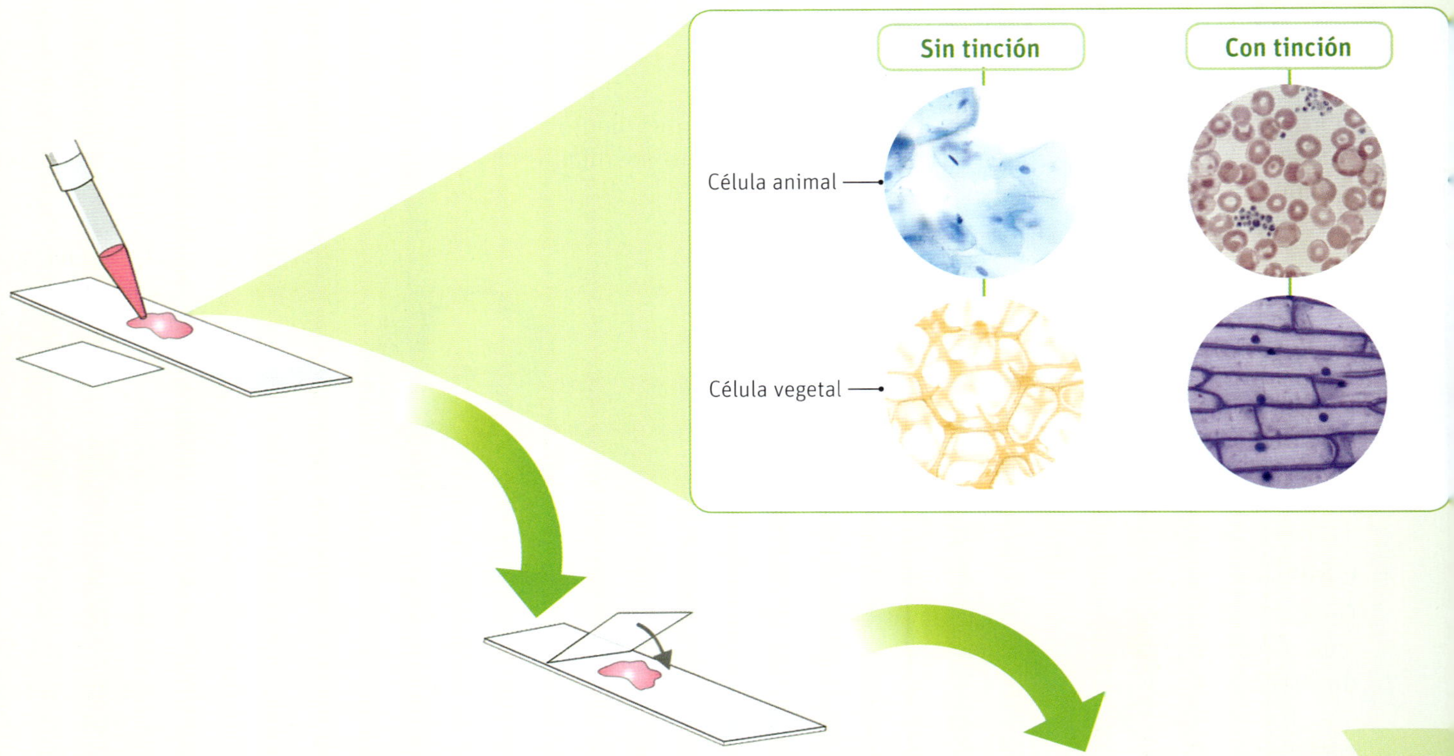

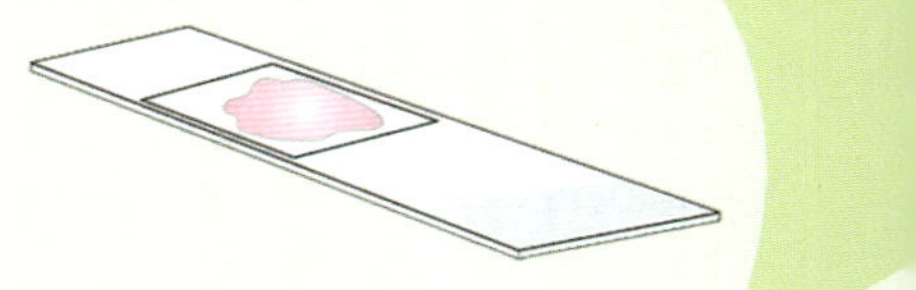

Cuando se observa una estructura en el microscopio, la luz atraviesa la muestra, dando lugar a la formación de imágenes que son ampliadas por las lentes del microscopio. Para que la luz pueda atravesar la muestra, es necesario que permita el paso de la luz.

En el caso de la microscopia óptica, es necesario que las muestras tengan un grosor de 5-8 µm, aproximadamente, y para microscopia electrónica entre 20 y 40 nm. Por tanto, el objeto de estudio debe ser cortado en capas muy finas.

ACTIVIDADES

1. Explica. ¿Qué utilidad se le da al microscopio en la biología? ¿Qué observaciones se pudieron realizar con este instrumento?

2. Investiga los criterios que se utilizan para seleccionar el colorante adecuado para observar diferentes muestras.

3. Elabora una cartelera explicando la forma adecuada para ubicar y enfocar una muestra en el microscopio.

4. Amplía tus conocimientos sobre las partes del microscopio y elabora una tabla que resuma las funciones de cada una de ellas.

5. Explica. ¿Cuál es la función de los oculares y los objetivos del microscopio?

6. Razona. Un estudiante analiza algunas muestras que se ven oscuras y borrosas. Al observarlas al microscopio, su compañero le dice que realizó mal el corte de la muestra.
   a) ¿Cómo debe ser el corte que se realiza a una muestra que se observa al microscopio?
   b) ¿Cómo puedes mejorar la visibilidad de estructuras de una muestra de tejido al microscopio?

7. Diseña una práctica de laboratorio para observar los microorganismos que viven en el agua de charco y las células vegetales de la cebolla.

8. Explica. ¿Para que se utilizan los colorantes en los laboratorios de microscopia?

Además de la observación de tejidos, los **colorantes** permiten observar microorganismos en función de su capacidad para retener determinadas sustancias. Esto depende del tipo de célula y del colorante.

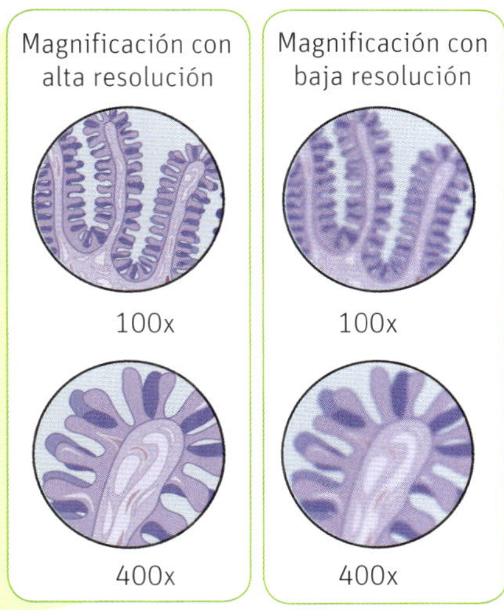

La **magnificación** es el número de veces que se multiplica el tamaño del objeto a la vista.

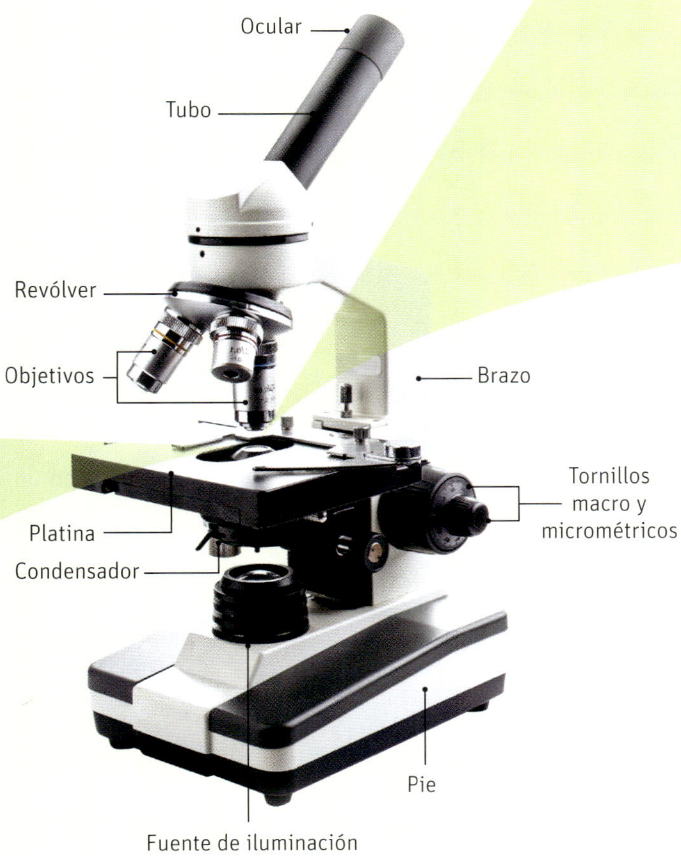

- Si se enciende la fuente de luz del microscopio se puede comprobar qué se ve a través del ocular.
- Cuando se tiene una muestra en una lámina portaobjetos, esta se coloca sobre la platina y se ubica el objetivo de menor aumento.
- Para enfocar la muestra se gira el tornillo macrométrico hasta que el objetivo esté lo más cerca posible de la preparación.
- Al mirar por los oculares, se gira el tornillo micrométrico para conseguir una imagen más enfocada.
- Puede observarse la muestra con más aumentos cambiando el objetivo y ajustando el enfoque con el tornillo micrométrico.

4 Con solo dos tipos básicos de células

La **CÉLULA** es la unidad más sencilla capaz de realizar todas las funciones de un ser vivo. En los organismos pluricelulares, las células se especializan y pierden algunas de sus funciones y no pueden sobrevivir aisladas.

¿Qué tienen las células en común?

Las células que constituyen el cuerpo de los animales, de los vegetales, o incluso la única célula que compone el cuerpo de un paramecio, tienen formas y tamaños diferentes, pero todas presentan una estructura semejante. Así, todas ellas poseen las siguientes partes:

- **Membrana celular o membrana plasmática.** Es una fina capa que delimita la célula y permite que entren o salgan algunas sustancias y se lo impide a otras.
- **Citoplasma.** Tiene aspecto gelatinoso y en él se encuentran dispersos los orgánulos que se encargan de realizar las distintas funciones.
- **Núcleo.** Es la estructura más grande y visible del interior de la célula y contiene ADN, el material hereditario.

Existen dos tipos de células de acuerdo con la presencia o la ausencia de núcleo: la célula procariótica y la célula eucariótica.

PRACTICA ¿Procarióticas o eucarióticas?

Célula procariótica

En las bacterias, el material hereditario, el ADN, no está encerrado en una membrana. Estas células, mucho más pequeñas, se denominan **procarióticas** (de *pro*, 'antes', y *cario*, 'núcleo').

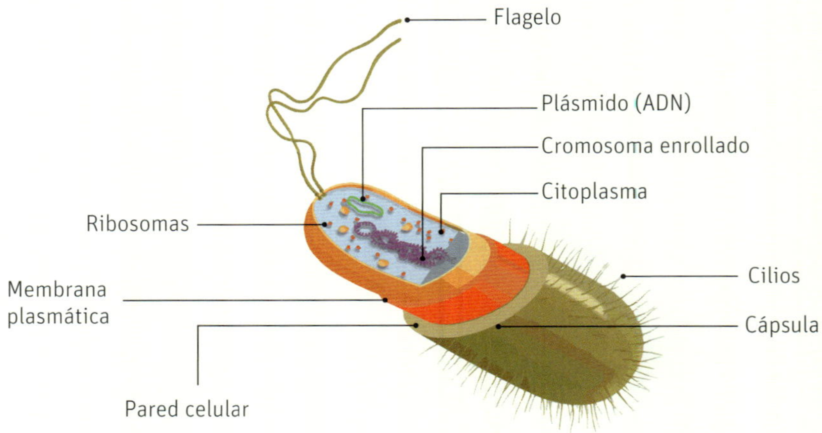

ACTIVIDADES

1. Explica. ¿Cuáles son y que función tienen las tres estructuras básicas que presentan todas las células?

2. Explica y corrige los errores en la tarea de un estudiante al cual se le pidió dibujar una célula eucariótica y elaboró el siguiente esquema.

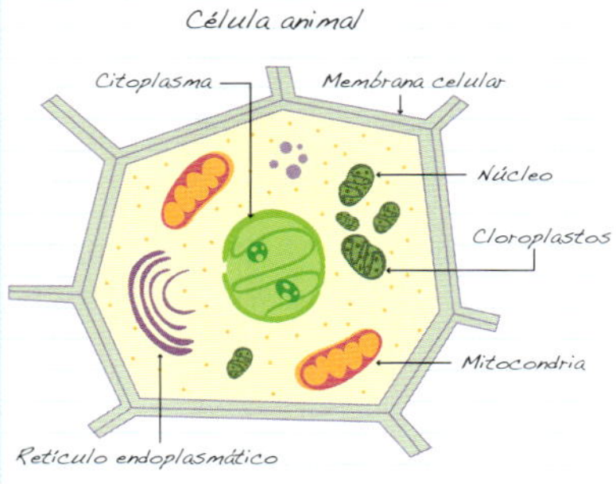

3. Compara. ¿Qué diferencias hay entre las vacuolas de las células vegetales y las de los animales?

4. Analiza. La imagen muestra tres células estudiadas en un laboratorio y que deben ser clasificadas por un investigador. ¿A qué tipo de célula corresponde cada una de las muestras presentadas en las imágenes?

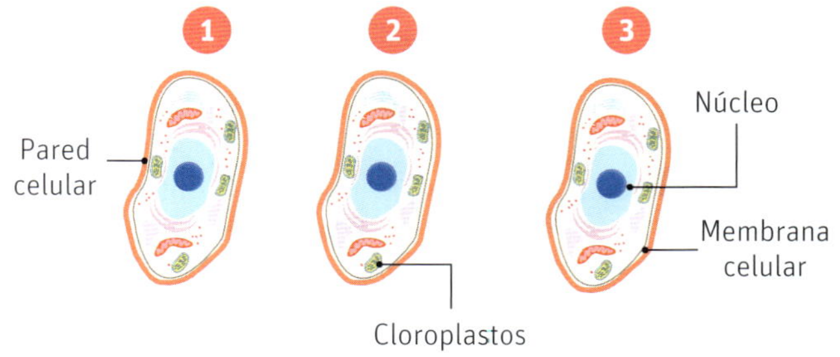

La célula eucariótica

La célula animal

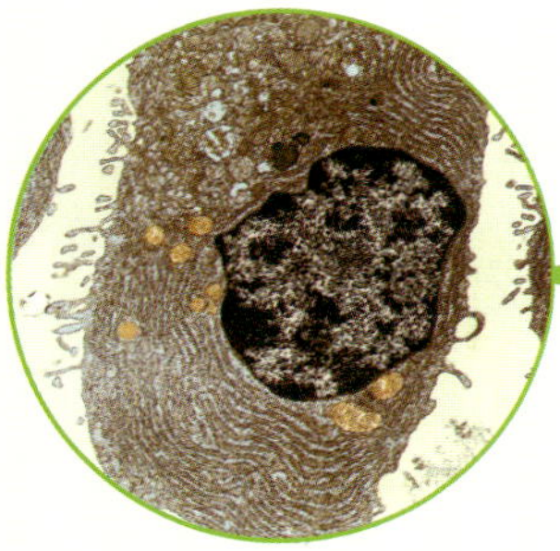

(15 000 aumentos)

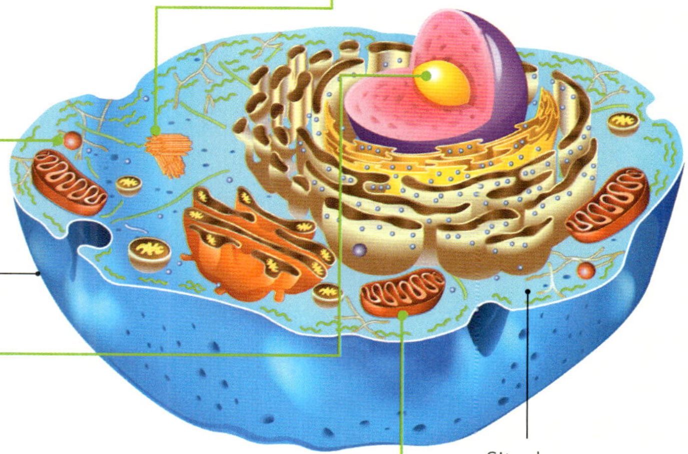

Vacuolas: Orgánulos que almacenan sustancias.

Centriolos: Su papel es fundamental para que se produzca la división celular.

Núcleo: Es la estructura reguladora de todas las funciones celulares. Contiene en su interior el material genético o ADN.

Mitocondrias: Son las encargadas de obtener la energía para las funciones celulares.

La célula vegetal

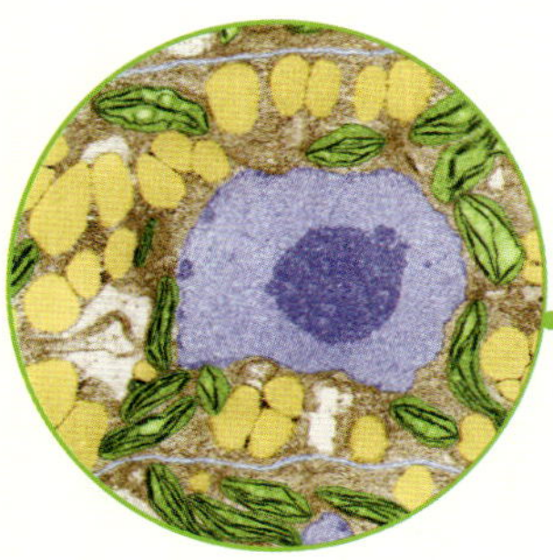

(17 000 aumentos)

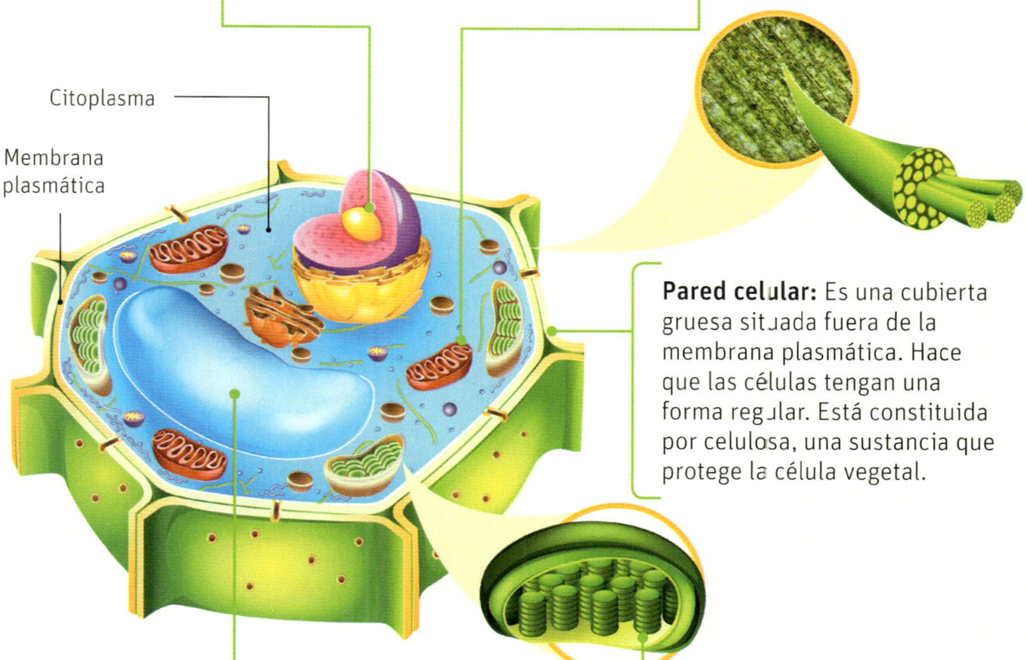

Pared celular: Es una cubierta gruesa situada fuera de la membrana plasmática. Hace que las células tengan una forma regular. Está constituida por celulosa, una sustancia que protege la célula vegetal.

Grandes vacuolas: Son grandes vesículas rodeadas por una membrana, donde se almacenan sustancias. Ocupan la mayor parte del citoplasma.

Cloroplastos: Son orgánulos que contienen un pigmento verde llamado clorofila. En ellos se realiza la fotosíntesis.

5 ¿Qué caracteriza a un ser vivo?

» ¿Con vida o sin vida?

Aparte de la composición y la organización, que no podemos apreciar a simple vista, ¿qué características nos sirven para determinar si algo está vivo?

Muchas de las producciones futuristas de Hollywood tratan de máquinas que son completamente idénticas a seres vivos y que se confunden con ellos. Si fueras el protagonista de una de estas películas y no tuvieras un microscopio, para ver si tiene células, o equipos químicos para estudiar sus moléculas, ¿qué criterios utilizarías para comprobar que son seres vivos?

¿Cómo reconocer a un ser vivo?

La **composición** y la **organización** son características que no podemos apreciar a simple vista en cualquier ser, vivo o no. Sin embargo, podemos reconocer algunas de sus características, a partir de las cuales se puede determinar si algo es, o no, un ser vivo.

Las características comunes a todos los organismos van más allá de que todos ellos presenten células y estén formados por las mismas sustancias. Los seres vivos compartimos, además, las siguientes características.

Características de los seres vivos

Crecen

Todos los seres vivos aumentan de tamaño a lo largo de su vida, aunque muchos dejan de crecer cuando son adultos. Para crecer, es necesario transformar el alimento en materia propia.

Para algunos animales, como los insectos, el proceso de crecimiento implica necesariamente un cambio de su aspecto. Esto se evidencia en las etapas del proceso de metamorfosis.

Se reproducen

Los seres vivos, al reproducirse y tener descendencia, son capaces de hacer copias, más o menos aproximadas, de sí mismos que perduran en el tiempo.

Los gorilas inician el proceso de reproducción aproximadamente a los 12 años. Al nacer, las crías son vulnerables y requieren del cuidado de sus madres para sobrevivir.

Tienen sensibilidad

Los seres vivos detectan cambios en el medio y responden a estos estímulos para mantenerse con vida. En muchas ocasiones, la respuesta producida es un movimiento.

Las lombrices de tierra no poseen ojos, sin embargo son sensibles a la luz y hacen todo lo posible por evitarla, escurriéndose hacia lugares oscuros al detectarla.

ACTIVIDADES

1. Explica cada una de las funciones vitales de los seres vivos. Además, menciona ejemplos.
2. Elabora un esquema, o diagrama, donde expliques la sensibilidad de las plantas.
3. Descubre las sustancias que excretan las plantas y explica algunas de sus utilidades.
4. Investiga sobre el ciclo de vida de los insectos y compara sus fases con las de un animal vertebrado. ¿Cuáles son las diferencias entre ambos?
5. Compara la función de nutrición en animales y plantas. Para ello, elabora un cuadro comparativo.
6. Analiza. ¿Por qué el movimiento resulta más evidente en los animales que en las plantas?
7. Diseña una práctica de laboratorio para comprobar las características de los seres vivos. Para ello selecciona como objeto de estudio una planta y un animal.
8. Explica el proceso de nutrición en las plantas y los animales.

Los **SERES VIVOS** tienen **características comunes**, como el crecimiento, la reproducción, la sensibilidad, la alimentación, la expulsión de residuos, la respiración y el movimiento.

Se alimentan

Los organismos incorporan sustancias, alimentos, del medio que los rodea. Por ejemplo, los animales obtienen su alimento a partir de otros organismos.

La mantis religiosa se alimenta de insectos y otros animales de menor tamaño. Incluso, en algunas ocasiones, la hembra se alimenta del macho después de la cópula.

Expulsan residuos

Todos los seres vivos realizamos procesos de expulsión de desechos, tales como el dióxido de carbono (CO_2) y otras sustancias tóxicas para el organismo.

Como consecuencia de su actividad vital, los seres vivos producen residuos que pueden ser tóxicos para el organismo. Por eso es necesario expulsarlos. Una forma de excretar estos residuos es a través de la sudoración.

Respiran

Obtener energía es necesario para moverse, crecer, etc. Los seres vivos comseguimos esta energía mediante la combustión en las células de sustancias obtenidas del alimento. Este proceso se denomina respiración.

Los animales no podemos sobrevivir por mucho tiempo sin absorber oxígeno del aire, dado que es esencial en el proceso respiratorio de los animales.

Se mueven

Todos los seres vivos producen movimientos. Por ejemplo, son muchos los animales que se desplazan. Las plantas, en cambio, se mueven sin desplazarse y de forma más lenta.

El movimiento de la mayoría de animales es evidente, mientras que las plantas se mueven a una velocidad mucho menor, orientándose hacia la luz.

6 La función de nutrición

La nutrición: una función vital

La nutrición es la **función vital** que comprende todos los procesos de incorporación, transformación, transporte y eliminación de sustancias en los seres vivos, con el fin de liberar la cantidad suficiente de **energía** de los alimentos que les permita garantizar el adecuado funcionamiento del organismo.

Alimentos y nutrientes

Los materiales que los seres vivos incorporan del medio se denominan **alimentos**. Los alimentos les proporcionan todas las sustancias que necesitan para vivir y que llamamos **nutrientes**. Los nutrientes pueden ser sustancias orgánicas, como la glucosa o el almidón, o inorgánicas, como el oxígeno o el agua.

Existen dos tipos diferentes de nutrición según el tipo de alimentos que incorpora un organismo: autótrofa y heterótrofa.

Los organismos autótrofos

Los organismos autótrofos, como las plantas y las algas, tienen la capacidad de sintetizar su propio alimento a partir de **sustancias inorgánicas**, es decir, sustancias que no tienen átomos de carbono en su composición, con excepción del dióxido de carbono. Por esto son considerados organismos **productores**.

El proceso de transformación de nutrientes inorgánicos en orgánicos, ricos en energía, sucede en los **cloroplastos**. La energía necesaria para este proceso se obtiene de la luz solar. De ahí viene el nombre del proceso: **fotosíntesis** (de *foto*, 'luz', y *síntesis*, 'producir').

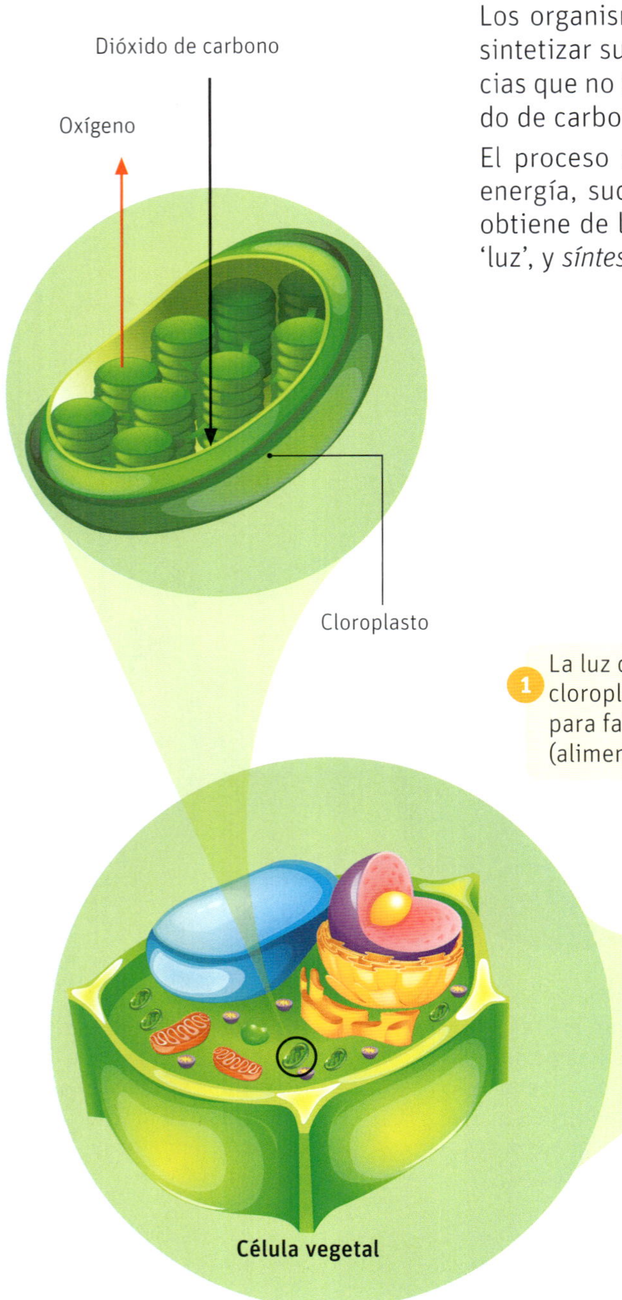

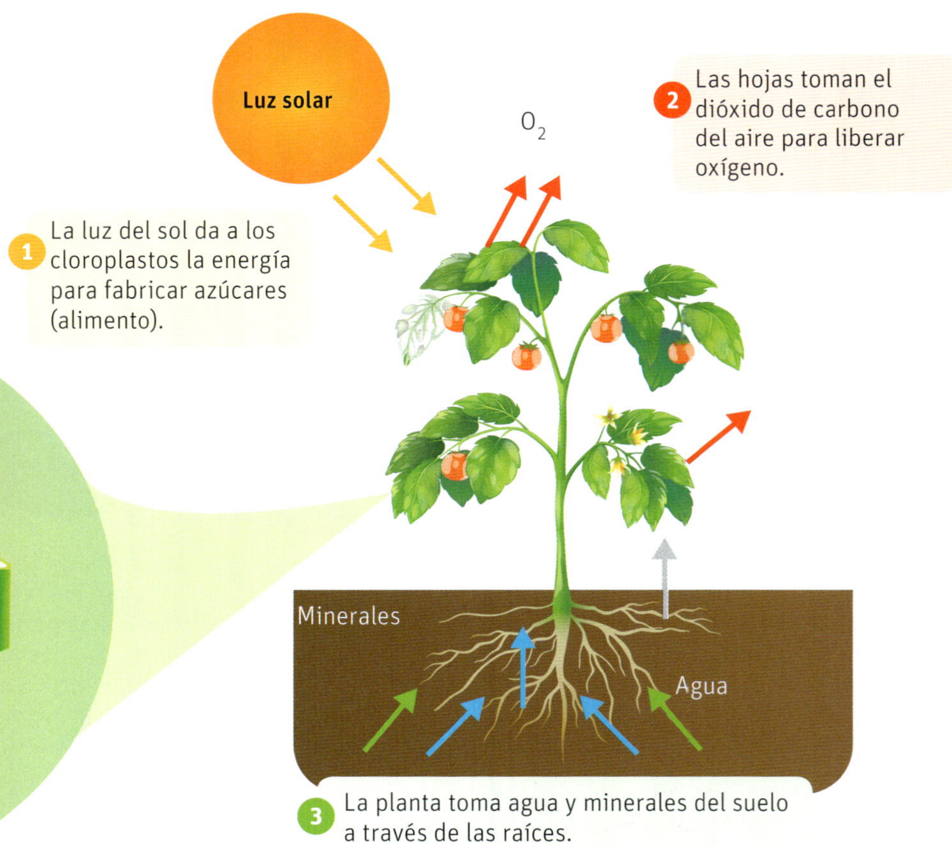

Los organismos heterótrofos

Estos organismos no producen su propio alimento y, por tanto, deben obtener energía a partir de las sustancias nutritivas sintetizadas por otros organismos autótrofos y heterótrofos.

El grupo de los heterótrofos está constituido por animales, hongos, algunas bacterias y protozoos. Se clasifican como **consumidores** y **descomponedores**.

- **Heterótrofos consumidores:** se alimentan de materia orgánica viva.
- **Heterótrofos descomponedores:** se caracterizan por alimentarse de residuos procedentes de otros organismos. Por lo general, materia orgánica muerta o en descomposición.

¿Y cómo obtienen la energía los seres vivos?

La madera o el papel tienen un origen orgánico y arden con facilidad. Su combustión necesita **oxígeno** y desprende energía, que sentimos con el calor y la luz de la llama que se produce.
Los seres vivos obtienen la energía imprescindible para sus funciones vitales mediante un proceso similar a una lenta combustión. En ella, el combustible utilizado son nutrientes orgánicos, como la **glucosa**.

Este proceso se denomina **respiración celular** y sucede en las mitocondrias. Para respirar se necesita oxígeno, y se desprende vapor de agua y dióxido de carbono.

Nutrición heterótrofa

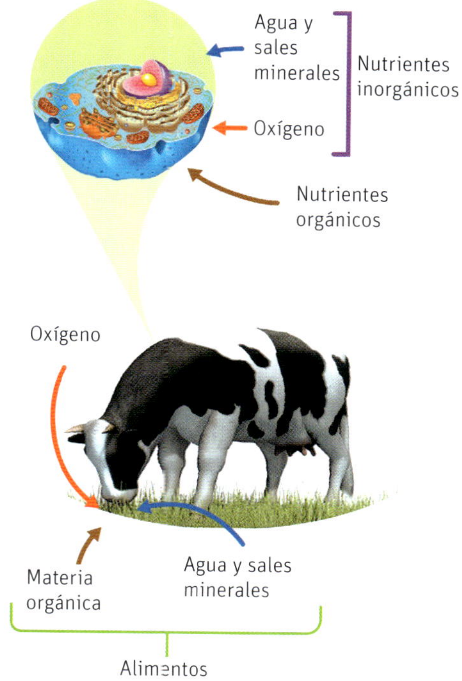

Respiración celular

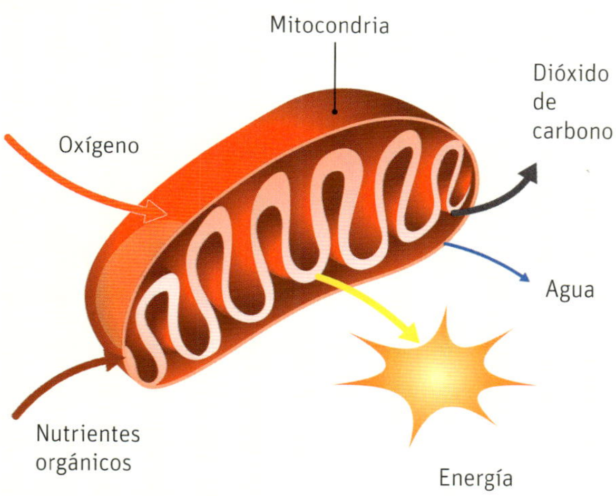

PRACTICA La respiración celular.

ACTIVIDADES

1. Resume las condiciones y los elementos necesarios para la realización de la fotosíntesis.
2. Elabora una tabla en la que enfrentes los procesos de nutrición autótrofa y heterótrofa.
3. Compara el sistema digestivo de un organismo herbívoro y uno carnívoro. Luego, establece diferencias y semejanzas entre ellos.
4. Explica por qué los procesos de fotosíntesis y respiración son considerados complementarios.
5. Analiza. El almidón es una sustancia que las plantas son capaces de fabricar y en cuya molécula hay presencia de carbono, hidrógeno y oxígeno. ¿De dónde obtiene la planta cada uno de estos elementos?
6. Razona. En las plantas, el dióxido de carbono procedente de la respiración y el oxígeno procedente de la fotosíntesis son desechos. ¿Ser desechos significa lo mismo que ser inservibles?
7. Diseña un experimento para comprobar la importancia de la luz en el proceso de nutrición de la planta.

7 La función de reproducción

Las células dan origen a otras nuevas mediante la **REPRODUCCIÓN**. Este proceso puede darse de forma **sexual** o **asexual**.

Poderes de regeneración

¿Has notado que después de cortar la hierba, esta vuelve a crecer? ¿O te has caído y raspado, pero al cabo de un tiempo tus heridas desaparecen? ¿Por qué la hierba vuelve a crecer? ¿Por qué las heridas desaparecen?

La célula: unidad de origen

Entre las funciones vitales de la célula se encuentra la **reproducción**.

Si el proceso de reproducción se produce para formar nuevas células con el fin de formar un nuevo tejido, o regenerar un tejido muerto o afectado, hablamos de **mitosis**. Si la reproducción se realiza para formar nuevos individuos, podemos hablar de dos tipos de reproducción: **asexual** y **sexual**.

El proceso de mitosis es análogo a la reproducción asexual por fisión binaria.

Reproducción asexual

Reproducción asexual por gemación

- Consiste en la formación de nuevos individuos a partir de **un organismo** existente.
- Los descendientes serán completamente **idénticos** a sus padres.
- No se presenta fusión entre células sexuales, sino la **multiplicación** de individuos.
- Este tipo de reproducción se encuentra principalmente en unicelulares y plantas.

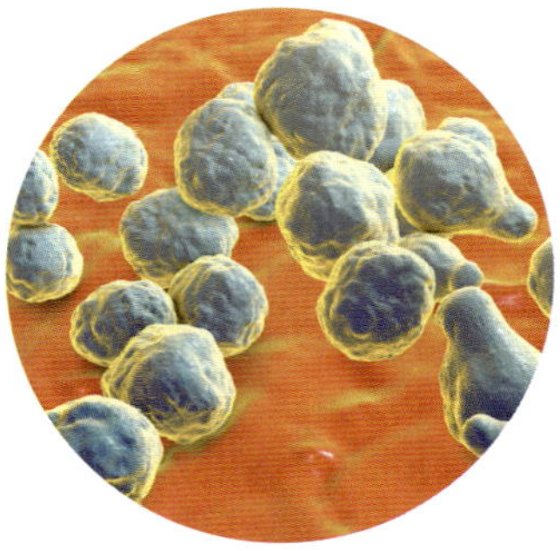

Levaduras realizando **gemación**.

Reproducción asexual por fisión binaria

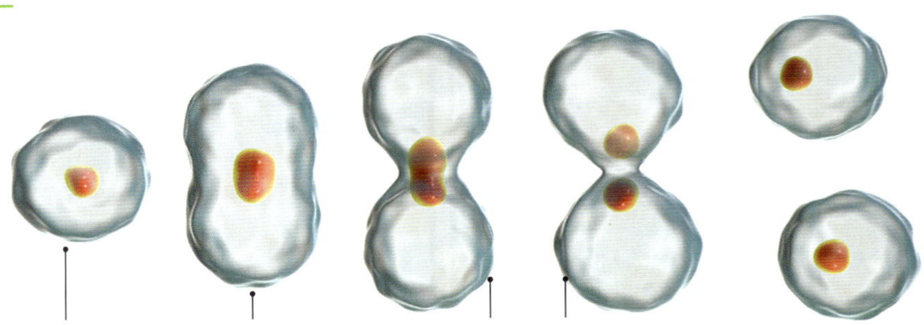

Reproducción sexual

- Existe unión o fusión de dos **células sexuales**, el óvulo por parte de la hembra y el espermatozoide por parte del macho.
- Se forma un menor número de individuos y requiere más tiempo.
- Este tipo de reproducción se encuentra principalmente en plantas y animales.

Los patos silvestres se reproducen de forma sexual.

La reproducción y los ciclos de vida

Desde que un ser vivo nace hasta que se reproduce y origina un nuevo individuo se suceden una serie de etapas que sus descendientes repetirán.

El ciclo vital, o **ciclo biológico**, de un ser vivo representa esa sucesión de etapas que, aunque varía de unos organismos a otros, puede resumirse en las siguientes:

- **Fase inicial.** Todos los seres vivos dan comienzo a su ciclo biológico como una célula, el cigoto o un grupo de células.
- **Fase de desarrollo y crecimiento.** En esta fase se producen cambios en el tamaño y la forma, se desarrollan todas las características que tiene el adulto. En ocasiones, como en las aves, una parte de esta fase sucede en el interior del huevo.
- **Fase de reproducción.** Los organismos adultos originan "unidades reproductoras". Estas unidades pueden ser una única célula, como el óvulo o el espermatozoide, o un fragmento del organismo.

PRACTICA Y ahora... ¿qué fase viene?

Ciclo de vida del colibrí

ACTIVIDADES

1. Resume en un esquema las fases del ciclo de vida del mamífero que tú elijas.
2. Compara el ciclo de vida de un animal que presenta metamorfosis con otro que no la presente.
3. Explica las razones por las cuales se dice que en la reproducción asexual se producen clones.
4. Investiga diferentes formas de reproducción asexual en plantas. ¿Cuáles de estas formas de reproducción se utilizan en la agricultura? Se forman dos células hija.
5. Relaciona la función de reproducción en las células con los procesos de cicatrización de las heridas.
6. Analiza. En un laboratorio se criaron ranas para identificar el tiempo que tardan sus etapas de desarrollo:

Etapa	Desarrollo a 22 °C	Desarrollo a 25 °C	Desarrollo a 17 °C
Huevo	20 días	15 días	25 días
Renacuajo	Mes y medio	Un mes	Dos meses
Rana	Tres meses	Dos meses	Cuatro meses

a) ¿Cuál es la temperatura más adecuada para el desarrollo de las ranas en menor tiempo?

b) Describe con tus propias palabras la relación entre la temperatura y las fases del ciclo de vida de la rana.

8 La función de relación

Los seres vivos responden a los **ESTÍMULOS** del ambiente de forma **positiva**, cuando son atraídos, o de forma **negativa** cuando huyen.

¿Cómo se relacionan los seres vivos?

La función de relación de los seres vivos les permite interactuar con otros organismos para **responder a estímulos** del medio en el que habitan. Por medio de esta función los seres vivos pueden buscar las condiciones que requieren para vivir.

Las clases de respuestas

Las respuestas de los seres vivos pueden ser de dos tipos:

- **Positivas:** El organismo percibe el estímulo y se acerca hacia la fuente que lo produce. Por ejemplo, los insectos se sienten **atraídos** por el aroma de las flores o por la luz de las bombillas.
- **Negativas:** El organismo percibe el estímulo y se aleja de la fuente que lo produce. Por ejemplo, cuando un animal **huye** de su depredador o cuando las aves migran de lugares fríos hacia otros más cálidos.

Los estímulos y las respuestas en los microorganismos

Los microorganismos pueden desplazarse hacia lugares donde reciban más energía solar y alimento. La principal estructura de respuesta a estímulos de estos organismos es la membrana celular.

Los microorganismos responden a los estímulos del medio gracias a diferentes tipos de receptores:

- **Radiorreceptores** para sustancias químicas.
- **Termorreceptores** para cambios de temperatura.
- **Fotorreceptores** para cambios en la intensidad lumínica.

Los microorganismos responden a los estímulos desplazándose mediante diferentes estrategias:

Estrategias de respuesta

Seudópodos

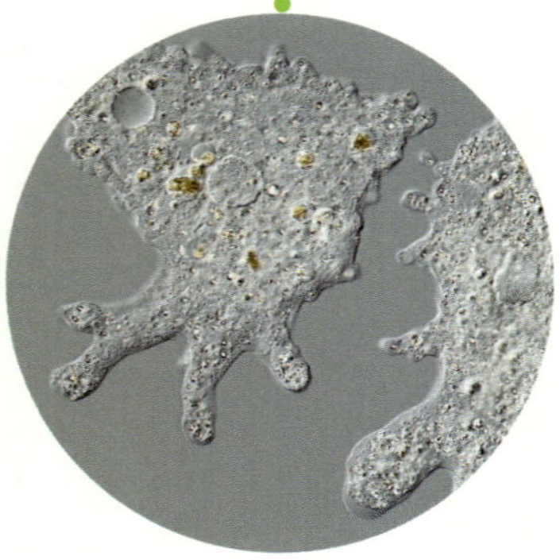

Las amebas y algunos glóbulos blancos se desplazan mediante la emisión de prolongaciones del citoplasma, llamadas **seudópodos**.

Contracción

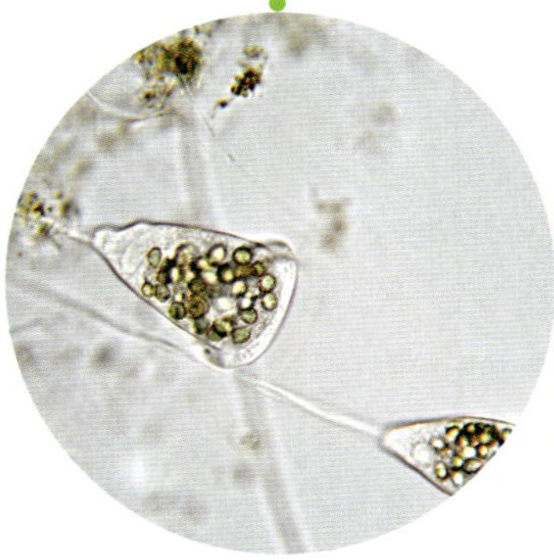

Las vorticelas son organismos unicelulares, y las células musculares se mueven al **contraerse** y alargarse.

Cilios y flagelo

Un paramecio, o un espermatozoide, se desplazan gracias al movimiento de sus prolongaciones: los **cilios** o el **flagelo**.

Las respuestas de las plantas

Las plantas pueden realizar movimientos para obtener mayor luz o agua. Ellas presentan distintas respuestas ante los estímulos del medio; una de ellas son los **tropismos**, movimientos que realizan las plantas como respuesta ante determinados estímulos del ambiente. Algunos de ellos son:

El **fototropismo** es el movimiento que realiza la planta orientando sus hojas y tallos en dirección al sol.

El **hidrotropismo** es el movimiento de las raíces de las plantas hacia zonas del suelo con altas concentraciones de humedad o agua.

El **gravitropismo** es el movimiento que hace que las raíces de las plantas crezcan hacia el fondo de la tierra.

Las respuestas de los animales

Los animales se relacionan para reproducirse, conseguir alimento o protegerse de otros animales.

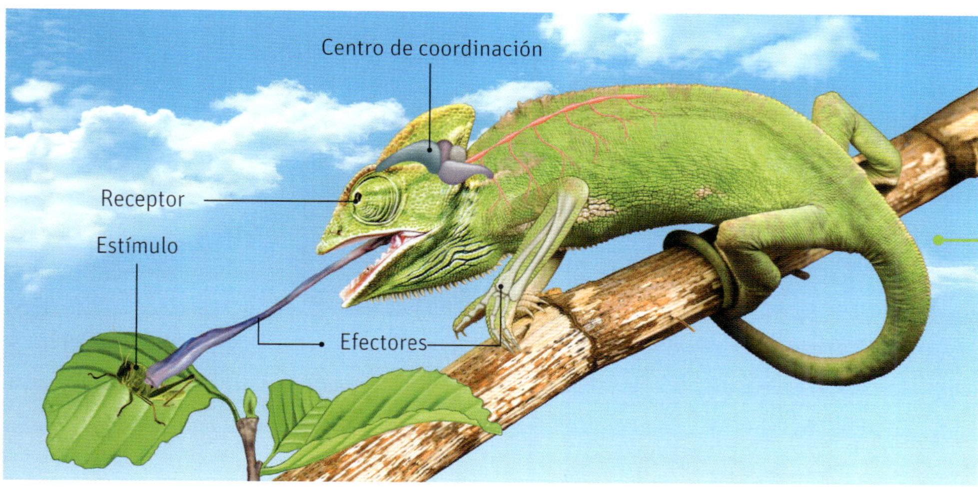

La **función de relación se** desarrolla de manera similar en la mayoría de animales:

Por ejemplo, los camaleones capturan sus presas con sus lenguas, las adhieren y las atraen a su boca. Gracias a sus **receptores**, captan el **estímulo** y, desde el **centro de coordinación**, se inicia una respuesta que lleva a cabo mediante sus **efectores**.

ACTIVIDADES

1. Elabora una caricatura que represente una respuesta negativa y una positiva.
2. Compara la respuesta de distintas partes de la planta en su crecimiento: las raíces, con su crecimiento en profundidad, con la respuesta de las hojas al crecer hacia la luz.
3. Diseña un experimento o montaje con el que puedas poner a prueba uno o varios de los tropismos. Recuerda describir los pasos detalladamente y realizar dibujos.
4. Analiza. Piensa en una situación de peligro o que te haya provocado un susto repentino.
   a) ¿Cuál fue tu respuesta a la situación?
   b) ¿Cuál fue el estímulo que provocó tu respuesta?
   c) ¿Tu respuesta fue positiva o negativa?
5. Analiza. ¿Qué tipo de receptores se activan en las bacterias cuando tomas un antibiótico?

LO ESENCIAL

Las funciones vitales y la célula

Los **seres vivos** se caracterizan por realizar funciones vitales y poseer una unidad funcional, estructural y de origen llamada **célula**.

Todos los seres vivos están formados por las mismas sustancias: **agua**, **sales minerales** y **sustancias ricas en carbono**.

Los postulados de la **teoría celular** afirman que la célula es la unidad funcional, estructural, de origen y herencia de los seres vivos.

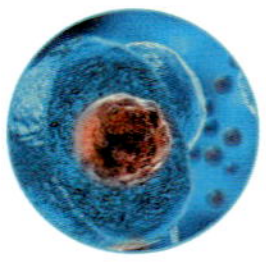

Las células pueden ser **procarióticas** o **eucarióticas** (animal y vegetal). Ambas poseen membrana, núcleo y citoplasma.

Todos los seres vivos tienen una estructura compuesta células. Pueden ser una (unicelulares) o muchas células (**pluricelulares**).

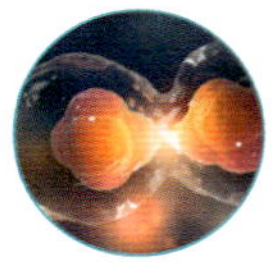

Los seres vivos, al igual que muchas de sus células, se **reproducen**. Esta función de las células permite la regeneración de tejidos.

Los seres vivos se **nutren**, es decir, se alimentan, respiran y expulsan desechos. También se **relacionan** y se **reproducen**.

De acuerdo con su nutrición los seres vivos pueden ser **autótrofos** o **heterótrofos**. En la reproducción se generan nuevos individuos.

Los seres vivos se **relacionan** con su entorno por medio de la percepción de **estímulos** y la elaboración y ejecución de **respuestas**.

Las plantas responden a **estímulos** del ambiente mediante los **tropismos**: fototropismos, hidrotropismos y gravitropismos.

1. Organiza tus ideas. Copia, completa y amplía el siguiente esquema para construir tu propio mapa mental de la unidad.

VALORA LO APRENDIDO Autoevaluación y resumen.

1. Identifica. **Manuel realizó el siguiente esquema con el fin de explicar el proceso de la fotosíntesis. Sin embargo, tiene un error. Identifícalo.**

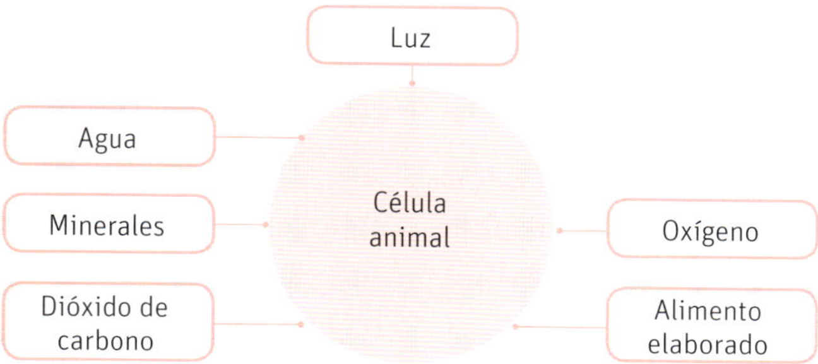

2. Observa **el montaje experimental realizado por un estudiante.**

a) ¿Qué quiere comprobar el estudiante con el montaje experimental que realizó?

b) ¿Qué crees que va a ocurrir con la planta dentro de la caja al cabo de varios días?

c) ¿Qué tipo de tropismo se observa en el experimento?

3. Explica. **Muchas personas consideran que las plantas no se mueven ni presentan ningún tipo de respuesta frente a los estímulos. ¿Cómo podrías demostrarles que las plantas sí responden a estímulos?**

4. Compara. **La siguiente imagen corresponde a un póster que se encuentra en el laboratorio de Biología. Los estudiantes de 1.º de ESO discuten acerca de si las dos células son iguales o diferentes.**

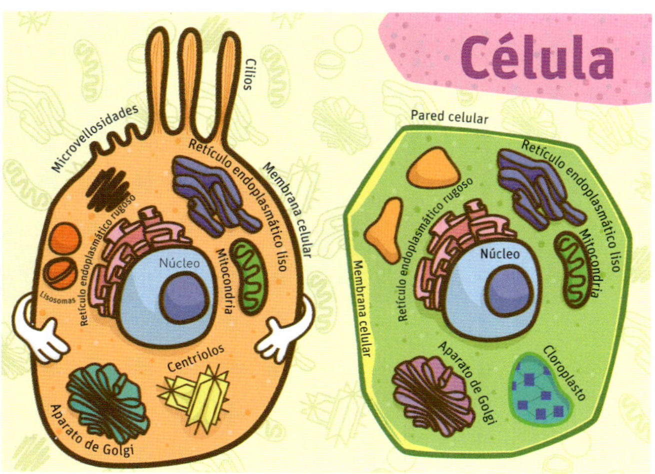

a) ¿Cuál es tu opinión?

b) ¿Qué similitudes y diferencias encuentras?

c) ¿Qué título le pondrías a las células del póster?

5. Interpreta **el experimento de Darwin y responde.**

Los experimentos de Darwin

En 1881 Charles Darwin y su hijo Francis, interesados por el hecho de que las plantas crecían curvando el tallo hacia una luz lateral, realizaron unos experimentos con gramíneas y comprobaron que se debía a que el lado alejado de la luz crecía más y provocaba la curvatura.

Pero ¿qué era lo que informaba al tallo de que debía crecer más por un lado que por otro? Los Darwin pensaron que se debía al ápice del tallo. Para comprobarlo, colocaron sobre el ápice de las plantas en crecimiento unas pequeñas caperuzas de cristal negruzco para que no pasara la luz. Observaron que ya no se encorvaban los tallos con la luz lateral. Luego, colocaron anillos metálicos que cubrían el tallo, pero no su ápice. Los tallos sí se curvaban. Infirieron que en el ápice se formaba una sustancia que se trasladaba a otras partes del tallo y regulaba su crecimiento.

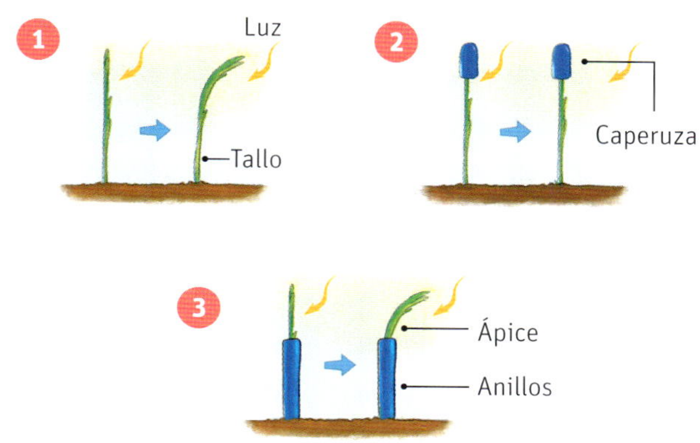

a) Darwin y su hijo experimentaron también con caperuzas transparentes. ¿Qué crees que pasó con las plantas?

b) ¿Qué tipo de tropismo observaron los Darwin? ¿Qué provoca esta respuesta?

6. Compara. **Existen dos grandes grupos de seres vivos que se diferencian por el tipo de células que poseen: los eucariotas y los procariotas. La siguiente imagen muestra una representación de cada una de estas células.**

Procariota Eucariota

a) ¿Cuáles son las principales diferencias entre estos dos tipos de células?

b) ¿Para qué le sirve el flagelo a la célula procariota?

c) ¿La célula eucariota de la imagen puede estar presente en las plantas o en los animales?

7. Observa el esquema e indica si las siguientes afirmaciones son falsas o verdaderas.

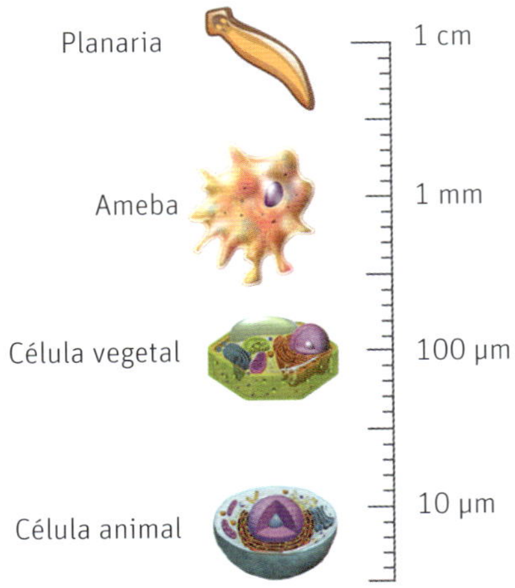

A. La célula vegetal es más grande que la animal.

B. La planaria y la ameba son organismos pluricelulares y tienen tamaños celulares parecidos.

C. La planaria se puede observar a simple vista.

D. La ameba se observa con el microscopio.

8. Relaciona. **En la siguiente lista aparecen algunas actividades relacionadas con un ser vivo en particular. Asocia cada una de ellas a alguna de las características o funciones que definen a los seres vivos (nutrición, respiración, reproducción o relación).**

- Una vaca pastando en un prado.
- Una planta que cierra sus flores cuando la tocas.
- Una herida que cicatriza en tu piel.
- Un ciervo corriendo.
- Un moho invadiendo una fruta.
- Un roble absorbiendo dióxido de carbono por sus hojas.

9. Razona. **La babosa marina *Elysia chlorotica* es un animal, que no solo se parece a los vegetales en su forma: hay otra característica fundamental que comparte con ellos y es la capacidad de hacer la fotosíntesis.**

a) ¿Tiene alguna ventaja *Elysia chlorotica* sobre los otros animales? ¿Cuál?

b) ¿*Elysia chlorotica* es autótrofa o heterótrofa?

c) ¿Qué tipo de células posee *Elysia chlorotica*?

10. Analiza. **En una ciudad surge una epidemia que genera enfermedades gastrointestinales. Un grupo de expertos afirma que esto se debe a que el agua de los cultivos está contaminada con microorganismos dañinos.**

a) ¿Qué función vital le permite a los microorganismos aumentar su número para generar una epidemia?

b) ¿En dónde pueden desarrollar su ciclo de vida los microorganismos dañinos?

c) Pregúntale a un médico o enfermera sobre los cuidados que se deben tener para evitar las enfermedades producidas por alimentos contaminados.

11. Analiza **y responde.**

Colonia de bacterias

Tu cuerpo es hogar de billones de bacterias que te ayudan a estar saludable y funcionar con regularidad. Desde hace décadas los científicos han demostrado su importancia afirmando que las bacterias de tu cuerpo superan a tus células en diez a uno. Sin embargo, un nuevo cálculo indica que, en cuanto se refiere a la cuenta de células, es posible que haya un empate.

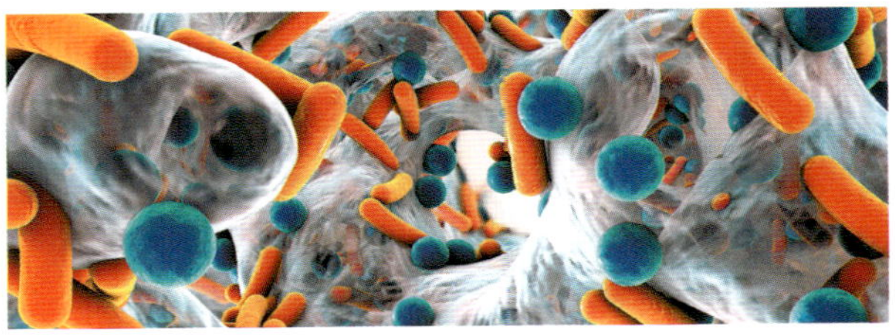

a) ¿Cómo crees que se puede diferenciar una célula de tu cuerpo de una bacteria? Dibújalas en tu cuaderno.

b) ¿Qué instrumento de laboratorio necesitas para verlas?

c) ¿Qué tipo de reproducción presentan las bacterias?

12. Analiza **con detalle el texto sobre los tardígrados y responde a las siguientes preguntas.**

Tardígrados en la Luna

Los tardígrados son criaturas de menos de un milímetro de largo que son capaces de sobrevivir a temperaturas de hasta 150 °C y congeladas a casi cero absoluto. Estas especiales criaturas llegaron a la Luna en una sonda espacial israelí que se accidentó en el pasado mes de abril de 2019. Los responsables de la misión y especialistas alrededor del mundo consideran que es muy probable que sigan vivos.

a) ¿Qué características de la Luna podrían limitar o perjudicar la supervivencia de los tardígrados?

b) ¿Qué funciones vitales del tardígrado podrían verse perjudicadas en el espacio?

c) ¿Con qué finalidad llevarías seres vivos a una misión a la Luna?

d) ¿El tardígrado es unicelular o pluricelular?

13. Analiza. En una visita a una granja un estudiante afirma que cada ser vivo tiene un padre y una madre, y otro estudiante agrega lo siguiente: "... en algunos casos el padre y la madre son el mismo ser vivo".

- ¿Consideras posible que, biológicamente, un ser vivo sea el padre y madre de otro? Explica.

14. Soy competente

Lee y selecciona la opción que consideres correcta.

Gabriela está observando diversos objetos con diferentes amplificaciones en el microscopio óptico. Sus observaciones se muestran a continuación.

Observación	Objeto	Aumento
1	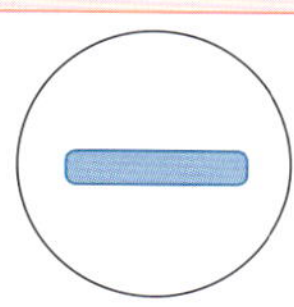	50 veces
2	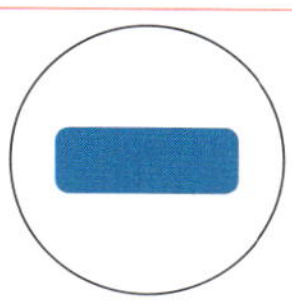	100 veces
3	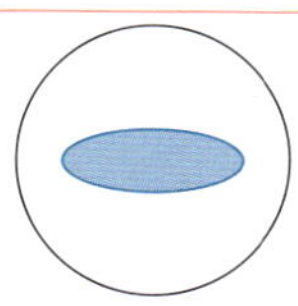	150 veces

a) ¿Cuál de los tres objetos observados por Gabriela tiene un tamaño mayor?

A. 1

B. 2

C. 3

D. Todos tienen el mismo tamaño.

b) Para poder observar uno de estos objetos al microscopio ¿qué pasos ha tenido que seguir Gabriela? Plásmalo en un diagrama de flujo.

15. Retoma la pregunta propuesta en la apertura y respóndela utilizando todos los conocimientos que adquiriste en esta unidad sobre los seres vivos.

Ciencia en la calle

Lee y comprende el siguiente texto:

Bacterias y comida

La manipulación y la venta de alimentos en la calle es una práctica muy común en las principales ciudades del mundo, pero tiene sus riesgos. La incorrecta manipulación de los alimentos y de los utensilios utilizados puede perjudicar la salud. Según la OMS, cada año enferman en el mundo unos 600 millones de personas por ingerir alimentos contaminados y 420 000 mueren por esta misma causa. ¿Qué tan adecuada consideras que es la manipulación de los alimentos en la calle?

a) ¿Qué cuidado se deben tener al preparar los alimentos?

b) ¿Qué enfermedades pueden estar asociadas al consumo de alimentos mal manipulados?

c) Consulta sobre microorganismos dañinos que se encuentran de manera más frecuente en los alimentos.

d) ¿Cómo se les llama a los especialistas en las enfermedades del sistema digestivo?

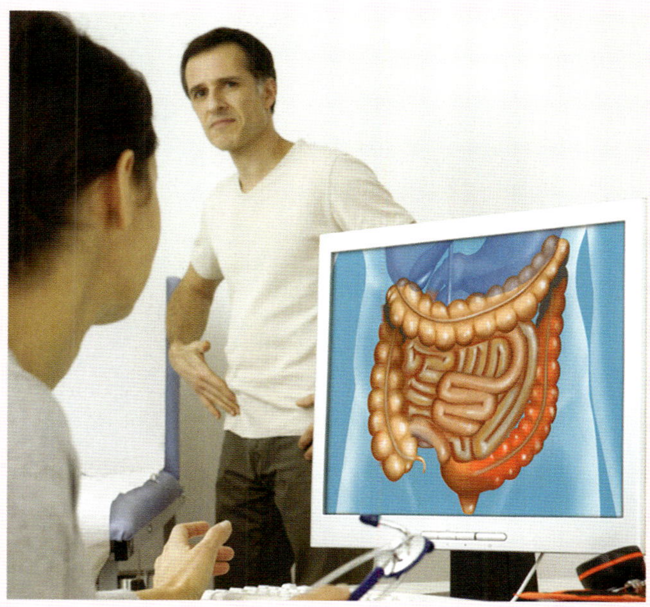

7 LA DIVERSIDAD DE LOS SERES VIVOS

En esta unidad aprenderás...

- Cuáles son los criterios que se emplean para clasificar a los seres vivos.
- Qué es la biodiversidad y cómo se mide.
- Cuáles son las jerarquías taxonómicas.
- Qué características tienen los organismos que pertenecen a los cinco reinos.
- Qué son los microorganismos y cuál es su función.

¿Qué características nos permiten identificar a cada ser vivo?

La imagen muestra la mariposa monarca que es conocida en todo el mundo por las migraciones masivas que realiza en cada invierno.

- ¿Qué características pueden diferenciar a la mariposa monarca de otras mariposas?
- ¿Qué características pueden diferenciar a las mariposas de otros insectos?

1 Clasificación de los seres vivos

» Primeros sistemas de clasificación

En la antigüedad, Aristóteles clasificó los animales con sangre roja y sin sangre roja y las plantas con flores y sin flores.

¿Qué es clasificar?

Clasificar es organizar y agrupar objetos o seres vivos según unas características comunes o a partir de ciertos criterios definidos. Para hacer una buena clasificación los criterios utilizados deben ser:

- **Objetivos**, es decir, que no dependan de nuestra forma de sentir o de pensar. Por ejemplo, podemos clasificar algunos insectos según el número de alas que tienen, pero no por lo atractivos que son.
- **Discriminatorios**, es decir, que la característica elegida para hacer grupos la posea solo una parte de los objetos de estudio, pero no el resto. Así, no podemos clasificar a los insectos por el número de patas porque todos tienen tres pares.

Para **clasificar** podemos construir una **clave dicotómica**. Se llama dicotómica porque hay que elegir entre dos opciones en cada paso. La opción elegida remite a otro paso en el que hay que elegir entre otras dos opciones y así hasta obtener un resultado y un sistema de clasificación.

Por ejemplo, hemos construido una clave para clasificar estos seis animales:

ACTIVIDADES

1. Analiza la clave. ¿Te parece que todos los criterios elegidos son objetivos?
2. Elabora. Plantea una clave dicotómica que permita diferenciar los siguientes animales: pez, rata, oveja, águila y ballena.
3. Comprende. ¿Cuál es el criterio de clasificación que utilizan los científicos?

Un sistema de clasificación natural

Los científicos utilizan un sistema de clasificación para los seres vivos que los agrupa en diferentes **categorías** utilizando como criterio las semejanzas en su anatomía, en la función de sus órganos, en su organización celular, etc.

Estas semejanzas se deben a las relaciones de **parentesco** que existen entre los seres vivos, de manera que cuanto más cercano en el tiempo se encuentre un antepasado común más se parecerán dos organismos.

Este sistema de clasificación, que se llama **natural**, ayuda a los científicos a organizar la información que tienen sobre los diferentes organismos y les facilita luego su búsqueda.

2 Muchos y muy diversos

Una clasificación jerárquica

A medida que se descubren nuevas características de los seres vivos y se valora su importancia, el sistema de clasificación va cambiando. Antes, el grupo de clasificación más amplio era el reino, ahora es el **dominio**. Hay tres dominios: Arquea, Bacteria y Eucariota.

Los miembros del **dominio Arquea** son organismos unicelulares sin núcleo. Algunos son capaces de fabricar su propio alimento y viven en ambientes muy extremos. Los miembros del **dominio Bacteria** son también organismos unicelulares sin núcleo, pero su pared celular y algunos componentes de su interior son distintos al de las arqueas. Algunas bacterias son capaces de fabricar su alimento, pero otras deben obtenerlo del medio en el que viven. Todas las células de los organismos que pertenecen al **dominio Eucariota** tienen núcleo.

Como puedes ver, todos los organismos que pertenecen a un dominio tienen alguna característica en común, pero hay tantas diferencias entre ellos que podemos seguir haciendo grupos y subgrupos. De mayor a menor, estos grupos son **reino**, **filo**, **clase**, **orden**, **familia**, **género** y **especie**. Al ser un sistema internacional, se acordó nombrarlas en latín, como vemos en este ejemplo:

ACTIVIDADES

1. Explica. Averigua el significado de la palabra "jerárquica" y explica por qué el sistema de clasificación que utilizan los científicos es jerárquico.

2. Explica. ¿Qué grupo incluye más número de individuos, el reino o el dominio?

3. Analiza. ¿Quiénes tendrán más características comunes, dos organismos del mismo reino o del mismo orden?

Reino Animalia
Agrupa a organismos con características similares a nivel celular y de funcionamiento.

Filo *Chordata*
Todos estos animales tienen médula espinal.

Clase *Mammalia*
Todos estos animales maman cuando son crías.

Orden *Carnivora*
Todos estos animales comen carne.

Familia *Felidae*
Todos estos animales comparten características tipo gato.

Género *Felis*
En este nivel se incluyen todos los gatos: selvático, del desierto, montés...

Especie *catus*
Este nivel identifica una clase particular de gato, el gato doméstico.

A medida que bajamos de nivel, los grupos se hacen más pequeños y tienen menos variedad de animales.

3 Especies y biodiversidad

Oso polar

Oso pardo

Los osos polar y pardo viven en diferentes continentes. Pertenecen al mismo género pero a distinta especie.

Qué es una especie y cómo se nombra

Todas las personas formamos una única especie, como todos los osos o todos los perros. Una **especie** es un grupo de organismos que se pueden reproducir entre ellos y cuyos descendientes son fértiles, es decir, que también tienen la capacidad de reproducirse.

Los organismos que pertenecen a la misma especie son de aspecto similar, aunque dentro de la especie existe una gran variación entre los individuos. Un grupo de especies similares forma un **género**. Por ejemplo, los osos polares, pardos y andinos pertenecen al mismo género, pero son especies diferentes.

Una vez formados los grupos, ponerles nombre hace más fácil intercambiar información acerca de ellos. Por ejemplo, decir "es un insecto", si estamos hablando con alguien que conoce nuestro criterio para poner todos los insectos juntos, nos evitará tener que describir todas sus características.

Como los nombres comunes que utilizamos para designar a las especies son diferentes en los distintos idiomas y pueden ser diferentes incluso entre las regiones de un mismo país, el nombre científico de una especie está compuesto por dos términos en latín o latinizados y que se escriben siempre en cursiva. El primero, con mayúscula inicial, corresponde al **género** y el segundo, en minúscula, corresponde a la **especie**.

Ambos términos pueden hacer referencia a alguna característica de la especie, a su descubridor, a su nombre vulgar, a su localización, etc. Por ejemplo, la especie del águila imperial ibérica es *Aquila adalberti*, en honor al príncipe Adalberto de Baviera.

Nombre común: Águila real
Nombre científico: *Aquila chrysaetos*

Nombre común: Águila imperial ibérica
Nombre científico: *Aquila adalberti*

Nombre común: Águila rapaz
Nombre científico: *Aquila rapax*

Las águilas de la imagen pertenecen al mismo género (*Aquila*), pero no a la misma especie.

La biodiversidad

La variedad de formas de vida que existe y ha existido en la Tierra se denomina **biodiversidad**. Actualmente hay más de diez millones de tipos diferentes de seres vivos.

Cuanto mayor es el número de especies, géneros, familias, clases, etc., en una zona, mayor es su biodiversidad. En la práctica, la forma más sencilla de medir la biodiversidad es contar el número de especies. A mayor número de especies, mayor biodiversidad.

El origen de la biodiversidad

Los científicos están de acuerdo en que la vida apareció en la Tierra hace unos 3 500 millones de años, a partir de unos pocos organismos muy simples. Así explican que todos los seres vivos tengamos tantas cosas en común.

Esos primeros organismos fueron cambiando con el tiempo y dieron lugar a la enorme variedad de especies que existen en la actualidad, y a otras muchas que existieron pero que ya no existen. Este proceso de cambios se llama evolución y sigue produciéndose hoy.

Una **adaptación** es una de esas características que presenta un organismo y que aumenta sus posibilidades de sobrevivir en el medio en el que vive. La selección natural ayuda a las especies a desarrollar las adaptaciones que les permiten sobrevivir en diferentes medios.

El proceso que hace **cambiar** y **evolucionar** a los seres vivos se denomina **SELECCIÓN NATURAL**.

Selección natural en escarabajos

Variación. Los individuos de una especie no son idénticos. Existe variabilidad: en este caso, de color.

Superproducción. Nacen más individuos de los que pueden sobrevivir porque los recursos de la naturaleza son limitados.

Selección natural. Algunos individuos presentan unas características, como resultar menos llamativos, que les ayudan a sobrevivir.

Cambio. Como estas características se heredan, la población de individuos va cambiando a lo largo de las sucesivas generaciones.

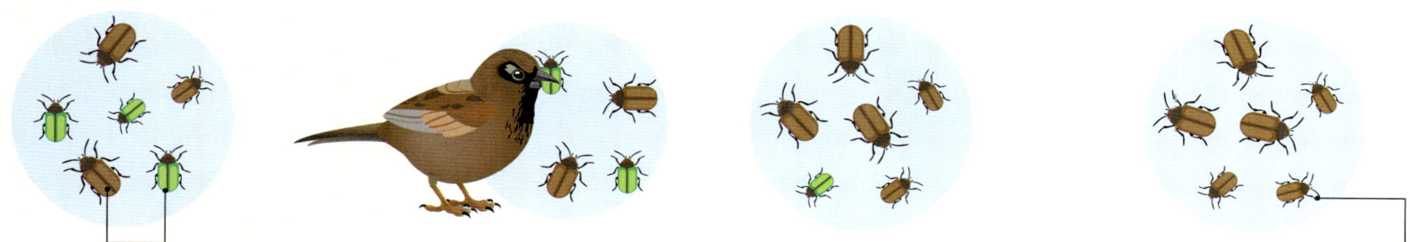

Existe diversidad entre ellos.

El color marrón les permite a los escarabajos tener más descendientes.

Importancia de la biodiversidad

La biodiversidad es importante por su valor científico, económico, ecológico y cultural. Cuando se pierde biodiversidad empeora la salud humana, tanto por los remedios que desaparecen como por los que ya no se podrán descubrir, se pierden alimentos y privamos a las generaciones futuras de las posibilidades de satisfacer sus propias necesidades.

También, nos pueden afectar más las catástrofes y los cambios ambientales porque se pierden especies que contribuyen a filtrar el aire y el agua, a formar suelo fértil o a regular el clima. En conclusión, se pierde algo único y valioso.

ACTIVIDADES

1. Argumenta. ¿Por qué crees que se llama binomial a la nomenclatura científica?
2. Deduce. El nombre científico de la especie humana es *Homo sapiens*. ¿A qué género pertenecen los humanos? ¿Y a qué especie?
3. Consulta. Realiza un listado con el nombre científico de cinco especies de animales y de plantas propios de España.
4. Observa el nombre de las siguientes especies y selecciona aquellas que presentan algún error; luego, escríbelas en el cuaderno de forma correcta.
   a) *Canis Lupus* (lobo)
   b) *naja Naja* (cobra india)
   c) *amazilia luciae* (colibrí)
   d) *Equus Ferus* (caballo)
5. Consulta tres ejemplos diferentes de evolución por selección natural y explícalos con la ayuda de imágenes.

4 Los cinco reinos

¿Qué son los reinos?

Los científicos han definido cinco reinos y los criterios que utilizan para incluir un determinado organismo en uno de ellos son:

- El tipo de célula del que está compuesto: **eucariótica**, o con núcleo verdadero o definido, o **procariótica** o sin núcleo definido.
- El número de células que lo componen: **unicelular** o **pluricelular**. En los pluricelulares típicos, las células forman órganos, como el corazón de los animales. En los pluricelulares más sencillos, las células no forman órganos.
- El tipo de nutrición: **heterótrofa** o **autótrofa**, según necesite, o no, alimentarse de otros seres vivos.

PRACTICA Clasifica estos seres vivos en el reino que les corresponde.

Reino Hongos

Seres vivos con las siguientes características:

- Eucarióticas
- Unicelulares o pluricelulares sencillos
- Heterótrofos

Reino Animales

Seres vivos con las siguientes características:

- Eucarióticas
- Pluricelulares
- Heterótrofos

Reino Moneras

Seres vivos con las siguientes características:

- Procarióticas
- Unicelulares
- Autótrofos o heterótrofos

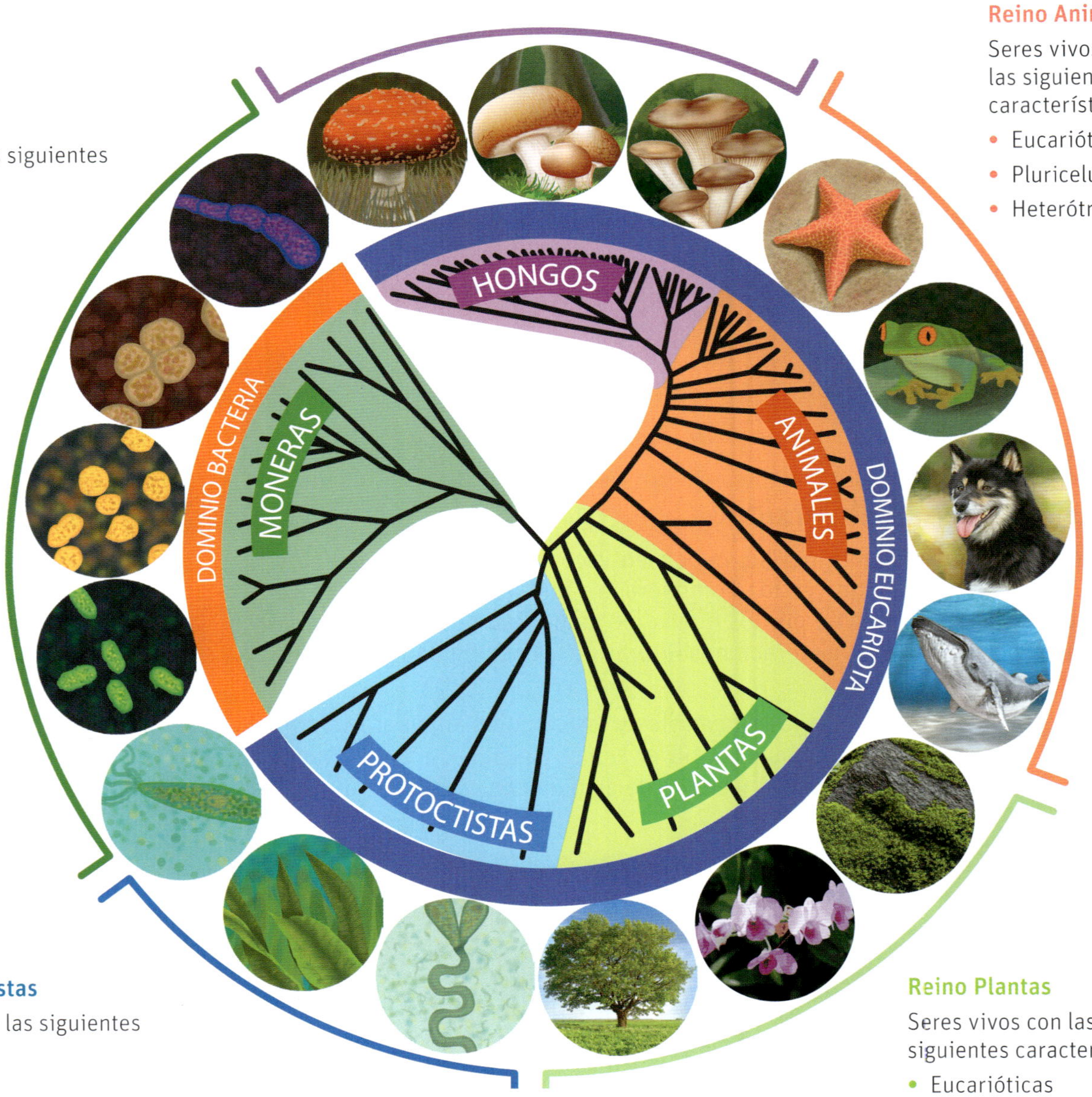

Reino Protoctistas

Seres vivos con las siguientes características:

- Eucarióticas
- Unicelulares o pluricelulares sencillos
- Autótrofos o heterótrofos

Reino Plantas

Seres vivos con las siguientes características:

- Eucarióticas
- Pluricelulares
- Autótrofos

Y los virus, ¿dónde se clasifican?

Los **virus** poseen una estructura más sencilla que la de cualquier célula. Están formados únicamente por:

- Una **cápsula**, que puede adoptar diferentes formas. Algunos presentan, además, una envoltura similar a la membrana de las células.
- **Material hereditario**, necesario para producir más virus.

Comparten solo una función de los seres vivos: la **capacidad de reproducirse**, aunque solo pueden hacerlo en el interior de una célula a la que parasitan.

Los VIRUS no son células y no pueden desempeñar todas las funciones vitales, por eso no se incluyen en ningún reino.

Estructura de un virus

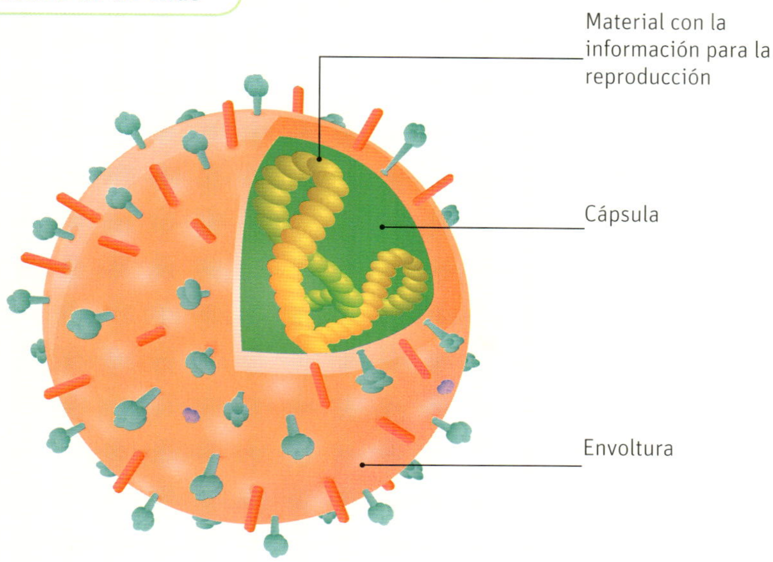

OBSERVA El proceso de infección realizado por un virus.

ACTIVIDADES

1. Explica. ¿Qué criterios se utilizan para hacer la clasificación de seres vivos por reinos?

2. Argumenta. Durante mucho tiempo, los animales y los protoctistas se clasificaban en el mismo reino. ¿Por qué se incluyen ahora en reinos separados?

3. Responde a las siguientes preguntas.
   a) ¿Cuántos reinos son procarióticas y cuántos eucarióticas?
   b) ¿A qué reino crees que pertenecen los organismos más antiguos en la Tierra?
   c) ¿A qué reino pertenecen los organismos que viven fijos al suelo o a un sustrato?
   d) ¿A qué reino pertenecen los organismos que son exclusivamente autótrofos?
   e) ¿Qué característica puede diferenciar los organismos del reino Moneras de los organismos del reino Protoctistas?
   f) ¿Qué característica puede diferenciar los organismos del reino Hongos de los organismos del reino Plantas?

4. Consulta información sobre los tardígrados, también conocidos como los osos de agua. ¿A qué reino pertenecen? ¿Por qué se dice que son seres vivos extremófilos?

5. Deduce. Observa los siguientes organismos e identifica a qué reino pertenecen.

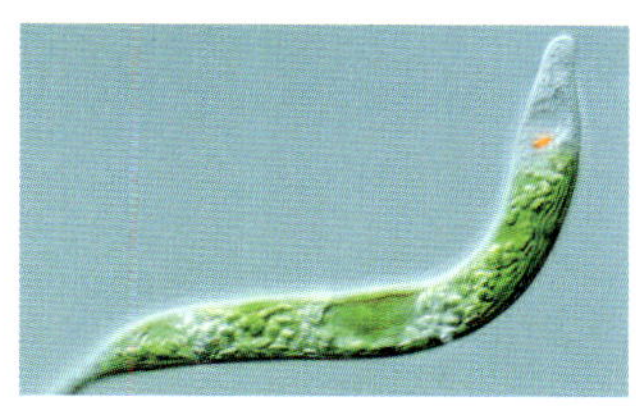

5 Las bacterias

Las **bacterias** se clasifican en el **REINO MONERAS**. Son **microscópicas**, por lo que no se observan a simple vista.

Características de las bacterias

Las bacterias son consideradas como las formas de vida más antiguas en la Tierra. En la actualidad son extraordinariamente abundantes y sobreviven en todos los medios. Todas son **unicelulares** y **procarióticas**.

Estructura de una bacteria

Las bacterias tienen una estructura típica de una célula procariótica.

Estructura de una bacteria

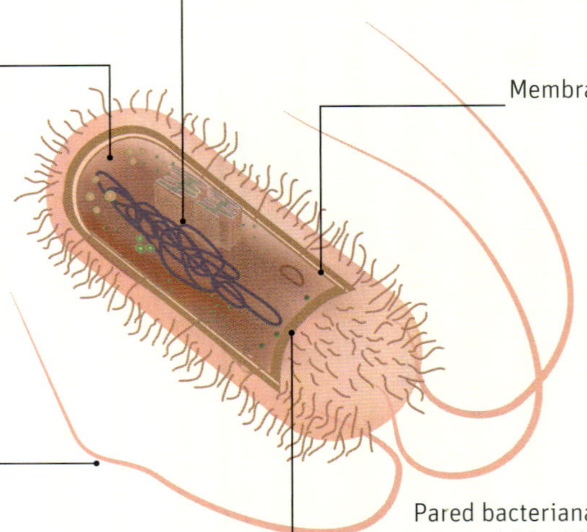

OBSERVA Descubre algunas bacterias al microscopio.

Las bacterias y su forma

Las bacterias son organismos que tienen un tamaño de entre 1 μm y 6 μm (mucho menor que el de las células eucarióticas). En el siguiente esquema podrás identificar las diferentes formas que tienen las bacterias.

Las bacterias y su forma

Cocos

Bacterias con forma esférica.

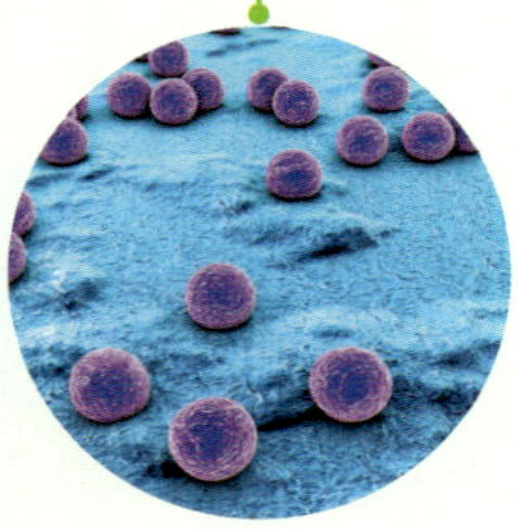

Bacilos

Bacterias con forma de bastón.

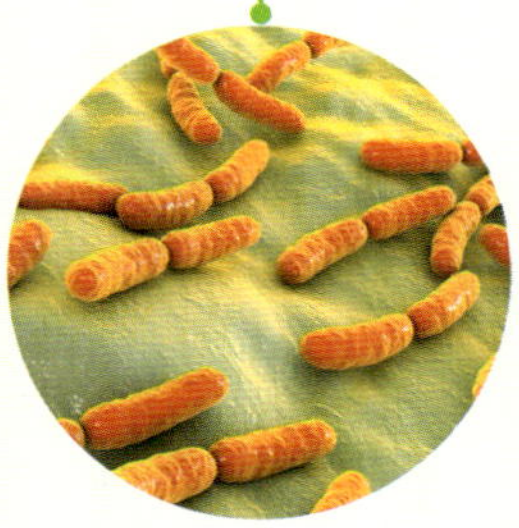

Espirilos

Bacterias con forma helicoidal y con una extensión llamada flagelo.

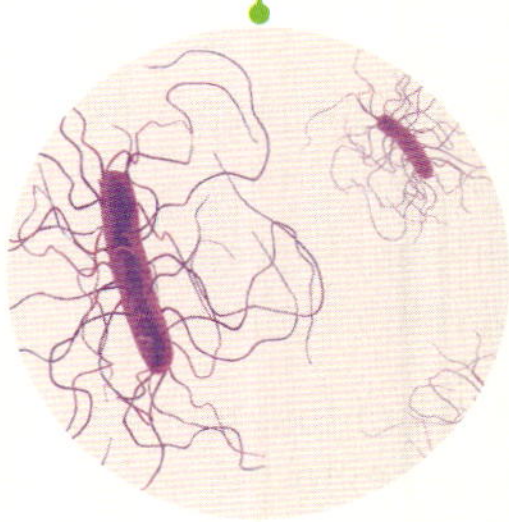

Espiroquetas

Bacterias con forma alargada y enrollada.

Las bacterias y las funciones vitales

Las bacterias realizan las funciones características de todos los organismos:

- Su **nutrición** puede ser **autótrofa**, como en las cianobacterias que hacen fotosíntesis, o **heterótrofa**, como en *Escherichia coli*. Al no tener cloroplastos ni mitocondrias, todos los procesos relacionados con la nutrición suceden en el citoplasma.
- **Detectan** cambios en el medio y responden a ellos. En condiciones desfavorables, algunas bacterias concentran su citoplasma y se protegen con una dura cubierta formando una espora de resistencia. Así sobreviven hasta que las circunstancias mejoran. Las que tienen flagelos responden desplazándose.
- Se **reproducen** por bipartición, dividiendo en dos su única célula.

Luego de la **BIPARTICIÓN**, la **pared bacteriana** se divide en dos y con ello surgen dos bacterias nuevas.

Bipartición bacteriana

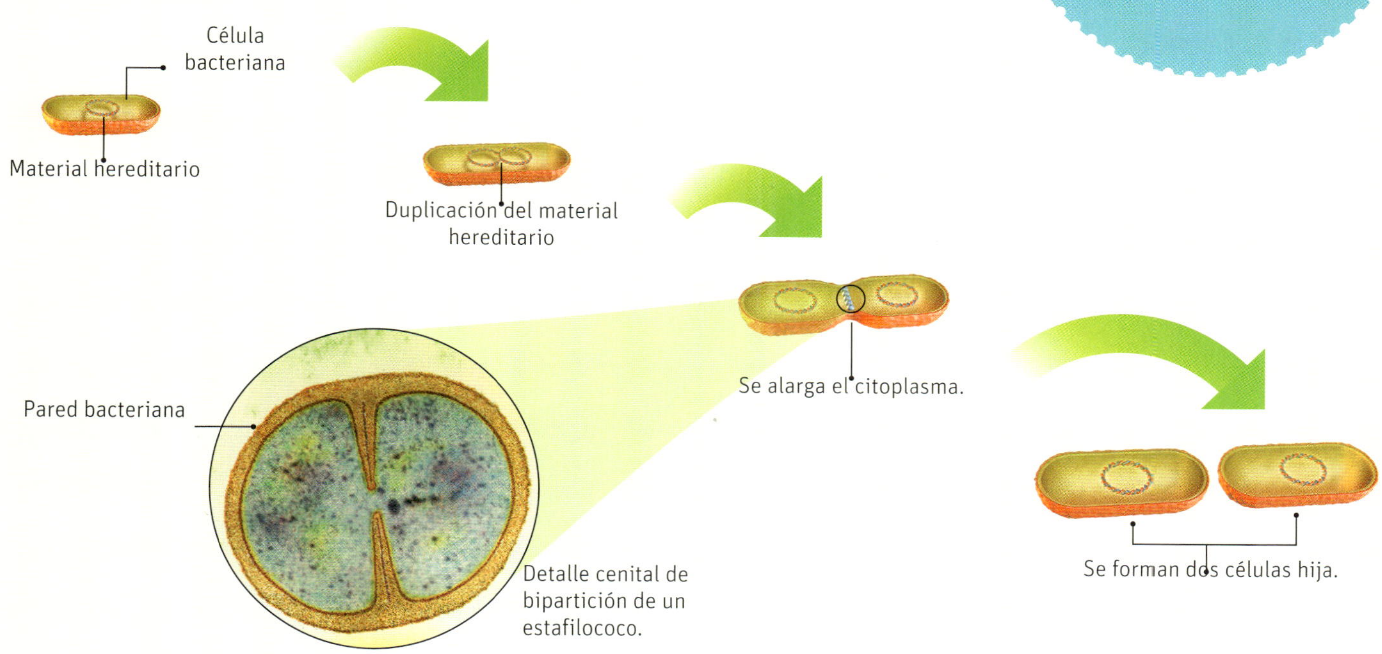

ACTIVIDADES

1. Compara. Las células procarióticas son más sencillas que las eucarióticas. Haz un cuadro comparativo de las principales características que las diferencian.

2. Explica. A diferencia de los virus, solo unas pocas bacterias son parásitas. ¿A qué se puede deber esta diferencia?

3. Identifica la forma de las siguientes bacterias.

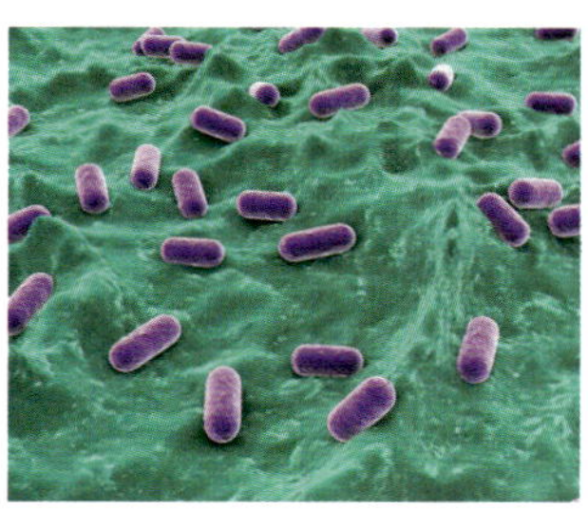

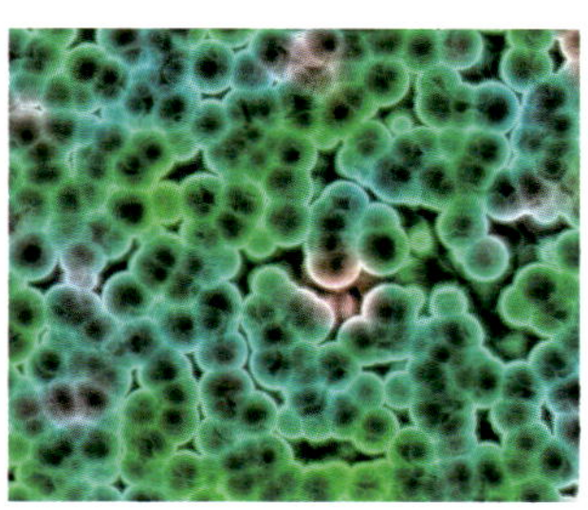

4. Calcula. En las condiciones favorables, el número de bacterias puede duplicarse cada media hora, tal y como lo muestra el siguiente esquema.

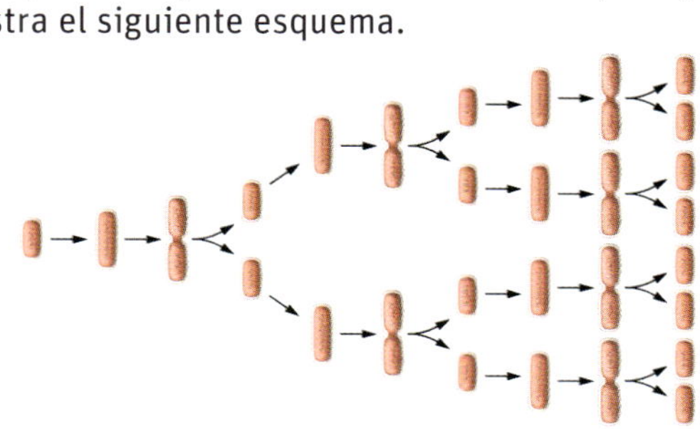

   a) Basándote en los datos del esquema, ¿cuántas bacterias habrá al cabo de una hora? ¿Y tras una hora y media?

   b) ¿Es posible que ese ritmo de reproducción pueda mantenerse indefinidamente? ¿Por qué?

6 Los protozoos y las algas

>> Un protozoo gigante

Spiculosiphon oceana, también conocido como protozoo ameboide, es una especie gigante de los protoctistas. No es microscópico como sus parientes, por eso en ocasiones lo confunden con esponjas carnívoras, pues llega a medir hasta 5 cm.

Características de los protoctistas

Los protoctistas están formados por células **eucarióticas** y abundan en el medio acuático, pero son un grupo muy diverso. Lo que realmente los une en el mismo reino es que no son ni animales, ni plantas, ni hongos.

Según se asemejen más a los animales o a las plantas, los protoctistas se dividen en protozoos y algas.

Los protozoos

Los protozoos se caracterizan por:

- Ser **eucarióticas unicelulares**.
- Ser **heterótrofos**; se alimentan de materia orgánica de otros organismos.
- Vivir en **medios acuáticos** de agua **dulce** o **salada**.
- Algunos viven en el interior de otros organismos como **parásitos**.

Tipos de protozoos

Ciliados

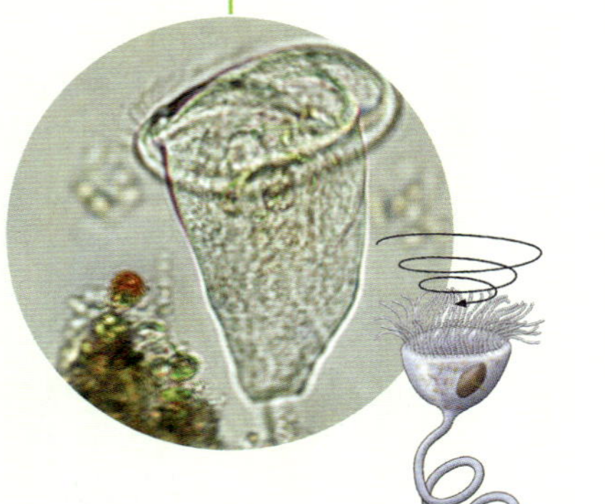

Tienen proyecciones en forma de vellos llamadas **cilios** que recubren la membrana celular.

Los cilios le sirven para crear corrientes en el agua para atraer su alimento.

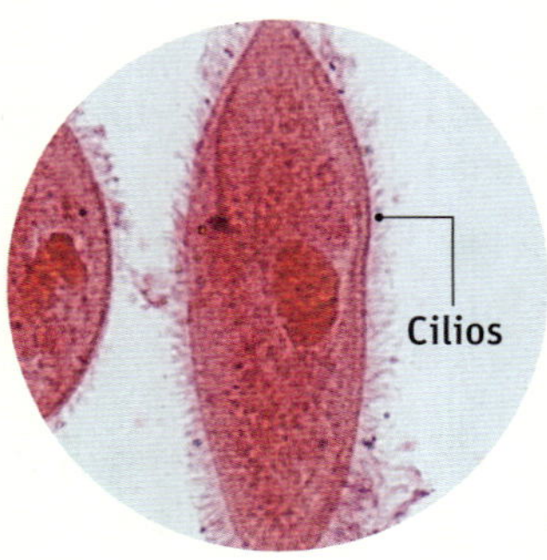

Dentro de los organismos ciliados se encuentran los **paramecios**.

Flagelados

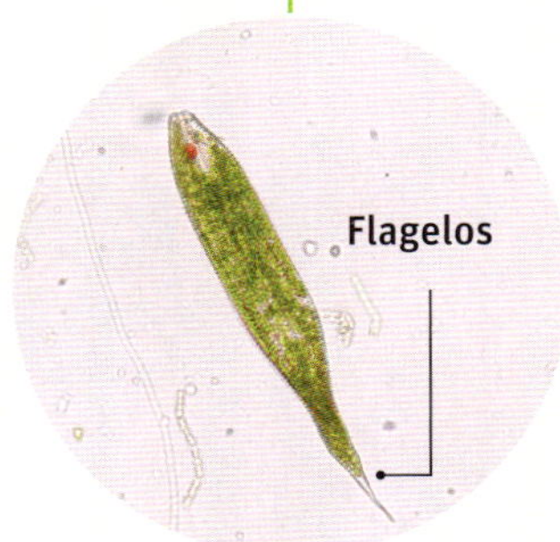

Los **flagelos** son largos apéndices que les dan una movilidad ágil. Parecen colas que salen de la célula.

Pueden vivir como parásitos o tener vida libre.

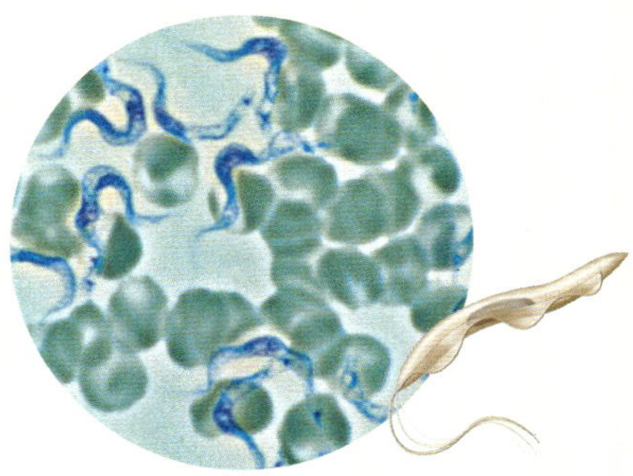

Los **tripanosomas** son parásitos que utilizan su flagelo para desplazarse por la sangre de su hospedador.

Sarcodinos

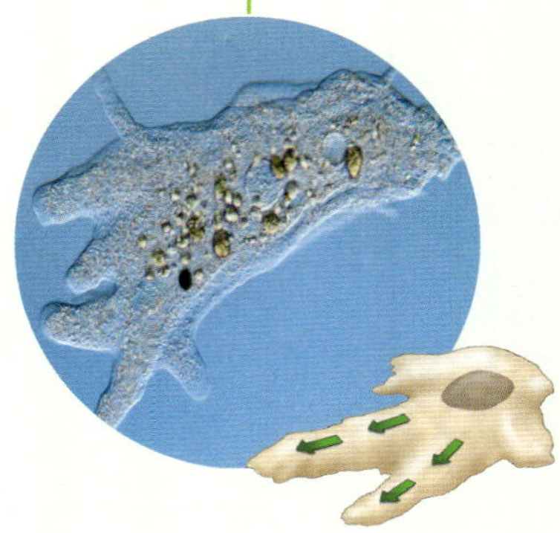

No tienen forma definida.

Su locomoción se da gracias a la deformación de su membrana en forma de **seudópodos** con los cuales también se alimentan.

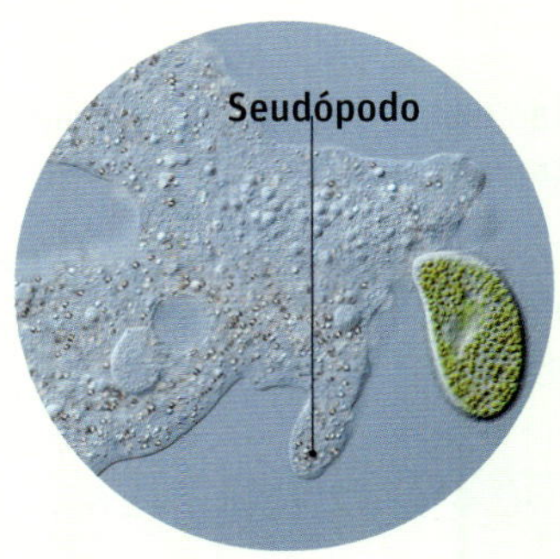

Las **amebas** se mueven y capturan alimentos emitiendo seudópodos.

Las algas

Las algas son organismos **autótrofos**, es decir, que producen su propio alimento como las plantas. Poseen cloroplastos, los orgánulos que se ocupan del proceso de la fotosíntesis.

Algunas son **unicelulares**, pero otras son **pluricelulares** sencillos formados por la agregación de muchas células de aspecto muy similar. Son **acuáticas**, algunas viven flotando en el agua, y otras fijas en el fondo.

No pertenecen al reino vegetal porque su **organización interna** es **más simple**, no conforman tejidos ni órganos como los animales y las plantas.

Las algas también se diferencian de las plantas porque tienen diversidad de pigmentos fotosintéticos que les dan colores diferentes.

Los **protozoos** y las **algas** son organismos **eucariotas** compuestos por una o muchas células que no forman órganos. Se clasifican en el **REINO PROTOCTISTAS**.

Tipos de algas

Algas verdes

Su color se debe a la clorofila. Las algas verdes que flotan en el agua constituyen uno de los principales componentes del plancton, que sirve de alimento a muchos animales acuáticos.

Algas pardas

Su color pardo es el resultado de la unión del verde de la clorofila y el naranja de otros pigmentos. Algunas son de gran tamaño, como los sargazos gigantes, que llegan a medir hasta 50 m de longitud.

Algas rojas

Un pigmento rojo oculta el verde de la clorofila y les confiere su color característico. Estas algas suelen vivir fijas a los fondos marinos o sobre las conchas de los animales.

ACTIVIDADES

1. Sintetiza. Realiza una lista de las características que debe tener un organismo para ser considerado un protoctista.
2. Explica. ¿Qué diferencia encuentras entre los cilios, los flagelos y los seudópodos? Explícalo en tu cuaderno por medio de imágenes.
3. Compara. ¿En qué se parecen los protozoos a los animales? ¿En qué se diferencian?
4. Analiza. ¿De qué color es el pigmento que tienen todas las algas? ¿Para qué lo necesitan?
5. Reconoce. Un científico estudia un protoctista que encontró en un medio acuático. Es heterótrofo y tiene unas extensiones o "brazos" que utiliza para capturar su alimento. ¿Qué tipo de protoctista encontró el científico?
6. Analiza. ¿Cuál es la razón de que haya protozoos parásitos, pero no algas parásitas?
7. Completa. Escribe el siguiente texto y completa las palabras que faltan.

   Las algas pertenecen al reino ●●●. Existen algas ●●●, ●●● y ●●● que se diferencian por sus ●●● fotosintéticos. Todas elaboran su propio alimento, es decir, son ●●●.

8. Analiza los siguientes ambientes. ¿Qué tipo de protoctistas esperarías encontrar?
   a) Un lago con mucha luz solar y pocos nutrientes.
   b) Una cueva sin luz pero con muchos nutrientes en el suelo.
   c) Profundidades marinas.

7 Los hongos

Características de los hongos

Los hongos son organismos **heterótrofos**, similares a los animales, pero sus células son parecidas a las de las plantas, poseen vacuolas y pared celular, aunque carecen de cloroplastos.

Muchos hongos se alimentan de restos de otros seres vivos, no poseen tejidos ni órganos y la mayor parte vive dentro del suelo, donde crecen y se desarrollan para completar su ciclo de vida.

Los hongos se reproducen por esporas que, en condiciones adecuadas de humedad y temperatura, dan lugar a nuevos hongos. La mayoría proliferan en lugares oscuros y con mucha humedad.

Según su estructura podemos distinguir distintos tipos de hongos.

Tipos de hongos

Pluricelulares

Hongos con setas

Los hongos con setas son organismos pluricelulares. Su cuerpo, el **micelio**, está compuesto por filas de células alargadas que forman hilos ramificados llamados **hifas**.

En las setas, como los champiñones o los níscalos, el micelio está enterrado en el suelo y lo que conocemos como seta es solo el lugar en el que se forman las **esporas**.

Mohos

Los mohos son organismos pluricelulares que no forman setas. Sus **hifas** forman agrupaciones de aspecto algodonoso de diferentes colores.

Los mohos crecen sobre los restos de los seres vivos y sobre la materia en descomposición, como la fruta estropeada o el pan húmedo.

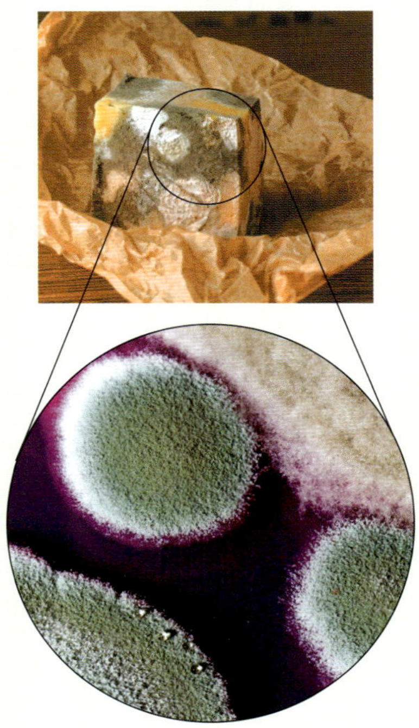

Unicelulares

Levaduras

Las levaduras son hongos unicelulares. No forman hifas, por lo que no tienen el aspecto filamentoso de los mohos, y como son unicelulares, tampoco forman setas.

Las levaduras se reproducen por **gemación**.

Las levaduras tienen una gran importancia en la fabricación de algunos alimentos, como el pan, el vino o la cerveza.

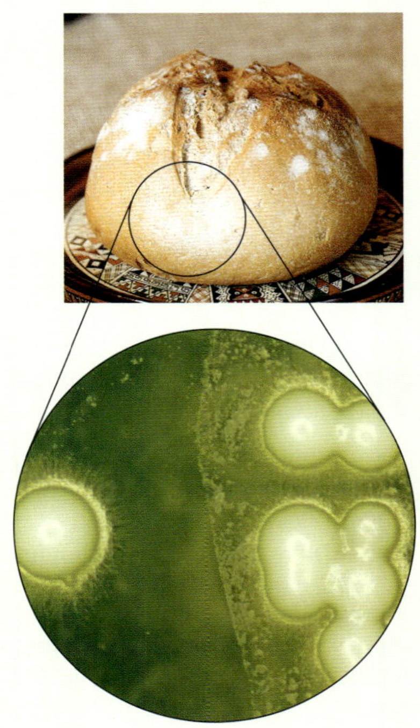

Los líquenes

Los líquenes se incluyen en el reino Hongos, aunque son asociaciones de algas con hongos en los que ambos organismos salen beneficiados. El micelio del hongo protege al alga de la desecación, y el alga, que es autótrofa, proporciona al hongo el alimento que necesita.

Los líquenes viven sobre rocas o troncos de árboles y son muy sensibles a la contaminación, por lo que son excelentes indicadores de la calidad del aire. Los líquenes son los primeros organismos que se implantan en un terreno sin colonizar por los seres vivos.

Los hongos y el medio

Los hongos no pueden desplazarse; el lugar en el que viven debe proporcionarles su alimento. Así, los hongos pueden ser:

- **Descomponedores.** Viven sobre restos de otros seres vivos y los transforman, junto con las bacterias descomponedoras.
- **Parásitos.** Viven a expensas de animales o vegetales vivos, a los que causan enfermedades, como el pie de atleta.
- **Simbiontes.** Se asocian a otros seres vivos ayudándose mutuamente como, por ejemplo, los líquenes.

ACTIVIDADES

1. Explica. ¿Por qué se dice que los hongos compiten con las bacterias heterótrofas?
2. Argumenta. ¿Por qué cuando recolectamos setas debemos cortarlas con un cuchillo y transportarlas en cestas?
3. Experimenta. Empapa un trozo de pan con agua y déjalo en un lugar templado y oscuro. Para evitar que se seque, cúbrelo con un plástico. ¿Qué pasa al cabo de unos días? ¿Por qué se da este fenómeno?
4. Graba un vídeo en el que muestres una receta en donde se utilicen hongos comestibles como ingrediente principal. Habla de sus nutrientes y beneficios.

8 La importancia de los microorganismos

Los **MICROORGANISMOS** pueden ser **beneficiosos** o **patógenos** de acuerdo con la función que desempeñan.

Los microorganismos

Las bacterias, los protozoos y muchas algas y hongos son organismos microscópicos, es decir, **microorganismos**. Son muy pequeños, pero tienen una enorme importancia para la vida. La mayoría de los microorganismos son beneficiosos, incluso necesarios, para la vida de otros organismos. Pero algunos son patógenos y provocan enfermedades en otros seres vivos; también en las personas.

El papel de los microorganismos en la biosfera

Los microorganismos tienen un papel fundamental en el mantenimiento de la vida en la Tierra.

- **Producen alimentos y oxígeno.** Las algas y las bacterias fotosintéticas son las principales productoras de materia orgánica en el medio acuático. De ellas se alimentan directa o indirectamente los animales que viven en él. Además, la fotosíntesis aporta al medio el oxígeno necesario para la respiración.
- **Eliminan los residuos.** Los microorganismos descomponedores se nutren de los restos de otros seres vivos y los transforman en materia inorgánica, que servirá de alimento para las plantas, las algas y demás organismos fotosintéticos.

Reciclado de la materia en la biosfera

Los microorganismos y los alimentos

Algunos microorganismos utilizan nuestros alimentos como fuente de materia y energía. Esto puede tener consecuencias muy diferentes:

- **Contaminación de los alimentos.** Viven sobre ellos, los estropean y los inutilizan para nuestro consumo.
- **Transformación de unos alimentos en otros** en procesos que tienen una gran relevancia económica. Por ejemplo, hay bacterias que convierten la leche en yogur o en queso, y el vino en vinagre.

Los microorganismos y la salud

Los microorganismos afectan directamente a nuestra salud, aunque unos nos benefician y otros nos perjudican.

- Hay **bacterias beneficiosas** que se emplean en la industria farmacéutica para la producción de antibióticos, en la industria alimentaria para producir comida o en la industria agrícola para la remediación de suelos y cultivos. Por ejemplo, la bacteria *Bacilus subtilis* se utiliza para la fabricación de la bacitracina, un antibiótico empleado para infecciones en la piel y en los ojos.

  Sobre nuestro organismo y en el interior de nuestro aparato digestivo viven infinidad de microorganismos. Algunos son indispensables para el funcionamiento del cuerpo. Así sucede con las bacterias de la llamada flora intestinal, que viven en nuestro intestino y contribuyen a su buen funcionamiento.
- Hay **bacterias perjudiciales** que ocasionan enfermedades y se las conoce también como bacterias **patógenas**.
- Los **hongos** compiten con otros organismos para conseguir su alimento. Una forma de hacerlo es fabricar sustancias, como los antibióticos, que impiden el desarrollo de sus competidores, como las bacterias. El primer antibiótico descubierto, la penicilina, lo genera un hongo, el *Penicillium*. Su descubrimiento se debe al nobel británico *sir* Alexander Fleming (1881-1955).

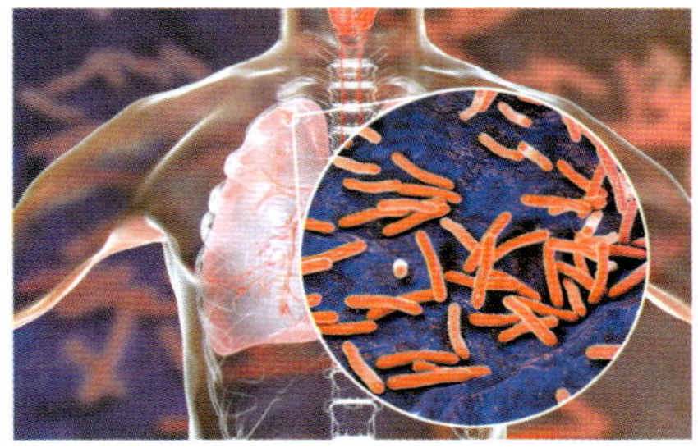

La tuberculosis es una enfermedad producida por una bacteria, se transmite de forma aérea cuando una persona infectada tose o estornuda.

Algunas enfermedades producidas por microorganismos en seres humanos			
Enfermedad	**Microorganismo**	**Algunos síntomas**	**¿Cómo evitar el contagio?**
Tuberculosis	Bacteria	Tos, esputos con sangre y fiebre	Seguir las instrucciones de las autoridades sanitarias cuando se ha tenido contacto con algún infectado.
Tétanos	Bacteria	Dolor de cabeza, fiebre, rigidez muscular y espasmos	Seguir las pautas correctas de vacunación y limpiar adecuadamente cualquier herida.
Salmonelosis (intoxicación alimentaria)	Bacteria	Náuseas, diarrea y dolor abdominal	Mantener una buena higiene en la cocina y guardar en el frigorífico los alimentos tras su cocinado.
Malaria o paludismo	Protozoo	Inflamación del cerebro que produce un estado similar al sueño.	Evitar la picadura de los mosquitos en las zonas de riesgo.
Pie de atleta	Hongo microscópico	Lesiones en la piel, sobre todo entre los dedos del pie	Usar chanclas en las piscinas públicas, baños, duchas del gimnasio, etc.

ACTIVIDADES

1. Completa. Escribe y completa el siguiente texto en el cuaderno con los términos correctos.

   Dentro de los microorganismos se encuentran ●●●, ●●● y algunas ●●●. Los virus no son considerados microorganismos, pero son ●●●, ya que provocan dolencias en los organismos que parasitan. Los microorganismos pueden ser ●●● o ●●● según las efectos que ocasionen al humano o a otros seres vivos.

2. Consulta. Realiza una tabla en la que indiques cinco enfermedades producidas por microorganismos, el agente patógeno que las produce y la sintomatología.

3. Explica. ¿Qué función desempeñan los microorganismos fotosintetizadores del plancton en el medio marino?

4. Sintetiza. Realiza una lista en tu cuaderno de cinco beneficios que presten los microorganismos al ser humano.

LO ESENCIAL

La biodiversidad de los seres vivos

Los **seres vivos** se pueden clasificar según **criterios** que deben ser **objetivos** y **discriminatorios**.

Los **seres vivos** se clasifican en **categorías** como: especie, género, familia, orden, clase, filo y reino.

Los científicos han definido **cinco reinos** para agrupar a los seres vivos: Moneras, Protoctistas, Hongos, Plantas y Animales.

La **diversidad** de seres vivos que existe en nuestro planeta se conoce con el nombre de **biodiversidad**.

Las especies se nombran por medio de **nomenclatura binomial** que incluye el **género** y la **especie**.

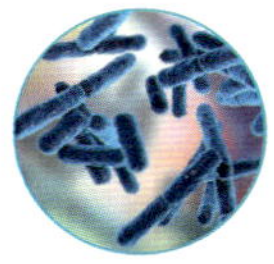

Los organismos del **reino Moneras** son **procarióticas**, **unicelulares** y pueden presentar nutrición **autótrofa** o **heterótrofa**.

Los organismos del **reino Protoctistas** son **eucarióticas**, **unicelulares** o **pluricelulares** sencillos. Pueden ser **autótrofos** o **heterótrofos**.

Los organismos del **reino Hongos** son **eucarióticas**, **unicelulares** o **pluricelulares** sencillos y **heterótrofos**.

Los organismos del **reino Plantas** se caracterizan por ser **eucarióticas**, **pluricelulares** y tener nutrición **autótrofa**.

Los organismos del **reino Animales** se caracterizan por ser **eucarióticas**, **pluricelulares** y tener nutrición **heterótrofa**.

1. Organiza tus ideas. **Copia, completa y amplía el siguiente esquema para construir tu propio mapa mental de la unidad.**

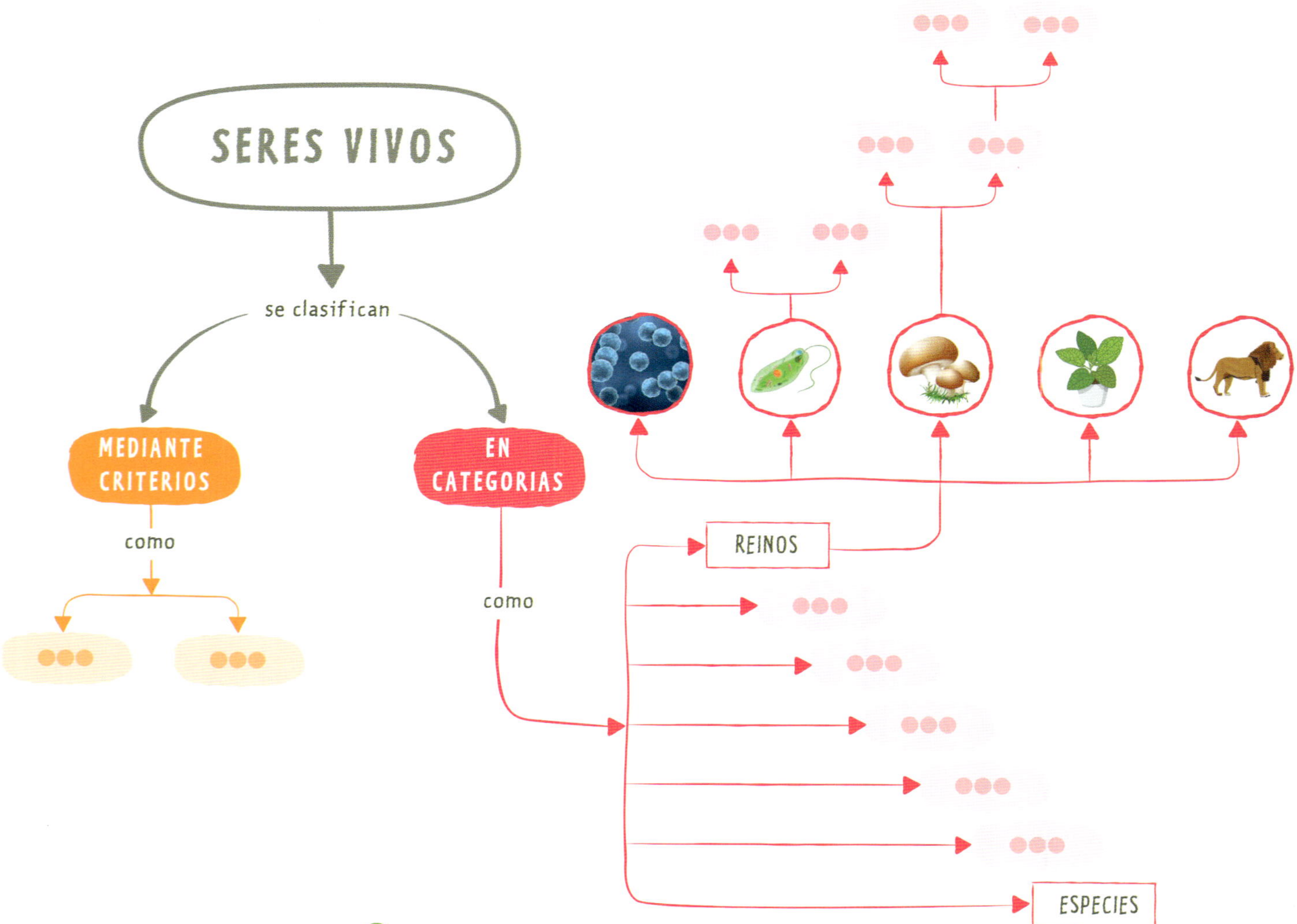

VALORA LO APRENDIDO Autoevaluación y resumen.

ACTIVIDADES FINALES

1. Observa las siguientes imágenes e indica y explica en cuál hay mayor diversidad biológica.

2. Responde a las siguientes preguntas.

a) ¿Qué grupo incluye más número de individuos, el reino o la clase? ¿La familia o el orden?

b) ¿Qué características comunes agrupan a los seres vivos del dominio Eucariota? ¿Qué reinos se incluyen en él?

3. Realiza una clave dicotómica para identificar las hojas de algunos árboles.

1 
2 
3 
4 
5 
6 

4. Identifica el error en el nombre científico de los siguientes osos y responde a la pregunta.

Ursus Maritima

Ursus Arctos

- Explica si los osos pertenecen al mismo género o a la misma especie.

5. Lee la pregunta y selecciona la opción correcta.

La biodiversidad o diversidad biológica se constituye con tres componentes diferentes dependiendo de la diversidad taxonómica, la diversidad genética y la diversidad ecológica. Las imágenes muestran a dos individuos de la especie *Homo sapiens*.

Aunque las personas pertenecen a la misma especie, su apariencia es diferente porque...

A. ... pertenecen a géneros taxonómicos diferentes.

B. ... presentan una diversidad ecológica.

C. ... pertenecen a familias taxonómicas diferentes.

D. ... presentan una diversidad genética.

6. Analiza. **Selecciona la opción correcta.** Jaime fue de visita al Museo de Historia Natural y encontró una colección de especies etiquetada como se muestra a continuación.

Felis catus

Felis manul

Felis silvestris

Felis margarita

A partir de esta clasificación, Jaime puede concluir correctamente que...

A. ... los cuatro animales pertenecen a la misma especie.

B. ... los cuatro animales pertenecen al mismo género.

C. ... *Felis catus* y *Felis margarita* pertenecen a la misma especie.

D. ... *Felis catus* y *Felis silvestris* pertenecen al género *Canis*.

7. Analiza. Las bacterias pueden vivir en ambientes extremos, como en la profundidad del mar, donde prácticamente no hay oxígeno ni luz. Según estas condiciones, ¿qué características tienen las bacterias que viven en ambientes extremos? ¿Cómo se conoce a estas bacterias?

8. Consulta. Realiza un listado de alimentos que se puedan elaborar por medio de bacterias beneficiosas.

9. Explica. Durante ciertos meses del año, algunos mares se cubren de color rojo. Este raro fenómeno se denomina marea roja. Su repentino incremento puede afectar la vida marina al disminuir el oxígeno disponible para los peces y otros organismos, lo que les causa la muerte.

a) ¿Qué organismos forman la marea roja?

b) ¿A qué reino pertenecen estos organismos?

c) ¿Por qué crees que estos organismos proliferan en la superficie del mar?

d) ¿Son organismos beneficiosos o patógenos? Explícalo.

10. Analiza. Para determinar qué alimentos necesitan los protoctistas para su nutrición, se preparan dos medios de características diferentes. Se disponen cuatro recipientes con *Chlorella* (alga unicelular) y *Paramecium* (protozoo) en ambos medios, y se colocan en lugar iluminado.

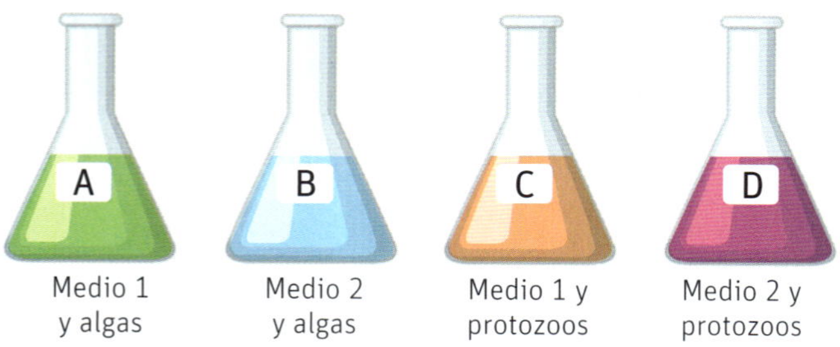

Medio 1	Medio 2
Agua	Agua
Sales minerales	Sales minerales
Sustancias orgánicas	Sin sustancias orgánicas

Pasados varios días, los microorganismos se habían multiplicado en los matraces A, B y C, pero no en el D.

a) ¿Qué alimentos necesitan los protozoos? ¿Y las algas?

b) ¿Qué habría sucedido si los recipientes se hubieran colocado en la oscuridad?

c) ¿Qué condiciones se deben mejorar en el matraz D para que se multipliquen los protozoos?

11. Soy competente

Lee el siguiente texto y realiza las cuestiones.

¡Es un ser vivo!

El pan, el vino y la cerveza son casi tan antiguos como la civilización. Entre los años 7000 y 3000 a. C. ya se producían bebidas fermentadas en China, Irán o Egipto. Pero fue en el siglo XIX cuando se descubrió que el responsable de estas fermentaciones era un ser vivo: *Saccharomyces cerevisiae*, una levadura. La palabra "levadura" viene de *levare*, 'levantar', y se refiere al efecto sobre la masa cuando se añade este ingrediente a la harina para hacer el pan. También se llama 'fermento', del latín *fervere*, que hace alusión al efecto de 'hervir'.

Para hacer el pan se mezcla la harina con agua, sal y levadura, y se deja durante un tiempo mientras se produce la fermentación. En la fermentación se transforman los glúcidos de la harina en dióxido de carbono y alcohol, y la masa se hincha.

- **¿Por qué se hincha la masa? Elige la opción correcta y justifica tu respuesta.**
  A. Porque se produce alcohol, que se evapora al cocer el pan en el horno.
  B. Porque los hongos unicelulares se reproducen dentro de la masa.
  C. Porque se genera un gas, el dióxido de carbono.
  D. Porque la fermentación transforma el agua líquida en agua en forma de vapor.

- **Algunos hongos, como los mohos, pueden contaminar el pan y lo inutilizan para el consumo. De las siguientes condiciones, ¿cuáles serían las más adecuadas para preservar el pan de los hongos descomponedores? Elige la opción correcta y justifica tu respuesta.**
  A. Ambiente oscuro o bien iluminado.
  B. Temperatura fría o cálida.
  C. Ambiente húmedo o seco.
  D. Ambiente mal oxigenado o bien oxigenado.

12. Predice. Un equipo de científicos está diseñando una base en la Luna. Pretenden que, una vez instalada, sea autosuficiente por tiempo indefinido. Una de las propuestas de los astronautas consiste en esterilizar todo el material que se envíe desde la Tierra a la Luna, para eliminar todo tipo de microorganismos.

a) ¿Crees que es una buena idea?

b) ¿Qué consecuencias tendría la desaparición de todos los microorganismos del medio?

13. Analiza. Lee la información y responde a las preguntas.

España biodiversa

España es uno de los países más biodiversos de Europa, con más de 50 000 especies animales y 10 000 especies de plantas diferentes.

Ello se debe a su privilegiada localización entre dos continentes (el europeo y el africano), sus más de 7 000 kilómetros de costa, sus cuatro climas diferentes y un variado relieve.

En el siguiente mapa se analiza la biodiversidad de animales terrestres en España. En rojo, se señalan las zonas donde hay más ejemplares y de color verde donde hay menos.

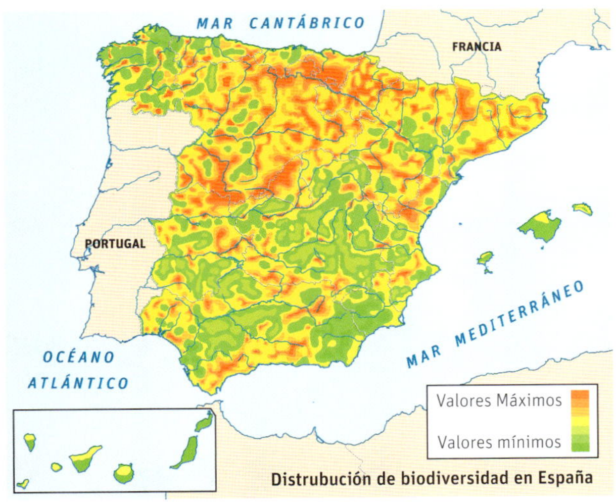

Distrubución de biodiversidad en España

a) ¿Qué grupo es más biodiverso en España?

b) ¿Qué indican las zonas amarillas marcadas en el mapa?

c) ¿En qué zonas de España hay mayor diversidad? ¿Y menor diversidad?

d) ¿Por qué es importante proteger la biodiversidad? ¿Cómo se puede proteger?

e) ¿Cuáles son las principales amenazas de la biodiversidad en España? Consúltalo.

f) Según el mapa, ¿cómo es la biodiversidad de tu región?

14. Responde a la pregunta propuesta en la apertura: ¿qué características nos permiten identificar a cada ser vivo?

Ciencia en la calle

Lee la siguiente tira cómica y responde a las preguntas.

Los piojos, ¿más difíciles de exterminar?

a) Durante años, las personas hemos utilizado un champú antipiojos para eliminar los piojos de la cabeza.

b) Entre esos piojos había algunos capaces de sobrevivir al tratamiento, seguramente porque eran capaces de destruir el veneno que lleva el champú.

c) En cada tratamiento, la mayoría de los piojos morían, solo los "superpiojos" sobrevivían y dejaban descendencia, que heredaba su resistencia al veneno del champú.

d) Los piojos actuales son "superpiojos" que resisten la acción de ese champú. Los piojos han cambiado.

e) Los científicos desarrollan nuevos venenos, pero es muy probable que entre la población de piojos exista alguno capaz de sobrevivir al nuevo champú.

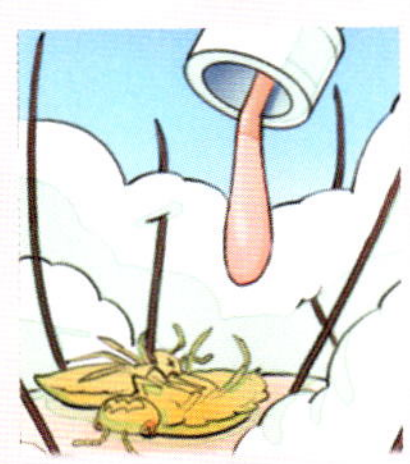

f) El ciclo volverá a empezar y la especie de los piojos de la cabeza cambiará un poco más.

a) ¿Por qué algunos piojos eran capaces de sobrevivir al champú?

b) ¿Qué pasaría si entre los piojos no hubiera ninguno capaz de sobrevivir a un nuevo champú?

c) ¿Cómo podríamos saber si los "superpiojos" actuales son una especie distinta de la de los piojos que no sobreviven al veneno del champú?

8 ANIMALES VERTEBRADOS

En esta unidad aprenderás...

- Cuáles son las características principales de los vertebrados.
- Cómo se clasifican los vertebrados según su forma de alimentación.
- Cuáles son las diferencias entre las clases de vertebrados.
- Cómo se adaptan los vertebrados al ecosistema en el que viven.
- Cómo se desplazan los vertebrados terrestres y acuáticos.

¿Qué características distinguen a los vertebrados?

Las ranas son reconocidas generalmente como saltadoras excepcionales y, en relación con su tamaño, son las mejores saltadoras de todos los vertebrados.

- ¿Qué características tiene el cuerpo de la rana que le permite saltar?
- ¿Cómo se adapta la rana al medio donde vive?

1 ¿Qué es un animal?

» Un animal gigante

Los elefantes africanos son los animales terrestres más grandes de la Tierra. Debido a su gran tamaño, pueden consumir hasta 135 kilogramos de comida en un solo día.

Las características de los animales

Los animales son seres vivos **eucariotas** y **pluricelulares** que se alimentan de otros seres vivos, es decir, tienen nutrición **heterótrofa**, ya que son incapaces de fabricar las sustancias orgánicas que necesita su organismo para sobrevivir. Conseguir su alimento es una tarea difícil que los animales pueden resolver con éxito, porque poseen importantes características:

- Una extraordinaria capacidad para **detectar cambios** en el medio en el que viven, por ejemplo, la presencia de otro ser vivo.
- La posibilidad de **desplazarse** de forma activa, por ejemplo, para moverse hacia el ser vivo que les servirá de alimento o para huir de su depredador.
- Otra característica de los animales es que consumen oxígeno, es decir, su metabolismo es **aeróbico**, necesitan de oxígeno para vivir y realizar la respiración celular.

Se incluyen en el reino Animal organismos de aspecto muy diferente.

Anémona

Caracol

Ácaro

Serpiente

Las funciones vitales

Como el resto de seres vivos, los animales realizan las funciones vitales que los caracterizan:

Nutrición

Su nutrición es **heterótrofa** y, según la fuente de la que obtienen su alimento, pueden ser **herbívoros**, si se alimentan de plantas o algas; **carnívoros**, de otros animales, y **omnívoros**, de plantas, o algas, y otros animales.

Relación

Se relacionan con el **medio** de forma muy desarrollada, gracias a los órganos de los sentidos, adaptándose al medio en el que viven. Además, son capaces de relacionarse con los demás **seres vivos** de su entorno.

Reproducción

La mayoría lo hacen de forma **sexual** y algunos de forma **asexual**. En el ciclo vital de muchos animales tiene lugar la **metamorfosis**: el cambio de forma que caracteriza el paso del organismo juvenil al adulto.

La arquitectura del cuerpo de los animales

El cuerpo de los animales suele ser **simétrico**. Esto significa que puede ser dividido por un plano y las partes que resultan son "iguales frente a un espejo", es decir, simétricas.

Tipo de simetría de los animales

Asimetría

El cuerpo no puede dividirse en partes simétricas. No presentan planos de simetría. Las esponjas, por ejemplo, son animales asimétricos.

Simetría radial

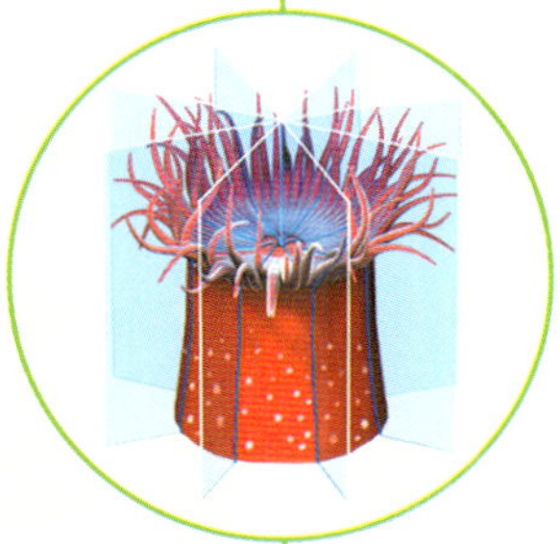

El cuerpo puede dividirse al menos por dos planos en partes simétricas. Este tipo de simetría la tienen animales como las anémonas.

Simetría bilateral

El cuerpo puede dividirse por un plano en dos partes simétricas. La mayoría de los animales poseen este tipo de simetría.

Los ANIMALES tienen la capacidad de desplazarse, una sensibilidad muy desarrollada y una gran variedad de formas y tamaños.

¿Por qué estudiamos a los animales?

A todos nos gusta conocer aspectos relacionados con los animales, con su forma de alimentarse o de reproducirse, pero hay otros motivos que hacen importante su estudio:

- Los animales se alimentan de plantas, productoras de materia orgánica, y de otros organismos, desempeñando en la naturaleza el papel de **consumidores**. No es posible comprender la naturaleza sin preservar a los animales.
- Los seres humanos **dependemos de los animales**, tanto salvajes como domesticados, para comer. Además, los animales domesticados, como caballos, burros o bueyes, proporcionan transporte y energía en las sociedades preindustriales.
- Comprender cómo funciona el organismo de otros animales nos ayuda a entender cómo funciona el nuestro. De hecho, muchas investigaciones médicas y pruebas de fármacos para las enfermedades del ser humano se realizan en otros animales.

ACTIVIDADES

1. Compara el reino animal con el reino de las plantas. ¿Cuáles son sus diferencias y cuáles sus semejanzas?
2. Establece las características de los animales que les permite tener ventajas sobre los otros reinos.
3. Plantea la importancia biológica de tres animales y su valor para la vida en el planeta.
4. Diseña un folleto sobre tu mascota o el animal que más te guste. Incluye sus características físicas y de comportamiento más importantes.
5. Realiza un álbum con fotografías en donde muestres la gran diversidad de seres vivos que conforman el reino animal.
6. Explica. ¿Qué tipo de simetría tiene una mariposa? ¿Y una estrella de mar? ¿Por qué?
7. Elabora en una hoja un dibujo de dos manos, en el que una sea el reflejo de la otra. Traza una línea vertical entre las dos a igual distancia de ambas y dobla la hoja por dicha línea, ¿qué sucede? Explica si nuestras manos son simétricas o asimétricas y qué consecuencias tendría este hecho.

2 Seres que comen y se mueven

OBSERVA Más datos sobre la alimentación de los vertebrados.

Los animales se alimentan

Los animales tienen que alimentarse para poder vivir, ya que los **alimentos** proporcionan la energía necesaria para llevar a cabo todos los **procesos vitales**.

El cuerpo de cada animal está preparado para que, en su interior, ese alimento se convierta en sustancias muy pequeñas. Esto se consigue mediante la **digestión**.

El tipo de alimentos que ingieren varía de unos animales a otros y recibe el nombre de **régimen alimentario**. Las estructuras que aparecen en la boca de cada animal están relacionadas con su régimen alimentario.

La alimentación de los animales

Herbívoros

Se alimentan de **plantas** o de **algas**. Muchos herbívoros comen hierba, pero otros ingieren semillas, frutas, néctar de las flores o incluso madera, como las termitas. Son herbívoros, por ejemplo, la mariposa y el caballo.

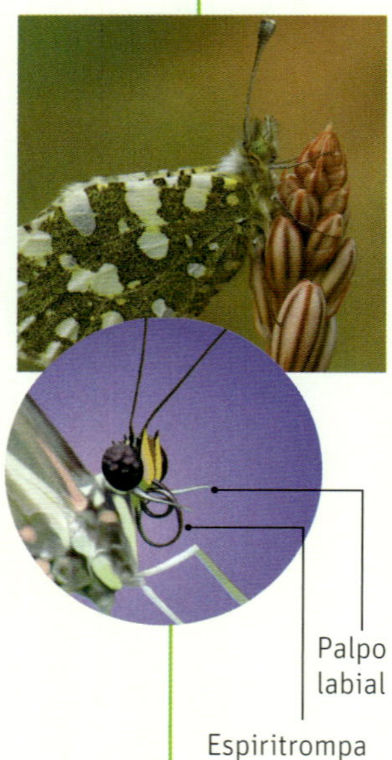

La mariposa se alimenta del néctar de las flores. De su boca sale una larga trompa hueca, llamada espiritrompa, que introduce en las flores para succionar el néctar. Cuando la mariposa no usa la espiritrompa, la mantiene enrollada en espiral.

El caballo se alimenta de hierba y sus dientes crecen continuamente para compensar el desgaste. Sus incisivos son largos, curvados y cortados en bisel. Los molares llevan crestas cortantes y trituran el alimento al deslizarse unos sobre otros.

Carnívoros

Ingieren alimentos procedentes de **otros animales**. Los carnívoros que cazan a sus presas se denominan **depredadores**, y los que se alimentan de cadáveres, **carroñeros**. Son carnívoros, por ejemplo, la comadreja y la rana.

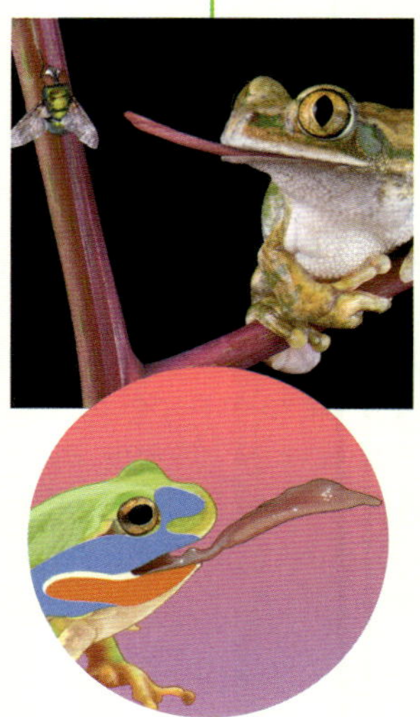

La rana se alimenta de insectos, arañas, lombrices y cualquier animal lo bastante pequeño como para ser engullido entero. Atrapa a las presas con su larga y pegajosa lengua. Cuando posee dientes, los usa para evitar que la presa escape, no para morder o masticar.

Omnívoros

Presentan una dieta alimenticia muy variada y disfrutan tanto de productos de **origen animal** como **vegetal**. Esto constituye una gran ventaja adaptativa, ya que pueden sobrevivir en cualquier medio.

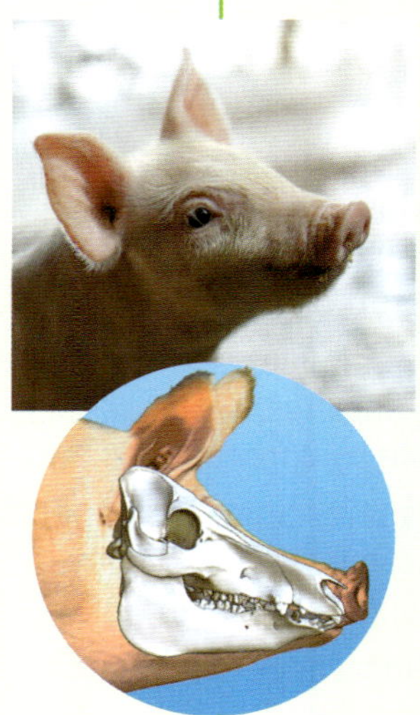

Los cerdos se alimentan de granos, como el maíz y el arroz, y de proteínas, como la carne. Su dentadura está adaptada a su variada dieta, y está formada por molares amplios para triturar, y colmillos pequeños y cónicos e incisivos planos para rasgar y masticar la carne.

Los animales se desplazan

Para encontrar comida o evitar ser comidos, los animales se **desplazan**. El modo en que lo hacen es muy diverso: corren, nadan, vuelan, excavan, se arrastran, etc. Las estructuras que permiten estos movimientos son diversas, pero casi siempre dependen de **músculos** que se unen a un **esqueleto**.

El desplazamiento de los animales se lleva a cabo de formas muy diversas según los distintos grupos.

Nadar

Caminar y correr

Volar

Saltar

Reptar

Excavar

El desplazamiento de los animales se hace más rápido y controlado si tienen **apéndices** o **extremidades**. Las extremidades que mejor funcionan son las **articuladas**, como nuestras piernas y brazos.

Muchos animales, como las ranas o los caballos, tienen extremidades articuladas semejantes a las nuestras. Las de otros animales, como los cangrejos o las moscas, son muy diferentes a las nuestras, pero igual de eficaces.

Los **ANIMALES** deben soportar dos fuerzas físicas para moverse, la gravedad y la fricción. Para vencerlas han desarrollado **estructuras de soporte** especializadas para la **locomoción**.

Dos grandes grupos

Para estudiar el reino de los animales, se los distribuye en dos grandes grupos:

Invertebrados

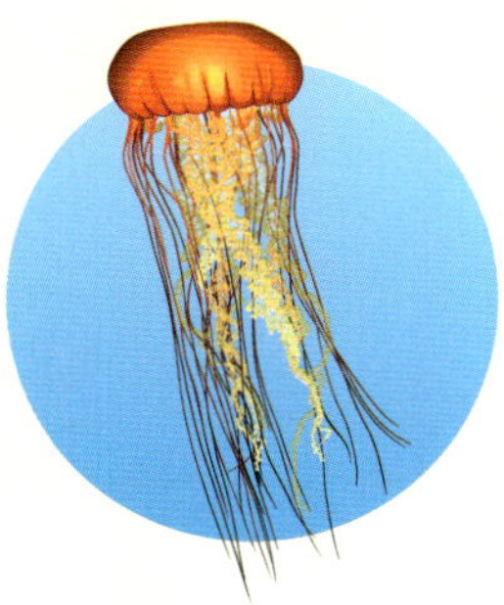

Son animales sin columna vertebral. Con frecuencia poseen un esqueleto externo denominado **exoesqueleto**.

Vertebrados

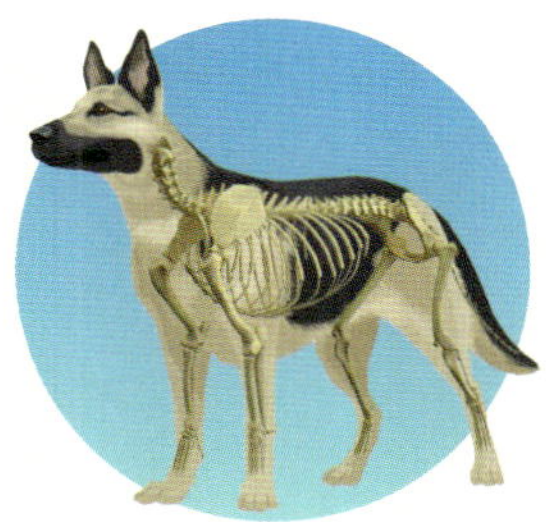

Son animales con columna vertebral, que forma parte de su esqueleto interno o **endoesqueleto**. Los peces, los anfibios, los mamíferos, los reptiles y las aves son vertebrados.

ACTIVIDADES

1. Realiza un cuadro comparativo de los tipos de alimentación de los animales.
2. Diseña un *collage* con imágenes de revistas o fotografías de animales herbívoros, carnívoros y omnívoros. Plantea las ventajas y desventajas de cada tipo de alimentación.
3. Escribe ejemplos de animales depredadores y carroñeros de la región en la que vives.
4. Indica la forma de desplazamiento de una pulga, un delfín, un águila, un escorpión, un sapo, un murciélago, un cocodrilo, un zancudo, una lombriz de tierra, un tiburón, una raya, una libélula y un saltamontes.
5. Visita con tu familia un parque natural, describe los animales que observes, clasifícalos por su forma de alimentación, de desplazamiento, si son vertebrados o invertebrados. Realiza una gráfica de barras y concluye.

3 Los peces

Características de los peces

Las principales características de los peces son las siguientes:

Los **PECES** son vertebrados **acuáticos ectotérmicos** que respiran por medio de **branquias**. Poseen **aletas** y su piel está recubierta de **escamas**.

Según sean sus huesos, los peces se clasifican en **condrictios**, si sus huesos son cartilaginosos, como los tiburones, y **osteícteos**, si sus huesos son óseos, como las truchas.

Poseer fuertes músculos, dispuestos en bloques, que propulsan el cuerpo al **nadar**.

Su cuerpo es suave y fusiforme, es decir, tiene forma de huso. Está recubierto de **escamas**, pequeñas placas de hueso dispuestas como las tejas en un tejado.

Sus extremidades son de tipo **aleta**. Las aletas son pliegues de la piel que se sostienen mediante espinas. Ayudan en la natación, el cambio de dirección y la estabilidad en el agua.

Su temperatura corporal depende de la temperatura del medio en el que viven, son **ectotérmicos** (de *ecto*, 'fuera', y *termo*, 'calor').

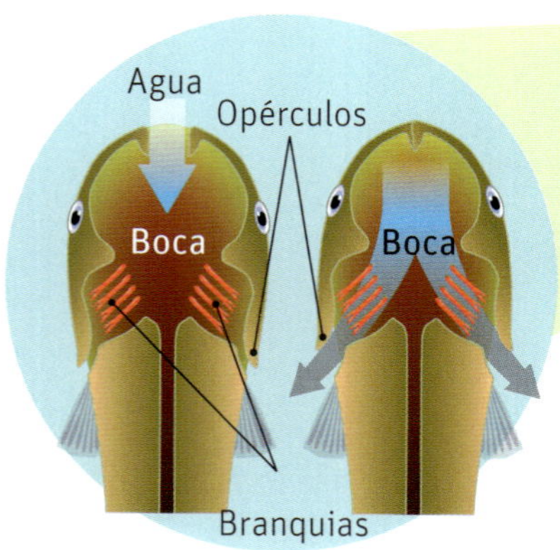

Respiran tomando el oxígeno del agua mediante las **branquias**, unas estructuras laminares situadas a ambos lados de la cabeza y cubiertas por una tapadera u opérculo. El agua entra por la boca, baña las branquias y vuelve a salir, al abrirse el opérculo.

ACTIVIDADES

1. Transcribe las palabras que se resaltaron en la página y redacta un párrafo sobre el tema. En clase, leed algunos de los escritos y estableced las ideas principales.
2. Explica. ¿Estará a la misma temperatura el cuerpo de un pez que vive en un río tropical que el de uno que vive en los mares árticos?
3. Establece por qué las branquias de los peces son rojas.
4. Completa: Los peces son ●●● acuáticos que se reproducen por ●●●, respiran gracias a las ●●●, tienen ●●● para poder nadar y el cuerpo lo tienen recubierto de ●●●.
5. Inventa una historieta en la cual expreses las características principales de los peces.
6. Dibuja un tiburón y una trucha, y describe sus diferencias respecto al esqueleto y demás características físicas.

4 Los anfibios

Características de los anfibios

Una rana o un tritón son anfibios. En su cuerpo destacan estas características:

Los **ANFIBIOS** son vertebrados **ectotérmicos** y **tetrápodos**. Su **piel es desnuda** y con glándulas. Dependen del agua para la reproducción.

Tienen cuatro extremidades de tipo "pata" que salen del tronco. Se denominan **tetrápodos** (de *tetra*, 'cuatro', y *podos*, 'pie'). Estas extremidades sostienen al animal y facilitan el desplazamiento en el medio terrestre.

Respiran a través de los pulmones y de la **piel**, que deben mantener húmeda.

De **piel fina** y siempre húmeda. Una sustancia viscosa producida por las **glándulas** de su piel ayuda a mantenerla húmeda; otras glándulas segregan veneno.

OBSERVA El proceso de metamorfosis en la rana.

Ponen sus **huevos** en el agua. Luego surge una **larva** de vida acuática denominada **renacuajo** que se transforma en **adulto**, de vida terrestre. El conjunto de todos estos cambios se llama **metamorfosis**.

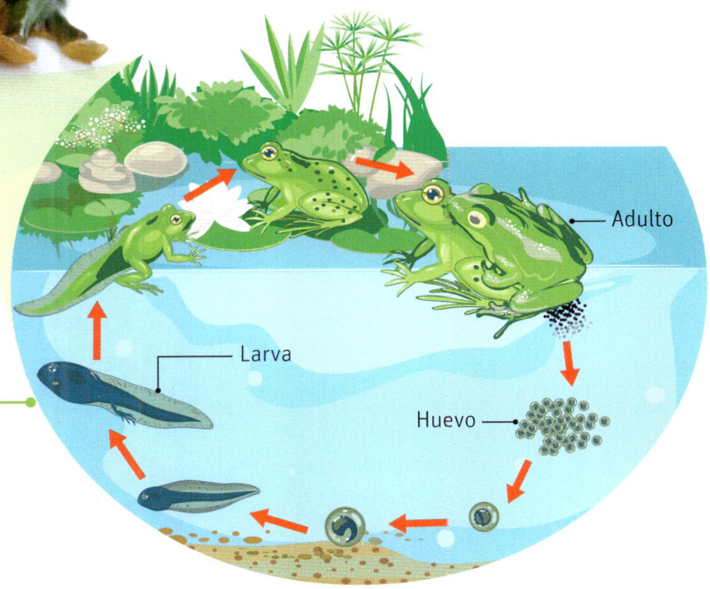

ACTIVIDADES

1. Infiere. Observa los dibujos y responde.

a) ¿Por qué el agua de cal* del recipiente A se enturbia, mientras que el agua del recipiente B no lo hace?

b) ¿Por qué el agua del recipiente C también se enturbia, pero tarda más que la del recipiente A?

*Disolución de aspecto transparente que se enturbia con el dióxido de carbono CO_2.

5 Los reptiles

Los **REPTILES** son vertebrados **ectotérmicos** y **tetrápodos**. Son **ovíparos** y ponen huevos amnióticos con cáscara. Su **piel seca** está recubierta de escamas.

Características de los reptiles

Una lagartija, una serpiente, una tortuga o un cocodrilo son reptiles. Entre sus principales características destacan las siguientes:

Son **tetrápodos**, disponen de cuatro extremidades adaptadas para correr, trepar o nadar. Algunos reptiles, como las serpientes, carecen de extremidades y se desplazan reptando.

Son **ovíparos**; su huevo con cáscara contiene unas bolsas que proporcionan alimento y protección al embrión. Una de ellas, el amnios, está llena de líquido y en su interior flota el embrión. Estos huevos se denominan **huevos amnióticos**.

Su temperatura debe ser regulada de acuerdo con el ambiente, ya que son **ectotérmicos**. Respiran a través de **pulmones**.

Su piel es **seca** y fuerte. Tienen **escamas** que protegen su cuerpo de la desecación y de las heridas. Estas escamas no son de hueso como en los peces, sino que están formadas por piel dura y gruesa; son escamas córneas.

Tipos de reptiles

Los reptiles son un gran y variado grupo, que podemos dividir en:

Saurios

Lagartos y lagartijas

Ofiuros

Serpientes

Ambos grupos tienen escamas superpuestas y mudan de piel varias veces en su vida.

Quelonios

Tortugas

Sus escamas se superponen, presentan caparazón y no tienen dientes.

Crocodilianos

Cocodrilos, caimanes y gaviales

Sus escamas no se superponen.

ACTIVIDADES

1. Indica las característica que presentan los reptiles que les permite vivir fuera del agua.
2. Establece por medio de una tabla las diferencias entre serpientes y cocodrilos.
3. Consulta sobre una especie de dinosaurio que te llame la atención, realiza una figura en plastilina y preséntala en clase. Resalta sus características de reptil y menciona su tipo de alimentación.

6 Las aves

Características de las aves

Las principales características del cuerpo de las aves están relacionadas con su capacidad para volar.

Las extremidades anteriores están transformadas en **alas**.

Su cuerpo es **fusiforme** y su cuello, normalmente, largo.

No tienen dientes. En su lugar, presentan un fuerte **pico**.

El cuerpo está cubierto de **plumas** y tienen escamas córneas en las patas.

Respiran a través de **pulmones**.

Produceny retienen calor para mantener constante la temperatura corporal de forma independiente de la del medio, por lo que son animales **endotérmicos** (de *endo*, 'dentro', y *termo*, 'calor').

Se reproducen mediante **huevos amnióticos** con cáscara, que deben ser **incubados**.

Las plumas constan de un eje del que salen, a ambos lados y de forma paralela, las barbas.

» Aves excepcionales

Los colibríes son las aves más pequeñas del mundo, pueden permanecer en vuelo estacionario durante 30 segundos o más y son las únicas que pueden volar hacia atrás. También tienen el récord del vertebrado con el metabolismo más rápido del planeta.

Las AVES son tetrápodos endotérmicos. Son ovíparas, ponen huevos amnióticos con cáscara y tienen el cuerpo cubierto de plumas.

ACTIVIDADES

1. **Indica** las características de las aves que las diferencian de otras clases de vertebrados.
2. **Escribe** los beneficios que proporcionan las aves a la naturaleza y al ser humano. ¿Qué sucedería si desaparecieran esta clase de vertebrados?
3. **Explica.** ¿Qué ventajas tiene para las aves poner huevos con cáscara?
4. **Dibuja** seis aves diferentes y menciona dos características de cada una de ellas.
5. **Establece** por qué los colibríes necesitan un metabolismo muy rápido.
6. **Infiere.** En dos frascos idénticos de cristal, uno de ellos recubierto con plumas, se puso agua a 40 °C. Al cabo de 10 minutos se volvió a medir la temperatura del agua y se comprobó que en el frasco cubierto de plumas el termómetro marcaba 32 °C, mientras que en el que no estaba recubierto, la temperatura había bajado a 28 °C.
   a) ¿Es correcto decir que las plumas "calientan"?
   b) ¿Cómo influyen las plumas en la temperatura del cuerpo de las aves?

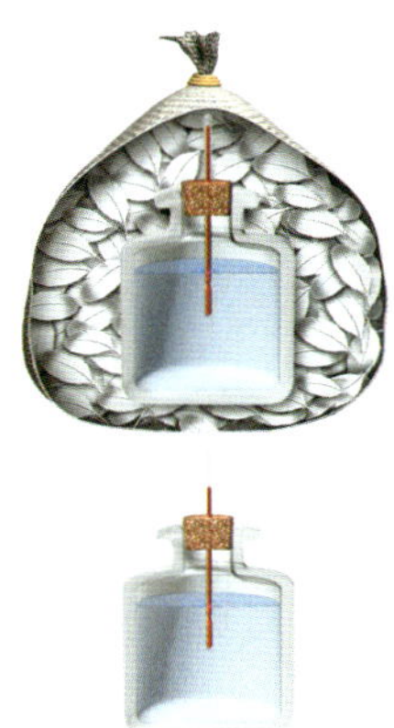

7 Los mamíferos

Características de los mamíferos

Los **mamíferos** son **vertebrados terrestres endotérmicos** con respiración **pulmonar** y el cuerpo cubierto de **pelo**. Son **vivíparos** y la hembra amamanta a sus crías. Existe una gran variedad de especies de mamíferos, la mayoría son terrestres, pero también los hay marinos y voladores.

Los **MAMÍFEROS** tienen el cuerpo cubierto de **pelo**. Son **tetrápodos**, **amnióticos** y **endotérmicos**. Son **vivíparos** y se alimentan de **leche materna**.

Son **tetrápodos**. En los terrestres, las extremidades tienen forma de pata; en los marinos son aletas, y en los voladores, como los murciélagos, las extremidades anteriores se han transformado en alas.

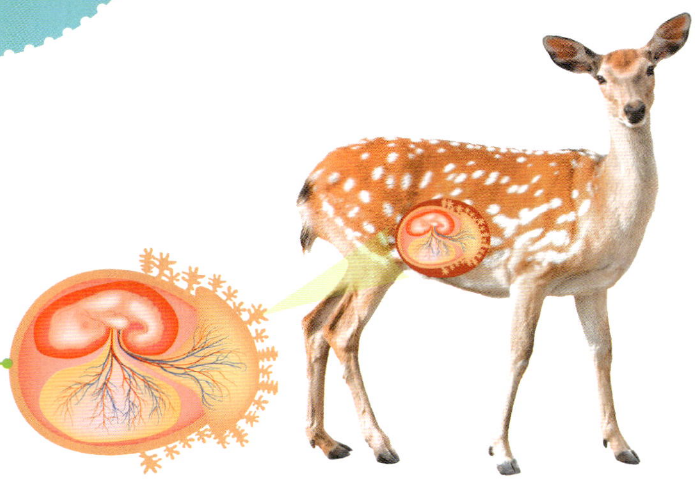

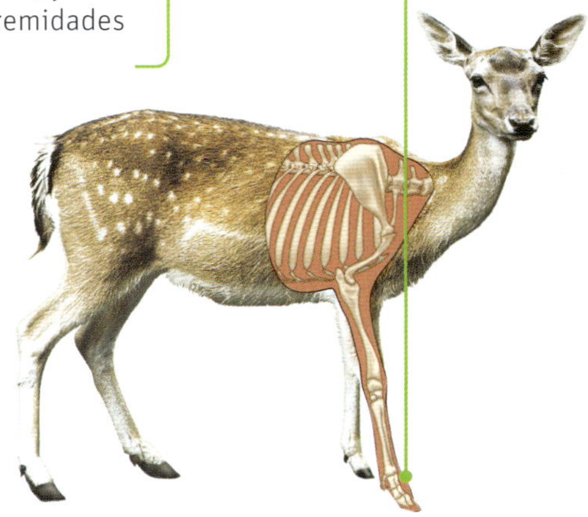

El embrión de los mamíferos se desarrolla en el interior del cuerpo de la madre.

Su **sistema nervioso** está muy evolucionado, y su conducta, tanto individual como social, es muy compleja.

Su cuerpo está cubierto de pelo. El **pelo** es un buen aislante térmico y también protege de la humedad.

Son animales **endotérmicos** y respiran a través de **pulmones**.

En la piel posee diferentes tipos de **glándulas**, como las que segregan sudor o grasa. Otras, como las glándulas mamarias, producen leche para alimentar a las crías.

Tienen hábitos alimentarios muy variados: los hay herbívoros, carnívoros y omnívoros.

Los mamíferos más curiosos

Existen mamíferos con características muy especiales como los marsupiales y los monotremas.

Los **mamíferos marsupiales**. Son vivíparos, pero no tienen una placenta desarrollada. Al nacer, las crías se introducen en una bolsa o marsupio, donde completan su crecimiento. Por ejemplo, el canguro.

Los **mamíferos ovíparos** o **monotremas**. Ponen huevos, tienen pelo y alimentan a sus crías con leche. Son los equidnas y el ornitorrinco.

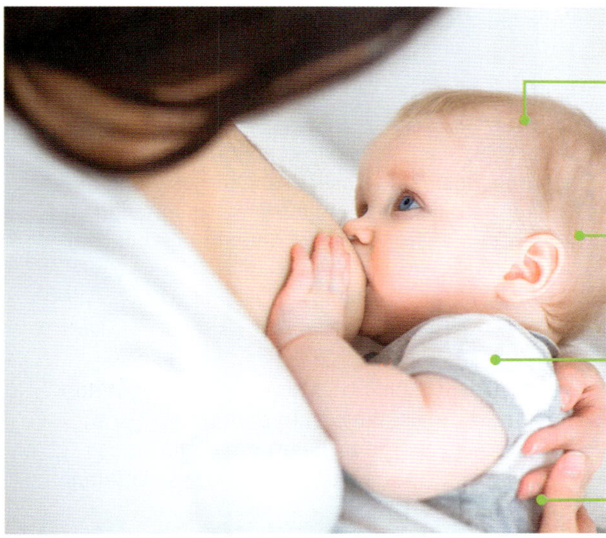

Los **seres humanos** somos mamíferos placentarios con poco pelo en el cuerpo; solo es abundante en algunas zonas.

Caminamos sobre las dos extremidades posteriores, es decir, somos **bípedos**.

El tamaño del cerebro humano es muy grande en relación con el tamaño del cuerpo. Disponemos de un **lenguaje** que nos permite comunicarnos.

Los bebés nacen perfectamente desarrollados, pero, a diferencia de otros mamíferos, están totalmente indefensos. Necesitan cuidados durante muchos años.

Nuestra piel tiene numerosas glándulas productoras de sudor. Sudar nos ayuda a reducir la temperatura corporal cuando hace calor.

ACTIVIDADES

1. Escribe cuatro características de los mamíferos que los diferencian de otro tipo de vertebrados.
2. Responde. ¿Qué nombre reciben, en los vertebrados, las crías en desarrollo? Busca el tiempo que invierten diferentes especies de mamíferos para cuidar a sus crías hasta que se defienden solas. ¿Por qué la del ser humano es tan prolongada?
3. Compara. ¿Dónde tiene lugar el desarrollo de las crías en los distintos tipos de mamíferos? ¿Qué ventajas y desventajas presentan?
4. Establece otras diferencias entre el ser humano y los demás animales mamíferos.
5. Menciona las actividades humanas que ponen en peligro a las especies de mamíferos.
6. Realiza una lista con quince nombres de animales mamíferos, escoge tres de ellos y lleva a clase una foto o recorte y comparte con tus compañeros una de sus características.
7. Indica cuáles son las especies de mamíferos que más te gustan y explica las razones.
8. Diseña con tres compañeros una escena corta con títeres, sobre las características y el comportamiento de los mamíferos, y presentadla en clase. También podéis escoger una especie de mamífero que os cause curiosidad y hablar sobre él en la escena.

8 Los vertebrados adaptados a su medio

>>La leche del ornitorrinco

El ornitorrinco es un mamífero que pone huevos, tiene apariencia de pato y amamanta a sus crías a través de los poros de su piel. Debido a que la leche está expuesta al medio, este alimento cuenta con una proteína con propiedades bactericidas.

Adaptación

Una **adaptación** es cualquier característica que mejora la capacidad del organismo para sobrevivir y reproducirse. Los seres vivos se acomodan a los cambios de los **factores abióticos y bióticos** de su entorno, mediante transformaciones físicas o de comportamiento. Estos cambios son transmitidos a las próximas generaciones para lograr sobrevivir, de lo contrario la especie tendería a la extinción.

Los vertebrados ocupan prácticamente todos los tipos de hábitats que existen en la biosfera. La forma de su cuerpo está adaptada al medio en el que viven y a su modo de desplazarse.

COMPRENDE Las adaptaciones de los vertebrados.

Los vertebrados en el medio terrestre

Unos pocos vertebrados terrestres, como las serpientes, carecen de extremidades y se mueven arrastrándose sobre el suelo. La mayoría, sin embargo, apoya el peso de su cuerpo sobre extremidades que lo levantan de la superficie. La forma de estas viene determinada por su modo de desplazarse:

Se desplazan por el suelo

Corredores. Las gacelas o los guepardos son excelentes corredores. Sus extremidades son largas y delgadas, con una reducida superficie de apoyo y una musculatura muy desarrollada.

Saltadores. Las ranas o los canguros se desplazan saltando. Sus patas traseras son largas y potentes. Muchos saltadores, como los canguros, tienen una larga cola que los ayuda a mantener el equilibrio en sus saltos.

Trepadores. Los monos o las ardillas son buenos trepadores. Sus manos están preparadas para agarrarse. Su cuerpo es ligero y, a menudo, disponen de una larga cola con la que se sujetan a las ramas.

Se desplazan por el aire

Voladores. Las aves o los murciélagos son vertebrados voladores. Sus extremidades anteriores tienen forma de ala. Al agitarlas, mueven el aire y así pueden mantenerse y avanzar. Su cuerpo aerodinámico facilita el vuelo.

Mamíferos voladores. Tienen alas o extremidades que usan para volar, pero sus principales características son las de los mamíferos, por ejemplo, poseen pelo y no plumas como las aves y alimentan a sus crías con leche.

Los vertebrados en el medio acuático

El cuerpo de los **vertebrados acuáticos**, como los peces, las ballenas o los delfines, está adaptado para desplazarse en el agua.

Su cabeza es estrecha y puntiaguda para separar el agua al desplazarse y se prolonga gradualmente en el tronco; carecen de cuello visible. Al final el cuerpo se vuelve otra vez estrecho y finaliza en una aleta caudal que dirige el movimiento.

Si tienen extremidades, son aletas cortas y se encuentran muy pegadas al tronco. Por todas estas características se dice que su cuerpo es **hidrodinámico**.

Los mamíferos marinos nadan moviendo su columna vertebral de arriba abajo. Por el contrario, los peces nadan moviendo su columna hacia los lados.

Otra diferencia entre los mamíferos marinos y los peces es la forma de respirar. Los mamíferos marinos toman el oxígeno del aire, por lo que suben a la superficie del agua para respirar, mientras que los peces toman el oxígeno del agua.

Además, los mamíferos marinos amamantan a sus crías y las cuidan, mientras que los peces son ovíparos y sus crías se desarrollan sin cuidados parentales.

Los **ANIMALES VERTEBRADOS** habitan en diferentes ecosistemas, lo que hace que presenten distintas **adaptaciones** para sobrevivir a las condiciones de su medio.

Diferencias entre peces y mamíferos acuáticos

Peces

- Piel con escamas.
- Respiración branquial.
- Son ovíparos.
- Cerebro poco desarrollado.
- Presentan línea lateral (órgano sensorial).
- No regulan su temperatura corporal.
- Tienen aleta caudal vertical.
- Sus aletas son membranosas.

Mamíferos acuáticos

- Piel sin escamas.
- Respiración pulmonar.
- Son vivíparos.
- Cerebro muy desarrollado.
- Carecen de línea lateral.
- Regulan su temperatura corporal.
- Tienen aleta caudal horizontal.
- Aletas con hueso y músculo.

ACTIVIDADES

1. Escoge un animal de tu región junto a tres compañeros de clase y deducid todas sus adaptaciones. Consultad sobre qué otras adaptaciones pueda tener y explicadlas en clase realizando una exposición.

2. Explica. Si los murciélagos tienen alas y vuelan, ¿por qué se clasifican como mamíferos y no como aves?

3. Escribe cuatro nombres de animales con adaptaciones de corredor, tres de saltador y tres de trepador.

4. Imagina las adaptaciones que deberá experimentar el ser humano durante los próximos cien años y explícalas. Realiza una historieta, y junto a las de tus compañeros de clase elaborad un mural con ellas.

5. Observar a los animales en su medio natural es la mejor manera de conocer su forma de vida. Sin embargo, no es fácil que un vertebrado permanezca quieto el tiempo suficiente para que podamos contemplarlo con detenimiento. En la mayoría de los casos se debe descubrir las "pistas" que deja. ¿A qué vertebrado pueden pertenecer estos rastros en la arena? Explica tu respuesta.

Animales vertebrados

Los **animales vertebrados** poseen un **esqueleto interno** en el que destacan la columna vertebral y las extremidades.

Los **peces** tienen la piel recubierta de **escamas**, respiran por **branquias** y ponen **huevos**.

Los **anfibios** poseen la **piel húmeda** y rica en glándulas mucosas; respiran por la piel y los **pulmones** y ponen **huevos**.

Los **reptiles** tienen la piel seca y con **escamas córneas**; respiran por **pulmones** y ponen **huevos** con amnios.

Las **aves** poseen **alas** y el cuerpo cubierto de **plumas**; respiran por **pulmones** y son **ovíparos** amnióticos.

En los **mamíferos** su cuerpo está cubierto de **pelo** y respiran por **pulmones**. Son **vivíparos** con placenta y las hembras tienen glándulas mamarias.

Los **vertebrados acuáticos** se adaptan al medio. Tienen una cabeza puntiaguda, sin cuello visible, su tronco es estrecho y termina con una aleta caudal.

Los **vertebrados terrestres** presentan adaptaciones para desplazarse de diversas formas como correr, reptar, volar, trepar, saltar.

1. Organiza tus ideas. Copia, completa y amplía el siguiente esquema para construir tu propio mapa mental de la unidad.

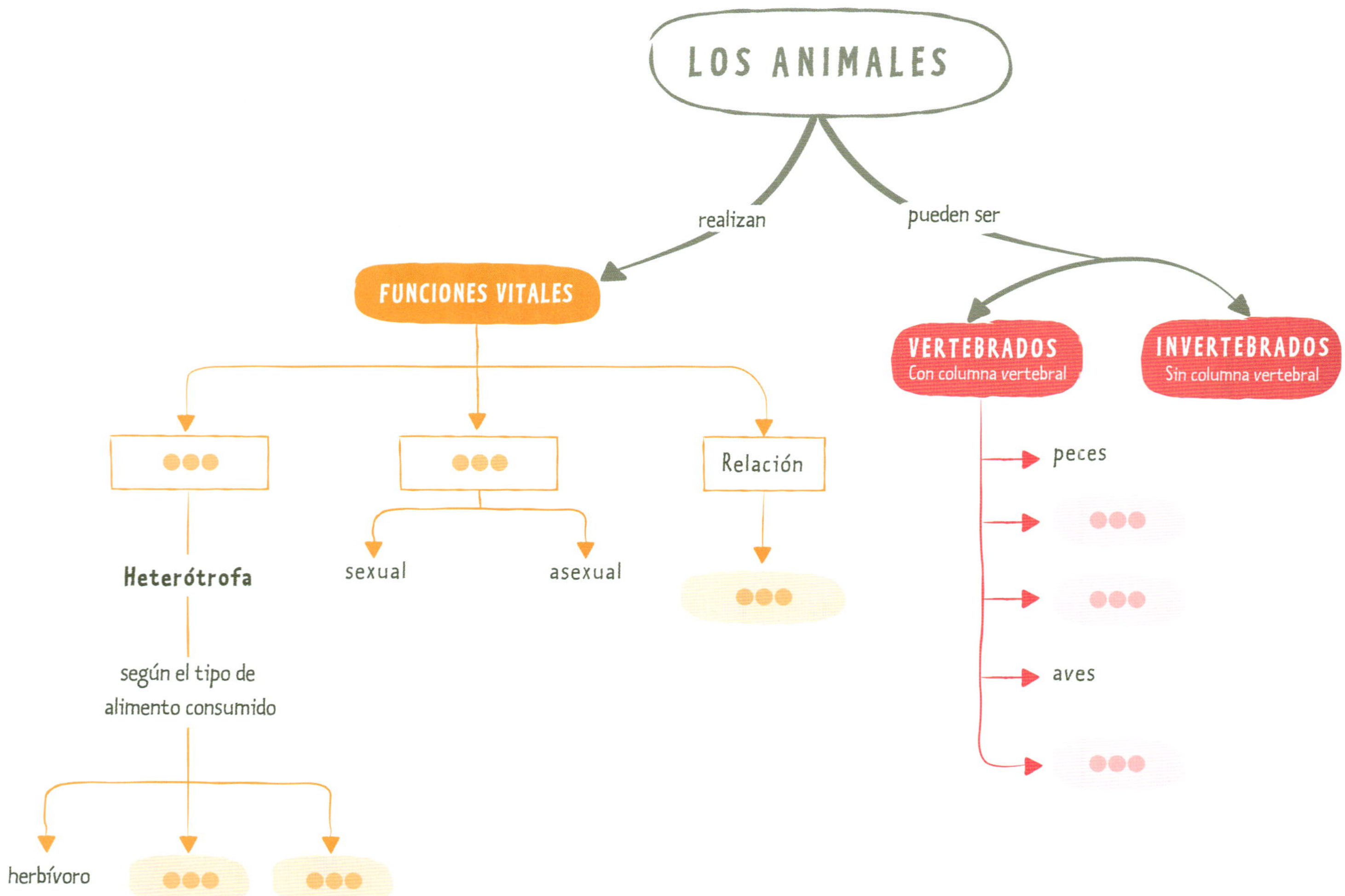

VALORA LO APRENDIDO Autoevaluación y resumen.

ACTIVIDADES FINALES

1. Indica. **A partir del estudio de los huesos del cráneo es posible inferir la dieta de cada animal. Identifica el tipo de alimentación que tenían estos animales.**

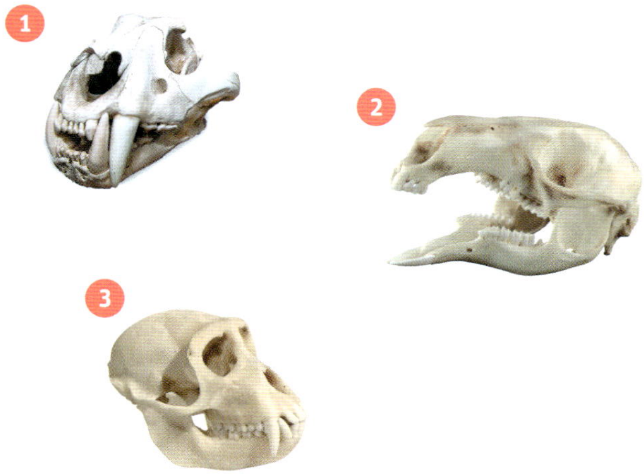

2. Concluye. **Muchos peces óseos poseen un órgano llamado vejiga natatoria, que es una bolsa repleta de aire. Funciona como un flotador que pueden llenar o vaciar según sus necesidades. En muchos casos, esta bolsa se comunica con el aparato digestivo. El pez puede expulsar el aire de la vejiga por la boca, pero necesita subir a la superficie para rellenarla.**

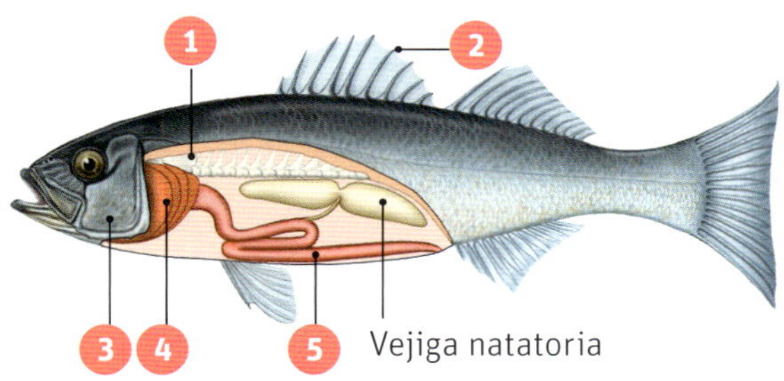

a) Nombra las partes del cuerpo del pez que están siendo señaladas en el dibujo.

b) ¿Qué camino seguirá el aire para llenar y vaciar la bolsa?

c) ¿Qué hará un pez que tiene vejiga natatoria para sumergirse en aguas más profundas? ¿Por qué?

d) ¿Por qué los tiburones tienen que nadar permanentemente si no quieren hundirse, y el pez de la figura puede flotar sin necesidad de estar en movimiento?

3. Lee y selecciona **la opción que consideres correcta.**

Las tortugas son reptiles que presentan una dura caparazón que protege su cuerpo. Se puede afirmar que dicha adaptación es debido a que son animales...

A. ... poco ágiles para desplazarse y su caparazón los protege de los depredadores.

B. ... con una piel muy delgada a los que les afecta fácilmente los ambientes con temperaturas bajas.

C. ... acuáticos y el caparazón les permite flotar en el agua.

D. ... protectores de sus crías y es en el caparazón donde las protegen de los depredadores.

4. Interpreta **gráficas. Los siguientes diagramas muestran los alimentos que consumen dos aves: el mirlo y el tordo.**

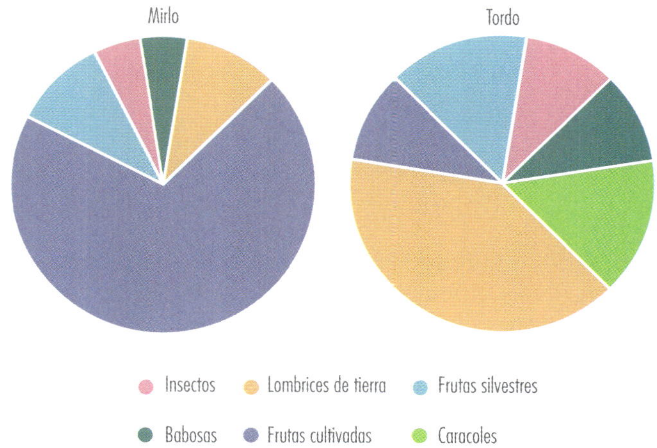

a) Indica qué régimen alimentario tienen estas aves.

b) ¿Poseen el mirlo y el tordo las mismas preferencias alimentarias? Justifica tu respuesta.

5. Relaciona. **Los picos de las aves están adaptados a su alimentación. Relaciona cada una de las aves que aparecen en la figura con las siguientes formas de alimentarse.**

- ●●● Perfora la madera para extraer insectos.
- ●●● Desgarra la carne.
- ●●● Rompe las semillas.
- ●●● Arponea peces.
- ●●● Barre el lodo en busca de gusanos.

6. Lee **y selecciona la opción que consideres correcta.**

La gran mayoría de las aves están adaptadas para el vuelo. Una de las características que les permiten volar es su peso ligero con respecto a su tamaño. El peso ligero de las aves se puede explicar porque:

A. No poseen huesos en su cuerpo.

B. Poseen huesos huecos.

C. Tienen menos extremidades que el resto de vertebrados.

D. No poseen dientes.

7. Indica. Copia en tu cuaderno el diagrama que aparece abajo y complétalo: en A pon los nombres de los grupos, y en B indica alguna característica que pueda servir para identificar cada grupo.

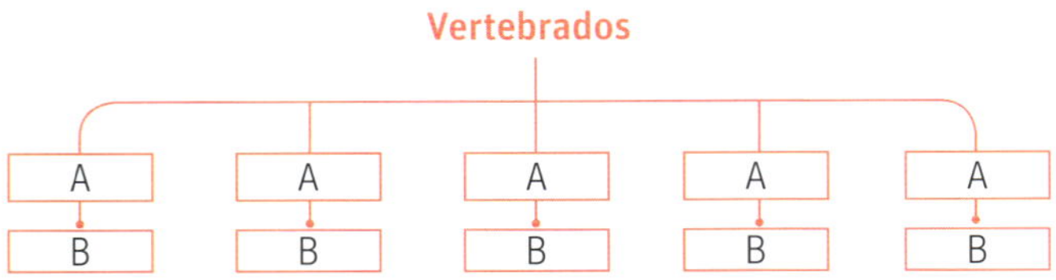

8. Agrupa. Indica las adaptaciones, la importancia para el planeta y el grupo de vertebrados al que pertenece cada uno de los siguientes animales: cigüeña negra, lince ibérico, oso pardo, águila imperial blanca, rana pirenaica, lagartija carpetana, lémur y pangolín.

9. Soy competente

Realiza las actividades según esta información.

Los animales poseen una gran variedad de adaptaciones relacionadas con la alimentación, desde la forma de sus dientes o picos hasta los cambios en el régimen alimentario según avanzan las estaciones.

En la gráfica aparecen datos sobre la alimentación de los osos pardos que viven en la montaña cantábrica en las diferentes estaciones del año.

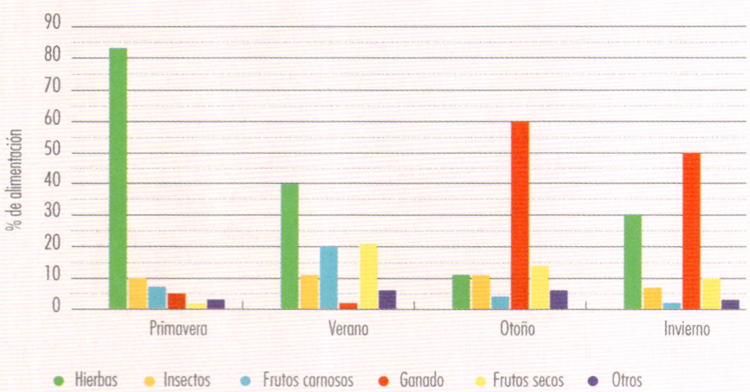

- **Según los datos que se muestran en la gráfica, indica:**
  a) El tipo de alimento más consumido por los osos durante todo el año.
  b) El tipo de alimento más consumido en cada estación.
- **Señala en tu cuaderno cuál o cuáles de las siguientes afirmaciones te parece incorrecta y sustitúyela por una correcta.**
  A. Los osos pardos solo atacan al ganado durante el verano.
  B. Los osos no se alimentan en invierno porque lo pasan adormecidos en sus oseras.
  C. Al final del verano, las hierbas desaparecen y el régimen alimentario de los osos se hace carnívoro.
  D. Los osos tienen un régimen alimentario herbívoro.
- **La gráfica recoge los resultados de una investigación. ¿Cuál debió ser la pregunta a la que esa investigación pretendió dar respuesta?**

10. Lee el texto y selecciona la opción que consideres correcta.

Los osos polares son carnívoros, y su principal fuente de alimento es la foca. Ellos habitan en el círculo polar ártico y aunque nacen en tierra, pasan gran parte de su vida sobre témpanos de hielo flotantes cazando.

El pelaje superficial de los osos es blanco, pero su piel es totalmente negra. ¿De qué manera ayuda a los osos polares tener un pelaje blanco y una piel negra?

A. El pelaje blanco facilita que se camuflen en el medio y la piel negra absorbe la mayor cantidad de calor proveniente del sol.

B. La piel negra camufla a los osos cuando se meten al agua, lo que les permite acercarse a las focas.

C. La piel negra los protege del sol en época de verano, cuando mudan de pelaje.

D. La piel negra les sirve para camuflarse de noche y evita que sean depredados por otros carnívoros.

11. Completa. Escribe las frases en tu cuaderno y completa las palabras en cada caso.

a) El régimen alimentario de los animales puede ser ●●●, ●●●, ●●●.

b) Los animales ●●● presentan columna vertebral que forma parte de su endoesqueleto.

c) Los animales vertebrados son de varias clases, ellas son: ●●●, ●●●, ●●●, ●●●, ●●●.

d) Los ●●● tienen una piel fina que permanece húmeda para permitir el proceso respiratorio junto a los pulmones.

e) Los reptiles se caracterizan por ser ectotérmicos, su piel seca presenta ●●●, con cuatro extremidades o ●●●, respiración ●●● y ovíparos.

f) Los seres humanos pertenecen al grupo de los animales ●●●, son bípedos y con ●●● desarrollado.

12. Propón una clave para identificar los vertebrados de la imagen. Recuerda que una clave dicotómica se utiliza para identificar seres vivos. Para elaborar una clave, hay que clasificar varios organismos según sus características.

Puedes empezar con el siguiente par de propuestas:

1. Con extremidades de tipo aleta .... Trucha
   Sin extremidades de tipo aleta .... 2.
2. ....

13. Lee y selecciona la opción que consideres correcta.

Con los datos de la tabla, que representan el número de especies conocidas de los diferentes tipos de vertebrados, se ha construido la siguiente gráfica.

Vertebrados	No. de especies
Peces	25 000
Anfibios	4 950
Reptiles	7 400
Aves	9 950
Mamíferos	4 630

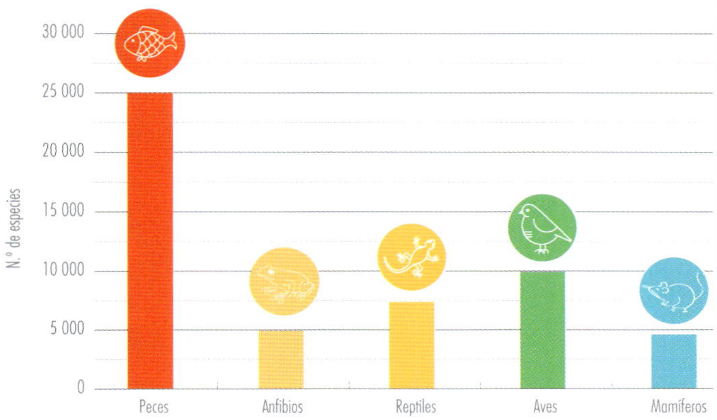

a) ¿Cuál es el grupo de vertebrados con más diversidad de especies? ¿Y el menos diverso?

b) ¿Cuál es el número de especies de vertebrados?

c) ¿Qué tanto por ciento del total de especies tiene plumas?

d) ¿Qué porcentaje de las especies es endotérmico?

14. Razona. En la mayoría de familias hay una o varias mascotas. Realiza una entrevista a diferentes personas y extrae cómo se convive en los hogares españoles con estos animales. ¿Qué puedes concluir? ¿Se tratan como animales o se han humanizado? Si se han humanizado, ¿crees que se puede perjudicar el comportamiento y la salud de las mascotas? Explica.

15. Concluye. El ser humano ha sido el causante de la disminución de muchos vertebrados. Realiza una lista de errores que se cometen para provocar la afectación de otras especies y plantea a su vez la solución.

16. Explica. Realiza un listado de razones para evitar que las personas tomen de mascotas a serpientes, cocodrilos, tortugas, monos, loros, entre otros, que no se consideran animales domésticos. Consulta cómo en España se castiga el tráfico ilegal de especies y los problemas que pueden ocasionar los animales exóticos en un hábitat diferente al suyo.

17. Retoma la pregunta propuesta en la apertura de la unidad y respóndela utilizando todos los conocimientos que aprendiste sobre los vertebrados y sus adaptaciones.

Ciencia en la calle

Lee y comprende el siguiente texto:

A la caza de tiburones

El sector pesquero español y el japonés defienden la captura de dos especies de tiburones, la tintorera y el marrajo dientuso, como una actividad legal, controlada, sostenible y responsable.

a) Busca en internet la Declaración Universal de los Derechos de los Animales y léela en voz alta en clase.

b) Prepara un debate con argumentos a favor o en contra de las industrias pesqueras españolas y japonesas.

c) Explica por qué se permite la caza de la tintorera y el marrajo dientuso se prohíbe para otros peces.

d) ¿Qué otros animales de tu región está permitido cazar y cuáles no?

e) En los últimos años ha aumentado el número de personas llamadas vegetarianas y veganas. ¿Cuál es la diferencia entre estas dos tendencias?

f) Menciona las ventajas y las desventajas de ser vegetariano o vegano. ¿Cuál es tu posición al respecto?

g) Diseña junto a tu familia y socializa en clase un logo y un manual de acciones para prevenir la extinción de animales por la caza indiscriminada y el tráfico ilegal de especies.

9 ANIMALES INVERTEBRADOS

En esta unidad aprenderás...

- Cómo caracterizar los principales grupos de invertebrados.
- Qué adaptaciones han permitido a los animales invertebrados sobrevivir en diversos ecosistemas.
- Cómo identificar y clasificar los animales invertebrados.
- Por qué los artrópodos son el grupo de invertebrados más diverso del planeta.

¿Por qué encontramos animales invertebrados en cualquier lugar de la Tierra?

Las medusas pertenecen al grupo de animales más antiguo y diverso del planeta, los invertebrados. Su diversidad y adaptaciones al medio son excepcionales.

- ¿Qué adaptaciones ha hecho la medusa para sobrevivir en su ambiente?
- ¿Qué otros invertebrados se pueden encontrar en el ambiente de la medusa?

1 Los animales invertebrados

COMPRENDE Los grupos en los que se dividen los invertebrados y algunas de sus características.

Los animales sin huesos

Los invertebrados no tienen esqueleto formado por huesos, y constituyen el 95 % de las especies animales del planeta.

La **variedad** de formas de este grupo es inmensa, incluyendo animales capaces de regenerar partes de su cuerpo, tener armaduras o presentar el vuelo más perfecto de la naturaleza, entre otras. Toda esta diversidad la podemos clasificar en seis grupos: poríferos, cnidarios, equinodermos, anélidos, moluscos y artrópodos.

Grupos de invertebrados

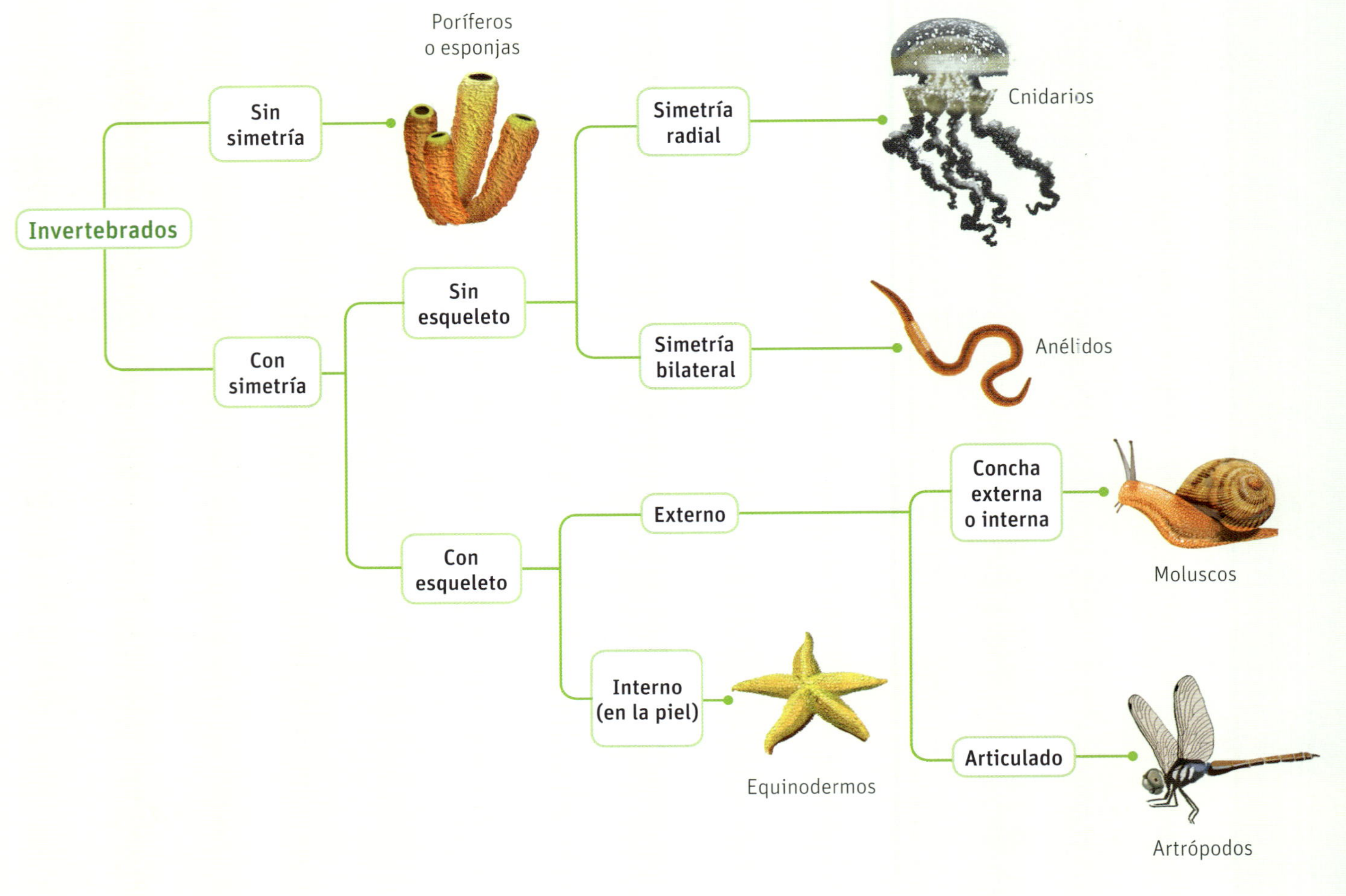

ACTIVIDADES

1. Contesta. ¿Qué tienen en común todos los animales pertenecientes al grupo de los invertebrados?
2. Explica. ¿Todos los moluscos tienen concha? Explica tu respuesta utilizando un ejemplo.
3. Elabora en tu cuaderno el dibujo de un insecto y de un erizo de mar y traza sobre ellos líneas que indiquen el tipo de simetría que presentan.
4. Compara las especies de invertebrados y elabora una lista de las características de los grupos más diverso y menos diverso. ¿En qué se parecen y en qué se diferencian?
5. Investiga sobre las ventajas y las desventajas de cada uno de los tipos de simetría.
6. Analiza el esquema de los grupos de invertebrados y responde a las preguntas:
   a) ¿Qué grupos de invertebrados se caracterizan por tener un esqueleto externo?
   b) Además de los equinodermos, ¿qué otro grupo de invertebrados tiene simetría radial?
   c) ¿Qué grupos de invertebrados tienen esqueleto externo y simetría radial?

2 Los invertebrados más sencillos

Animales primitivos

Los **poríferos**, formados únicamente por las esponjas, y los **cnidarios**, compuestos por las medusas y los pólipos, son animales acuáticos; la mayoría, marinos.

Sin embargo, algunos tienen un aspecto muy parecido a una planta, y así se consideraron hasta que se descubrió cómo se alimentan.

Los poríferos

- Las **esponjas** viven fijas al **sustrato**, tienen forma de tubo, de copa o son irregulares.
- Su cuerpo está perforado por millones de **poros** que se comunican mediante finos canales.
- Se alimentan mediante un proceso llamado **filtración**. El agua entra por unos poros y, tras dejar el alimento en los finos canales, vuelve al exterior por otros poros.

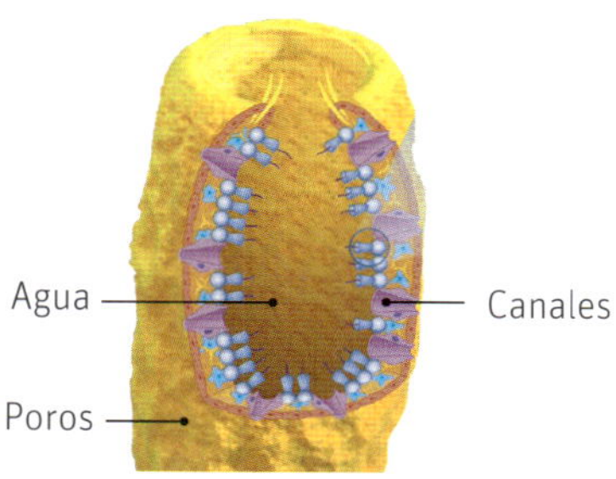

Los cnidarios

- Las **medusas** son organismos **carnívoros**.
- Tienen forma de sombrilla.
- Tienen el cuerpo gelatinoso.
- Capturan sus presas mediante tentáculos cubiertos de células urticantes llamadas **cnidocitos**, con las cuales las paralizan.
- Su cuerpo está compuesto en un 96 % por agua.

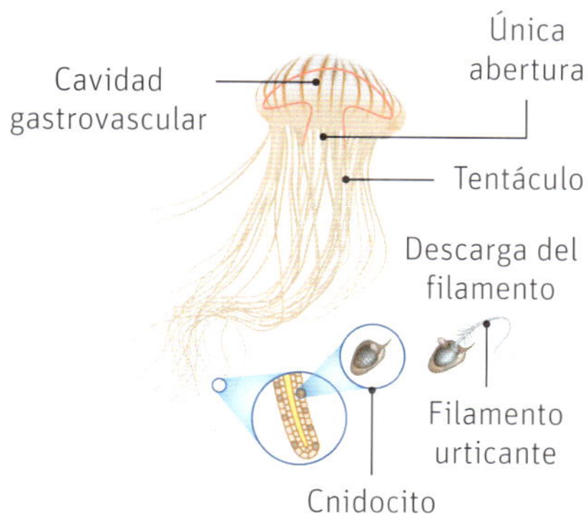

- Los **pólipos** tienen forma de saco.
- Se fijan al sustrato mediante una **ventosa**.
- En su lado opuesto poseen un orificio rodeado de **tentáculos**, que hace de boca y de ano.
- La mayoría poseen células urticantes en sus tentáculos.
- Pueden vivir aislados (anémonas) o en **colonias** (corales).

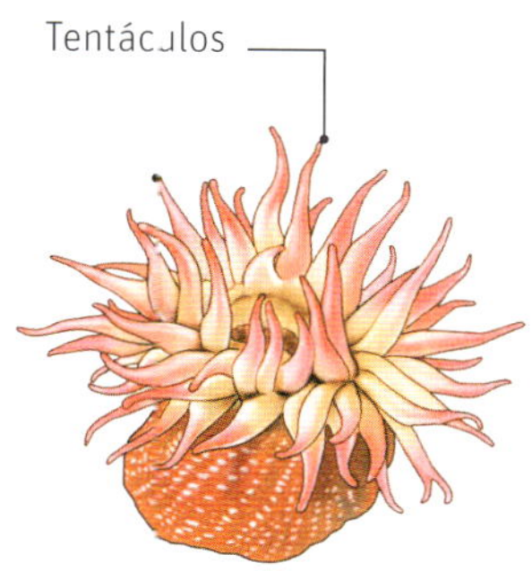

ACTIVIDADES

1. Identifica el tipo de simetría y la forma de nutrición que presentan los organismos descritos en esta página.
2. Explica. ¿Por qué antiguamente se consideraba a los poríferos como plantas?
3. Compara la alimentación de los poríferos con la de los cnidarios. ¿Qué similitudes y qué diferencias encuentras?
4. Elabora una secuencia de imágenes que explique los mecanismos de nutrición en poríferos y cnidarios.
5. Construye un modelo de una esponja utilizando materiales porosos, como espuma, y explica su forma de nutrición.
6. Investiga sobre los cnidocitos de las medusas y las consecuencias de su contacto con otros seres vivos.

3 Los anélidos: gusanos anillados

Características de los anélidos

La lombriz de tierra, las sanguijuelas y muchos gusanos marinos son anélidos, de *annellus*, que significa pequeño anillo.

La mayoría vive en ambientes acuáticos; otros, como las sanguijuelas o las lombrices de tierra, viven en ambientes terrestres, pero siempre **húmedos**.

Todos los anélidos tienen forma alargada y **cuerpo segmentado**.

De cada segmento salen **pequeñas cerdas** rígidas con las que se adhieren al sustrato.

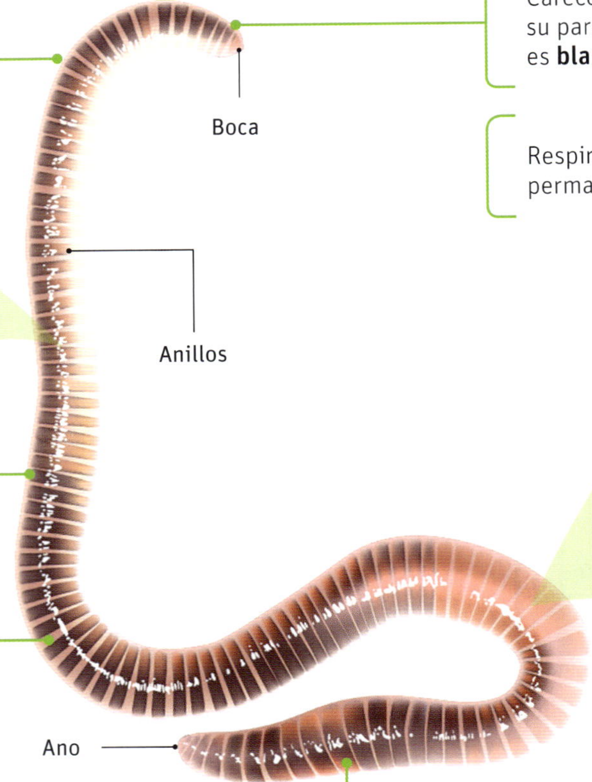

Carecen de revestimiento protector rígido, su pared corporal es muy fina y su **cuerpo** es **blando**.

Respiran a través de la **piel**, que está permanentemente húmeda.

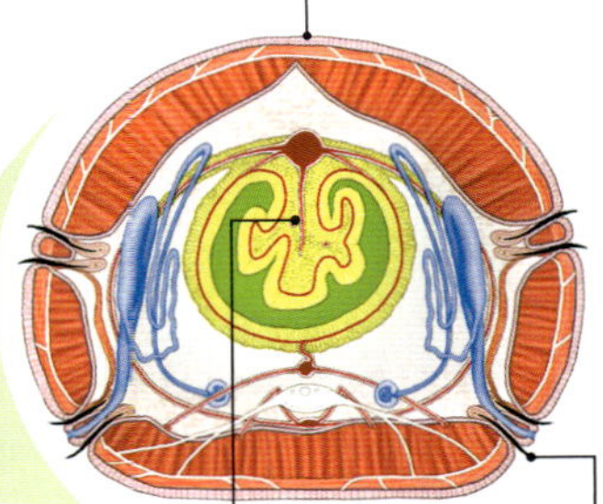

En la parte central tienen un grupo de anillos más gruesos, el **clitelo**, que indica el lugar en el que están los órganos reproductores y donde se forman los huevos.

Los **ANÉLIDOS**, como la lombriz de tierra, tienen el cuerpo dividido en segmentos, son blandos y viven en ambiente húmedos.

Las lombrices y los gusanos

"Gusano" o "sanguijuela" son términos que culturalmente se utilizan de forma despectiva para referirse a personajes viles o despreciables en los libros, o las series de televisión. Sin embargo, estos representantes del grupo de los anélidos prestan importantes servicios a la sociedad y a los ecosistemas.

Los gusanos son una fuente importante de **proteínas**, en los ecosistemas ayudan a la **formación del suelo**, mientras que otros anélidos, como las sanguijuelas, son usados para tratar **trastornos circulatorios**.

ACTIVIDADES

1. Interpreta. ¿Qué tipo de simetría presentan los anélidos? Elabora un dibujo que argumente tu respuesta.
2. Explica. ¿Por qué son importantes las lombrices de tierra para la agricultura?
3. Explica. ¿Qué mecanismos o estructuras utilizan las lombrices de tierra para adherirse al suelo?
4. Compara. ¿Qué diferencias encuentras entre las lombrices y los estados inmaduros de muchos insectos?
5. Investiga. Algunos anélidos, como la lombriz de tierra, son sensibles a la luz. ¿Cómo es posible si carecen de ojos?
6. Investiga sobre los gusanos tubícolas y las características y ubicación de sus estructuras visuales.

4 Moluscos: animales con concha

Los moluscos fueron los primeros animales en desarrollar conchas. Es un grupo muy diverso, pero todos tienen un mismo **esquema corporal**:

- Presentan **simetría bilateral**.
- Su cuerpo posee tres partes principales: un **pie muscular** que utilizan para la locomoción, una **masa visceral** que contiene la mayor parte de los órganos y un **manto** que envuelve la masa visceral.
- En algunos casos, segregan una **concha** de carbonato de calcio que los protege, como los caracoles.

Existen ocho clases distintas de moluscos. De entre ellas, las principales son los bivalvos, los cefalópodos y los gasterópodos.

OBSERVA Cómo crecen las conchas.

Bivalvos

El **mejillón** vive sujeto a las rocas por medio de unos filamentos que él mismo produce. Es **filtrador**: el agua entra y sale de su cuerpo por dos orificios o sifones, dejando en su interior las partículas de alimento.

Su negra concha está constituida por dos **valvas** que pueden cerrarse o abrirse gracias a un fuerte músculo interior. El pie tiene apariencia de **hacha** y lo utiliza para desplazarse.

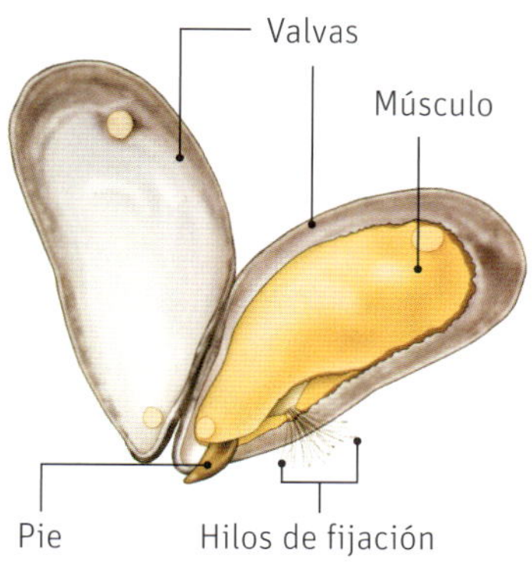

Cefalópodos

El **calamar** es carnívoro y emplea los tentáculos para capturar a sus presas. Cuando se siente atacado, se oculta de sus depredadores expulsando agua con tinta a través de un tubo o **sifón**.

Su concha está reducida a una fina lámina, llamada **pluma**, completamente recubierta por el manto.

El pie lo forman unos **tentáculos** con ventosas que salen de la cabeza.

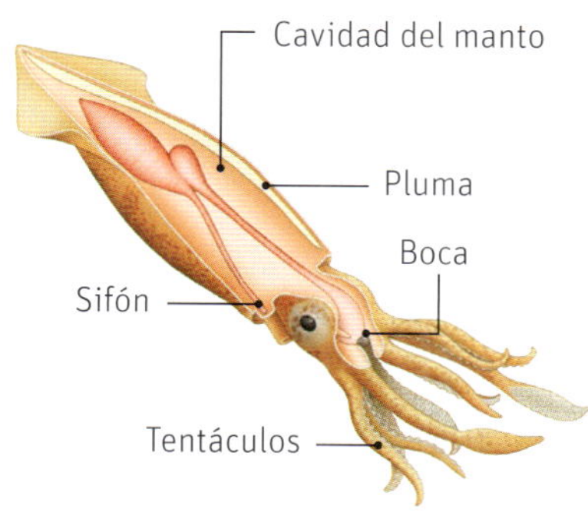

Gasterópodos

El **caracol** de huerta es uno de los pocos moluscos terrestres.

Es herbívoro. Localiza la hoja con sus sensibles tentáculos y la corta en pequeños trozos con su diminuta lengua cubierta de dientes.

Su **concha** es de una sola pieza y está enrollada en espiral. El **pie** es una gran masa muscular con forma de suela sobre la que apoya su cuerpo.

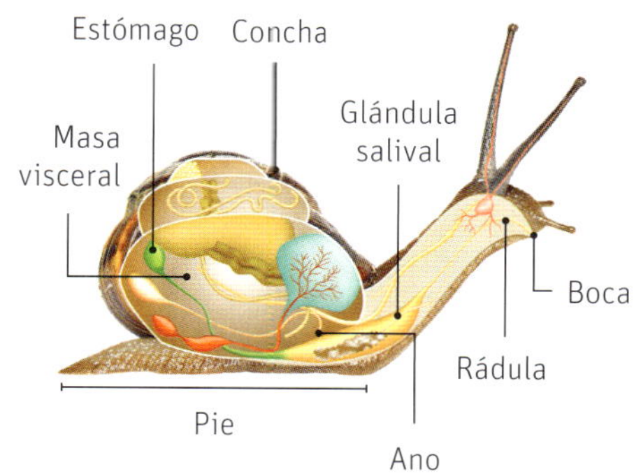

ACTIVIDADES

1. Sintetiza las características y los tipos de moluscos, mediante la elaboración de un álbum con imágenes de diferentes moluscos correctamente agrupados.
2. Compara. Amplía la información relacionada con las clases de moluscos y elabora un cuadro comparativo destacando sus semejanzas y diferencias.
3. Analiza. En cualquier época del año es frecuente encontrar caracoles que parecen muertos. Su concha aparece cerrada por una mucosidad seca. Si se sumergen en agua tibia, se comprueba que los caracoles no están muertos, solo inactivos. ¿Cuál puede ser la causa de la inactividad de los caracoles?

5 Los artrópodos: animales con armadura

Entre los **artrópodos** encontramos individuos con gran variedad de formas, colores, tamaños, comportamientos, hábitats, dietas y adaptaciones. Por ejemplo, hay artrópodos que pueden vivir hasta 50 años y otros, únicamente unas tres horas.

A pesar de ser muy dispares, todos ellos presentan unas características comunes: poseen exoesqueleto, cuerpo segmentado, apéndices articulados, y, para poder crecer, necesitan pasar por un proceso de muda.

Características de los artrópodos

1. **Exoesqueleto** que protege sus órganos como una armadura.

2. **Cuerpo segmentado** en varias partes.

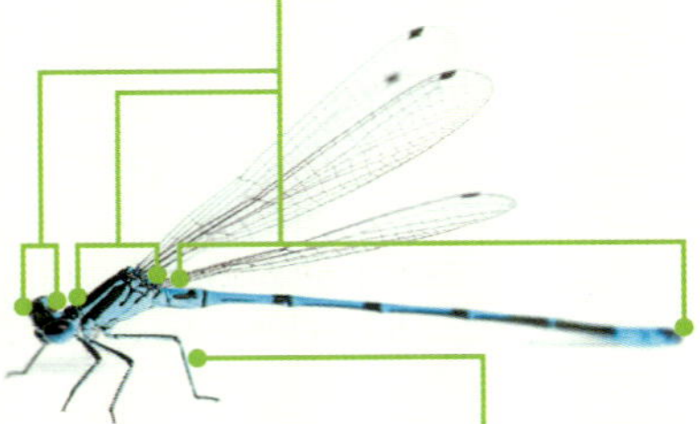

3. **Apéndices articulados** llamados patas.

4. Para crecer cambian de exoesqueleto periódicamente y fabrican uno nuevo; este proceso se llama **muda**.

Grupos de artrópodos

Los arácnidos

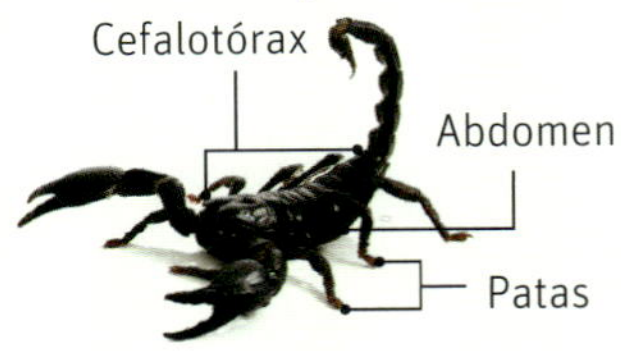

Incluyen las arañas, los escorpiones, las garrapatas y los ácaros. Son terrestres, tienen **cuatro pares** de patas, abdomen y cefalotórax. Son carnívoros e inyectan veneno con los quelíceros.

Los crustáceos

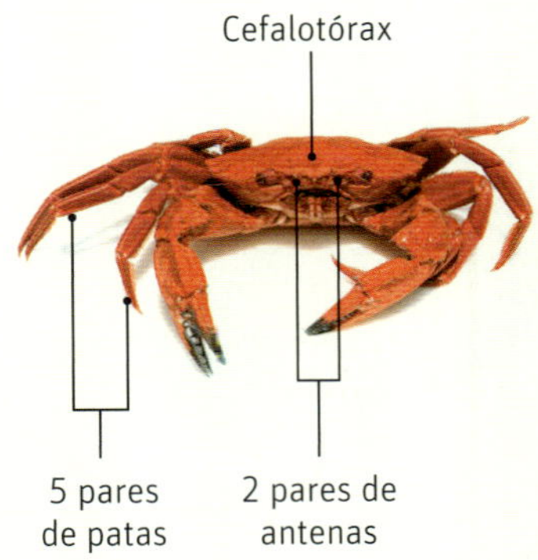

Son acuáticos, su cuerpo tiene un cefalotórax con **cinco pares** de patas; tienen un exoesqueleto de **carbonato cálcico**. A este grupo pertenecen las langostas, los cangrejos y las gambas.

Los insectos

Su cuerpo está dividido en tres segmentos: cabeza, tórax y abdomen. Tienen dos antenas, **tres pares** de patas y la mayoría posee uno o dos pares de **alas**.

Los miriápodos

Son terrestres. Su nombre significa 'muchos pies', pues su cuerpo está separado en muchos **segmentos** con pares de patas. La mayoría son carnívoros.

Los insectos: artrópodos con alas

Es el grupo de artrópodos más diverso y abundante. Están muy extendidos en todos los hábitats, excepto en la profundidad de los mares. Son insectos las moscas, las mariposas, las chinches, las libélulas o los saltamontes.

La alimentación de los insectos

Herbívoros

Se alimentan de distintas partes de la **planta**, como las hojas o las flores. Algunos devoran las partes de la planta y otros succionan su savia y demás fluidos.

Depredadores

Los **depredadores** se alimentan de otros organismos o de sus huevos. Son de mayor tamaño que sus presas, a las que mastican o les succionan los fluidos.

Saprófagos

Se alimentan de materia vegetal o animales en **descomposición**, como troncos o frutas caídas. Cuando se alimentan de cadáveres se los llama carroñeros.

Parásitos

Estos insectos ponen sus huevos mediante un ovipositor que perfora y **parasita** al huevo, la larva o el adulto de otro insecto. Muchas avispas son parásitos.

El ciclo de vida de un insecto

La **metamorfosis** es el proceso de **cambio** que realizan los insectos desde la fase de larva hasta la fase adulta. Puede ser de dos tipos:

- **Metamorfosis completa.** Tiene cuatro etapas: huevo, larva, pupa y adulto.
- **Metamorfosis incompleta.** Tiene tres etapas: huevo, ninfa y adulto.

La metamorfosis de los insectos

ACTIVIDADES

1. Explica. ¿Para qué necesitan mudar de exoesqueleto los artrópodos?
2. Elabora una pequeña guía que sirva para identificar los principales grupos de artrópodos.
3. Analiza. ¿Por qué crees que los artrópodos constituyen el grupo de invertebrados más diverso del planeta?
4. Investiga sobre la importancia ecológica de las arañas en los ecosistemas terrestres. ¿Qué funciones cumplen?
5. Razona. La aparición del exoesqueleto de los artrópodos es considerado un hecho muy importante para la biodiversidad del planeta.
   a) ¿Qué ventajas tiene poseer un exoescueleto?
   b) ¿Qué desventajas puede tener poseer un exoesqueleto?

6 Los equinodermos

Los equinodermos son **invertebrados marinos**. En este grupo se incluyen erizos de mar, ofiuras, pepinos de mar, lirios de mar y estrellas de mar.

Erizo de mar

Ofiura

Pepino de mar

Lirio de mar

El nombre de equinodermos (de *echinos*, 'espina', y *dermos*, 'piel') se debe a que muchas especies llevan **espinas** recubiertas de piel sobre un esqueleto dispuesto en placas de carbonato cálcico. Se trata de un **endoesqueleto**, ya que se encuentra dentro de la piel.

Características de los equinodermos

Poseen **simetría radial** que está relacionada con la adaptación a la vida sedentaria.

Su cuerpo es aplanado. Está formado por un disco central del que salen cinco brazos; en su parte inferior está la boca.

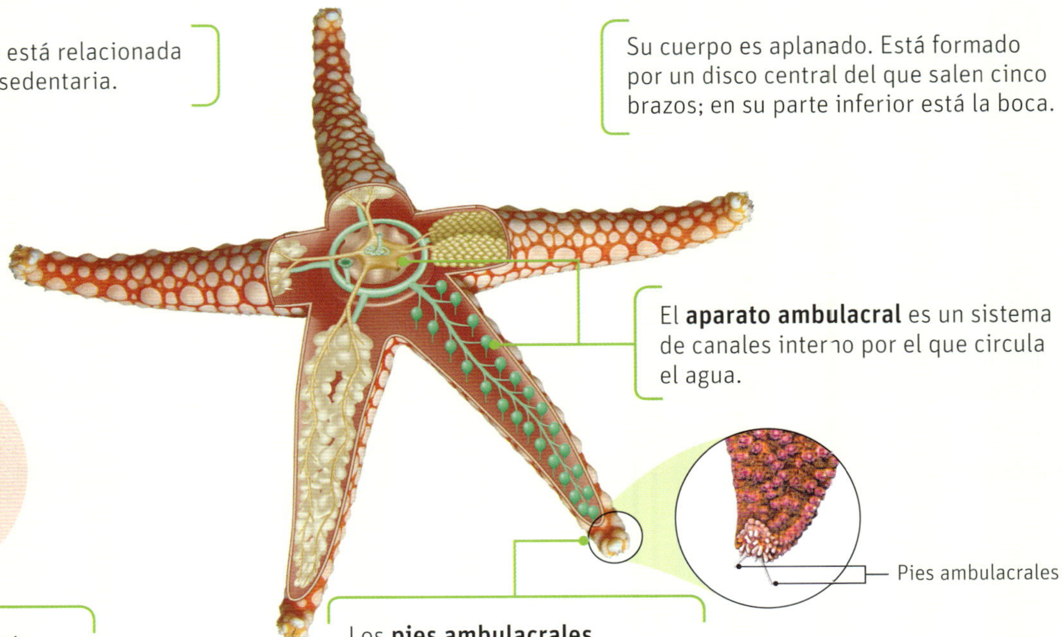

El **aparato ambulacral** es un sistema de canales interno por el que circula el agua.

El esqueleto interno está formado por **placas calcáreas**.

Los **pies ambulacrales** intervienen en la respiración, la locomoción y la alimentación.

OBSERVA El movimiento de los pies ambulacrales.

El sistema ambulacral

Los equinodermos se desplazan mediante un sistema exclusivo: el sistema ambulacral. Consiste en una serie de **canales internos** comunicados mediante pequeños tubos que emergen al exterior formando los **pies ambulacrales**. Cada pie termina en una pequeña **ventosa**.

ACTIVIDADES

1. Explica. ¿Qué característica tienen en común los equinodermos y los vertebrados?
2. Elabora el dibujo de un erizo e ilustra la forma de desplazamiento y alimentación que presenta.
3. Sintetiza las características de los equinodermos en un esquema o mapa conceptual.
4. Investiga sobre la relación entre la simetría radial y el sedentarismo en los equinodermos.

7 Invertebrados en peligro de extinción

El conocimiento de los invertebrados

A pesar de su papel fundamental en los ecosistemas, los invertebrados siempre han sido los grandes olvidados en las políticas y acciones de **conservación**. En los estudios realizados en nuestro país no se habían tenido en cuenta a los artrópodos en ninguno de los **catálogos de especies amenazadas**; sin embargo, en la presente década se han incorporado 42 taxones.

El grupo de los artrópodos es muy amplio, por ello es difícil cuantificar con exactitud su grado de amenaza.

Amenaza a los invertebrados en España

La mayor amenaza a los invertebrados en España está relacionada con las **actividades antrópicas** que conllevan la pérdida y la degradación de los hábitats. Esto afecta al 94 % de los invertebrados amenazados.

Esta amenaza se debe, principalmente, a construcciones relacionadas con el turismo y la recreación y con los asentamientos humanos. A continuación se indican las causas que amenazan de forma más significativa a las especies de invertebrados en España:

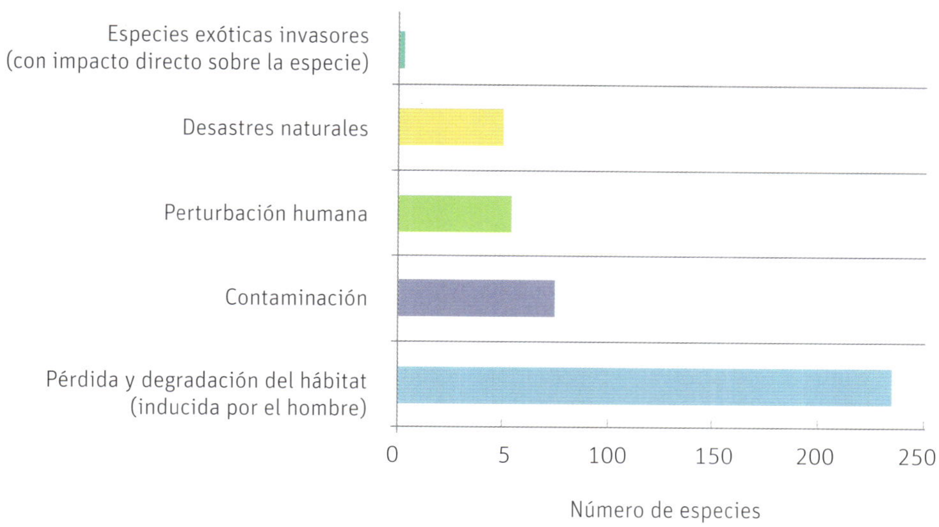

Las especies exóticas invasoras

A escala global, una de las principales amenazas para la biodiversidad son las especies invasoras. Estas especies son introducidas de forma artificial, accidental o intencionada, y son capaces de adaptarse al nuevo ambiente y colonizarlo.

Las especies autóctonas han evolucionado sin estas especies, por lo cual no pueden **competir** con ellas, siendo desplazadas y llegando incluso a extinguirse.

Por ejemplo, en Galápagos las especies invasoras de insectos, como la hormiga colorada, la avispa *Polistes versicolor*, la cochinilla australiana y una mosca parásita, constituyen una seria amenaza para la biota de estas islas.

La hormiga roja es una especie invasora que tiene efectos negativos en el ecosistema.

ACTIVIDADES

1. Razona. ¿Cómo se relaciona el aumento de la población humana y la urbanización con la extinción de los invertebrados? ¿Qué acciones puedes realizar desde tu colegio para evitar la extinción de los artrópodos?

2. Elabora una cartelera sobre el hábitat, los hábitos, las características y las causas de desaparición de una de las especies que se encuentre en peligro crítico de extinción. Comparte tu investigación con tus compañeros.

8 Invertebrados adaptados a su medio

El insecto hoja está adaptado para vivir sobre las hojas y pasar desapercibido para sus depredadores.

¿Dónde habitan los invertebrados?

Las adaptaciones de los animales están directamente relacionadas con las características del **ambiente** en el cual se han desarrollado. Los invertebrados ocupan prácticamente todos los ambientes del planeta y poseen diversas estructuras y comportamientos que les permiten ser exitosos en ellos.

Los invertebrados en el ambiente acuático

En el medio acuático podemos encontrar una gran variedad de invertebrados que presentan características adecuadas para sobrevivir en ambientes con condiciones particulares. Algunos invertebrados acuáticos viven fijos al sustrato, mientras que otros son extraordinariamente activos.

Los pólipos

Viven unidos al sustrato. Su cuerpo tiene simetría radial, lo cual les permite interactuar con su entorno, y tener percepción del ambiente en todas las direcciones a la vez.

Los equinodermos

Llevan una vida sedentaria, se mueven lentamente sobre sus diminutos pies tubulares. Su simetría radial les permite interactuar con su entorno en todas las direcciones a la vez.

Los percebes

Poseen una estructura conocida como la uña del percebe, la cual protege al animal del ataque de los depredadores y de la desecación en los momentos de bajamar.

Los mejillones

Poseen una adhesión natural, que los mantiene sujetos a las rocas, y el recubrimiento de su concha los protege de la abrasión y la disolución por ácidos marítimos.

Los ditíscidos

Conocidos como escarabajos acuáticos, poseen un cuerpo oval, liso y duro que les permite reducir la fricción al agua. Las patas traseras son aplanadas y con unas hileras de pelos para nadar con mayor facilidad y rapidez al momento de cazar.

Los calamares

Se desplazan a gran velocidad mediante un sistema de propulsión a chorro: expulsan violentamente el agua de la cavidad del manto a través del sifón. Además, como el sifón es móvil, pueden dirigir el chorro de agua para cambiar de dirección.

El cangrejo ermitaño

Posee una concha protectora que lleva a todas partes, con ella se protege del peligro. También, posee una vista que le permite observar a largas distancias si acecha algún depredador. Algunos establecen relaciones simbióticas con anémonas.

Los invertebrados en el medio terrestre

Algunos invertebrados terrestres, como la lombriz de tierra, carecen de extremidades y de un esqueleto duro, mientras que, otros, como el caracol de huerta, arrastran su blando y musculoso pie protegidos por un duro caparazón.

La mayoría de los invertebrados terrestres son **artrópodos**. Su éxito en la conquista del medio terrestre se debe, fundamentalmente, a dos adaptaciones:

Adaptaciones de los invertebrados terrestres

Extremidades articuladas

Las extremidades articuladas les permiten caminar, correr, sujetar y saltar con gran habilidad.

En algunos insectos, como los saltamontes, los grillos y las langostas, el **fémur** de las patas traseras se encuentra más desarrollado, lo cual les permite realizar grandes saltos.

Algunos insectos, como la mantis religiosa, poseen el **tarso** del primer par de patas modificado para capturar a sus presas. Además, tienen una amplia capacidad visual y colores que lo camuflan.

Las alas

Las alas de los insectos son una de las adaptaciones más importantes de la historia de la vida.

Los insectos fueron los primeros organismos que tuvieron alas y volaron. En la actualidad, casi el 75 % de las especies animales son insectos con alas. Esta es una adaptación muy importante.

Las coleópteros, como las mariquitas, poseen una cubierta dura y resistente, formada por dos alas rígidas, llamadas **élitros**, que cubre y protege el par de alas finas y flexibles que les permite volar.

ACTIVIDADES

1. Elabora un cómic que muestre las adaptaciones de animales acuáticos invertebrados en su ambiente. Explica en tu cómic la dinámica de su movimiento y su utilidad por encima de otras adaptaciones.
2. Investiga sobre la dieta y los mecanismos de nutrición de los animales que viven fijos al sustrato.
3. Analiza. ¿Qué estructuras utilizan los animales acuáticos, como los peces y las medusas, para desplazarse?
4. Analiza. Algunos invertebrados terrestres no poseen alas ni patas, como la lombriz de tierra.
   a) ¿Dónde viven las lombrices?
   b) ¿Gracias a qué adaptaciones sobreviven en su ambiente?
5. Razona. La aparición del vuelo fue un evento que favoreció enormemente la diversificación del grupo de los insectos.
   a) ¿Qué ventajas trajo el vuelo a los insectos?
   b) ¿Existen insectos que tienen alas pero no vuelan?

Los animales invertebrados

Los **invertebrados** no tienen esqueleto formado por huesos. Se clasifican en seis grupos: esponjas, medusas, equinodermos, anélidos, moluscos y artrópodos.

Los **animales invertebrados** más primitivos son los poríferos (esponjas) y los cnidarios (pólipos y medusas). El primer grupo se alimenta por filtración y el segundo es carnívoro.

Las lombrices, las sanguijuelas y los gusanos de mar son **anélidos**, tienen el cuerpo segmentado y viven siempre ligados a ambientes húmedos.

La mayoría de los **moluscos** tiene una concha protectora. También poseen un pie muscular, una masa visceral y un manto que envuelve esta masa visceral.

Los **artrópodos** poseen apéndices articulados, exoesqueleto y cuerpo segmentado. Para que los artrópodos puedan crecer deben cambiar o mudar su exoesqueleto.

Dentro del grupo de los invertebrados se destaca la clase *Insecta* por tener el mayor número de especies y por haber sido los primeros animales en dominar el vuelo.

Los **equinodermos** poseen simetría radial; también cuentan con un esqueleto interno bajo la piel llamado endoesqueleto.

Los invertebrados han logrado adaptarse a los ambientes acuáticos y terrestres. Una de las **adaptaciones** más sobresalientes la constituyen las **alas** de los insectos.

1. Organiza tus ideas. **Copia, completa y amplía el siguiente esquema para construir tu propio mapa mental de la unidad.**

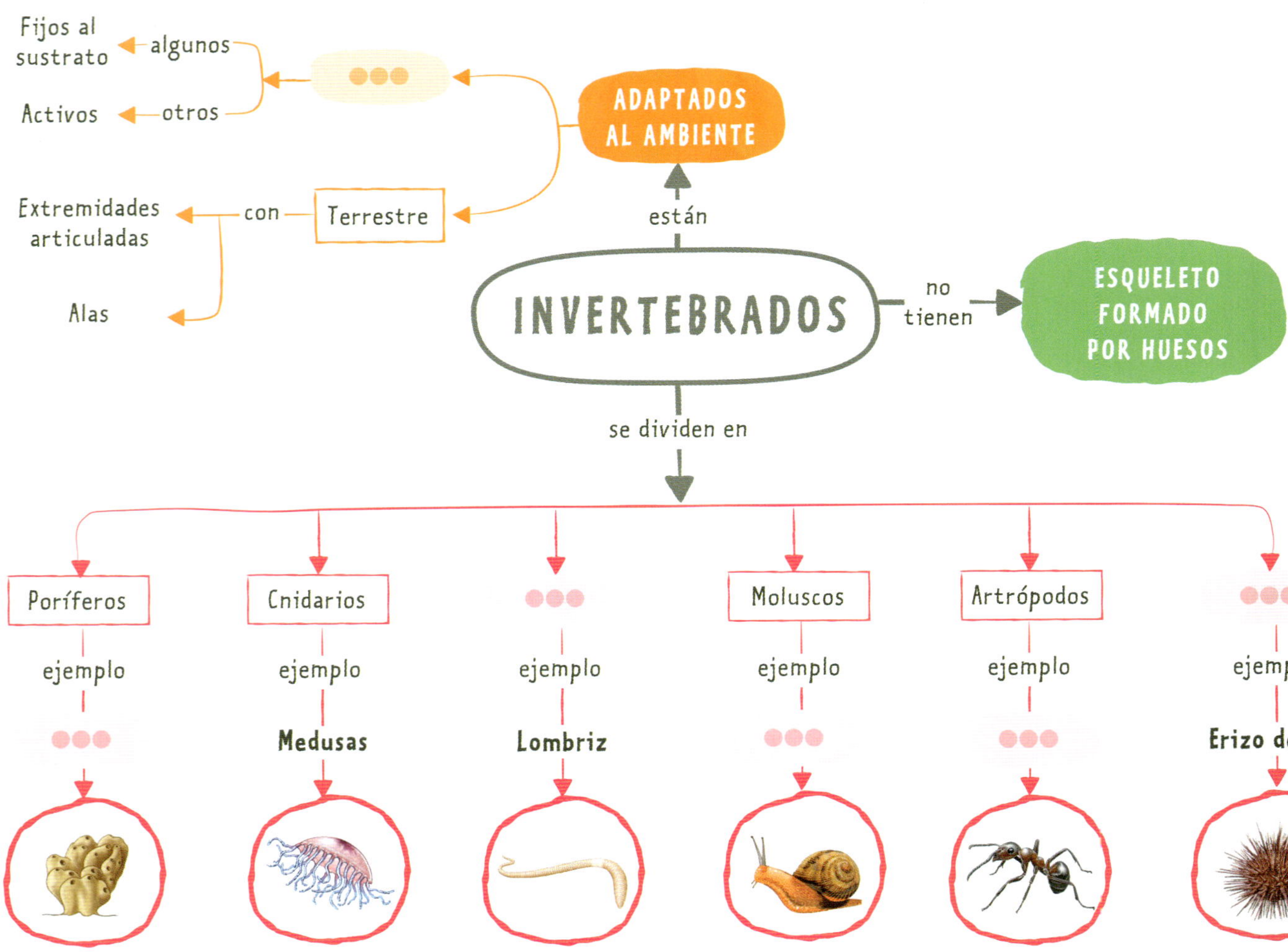

VALORA LO APRENDIDO Autoevaluación y resumen.

ACTIVIDADES FINALES

1. Observa los siguientes animales vertebrados. Escribe en tu cuaderno el nombre del grupo que se describe en cada pregunta.

a) ¿Qué grupo posee esqueleto interno?

b) ¿Qué grupo posee exoesqueleto?

c) ¿Qué grupo posee un pie musculoso y, en muchas especies, concha?

d) ¿Qué grupo tiene el cuerpo segmentado y blando?

2. Razona. Uno de tus compañeros ha encontrado en el suelo el siguiente elemento, se ha alterado mucho y afirma que le asustan las arañas muertas. Sin embargo, cuando lo observas de cerca puedes ver que no hay nada por dentro.

a) ¿Qué correcciones le puedes hacer al comentario que realizó tu compañero?

b) ¿Qué es lo que ha visto tu compañero en el suelo?

3. Explica las adaptaciones de los siguientes animales para desplazarse en su ambiente.

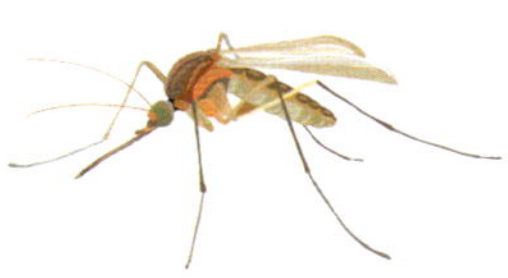

4. Lee y contesta. ¿Qué adaptaciones le permiten a la mosca desplazarse de manera adecuada en su ambiente?

El tiempo que utilizas en parpadear es el mismo que utiliza una mosca azul para batir sus alas unas 50 veces. En una grabación en 3D se ha logrado observar con detalle el movimiento de los músculos y la flexibilidad de su tórax. Estas son las claves que le permiten volar y realizar piruetas en el aire.

5. Observa. El ciclo de vida de los insectos presenta diferentes fases o etapas.

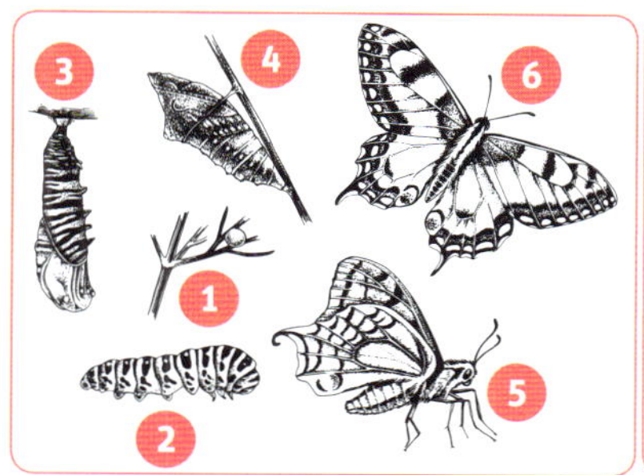

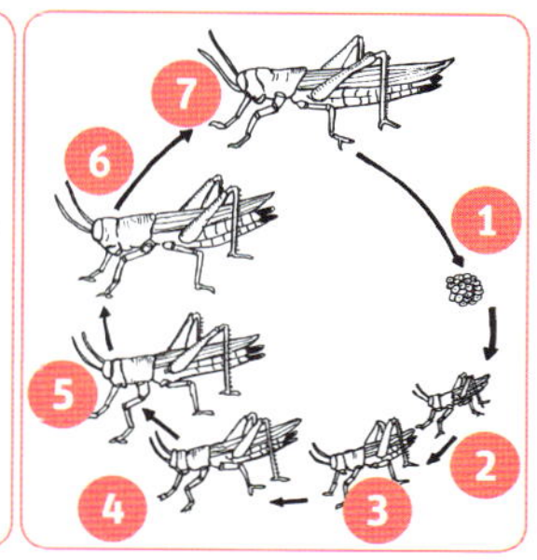

a) Escribe el nombre de cada una de las etapas del ciclo de vida de un insecto.

b) ¿Qué diferencias puedes encontrar entre la metamorfosis de ambos insectos?

c) Teniendo en cuenta que los insectos tienen esqueleto externo, ¿qué proceso debe producirse en el grillo para poder aumentar de tamaño?

d) Elabora un cuadro comparativo de las diferencias y semejanzas del ciclo de vida de la mariposa y el saltamontes.

6. Compara. Los animales de la imagen tienen diferencias muy visibles; sin embargo, pertenecen al mismo grupo de animales invertebrados.

a) ¿A qué grupo de animales pertenecen?

b) Elabora un cuadro comparativo de sus semejanzas y diferencias. Incluye también algunas de sus funciones o beneficios que prestan a los seres humanos.

7. Deduce. ¿Dónde están los sentidos?

Los sentidos de algunos insectos presentan características curiosas. Por ejemplo, el oído del saltamontes se encuentra ubicado en sus patas delanteras, allí capta los sonidos, los procesa y analiza, mientras que el sentido del gusto de las mariposas está en la parte inferior de sus patas, y la libélula azul tiene una visión de 360º sin siquiera tener que mover la cabeza.

8. Investiga sobre el sentido del olfato de los insectos, especialmente en las hormigas. ¿Cómo se relaciona el sentido del olfato con la comunicación en estos insectos?

9. Analiza las relaciones de parentesco entre los diferentes grupos de animales.

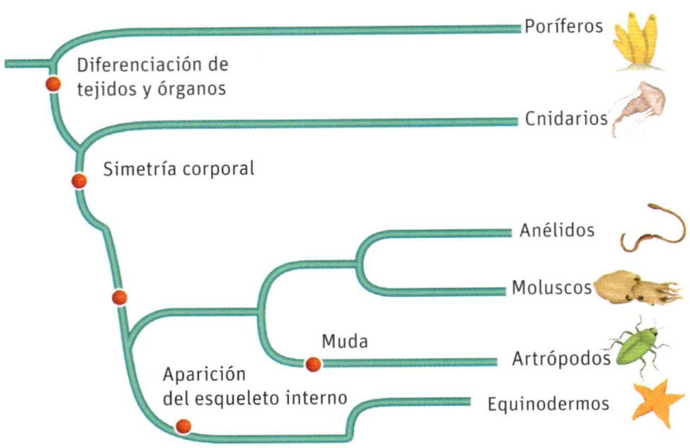

a) ¿Cuáles de los grupos de seres vivos presentados en el esquema tienen únicamente el nivel de organización de tejidos y órganos?

b) ¿Qué grupo de animales presenta muda?

c) ¿Qué grupo no presenta órganos?

d) ¿Qué característica tiene en común el grupo de los equinodermos y los cordados?

10. Analiza. Hay personas que confunden algunos pólipos, como las anémonas, con plantas.

a) ¿Qué características podrían permiten confundir a los pólipos con las plantas?

b) ¿Qué argumentos podrías utilizar para convencerlas de que son animales?

11. Observa. El organismo de la imagen vive fijo al sustrato, tiene forma de tubo, copa o irregular. Su cuerpo está perforado por millones de poros que se comunican mediante canales, a través de los cuales se alimenta mediante un complejo proceso denominado filtración.

a) ¿Qué organismo se está describiendo?

b) ¿En qué consiste la alimentación por filtración?

c) ¿Por qué razones se podría confundir a este animal con una planta?

12. Analiza. La diversidad de un grupo taxonómico se mide según el número de especies que lo componen. Un grupo con menos especies es menos diverso que otro. El siguiente diagrama muestra el número aproximado de especies para varios grupos de invertebrados en el mundo.

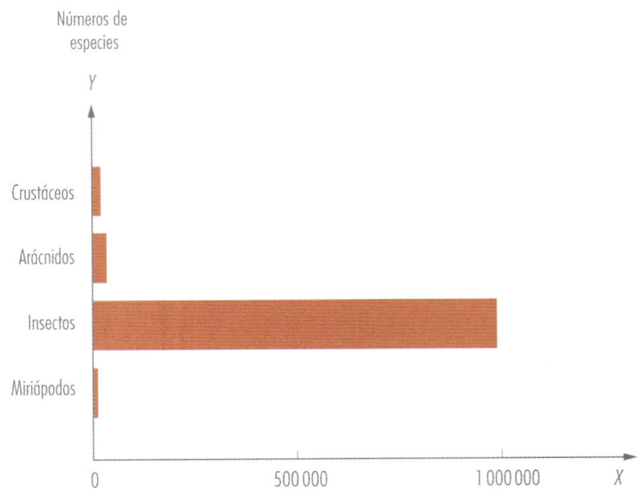

a) ¿A qué grupo pertenecen los organismos presentados en la gráfica?

b) ¿Qué características tienen en común los organismos representados en el diagrama?

c) De acuerdo con la gráfica, ¿cuál es el grupo de organismos más diverso? ¿Qué características hacen tan especial a ese grupo de animales?

d) ¿Cuál es el grupo de organismos menos diverso?

13. Analiza. Las arañas viven en casi todos los continentes y son parte de todos los ecosistemas; pueden parecer pequeñas, insignificantes y, para algunas personas, aterradoras. Sin embargo, son depredadores y presas para multitud de animales, por lo cual su presencia es vital.

a) ¿De qué animales se alimenta la araña?
b) Aparte de la araña, ¿qué arácnidos conoces?
c) ¿Qué debes hacer cuando encuentras una araña en tu salón de clases u hogar?

14. Soy competente

Lee y selecciona la opción que consideres correcta.

El aumento en la temperatura de los mares hace difícil para los organismos marinos absorber y fijar el calcio del agua. El aumento de calcio en el agua hace que se incremente la acidez del medio, lo cual aumenta el ritmo de extinción de ciertas especies.

Un estudio científico evaluó la resistencia de distintas especies marinas a cambios por variaciones del ciclo del calcio. Este estudio arrojó los siguientes resultados.

	Rango de acidez (pH)	Profundidad máxima	Temperatura máxima
Corales	6,9-8,0	200 m	25 °C
Peces	6,5-8,9	5 000 m	50 °C
Mamíferos	6,2-8,9	2 500 m	40 °C
Crustáceos	6,3-8,7	7 000 m	90 °C

¿Cuál de estos grupos animales sería el más afectado por los cambios ambientales relacionados con alteraciones en el ciclo del calcio?

A. Peces
B. Mamíferos
C. Crustáceos
D. Corales

15. Responde a la pregunta propuesta en la apertura de unidad: ¿por qué las medusas han vivido mucho más tiempo que los dinosaurios?

Ciencia en la calle

Lee y comprende el siguiente texto:

El ataque de los bichos

En verano aumentan las picaduras de mosquitos, zancudos y otras especies de insectos voladores. Estas condiciones de calor también son propicias para otros artrópodos que no vuelan, pero que sí pican. Las garrapatas, las chinches, las pulgas y los piojos son tan molestos como los mosquitos, y en algunos casos además pueden transmitir enfermedades. La diseminación de estos artrópodos se realiza a través de las mascotas, por ello es importante mantenerlas bien aseadas.

a) ¿Por qué algunas personas consideran una plaga a los artrópodos? ¿Cuáles no son considerados plagas?
b) ¿Cómo se puede controlar la diseminación de los artrópodos perjudiciales?
c) ¿Por qué crees que los artrópodos proliferan especialmente en el verano?

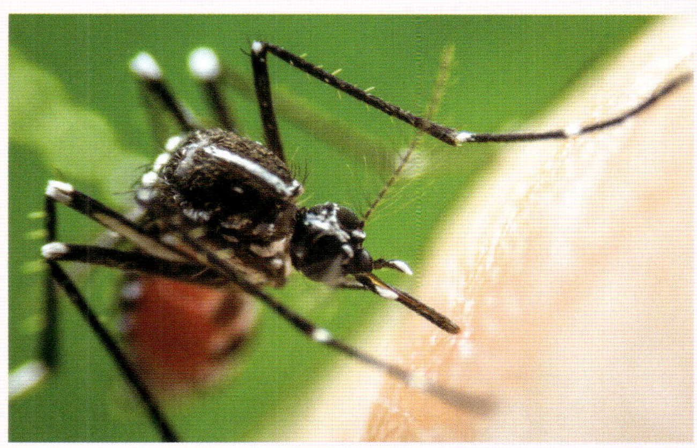

10 EL MUNDO DE LAS PLANTAS

En esta unidad aprenderás...

- Cuáles son las funciones vitales de las plantas y su importancia.
- Cómo es la función de nutrición de las plantas.
- Qué tipos de reproducción tienen las plantas.
- Cómo se relacionan las plantas con el medio.
- Cómo utilizar claves dicotómicas para la identificación y la clasificación de plantas.
- Qué adaptaciones permiten que las plantas sobrevivan en determinados ecosistemas.

¿Por qué las plantas son importantes en la naturaleza?

Las flores son hojas modificadas y constituyen un gran hito en la evolución de las plantas, incluso sirven como característica para clasificarlas.

- ¿Cuál es la relación entre las flores y los animales?
- ¿Por qué las flores sirven para clasificar las plantas?

1 ¿Qué es una planta?

Las **PLANTAS** son **pluricelulares** y **autótrofas**. Están compuestas por varias células y son capaces de producir su propio alimento a través de la **FOTOSÍNTESIS**.

Las plantas

Las **plantas** conforman uno de los cinco reinos en los que se clasifican los seres vivos. Se caracterizan por ser **eucarióticos pluricelures**, y además tienen la capacidad de producir su propio alimento a partir de un proceso llamado **fotosíntesis**, es decir, **son autótrofas**.

Otras características de las plantas son las siguientes:

- No se desplazan, pero algunas realizan ciertos movimientos y sus semillas pueden llegar a lugares alejados.
- Su crecimiento y desarrollo se llevan a cabo durante toda su vida.
- Presentan reproducción sexual con formas de reproducción asexual.
- Sus células presentan una pared rígida con celulosa denominada **pared vegetal**.

Como los demás seres vivos, las plantas cumplen funciones vitales:

Funciones vitales

Nutrición

Para construir sus células y sus tejidos toman **nutrientes** del **suelo** y del **aire** y utilizan la energía del sol por medio de la **fotosíntesis**. También producen residuos que expulsan al exterior.

Relación

Aunque carecen de órganos sensoriales como los nuestros, presentan mecanismos de comunicación con el exterior: saben cuándo hay luz o no, detectan la gravedad terrestre, etc.; a estos mecanismos se los conoce como **tropismos**: son respuestas a los estímulos que las plantas reciben del exterior y son permanentes. También pueden mostrar ciertos movimientos temporales denominados **nastias**, como el que se presenta en las plantas carnívoras cuando atrapan a sus presas.

Reproducción

Son capaces de generar otras plantas semejantes a ellas por **reproducción sexual**, en la que se necesitan dos individuos de diferente sexo, o **asexual**, en la que un solo individuo puede dar origen a otros.

ACTIVIDADES

1. Reflexiona. Si las plantas crecen y se desarrollan durante toda su vida, ¿pueden considerarse seres inmortales?
2. Analiza la razón por la que es diferente decir que las plantas se mueven y no se desplazan.
3. Inventa un experimento en el que sea posible observar que las plantas se relacionan con la luz del sol.
4. Indaga qué nombre reciben las nastias y los tropismos que presentan las plantas.
5. Explica por qué es necesario aclarar que las plantas son autótrofas por fotosíntesis.
6. Analiza cuáles son las ventajas y desventajas de la reproducción sexual respecto de la asexual.

2 Las plantas son autótrofas

La fotosíntesis

Las plantas son seres **autótrofos:** fabrican la materia orgánica (glúcidos, lípidos, proteínas y ácidos nucleicos) para construir sus células y tejidos a partir de sustancias inorgánicas (agua, sales minerales y dióxido de carbono). Además, generan **oxígeno** que se libera al exterior.

Este proceso es la **fotosíntesis**, y para que se lleve a cabo es imprescindible la energía de la luz del sol.

Solo realizan la fotosíntesis las células verdes de hojas y tallos, pues tienen en su interior **cloroplastos** con clorofila, una sustancia que absorbe la luz.

OBSERVA El recorrido que realizan los nutrientes dentro de las plantas.

La ecuación general de la fotosíntesis

Agua + CO_2 —Energía lumínica→ Sustancias orgánicas

La energía solar

Es utilizada por los organismos autótrofos, como las plantas y las algas, para producir **compuestos orgánicos** mediante la **fotosíntesis**.

El aire

El dióxido de carbono del aire es captado por los **estomas** de la planta, cuya función es regular el intercambio y la **transpiración**.

El agua

El agua es absorbida por las raíces y transportada por toda la planta por los **tejidos vasculares** (xilema).

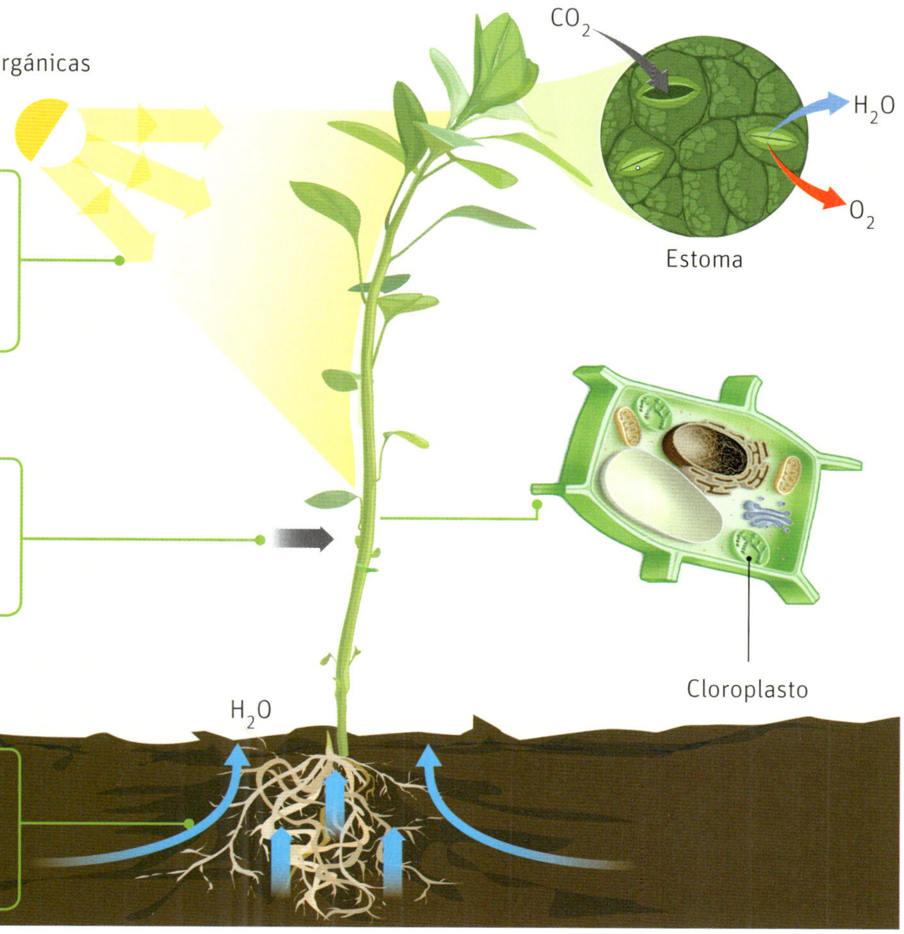

La respiración celular

La **respiración celular** es el proceso inverso de la fotosíntesis: se necesitan sustancias orgánicas (glúcidos) que, al "quemarse" con oxígeno, producen **energía**, agua y dióxido de carbono que se liberan al exterior.

Un sistema de transporte

Para llevar agua y nutrientes a todas sus células, las plantas más complejas tienen en su interior unos sistemas de **vasos conductores** que comunican las hojas, el tallo y las raíces. A través de ellos circula un líquido llamado **savia**, que puede ser de dos tipos:

- **Savia bruta.** Constituida por agua y sales disueltas. Va desde la raíz a las hojas.
- **Savia elaborada.** Compuesta por agua con azúcares (glúcidos) disueltos, procedentes de la fotosíntesis. Va desde las hojas al resto de las células de la planta.

ACTIVIDADES

1. Señala la ruta de la fotosíntesis en el dibujo de una planta.
2. Analiza la relación entre la tala de árboles y el aumento de la contaminación atmosférica.
3. Elabora un diagrama en el que muestres cómo se produce la respiración vegetal.
4. Realiza una tabla comparativa sobre la respiración vegetal y animal.

3 Los tipos de plantas

Las plantas se clasifican en **PLANTAS NO VASCULARES**, como los musgos, y **PLANTAS VASCULARES**, como los helechos y las plantas con flores y semillas.

La clasificación de las plantas

Las plantas proceden de algas verdes que se adaptaron a ambientes no acuáticos. Así aparecieron las primeras plantas terrestres, los musgos, que todavía muestran una gran dependencia de los ambientes húmedos. En un entorno menos húmedo, algunos musgos evolucionaron y dieron lugar a los helechos, plantas con órganos diferenciados y **vasos conductores**.

Musgos

Son plantas sin raíces ni tejidos de transporte de sustancias. Forman almohadillas que agrupan numerosas plantitas verdosas, cada una compuesta por los siguientes elementos:

- **Rizoide:** son raicillas, con las que se adhieren al sustrato.
- **Cauloide:** pequeños tallos que forman el eje del musgo.
- **Filoide:** hojitas que incrementan la superficie de contacto de la planta con el exterior.

El ciclo de vida del musgo

3. Se forma un cigoto, que se divide, crece y origina un **esporofito** sobre el gametofito femenino.

4. En la cápsula del esporofito se generan las **esporas** asexuales, que se liberan, y si caen sobre un sustrato propicio, darán lugar a un nuevo **gametofito** o musgo verde.

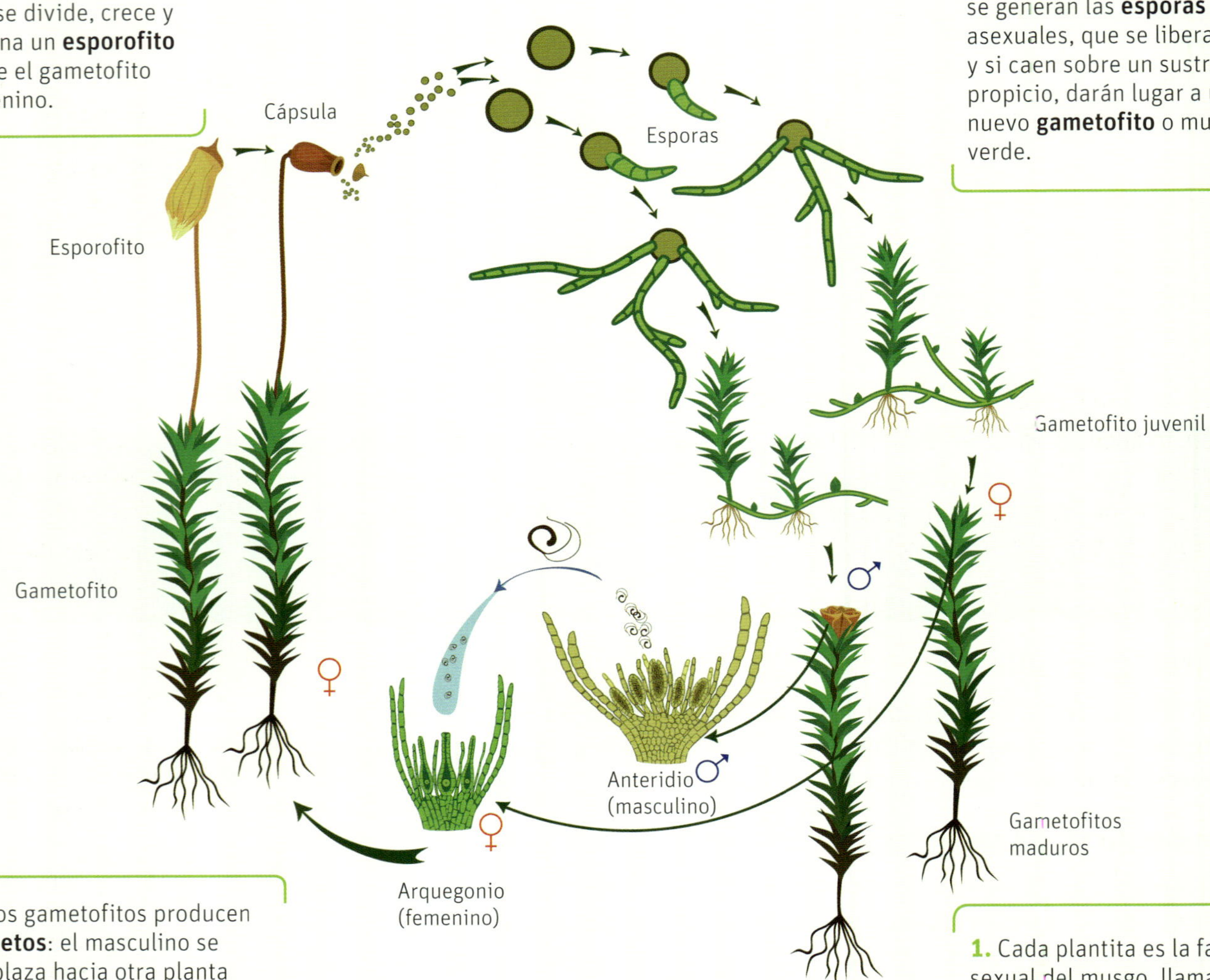

2. Los gametofitos producen **gametos**: el masculino se desplaza hacia otra planta donde **fecunda** a un gameto femenino inmóvil.

1. Cada plantita es la fase sexual del musgo, llamada **gametofito**, pues contiene los órganos reproductores sexuales.

Los helechos

Son plantas que tienen conductos para transportar el agua y las sales minerales. Carecen de flores y semillas. Presentan tres órganos diferenciados:

- **Raíces**, que absorben sustancias del suelo y fijan la planta.
- **Tallos**, que en la mayoría de los helechos son subterráneos y horizontales, y se denominan **rizomas**.
- **Hojas**, que reciben el nombre de **frondes**.

El ciclo de vida de los helechos

1. En la época reproductora, en el envés de los frondes del **esporofito** aparecen unos saquitos oscuros llamados **soros**.

2. En los soros se forman las **esporas** que, una vez liberadas, darán lugar a los gametofitos, de pocos centímetros, donde están los órganos sexuales con los gametos masculinos y femeninos.

3. La **fecundación** de un gameto femenino por uno masculino genera un **cigoto** que, tras sucesivas divisiones, crece y origina un nuevo esporofito.

Las plantas con flores y semillas

Son las más abundantes y diversas. Sus características son las siguientes:

- Sus órganos están bien diferenciados y especializados.
- Presentan un nuevo órgano reproductor, la **flor**, con envolturas protectoras y órganos sexuales.
- La fecundación de los gametos origina un **cigoto** que queda protegido en una estructura resistente denominada **semilla**.

Gimnospermas y angiospermas

Gimnospermas

Son las primeras plantas con semilla y se denominan gimnospermas. Sus semillas tienen forma de **cono** y están libres o semiprotegidas en unas estructuras llamadas **piñas**.

Angiospermas

Las plantas más modernas son las angiospermas, cuyas semillas quedan protegidas dentro de una parte de la **flor**, que luego se convertirá en el **fruto**.

ACTIVIDADES

1. Escribe un párrafo en el que expliques cómo es el ciclo de vida del musgo.

2. Compara el ciclo del musgo con el del helecho.

3. Analiza. Los musgos tapizan suelos de bosques protegiendo las superficies y manteniendo la humedad. La recolección abusiva de estos tapices vegetales está regulada para evitar daños ambientales. Escribe un texto en el que destaques la importancia que tiene conservar los tapices de musgos en los bosques.

4. Analiza. Qué ventajas adaptativas tienen las plantas con semillas frente a los musgos y a los helechos, que han posibilitado su predominio actual en la flora a escala mundial.

4 Las plantas con flores

La estructura básica de las plantas con flores incluye las hojas, el tallo y la raíz. Además, como característica fundamental, estas plantas presentan **tejidos conductores** por los que se transportan sustancias, desde y hacia la raíz.

Órganos de las plantas con flores

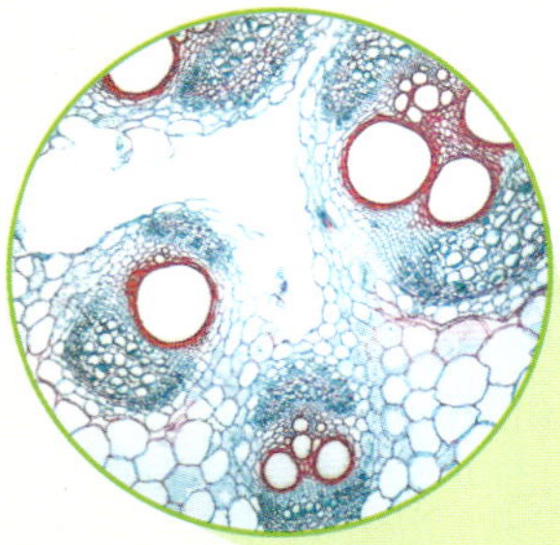

En el tallo se encuentran tejidos vasculares o de transporte de sustancias llamados xilema y floema.

Hojas

Una hoja típica consta de las siguientes partes:

- **Peciolo.** Es una especie de tallito verde que une la hoja al tallo. Puede estar ensanchado (vaina), y hay algunas hojas (como las sentadas, por ejemplo) que carecen de él.
- **Limbo.** Es la parte laminar de la hoja. Su cara superior es el **haz** y su cara inferior, el **envés**. Puede presentar multitud de formas y bordes. Al ser muy fino, permite ver los vasos conductores por donde circula la savia, los nervios de la hoja.

El haz de la hoja está protegido por una capa cérea (cutícula), y el **envés** presenta unos orificios llamados **estomas**, que posibilitan el paso del aire al interior de la hoja, donde hay espacios entre las células, para que se produzca el intercambio de oxígeno y dióxido de carbono.

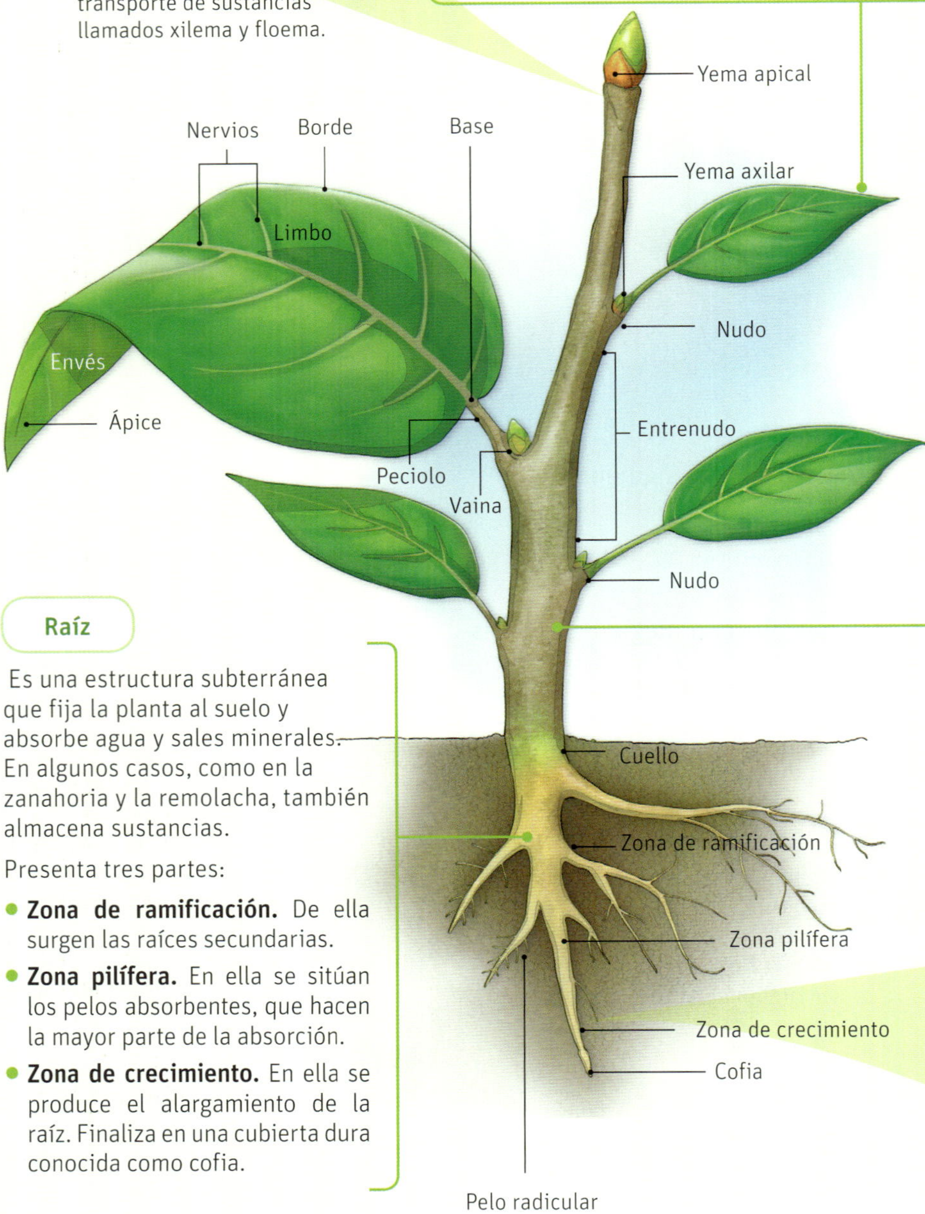

Tallo

Es un órgano generalmente aéreo que da soporte a la planta, mantiene elevadas las hojas y permite la comunicación y el transporte de sustancias entre las raíces y las hojas.

Los tallos presentan nudos, de donde salen las ramas y las hojas. En la parte terminal del tallo y en los **nudos** aparecen yemas, que tienen capacidad de crecimiento. Según su ubicación, las **yemas** pueden ser de dos tipos:

- **Yemas terminales.** Producen el crecimiento en longitud del tallo o la rama.
- **Yemas axilares.** Se ubican en los nudos o en las inserciones de las hojas.

Según su porte, los tallos pueden ser herbáceos, si son verdes y blandos, o leñosos, que contienen **lignina** (madera), por lo que son duros.

En algunas plantas puede haber tallos subterráneos que sirven para almacenar sustancias de reserva.

Raíz

Es una estructura subterránea que fija la planta al suelo y absorbe agua y sales minerales. En algunos casos, como en la zanahoria y la remolacha, también almacena sustancias.

Presenta tres partes:

- **Zona de ramificación.** De ella surgen las raíces secundarias.
- **Zona pilífera.** En ella se sitúan los pelos absorbentes, que hacen la mayor parte de la absorción.
- **Zona de crecimiento.** En ella se produce el alargamiento de la raíz. Finaliza en una cubierta dura conocida como cofia.

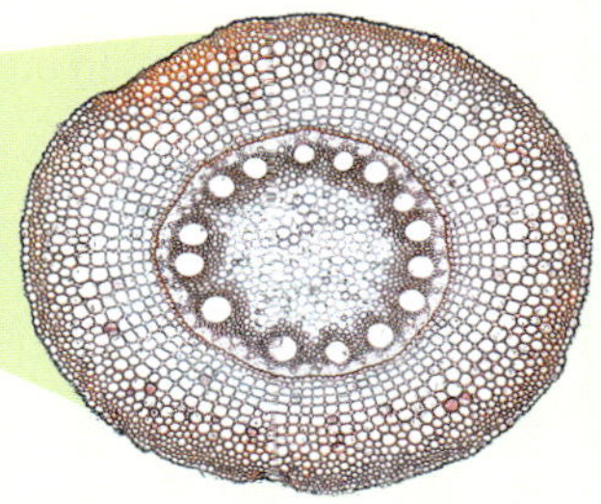

Corte longitudinal de una raíz.

Las hojas y las claves dicotómicas de las plantas

Con el fin de clasificar las plantas, se utilizan las **claves dicotómicas**, que son herramientas que permiten determinar el grupo al que pertenece un organismo, haciendo comparación de características contrastantes, la mayoría físicas, como la forma y el color, entre otras.

Las claves dicotómicas pueden llegar a diferentes categorías taxonómicas, como orden, familia o especie.

A continuación se muestra un ejemplo, en el que a partir de las características de las hojas es posible determinar a qué especie pertenecen.

Clave taxonómica dicotómica

1. Hoja en forma de corazón **2**
Hoja sin forma acorazonada **3**

2. Borde de la hoja liso .... *Cercis siliquastrum* (árbol del amor)
Borde de la hoja serrado o aserrado .... *Tilia platyphyllos* (tilo común)

3. Hoja en forma de abanico .... *Ginkgo biloba* (*ginkgo*)
Hoja sin forma de abanico **4**

4. Varios nervios principales ramificados desde la base .... *Platanus hispanica* (plátano de sombra)
Nervio principal del que salen todos los demás **5**

5. La hoja presenta lóbulos .... *Quercus robur* (roble)
La hoja no presenta lóbulos .... *Celtis australis* (almez)

» Así eres tú

Muchos de los nombres científicos dados a las plantas responden a características de sus hojas, como la terminación *ovalis* o *gigantea*.

COMPRENDE Las partes que forman el cuerpo de una planta.

ACTIVIDADES

1. Observa las imágenes de las hojas e identifica de qué planta se trata en cada caso. Utiliza la clave taxonómica propuesta en esta página.

2. Compara los estomas con estructuras que se encuentren en animales, con funciones similares.

3. Describe las características físicas y la función de cada una de las partes que conforman las estructuras básicas de las plantas con flores, es decir, de las hojas, el tallo y la raíz.

4. Señala los nombres de las estructuras que conforman una planta que tengas en tu casa. Utiliza una lupa para verla más de cerca y plasma tus observaciones en un dibujo.

5. Elabora una clave taxonómica dicotómica que permita determinar cuándo una planta es vascular, gimnosperma o angiosperma.

6. Explora. Recoge hojas secas con diferentes formas y organízalas teniendo en cuenta estas.

5 Los órganos reproductivos de plantas con flores

La flor de las **gimnospermas** se llama **cono**. Consiste en un eje alrededor del cual se disponen helicoidalmente una serie de escamas reproductoras en las que se encuentran las células reproductivas.

Hay conos masculinos y femeninos, y se suelen agrupar en **inflorescencias**. En las gimnospermas coníferas, las escamas de las flores femeninas son leñosas y se denominan piñas.

Flor de las gimnospermas

La flor característica de las **angiospermas** consta de un pedúnculo que soporta un receptáculo sobre el que se disponen cuatro envolturas de hojas modificadas: dos de protección, que forman el **cáliz** y la **corola**, y dos que contienen los elementos sexuales: los **estambres** y el **carpelo**.

La flor de las angiospermas

La **corola**, formada por los pétalos, grandes y coloreados.

El **cáliz**, formado por los sépalos, generalmente pequeños y verdes.

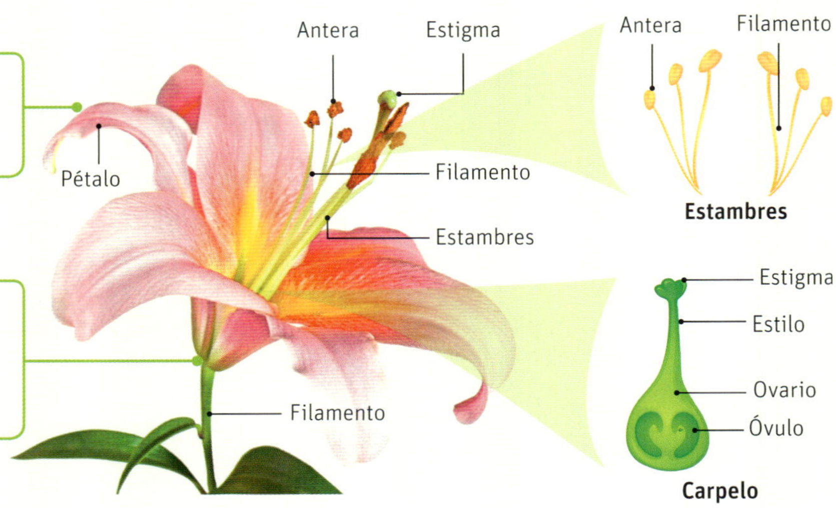

Parte masculina

Cada unidad se llama **estambre** y consta de un filamento y una antera con dos tecas cada una, las cuales tienen sacos polínicos donde se produce el polen, que contiene el gameto masculino.

Parte femenina

Compuesta por uno o varios **carpelos**, con un estigma o extremo superior, un estilo y un ovario, en cuyo interior se encuentra el óvulo con el gameto femenino.

ACTIVIDADES

1. Observa. Lleva a clase muestras o fotografías de flores, obsérvalas y responde:
   a) ¿Qué colores presenta la corola de cada una?
   b) ¿Las envolturas sexuales de estas flores son visibles en las fotografías?
   c) Dibuja en tu cuaderno una de las flores y señala las partes que la conforman.
2. Indaga qué mecanismos han desarrollado las plantas hermafroditas para no autofecundarse.
3. Analiza qué ventajas crees que tienen las plantas hermafroditas respecto a las que no lo son.
4. Señala las partes que conforman al menos tres flores que encuentres en un jardín o en un parque. Dibuja lo que observes y señala la función de cada estructura.

6 La reproducción de las plantas con flores

La reproducción sexual

La reproducción sexual tiene la función de unir los gametos de dos individuos de diferente sexo, uno masculino y uno femenino. Por ello, la **autofecundación**, que es posible en plantas **hermafroditas**, suele evitarse, por ejemplo, haciendo que las partes masculinas y femeninas de la misma planta maduren en distintos momentos.

1. La polinización

El grano de polen va desde la flor de una planta hasta la flor de otra. Cuando el **polen** es arrastrado por el viento, se habla de **anemogamia**, y cuando es transportado por animales, como insectos, aves y mamíferos, se llama **zoogamia**.

También se puede presentar **hidrogamia**, cuando el agente que coopera en la dispersión es el agua.

2. La fecundación

Una vez que el grano de polen alcanza el estigma, crea un largo **tubo polínico** que baja por el interior del estilo hasta el **ovario**. En ese tubo va el gameto masculino, que llega al **óvulo**, se fusiona con el gameto femenino y forma un **cigoto**.

3. La formación de la semilla

El cigoto, formado dentro del ovario, se divide, crece y produce un pequeño **embrión**, momento en el que se detiene su crecimiento. Al mismo tiempo, el resto del óvulo se convierte en un tejido nutritivo de reserva llamado **endospermo**, que rodea al embrión. Todo ello queda protegido por una **piel** o **tegumento**. El conjunto se denomina **semilla** y posee capacidad para mantenerse en estado latente en condiciones adversas durante mucho tiempo.

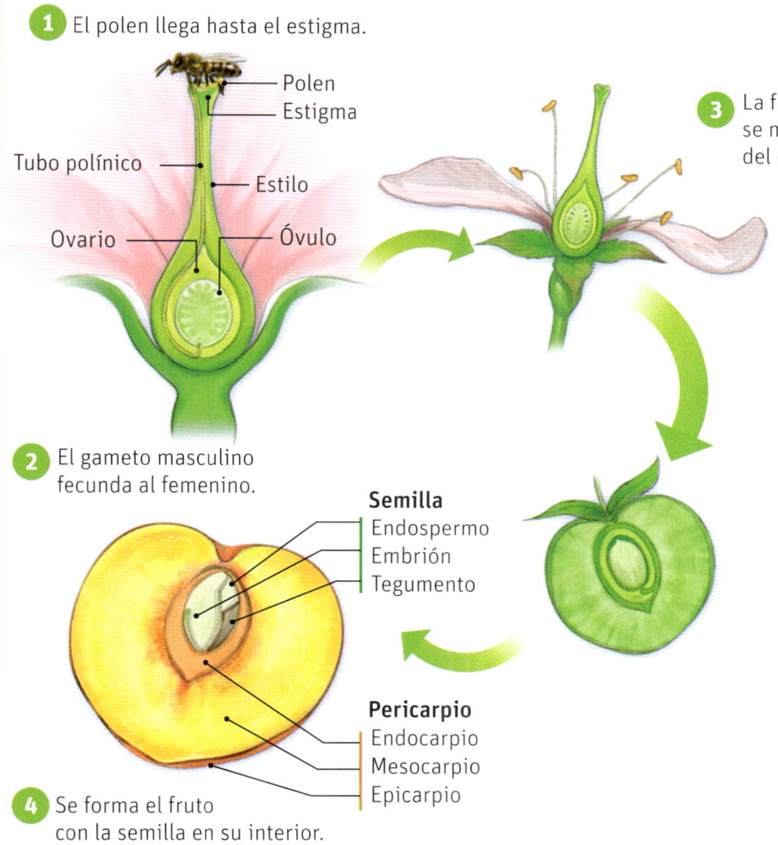

4. La formación del fruto

En las angiospermas, los tejidos del ovario donde estaba el óvulo dan origen al **fruto**, una estructura protectora de las semillas. El fruto está compuesto por tres capas: **epicarpio**, la piel; **mesocarpio**, la "carne", y **endocarpio**, que protege a la semilla.

Dependiendo de las características de estas capas, existen distintos tipos de frutos.

La reproducción asexual

Las plantas con flores también presentan mecanismos de **reproducción asexual**, para los que no se necesita la intervención de dos individuos, sino que uno solo puede generar descendientes a partir de ciertas partes de su cuerpo: tubérculos, bulbos, rizomas, etc. Estas partes generan nuevas plantas, idénticas al progenitor e inicialmente unidas a él, pero del que podrán separarse más tarde.

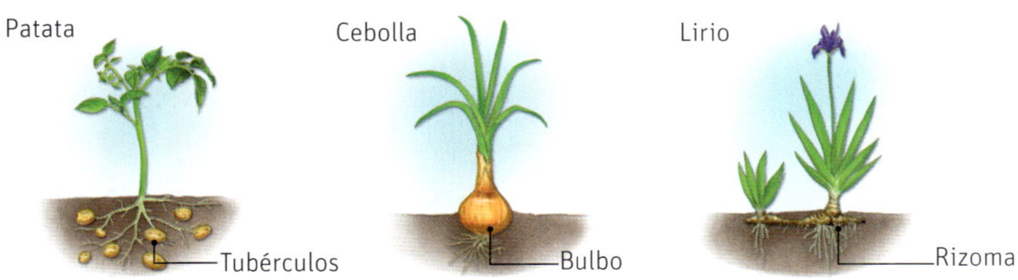

ACTIVIDADES

1. Realiza un esquema que muestre cómo se forma una semilla.
2. Elabora un diagrama de flujo en el que se muestre el proceso de reproducción sexual de las plantas con flores.
3. Investiga qué nombres reciben los tipos de fruto de acuerdo a las características de las capas que lo conforman.

7 ¿Cómo se dispersan las plantas con flores?

La **GERMINACIÓN** es el proceso en el que el **embrión** de la planta da lugar a una nueva **plántula**. Este proceso solo ocurre cuando las condiciones son favorables.

Las semillas

Las semillas son los órganos de **diseminación** de las plantas con flores. Estas pueden pasar mucho tiempo en estado latente. Cuando las condiciones de temperatura, oxígeno y humedad son adecuadas, el embrión reinicia su crecimiento, dando lugar a la **germinación**.

La germinación

Es un proceso en el que el **embrión** de la planta, es decir, la semilla, da lugar a una nueva plántula, luego de haber consumido el **endospermo**.

De este modo, en un extremo surge una raicilla, llamada **radícula**, y en el otro, un **ápice** que formará un tallo incipiente. Ambos extremos crecen en sentido contrario, la raíz se dirige hacia el centro de la Tierra y el tallo busca la luz del sol.

Las angiospermas forman unas hojitas carnosas denominadas **cotiledones**, uno cuando son **monocotiledóneas** y dos cuando son **dicotiledóneas**. En los cotiledones se almacenan los nutrientes tomados del **endospermo** y son consumidos durante el crecimiento de la plántula, que luego generará verdaderas hojas.

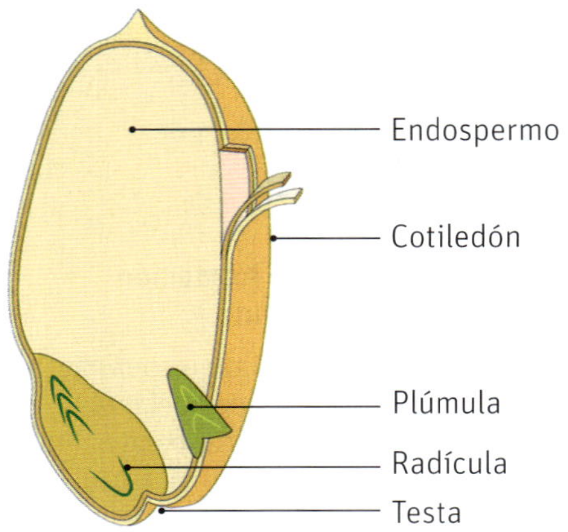

Corte longitudinal de las semillas de monocotiledóneas.

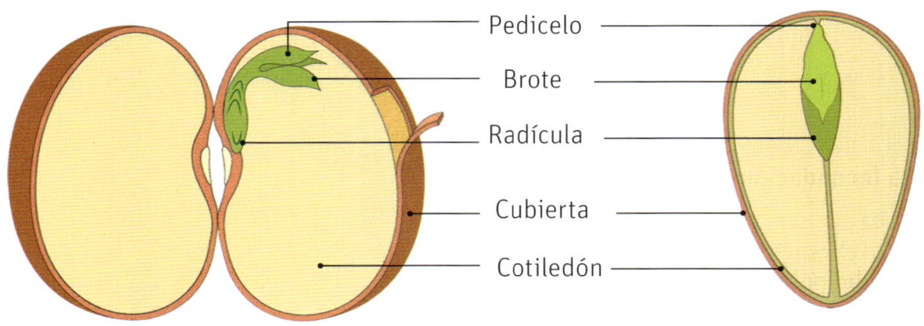

Corte longitudinal de una semilla dicotiledónea, en la cual se pueden observar los dos cotiledones que la caracterizan.

ACTIVIDADES

1. **Define** los siguientes términos con tus propias palabras:
   a) Diseminación
   b) Germinación
   c) Cotiledón
   d) Endospermo
2. **Analiza** a partir de cuáles estructuras de la semilla se da origen a la raíz, el tallo y las hojas.
3. **Inventa** una historieta que narre el proceso de germinación de la semilla.
4. **Diseña** un experimento en el que se evidencie el proceso de germinación de una semilla.
5. **Realiza** el corte longitudinal de algunas semillas, como el maíz o la judía, tómale algunas fotos e identifica las partes que las conforman. Puedes dejarlas en agua durante la noche para que puedas ver mejor cada estructura.
6. **Observa** la siguiente imagen y describe en tu cuaderno el proceso de germinación.

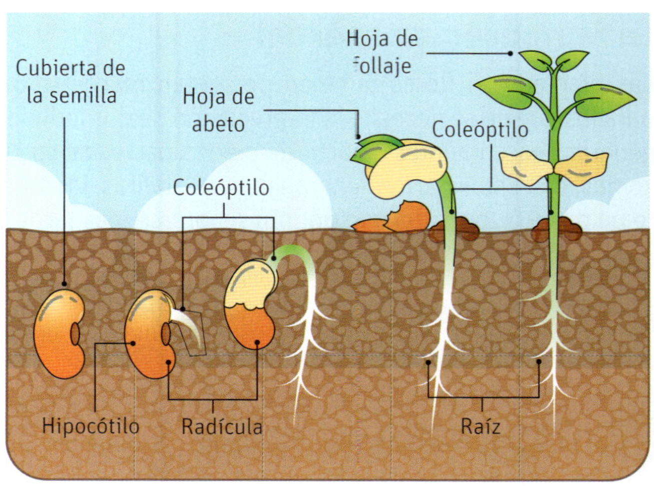

8 Los principales grupos de plantas con flor

La clasificación general de las plantas con flor

Las plantas con flores comprenden dos grandes grupos: las **gimnospermas**, más antiguas y con unas 800 especies en el mundo, y las **angiospermas**, con unas 250 000 especies.

COMPRENDE El mundo de las gimnospermas.

Las gimnospermas

Tienen flores poco aparentes (conos) y carecen de verdadero fruto. Son leñosas, aunque no necesariamente son árboles. Los grupos principales son los que se exponen a continuación:

Cicadales. Carecen de tallo o lo tienen muy corto. Su aspecto es el de una palmera.

Coníferas

Pináceas. Incluyen pinos, abetos, cedros, píceas y alerces.

Cupresáceas. Son los cipreses, los enebros, las sabinas y las secuoyas.

Araucariáceas. Están en los bosques templados de Suramérica.

Las angiospermas

Sus flores pueden carecer de algunas envolturas. Presentan verdaderos frutos de muchos tipos y existe una gran variedad de especies.

Monocotiledóneas (con un solo cotiledón)

Sin tronco **leñoso**. Generalmente son de tipo **herbáceo**. Sus hojas suelen presentar nerviación paralela y sus flores tienen pétalos y sépalos en número de tres o múltiplos de tres.

Son ejemplos el lirio, el jacinto, el narciso, las palmeras, el aloe, la orquídea, el ajo, la cebolla, el junco, las gramíneas, etc.

Dicotiledóneas (con dos cotiledones)

Presentan gran variedad de portes: hierbas, arbustos y árboles. Sus hojas poseen un nervio principal y varios secundarios. Sus flores suelen tener pétalos y sépalos en número de cuatro o cinco.

Son ejemplos el olmo, la encina, el haya, la col, el geranio, la rosa, la margarita, el trébol, la judía, la acacia, la jara, etc.

ACTIVIDADES

1. Discute cuál crees que es la razón por la que las angiospermas son mucho más abundantes que las gimnospermas.
2. Selecciona uno de los grupos de las gimnospermas y busca el nombre científico de al menos cinco especies que pertenezcan a este.
3. Lista las características de las plantas monocotiledóneas y dicotiledóneas, y compáralas.
4. Compara diferentes plantas que se encuentren en el parque más cercano a tu casa, utiliza dibujos para señalar las estructuras que observes y que sirvan para que las clasifiques.
5. Indaga. ¿Cuáles son las especies de plantas más longevas en la Tierra? ¿Cuáles son las razones por las que llegan a vivir tantos años?

9 Las plantas se adaptan al medio

» Sin rumbo fijo

Los tallos de algunas plantas se enrollan y se desprenden de la raíz para ser empujadas por el viento hasta encontrar un lugar con condiciones favorables.

A medida que las plantas fueron colonizando nuevos territorios, sus estructuras básicas sufrieron modificaciones en respuesta a las condiciones que se presentan en los diferentes climas y ambientes. Asimismo, su fisiología y comportamiento cambió, y hoy se encuentran en prácticamente todo el planeta, salvo las zonas polares y el interior de los desiertos secos extremos. Estos cambios graduales son adaptaciones, que pueden ser fisiológicas, anatómicas y de comportamiento.

Las plantas que viven en lugares con escasa disponibilidad de agua.

Hojas muy gruesas para **almacenar agua**.

Raíces **lignificadas** y muy extensas para encontrar fuentes de agua.

Raíces muy profundas para alcanzar suministros de agua subterránea.

Las raíces **aéreas** permiten realizar el intercambio gaseoso a las partes sumergidas de la planta.

Los **neumatóforos** son raíces que crecen hacia arriba para realizar el intercambio gaseoso.

ACTIVIDADES

1. **Busca** el nombre científico de plantas cuyas adaptaciones se explican en esta página. Elige la que te parezca más interesante y elabora una infografía sobre ella.

2. **Analiza** las siguientes adaptaciones y explica su función:
   a) Las hojas grandes
   b) Flores de colores
   c) Las raíces profundas

3. **Observa** con atención la siguiente imagen y responde a las preguntas.
   a) ¿Qué planta es?
   b) ¿Qué adaptaciones muestra esta planta?
   c) ¿Qué finalidad tienen esas adaptaciones?

Algunas plantas que crecen en ambientes expuestos a altos niveles de radiación solar.

Las plantas del desierto tienen un tipo de **fotosíntesis** diferente.

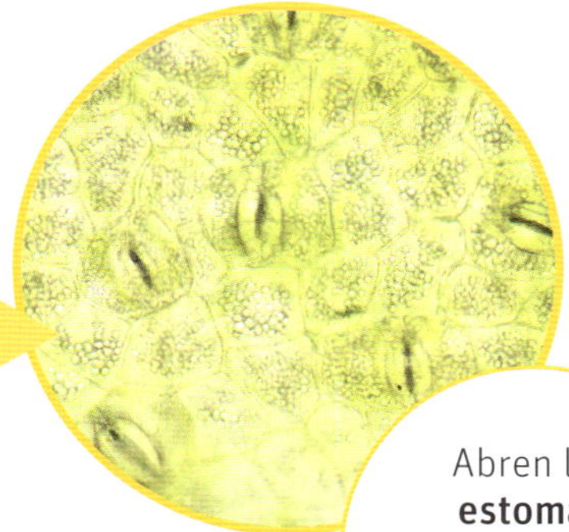

Abren los **estomas** en la noche para evitar la desecación.

El mayor tamaño de las hojas da una mayor superficie **expuesta** al sol.

Las plantas poseen adaptaciones que permiten su polinización y la dispersión de sus semillas.

La fruta es consumida por animales, que dispersan las **semillas** cuando defecan.

Los **colores** de las flores de las plantas atraen a **insectos** que llevarán el polen a otras flores, facilitando la polinización.

Algunas semillas han adaptado su forma para dispersarse con ayuda del **viento**.

LO ESENCIAL

Las plantas, su clasificación y sus adaptaciones

Las **plantas** constituyen uno de los cinco reinos de clasificación de los seres vivos. Son organismos **pluricelulares** y **eucariotas**.

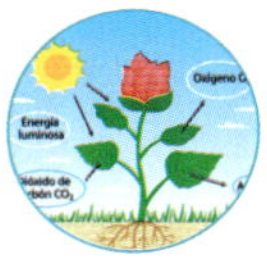

Las plantas son **autótrofas** porque fabrican su propio alimento por medio de un proceso llamado **fotosíntesis**.

La **fotosíntesis** es un proceso llevado a cabo por las plantas y algunas algas, en el que la materia inorgánica se convierte en materia orgánica; se lleva a cabo en las hojas.

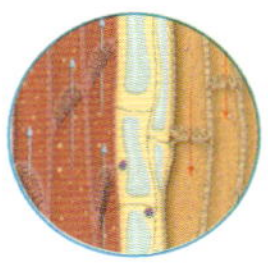

Las plantas se clasifican por la ausencia o presencia de **tejidos vasculares** en dos grandes grupos: las **plantas no vasculares** y las **plantas vasculares**.

Las **plantas no vasculares** necesitan estar en un medio con mayor humedad que les garantice agua para mantener sus funciones vitales y así sobrevivir.

Las **plantas vasculares** con semilla pueden ser de dos tipos: **angiospermas** o **gimnospermas**.

La reproducción de las plantas puede ser **sexual** o **asexual**. Algunas, como los musgos y los helechos, presentan reproducción por alternancia de generaciones.

La **semilla** es el órgano de diseminación de las plantas con flor. La **germinación** se da cuando las condiciones de temperatura, oxígeno y humedad son adecuadas.

1. Organiza tus ideas. **Copia, completa y amplía el siguiente esquema con ayuda de la información anterior.**

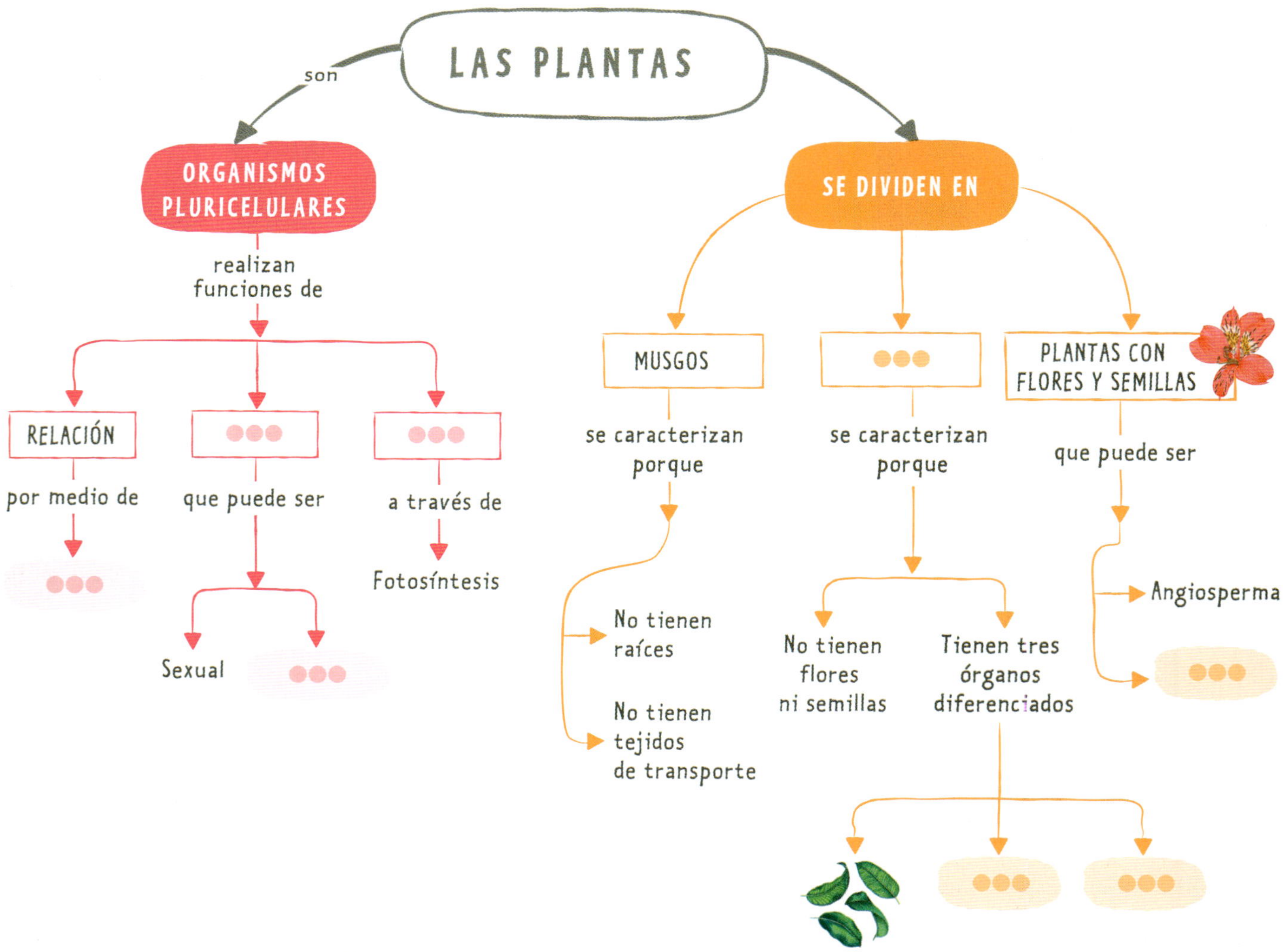

VALORA LO APRENDIDO Autoevaluación y resumen.

ACTIVIDADES FINALES

1. Resume. Lista las características que definen y diferencian a las plantas.

2. Reflexiona. ¿Cuál es la importancia de la clorofila para las plantas?

3. Relaciona. **¿A qué función vital de las plantas se refiere cada una de las siguientes frases?**
   a) Producción de semillas
   b) Absorción de CO_2 por las hojas
   c) Caída de las hojas en otoño
   d) Formación de las flores
   e) Producción de oxígeno
   f) Adhesión y crecimiento de las enredaderas por un muro
   g) Crecimiento de la raíz hacia el centro de la Tierra
   h) Apertura de estomas

4. Razona. **Si las plantas se consideran seres autótrofos, ¿cómo es que realizan la respiración celular? Explica por qué, a pesar de ello, son autótrofas.**

5. Resume. **Responde a las siguientes preguntas.**
   a) ¿Mediante qué proceso fabrican las plantas sus sustancias orgánicas?
   b) ¿Cómo las utilizan para obtener energía por combustión?
   c) ¿Todas las células vegetales llevan a cabo los dos procesos?
   d) ¿Cuál es el organelo celular encargado de llevar a cabo la fotosíntesis y cuál es el objetivo de este proceso?

6. Observa **la imagen e indica a qué se refieren la fase lumínica y la fase oscura de la fotosíntesis. ¿En cuál de estas fases se produce materia orgánica?**

7. Emprende. **Preparad un recorrido para que vuestros compañeros puedan conocer como mínimo diez árboles o arbustos de su entorno. Para ello, elaborad por grupos unos pequeños carteles y colocadlos junto a cada planta con su nombre y sus principales características.**

8. Infiere. **El aumento controlado artificialmente en la producción de ciertas proteínas vegetales puede hacer que la tasa fotosintética de las plantas crezca, lo que supone un ascenso en la producción de cultivos.**

A partir del texto, responde y explica tus respuestas:
   a) ¿Si se disminuye la producción de esas proteínas se podría parar la función fotosintética de la planta?
   b) ¿Qué consecuencias tendría?
   c) ¿Qué efecto puede tener el aumento en la fotosíntesis en las plantas de lugares en los que se presentan estaciones con días o noches muy largas?
   d) ¿El horario en el que la fotosíntesis se lleva a cabo depende de las necesidades del productor?
   e) ¿Este tipo de experimentos solo son posibles con angiospermas?

9. Evalúa. **Lee el siguiente texto y responde a las preguntas.**

> Casi todas las plantas cultivadas han sido modificadas por un proceso de selección por parte de los agricultores, que buscaban variedades muy resistentes y productivas y frutos muy grandes. Así se han conseguido plantas, como los plátanos o muchos tipos de sandías o de cítricos, que carecen de semillas. Las plantas con fruto son un grupo de valor comercial y suponen grandes ganancias para las empresas.

   a) ¿A qué grupo taxonómico pertenecen las plantas que producen frutos?
   b) ¿A partir de qué estructura floral se forma el fruto?
   c) ¿Cuál es la repercusión de los cultivos de frutas sin semillas?

10. Reflexiona. **La mayoría de las angiospermas presentan la corola y el cáliz diferenciados: los sépalos son pequeños y verdes, y los pétalos, grandes y coloreados. ¿Qué función propia de cada una de dichas envolturas puede explicar esta diferencia?**

11. Dibuja. **Haz un dibujo de una flor hermafrodita e indica sus envolturas y piezas florales. A continuación, dibuja una flor unisexual masculina y otra femenina, ambas sin envolturas.**

12. Discute. Una flor cortada, por ejemplo un clavel, se marchita pronto. Sin embargo, si sumergimos en agua los tallos cortados, las flores durarán más tiempo. También podemos añadir algunos líquidos con sustancias nutritivas que las conservarán durante más tiempo si los añadimos al agua con las flores.

Si metemos un clavel blanco en un vaso de agua con un colorante, por ejemplo, azul, en poco tiempo los pétalos se teñirán de ese color.

Si realizamos la misma experiencia con un tallo de apio y al cabo de unas horas lo cortamos, veremos que en el corte hay unos círculos pequeños muy teñidos con el colorante.

a) ¿Qué son las estructuras que se tiñen en el apio?

b) Teniendo en cuenta estos resultados, di a qué grupo taxonómico pertenecen el clavel y el apio.

13. Compara y contrasta. Muchas alergias son debidas a una reacción inmunológica frente al polen. ¿Qué plantas crees que generan alergias con mayor frecuencia, aquellas cuyo polen es dispersado por el viento o aquellas cuyo polen lo transportan los animales?

14. Expón. Explica la diferencia entre la savia bruta y la savia elaborada, señalando de qué está compuesta cada una y cuál es su trayecto a través del cuerpo de la planta.

15 Recuerda. Copia el dibujo de la hoja en tu cuaderno y señala los nombres de las estructuras que la conforman.

16. Reflexiona. En muchos excrementos de animales pueden observarse semillas intactas. ¿Qué significa eso y qué función biológica tiene?

17. Analiza. Observa la fotografía y responde.

a) ¿Qué estructuras observas en las plantas?

b) ¿Con qué proceso vital se relaciona cada una de estas estructuras? Explica.

c) ¿A qué grupo taxonómico pertenece la planta?

18. Define qué es la polinización y cuál es su relación con la germinación.

19. Indaga. Busca algunas especies representativas de cada uno de los grupos en los que se clasifican las gimnospermas que se encuentren en España y señala su localización geográfica en un mapa.

20. Explica. ¿Cómo puedes asegurar que las plantas reaccionan a los estímulos del entorno? Escribe tres ejemplos que justifiquen tu respuesta.

21. Analiza. Escribe qué adaptación presentan las estructuras de estas plantas.

22. Infiere. Los siguientes lugares suelen ser muy poco adecuados para las plantas.

• Desierto cálido • Superficie de una roca • Interior de una cueva • Zona polar

a) Razona, en cada caso, cuál es la variable que determina que las plantas encuentren dificultades para establecerse allí.

b) ¿Cómo influye cada variable en la vida de las plantas?

23. Reflexiona. La *Rafflesia arnoldii* es una planta tropical con una enorme flor de color rojo-sangre, que emite calor y despide olor a carne descompuesta. Elabora una hipótesis para explicar de qué le sirven a esta planta esas peculiares adaptaciones.

24. Reflexiona. Algunas orquídeas desarrollan unas flores espectaculares que se asemejan mucho a determinados insectos, como las abejas.

a) ¿Qué finalidad tiene ese parecido?

b) ¿Para qué crees que les resultará útil?

25. Soy competente

Realiza la lectura del texto y haz las actividades.

Experimentos con semillas

Vamos a comprobar si la germinación de determinadas semillas está condicionada por la temperatura. Para ello, tomamos 80 semillas con las mismas características y las dividimos en cuatro grupos de 20 semillas cada uno. Llenamos cuatro tiestos iguales con el mismo tipo de tierra y plantamos en cada uno un grupo de 20 semillas, procurando hacerlo de la misma forma: a idéntica profundidad y separadas por la misma distancia entre sí.

Ponemos cada tiesto en un lugar con diferente temperatura: el grupo n.º 1, a 5 °C; el 2, a 15 °C; el 3, a 25 °C, y el 4, a 35 °C. Los mantenemos en las mismas condiciones de riego (por ejemplo, tres veces a la semana), siempre con idéntica cantidad de agua e iluminación.

Al cabo de dos semanas, observamos el número de semillas que han germinado en cada grupo. Obtendremos los resultados de la siguiente tabla.

	Sí	No
Grupo n.º 1 (5 ºC)	0	20
Grupo n.º 2 (15 ºC)	9	11
Grupo n.º 3 (25 ºC)	18	2
Grupo n.º 4 (35 ºC)	2	18

a) Obtén los porcentajes de éxito de germinación en cada una de las cuatro situaciones experimentadas.

b) Construye un diagrama de barras o un gráfico de columnas con los datos totales de germinación, y otro con los porcentajes de germinación para cada uno de los tiestos.

c) Establece las conclusiones que se puedan extraer del experimento en relación con la influencia de la temperatura en la germinación.

d) Responde: ¿por qué se utilizan varios ejemplares de semilla (en este caso, 20) en cada experiencia? ¿Crees que la eficacia del experimento mejoraría si aumentáramos el número de semillas empleado en cada grupo? Explícalo.

26. Retoma la pregunta de la apertura de la unidad y respóndela utilizando los conocimientos que has aprendido.

Ciencia en la calle

Lee y comprende el siguiente texto:

Unas plantas muy deliciosas

La cocina española es el resultado de la influencia de múltiples culturas, como resultado de su historia, la cual, en gran medida, se debe a las tradiciones de campesinos humildes que hacían preparaciones sencillas con lo que podían sembrar en sus huertas. Sin duda, lo que hace la diferencia es la multitud de plantas aromáticas y otros condimentos que son añadidos a los platos.

En las cocciones es común utilizar el orégano, el laurel, el cilantro fresco o en grano, el comino agridulce, la cayena u "ojo de pájaro", el anís verde matalahúva y estrellado, el comino y la alcaravea, entre otros.

Orégano

Laurel

Cilantro

Cayena

Comino

Alcaravea

a) ¿Cuál es la especia o condimento que más utilizan en tu casa? ¿Cuál es el que más te gusta?

b) Busca cómo son las hojas de las especias que se nombran en esta sección y otras cinco que consideres son importantes para la preparación de alimentos. Luego, clasifícalas de acuerdo a su forma.

c) Con la ayuda de un adulto responsable, prepara tu plato favorito con alguna de estas plantas aromáticas, graba todo el procedimiento con un teléfono móvil y luego comparte el vídeo con tus compañeros.

d) Explica por qué los aromas son adaptaciones en las plantas y para qué sirven.

EXPERIMENTAR para comprender y decidir

La respiración celular

Todos los seres vivos respiran para obtener energía. La respiración es un proceso celular que necesita oxígeno y produce dióxido de carbono, liberando también energía que el organismo, animal o vegetal, utiliza para desarrollar sus funciones vitales. Vamos a comprobar ese intercambio de gases.

PASO 1 **PREPARAMOS el experimento.**

Preparamos dos recipientes de vidrio iguales y colocamos en uno de ellos doce caracoles vivos. Después introducimos un vaso con agua de cal (hidróxido de calcio en agua) en cada uno de los recipientes anteriores y los tapamos.

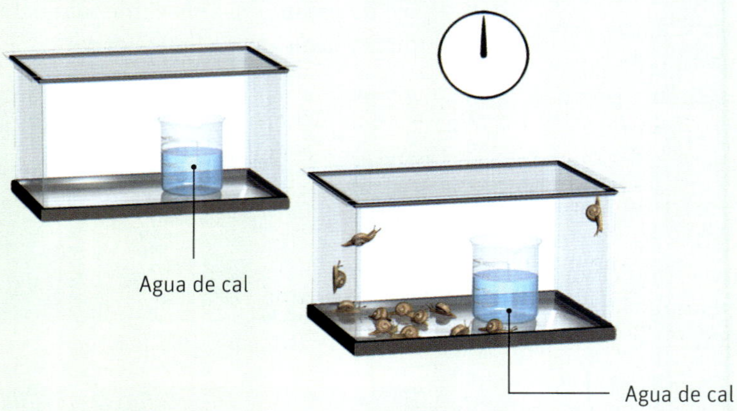

PASO 2 **OBSERVAMOS** el aspecto del agua de cal al cabo de un tiempo e introducimos una cerilla encendida en cada uno de los dos recipientes. Los tapamos inmediatamente para ver qué sucede.

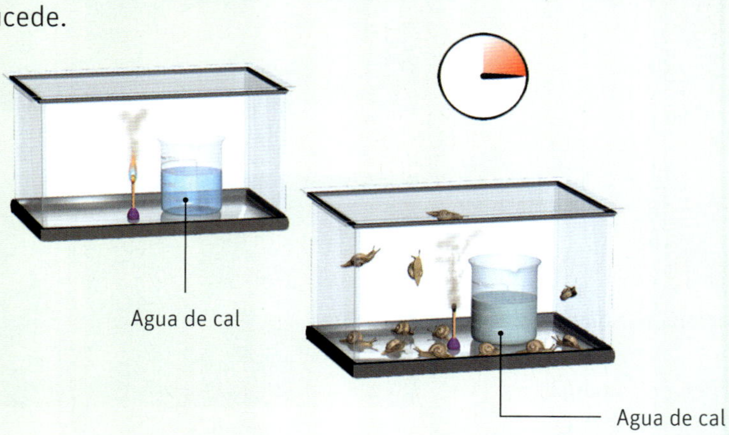

Debes tener en cuenta que el agua de cal es una disolución incolora que se enturbia en presencia de dióxido de carbono y que una llama necesita oxígeno para mantenerse encendida.

1. ¿Qué cambios introducimos los seres vivos en el aire que nos rodea como consecuencia de la respiración?
2. ¿Por qué debemos ventilar todos los días el aula o la casa, sobre todo si hay muchas personas en ese espacio?
3. ¿En qué se parece la combustión de la leña en una estufa a la respiración de un ser vivo?

La fotosíntesis

Las plantas, las algas y muchas bacterias fabrican sus propios alimentos por fotosíntesis. En el proceso hay un intercambio de gases, pero al contrario de lo que ocurre en la respiración, para que un vegetal realice la fotosíntesis necesita dióxido de carbono y, durante el proceso, liberar oxígeno. Vamos a investigar cómo podemos saber que una planta está realizando la fotosíntesis.

PASO 1 **NOS INFORMAMOS sobre el proceso.**

Sabemos que las plantas realizan la fotosíntesis durante el día, ya que la luz es un factor indispensable para este proceso, y también conocemos los gases que intervienen en el proceso.

PASO 2 **PREPARAMOS la investigación.**

Llenamos un vaso de precipitados con agua y añadimos 1 g de bicarbonato sódico. Ponemos dentro plantas acuáticas o algas y las cubrimos con un embudo invertido. Tapamos el extremo abierto del embudo con un tubo de ensayo lleno de agua.

Hacemos dos montajes iguales, pero mantenemos uno iluminado con una lámpara situada a unos 10 cm y el otro, en la oscuridad completa (cubierto con una cartulina negra). Los dejamos en completo reposo durante 24 horas.

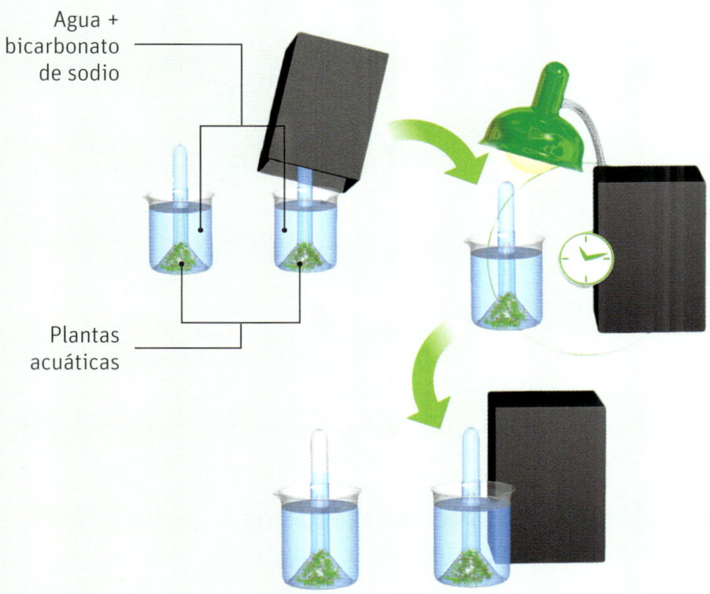

PASO 3 **ANALIZAMOS los resultados.**

Observamos que en el montaje iluminado se han producido burbujas de gas que se acumulan en la parte superior del tubo de ensayo, desplazando el agua. En el montaje que ha permanecido en oscuridad no ha habido cambios.

1. ¿Qué papel desempeña el bicarbonato de sodio que se añade al agua en el experimento de la fotosíntesis?
2. ¿Por qué decimos que los bosques son los pulmones del planeta? ¿Y por qué, si el bosque es muy espeso, crecen pocas hierbas y arbustos?

ANALIZAR para interpretar y extraer conclusiones

El crecimiento y la nutrición de los hongos

Las setas, los mohos y las levaduras pertenecen al reino de los hongos. Su forma de nutrición es heterótrofa, como la de los animales, por eso se desarrollan sobre materia orgánica. Pero ¿qué condiciones son las más adecuadas para su desarrollo? ¿Afecta la temperatura a su velocidad de crecimiento?

PASO 1 **NOS INFORMAMOS para dar respuesta a esas preguntas.**

Tomamos 15 rebanadas iguales de pan de molde blanco, introducimos cada rebanada en una bolsa de plástico transparente y la cerramos herméticamente. Etiquetamos cinco bolsas con una A, cinco con una B y cinco con una C, y anotamos la fecha en todas. Introducimos las bolsas A en el congelador, las B en el frigorífico y las C en un lugar cálido y oscuro.

PASO 2 **OBSERVAMOS diariamente las bolsas.**

Cada 24 horas controlamos la aparición de moho en las rebanadas. Podemos medir el crecimiento del moho colocando una rejilla de plástico (cada celda de la rejilla mide 1 cm^2) sobre la rebanada (sin sacarla de la bolsa) y contando el número de cm^2 invadidos por el moho (si cubre más de la mitad, lo contamos como 1; si cubre menos, como 0).

PASO 3 **ANALIZAMOS los resultados.**

Repetimos las observaciones durante 10 días y anotamos los datos. Después, los trasladamos a una gráfica y obtenemos la siguiente.

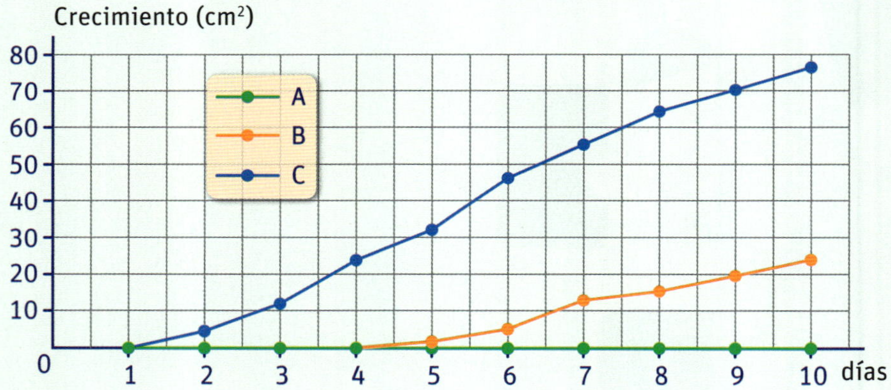

Observamos que en las bolsas A no se ha producido crecimiento del moho a lo largo de los 10 días; en las bolsas B el crecimiento comienza a partir del cuarto día y en las bolsas C el moho se desarrolla desde el comienzo del experimento y su tasa de crecimiento es mucho mayor que en los otros casos.

1. Según los datos obtenidos en el experimento, ¿crees que la temperatura influye en el crecimiento de los mohos? ¿Y la humedad?
2. ¿Por qué en la etiqueta del pan de molde aparece la recomendación de conservarlo en un lugar fresco y seco?
3. ¿Qué papel desempeñan los hongos en la naturaleza con respecto al proceso de reciclado de la materia?

¿Cómo aprender a usar una clave dicotómica?

Para aprender a usar una clave dicotómica, lo mejor es construir una. Como ejemplo, vamos a elaborar una que nos sirva para identificar algunos de los recipientes de vidrio más frecuentes en un laboratorio.

PASO 1 **PREPARAMOS el experimento.**

Separamos los objetos en dos grupos. El criterio utilizado en este ejemplo es la presencia de cuello.

PASO 2 **REPETIMOS** el proceso las veces que sea necesario empleando distintos criterios para que cada objeto esté incluido en un grupo del que sea el único componente.

PASO 3 **ELABORAMOS** la clave, numerando con un 1 el criterio utilizado para hacer los dos primeros grupos. Seguiremos numerando los criterios que hemos empleado para volver a dividir en dos cada uno de los grupos anteriores.

1. Con cuello.. Ir a 2
Sin cuello.. Ir a 3

2. Con fondo plano.. Ir a 4
Sin fondo plano.. Matraz esférico

3. Con pico para verter.. Ir a 5
Sin pico para verter.. Tubo de ensayo

4. Con cuello mucho más largo que ancho.. Matraz aforado
Sin cuello mucho más largo que ancho.. Matraz de Erlenmeyer

5. Mucho más alto que ancho.. Probeta
No mucho más alto que ancho.. Vaso de precipitados

1. **Aplica la clave dicotómica para identificar cada uno de los recipientes de vidrio que aparecen en la figura.**
2. **Indica los pasos que has seguido en la clave para caracterizar el objeto que aparece marcado con la letra E.**
3. **Aquí hemos presentado una clave dicotómica numerada. Intenta presentar la misma clave en forma de árbol.**

Siguiendo la pista

En el caso de los animales vertebrados, hay otra forma de identificarlos sin recurrir a las claves dicotómicas y es observándolos en su medio natural. Pero como es muy difícil que un vertebrado permanezca quieto el tiempo suficiente para que podamos contemplarlo con detenimiento, en la mayoría de los casos deberemos conformarnos con descubrir las "pistas" que deja. En eso se va a centrar esta propuesta de investigación: cómo descubrir a qué animal corresponde una huella.

PASO 1 **REPRODUCIMOS las huellas.**

Hacer fotografías es un buen método para reproducirlas. También se puede colocar una hoja de acetato (plástico transparente) sobre la huella y calcar su contorno con un rotulador para plástico.

PASO 2 **MEDIMOS y anotamos las dimensiones de la huella.**

También conviene anotar la fecha y el lugar del hallazgo, así como el sustrato sobre el que estaba (arena, fango, nieve, etc.) y cualquier otra "pista" interesante, como los excrementos que descubramos a su alrededor.

PASO 3 **CONSULTAMOS** una guía de campo de animales y huellas para identificar el animal al que pertenecen.

1. Calca en tu cuaderno las huellas de las fotografías. Dibuja su contorno y cualquier irregularidad de su interior. A continuación, descríbelas: su forma, el número de dedos y su apariencia, si tiene o no membranas entre los dedos o almohadillas, etc.

Intercambio de gases en la fotosíntesis

Ya hemos investigado cómo podemos saber que una planta está realizando la fotosíntesis. Ahora se trata de averiguar qué gases intervienen en el proceso y saber la intensidad con la que este se realiza.

PASO 1 **PLANTEAMOS la experiencia.**

Ponemos unas ramitas de chara, que es un alga verde, en el interior de una probeta con agua. Le añadimos un poco de bicarbonato de sodio.

Colocamos una lámpara a 10 cm de la probeta y la encendemos para iluminar la preparación.

PASO 2 **OBSERVAMOS el resultado.**

Al cabo de 1 minuto vemos que comienzan a producirse burbujas en el agua. Contamos las que se desprenden en un minuto.

PASO 3 **REPETIMOS** el mismo proceso, pero variando la distancia de la lámpara a la probeta. Primero la colocamos a 20 cm y después a 30 cm. En ambos casos contamos las burbujas que se desprenden por minuto y anotamos los datos en la siguiente tabla.

Distancia a la luz (cm)	N.º de burbujas por minuto
10	●●●
20	●●●
30	●●●

DISEÑA Y COMUNICA TU PROPIA EXPERIENCIA

1. Diseña una experiencia para probar que el gas desprendido por la planta cuando está iluminada no es dióxido de carbono.
2. Diseña otra experiencia para probar que el gas desprendido puede ser oxígeno.
3. Haz una presentación de ambas experiencias y muéstralas al resto de tu clase.

ACTUAR para diseñar vuestras propias experiencias

La nutrición en las células

La membrana de las células permite el paso de algunas moléculas, normalmente pequeñas, como las de agua, y al mismo tiempo impide el paso de otras. Así es como las células incorporan los nutrientes y eliminan los desechos. Este proceso de entrada y salida de moléculas a través de la membrana se denomina ósmosis.

PASO 1 **NOS INFORMAMOS sobre este proceso.**

Cogemos un huevo fresco de gallina y lo sumergimos en vinagre durante 48 horas, hasta que se haya disuelto su cáscara y esté blando. Después, lo pesamos.

A continuación, sumergimos el mismo huevo en un recipiente con 200 mL de agua destilada durante 72 horas. Lo sacamos y lo pesamos, y medimos el agua que queda en el recipiente.

Por último, sumergimos el huevo en un recipiente con 200 mL de agua en la que se han disuelto 3-4 cucharadas de sal o azúcar. Una vez pasadas 72 horas, lo sacamos, lo pesamos y también medimos el líquido que queda en el recipiente.

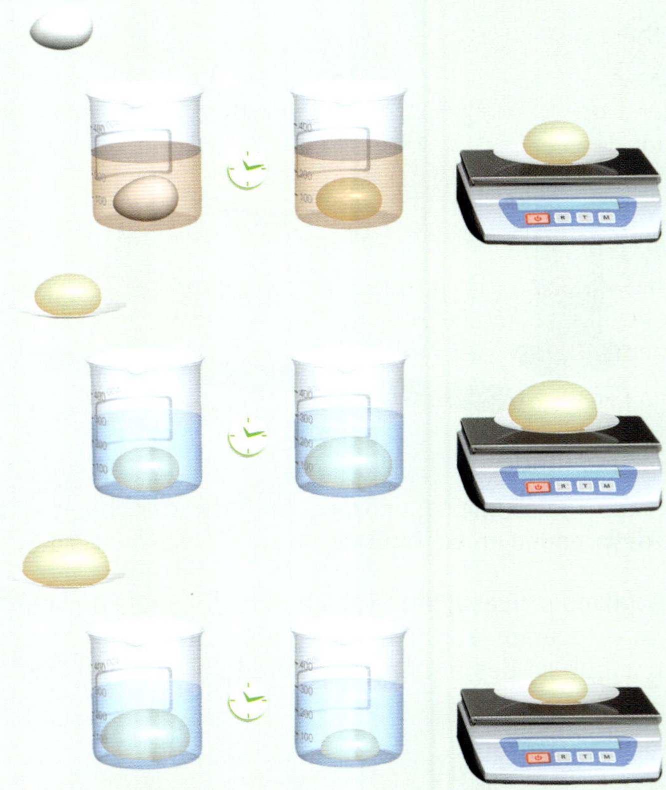

PASO 2 **OBSERVAMOS** los resultados obtenidos, que son los siguientes. En el primer caso, el huevo pesa menos porque se ha disuelto su cáscara. En el segundo caso, el huevo se ha hinchado y pesa mucho más que en el caso anterior; el agua del recipiente ha disminuido bastante. En el tercer caso, el huevo ha ido reduciendo su tamaño, aunque sin llegar a alcanzar el que tenía al inicio.

1. **Basándote en lo que has leído, ¿en qué sentido crees que se mueve el agua, hacia el interior de la célula o hacia el exterior? ¿Lo hace siempre en el mismo sentido?**
2. **El agua del suelo entra en las raíces de las plantas. Si falta agua en el suelo, la planta se seca. ¿Qué pasaría si regásemos las plantas con agua salada? ¿Por qué?**

DISEÑA Y COMUNICA TU PROPIA EXPERIENCIA

1. Diseña tu propia experiencia para probar si el agua también entra y sale de las células de la patata en las mismas condiciones. ¿Sucede lo mismo en todas las células? ¿Y si las células están muertas (patata hervida)?
2. Presenta los resultados de tu experimento en la Semana de la Ciencia que se celebre en tu centro escolar.

La clasificación de los seres vivos

Los científicos han clasificado los seres vivos y les han puesto nombre. Pero ¿cómo podremos hallar el de una planta o un animal determinado? Lo más fácil es usar una clave dicotómica, que consiste en una serie de frases cortas y numeradas, ordenadas por pares, que sirve como guía para la identificación.

Como ejemplo, vamos a intentar determinar a qué grupo pertenece una planta y de qué especie se trata. Para ello hay que fijarse en sus características más relevantes, como la apariencia de la planta, la forma y la disposición de las raíces, las hojas, las flores, las semillas y los frutos.

PASO 1 **ELEGIMOS la clave adecuada.**

Hay distintos tipos de claves. Algunas solo emplean una determinada parte de la planta (hoja, flor o fruto), pero otras recurren a otras partes en los diferentes pasos. Si no disponemos de una planta completa, debemos asegurarnos de que la parte que tenemos sea suficiente para aplicar nuestra clave.

PASO 2 **TOMAMOS decisiones.**

Generalmente, las claves son dicotómicas, es decir, en cada paso hay que escoger entre dos opciones. La opción elegida nos llevará hasta una doble opción posterior, y así sucesivamente.

PASO 3 **BUSCAMOS** una descripción más amplia o una foto, después de identificar la planta, para comprobar que no nos hemos equivocado.

1. Identifica las tres plantas que aparecen en las imágenes empleando esta clave de gimnospermas.

1.	Conos leñosos o duros	2
	Conos carnosos	5
2.	Hojas como escamas	**Cipreses**
	Hojas alargadas o en aguja	3
3.	Hojas no agrupadas	**Abetos y piceas**
	Hojas en grupos	4
4.	Hojas en grupos de 2	**Pinos**
	Hojas en grupos de más de 5	**Cedros**
5.	Hojas con forma de escamas	**Sabinas**
	Hojas sin forma de escamas	6
6.	Hojas puntiagudas	**Enebros**
	Hojas que no pinchan	**Tejos**

A

B

C

DISEÑA Y COMUNICA TU PROPIA EXPERIENCIA

1. Construye tu propia clave dicotómica para identificar a los siguientes vertebrados: gallina, murciélago, anaconda, carpa de río, ardilla, sapo y golondrina. Puedes iniciarla planteando si tienen o no extremidades y si son de tipo aleta. Presenta tu clave al resto de la clase en forma de mural ilustrado con fotografías.

11
Los ecosistemas
¿Cómo se relacionan los seres vivos con su entorno?

12
Degradación y conservación del medio
¿Cómo nos relacionamos con el medio que nos rodea?

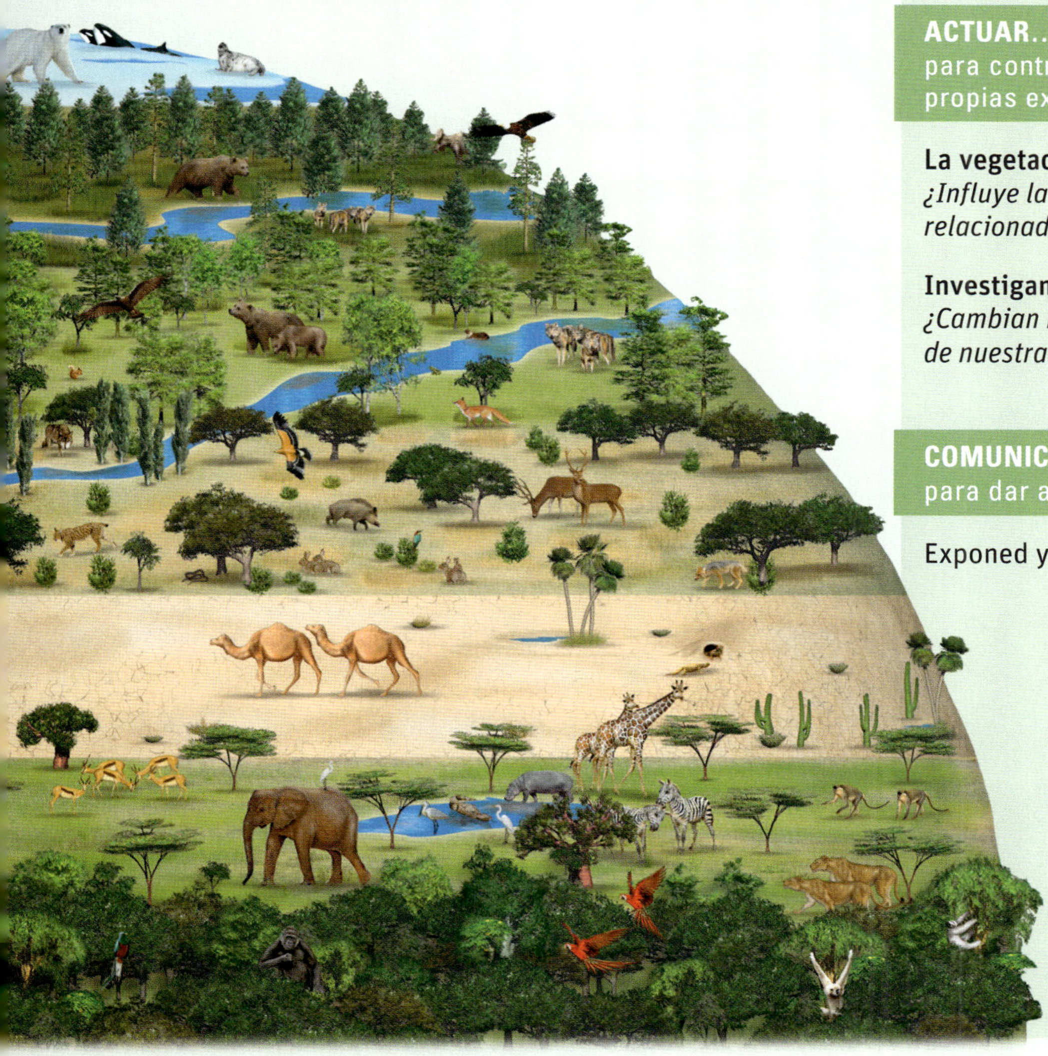

EXPERIMENTAR...
para comprender y decidir

- Los bosques y el agua
- El suelo y la contaminación

ANALIZAR...
para interpretar y extraer conclusiones

- La huella ecológica
- La desaparición del mar de Aral

INVESTIGAR...
para tomar decisiones informadas

- Repoblación de bosques autóctonos
- El impacto ambiental

ACTUAR...
para contrastar hipótesis y diseñar vuestras propias experiencias

La vegetación, la temperatura y el sol
¿Influye la vegetación en la temperatura? ¿Están relacionadas las plantas con la cantidad de luz?

Investigamos sobre el medio
¿Cambian nuestras acciones el medio? ¿El impacto de nuestras acciones es siempre negativo?

COMUNICAR...
para dar a conocer vuestro trabajo

Exponed y defended en público vuestra postura.

11 LOS ECOSISTEMAS

En esta unidad aprenderás...

- Cómo se relacionan la biocenosis y el biotopo en los ecosistemas.
- Cuáles son los componentes del suelo.
- Dónde están localizados los principales ecosistemas del planeta.
- Cómo es el flujo de materia y energía en un ecosistema.

¿Cómo se relacionan los seres vivos con su entorno?

En el bosque de hoja perenne, se encuentran plantas que permanecen casi intactas durante todo el año. Estos bosques son tan estables que otras plantas y animales se asocian a ellos para completar su desarrollo.

- ¿Qué tipo de interacciones establecen estos seres vivos?
- Si desaparecieran las especies de los ecosistemas, ¿estos podrían sobrevivir?
- Si desaparecieran los ecosistemas, ¿los humanos podríamos sobrevivir?

1 El escenario de la vida

La Tierra primitiva tenía unas condiciones diferentes de las actuales.

Nuestro planeta y la vida

La Tierra es el único lugar conocido del universo capaz de albergar **vida**. La superficie de nuestro planeta está repleta de seres vivos. La existencia de vida en la Tierra depende de una serie de **factores físico-químicos** que derivan del tamaño del planeta y de la distancia que la separa del Sol.

¿Qué es un ser vivo?

Los seres vivos estamos compuestos básicamente por moléculas que contienen carbono, oxígeno, hidrógeno y nitrógeno. A la materia constituida por estas moléculas la denominamos **materia orgánica**. Otra característica de los seres vivos es la realización de las **funciones vitales**.

Reproducción: podemos engendrar seres semejantes a nosotros.

Nutrición: necesitamos obtener energía e intercambiamos sustancias con el medio.

Relación: reaccionamos a los estímulos del medio.

¿Qué necesitamos para que haya vida?

Como los seres vivos se desarrollan en la superficie de nuestro planeta, si estudiamos esta parte de la Tierra podremos saber cuáles son las **condiciones ambientales** que posibilitan la vida.

Condiciones para la vida

Una fuente de energía

El sol aporta energía luminosa, fundamental para la fotosíntesis, y calorífica, que favorece la presencia de agua líquida.

Un campo magnético

El campo magnético terrestre actúa como un escudo protector que impide que los rayos X y cósmicos procedentes del sol lleguen a la superficie de la Tierra.

Atmósfera protectora

El ozono (O_3) estratosférico absorbe parte de la dañina radiación ultravioleta solar que puede llegar a dañar los tejidos de los seres vivos.

Agua líquida

El agua es esencial para los seres vivos, ya que es un disolvente y regulador de la temperatura, y es imprescindible para realizar la fotosíntesis.

Compuestos de carbono

El dióxido de carbono (CO_2) es fundamental para la fotosíntesis. Este gas se encuentra en la atmósfera y disuelto en el agua.

El biotopo

Los **factores abióticos**, también llamados **factores físicos,** determinan las condiciones ambientales de las que depende la vida.

Algunos ejemplos de estos factores son la temperatura, la cantidad de luz y de precipitación o lluvia, el relieve, el tipo de rocas, la humedad, la salinidad y el suelo, entre otros.

Los factores abióticos no se distribuyen de un modo homogéneo en la superficie terrestre. Por ejemplo, las energías luminosa y térmica dependen de la latitud, porque disminuyen del **ecuador** hacia los **polos**, y también de la profundidad, pues bajo el agua disminuyen al descender.

En las zonas frías, los rayos del sol llegan a la superficie del planeta cada vez más inclinados. En cambio, en el ecuador, los rayos del sol inciden perpendicularmente sobre la superficie más reducida, por lo que el calentamiento es mayor.

El conjunto de factores abióticos y las características físico-químicas de un lugar concreto conforman su BIOTOPO.

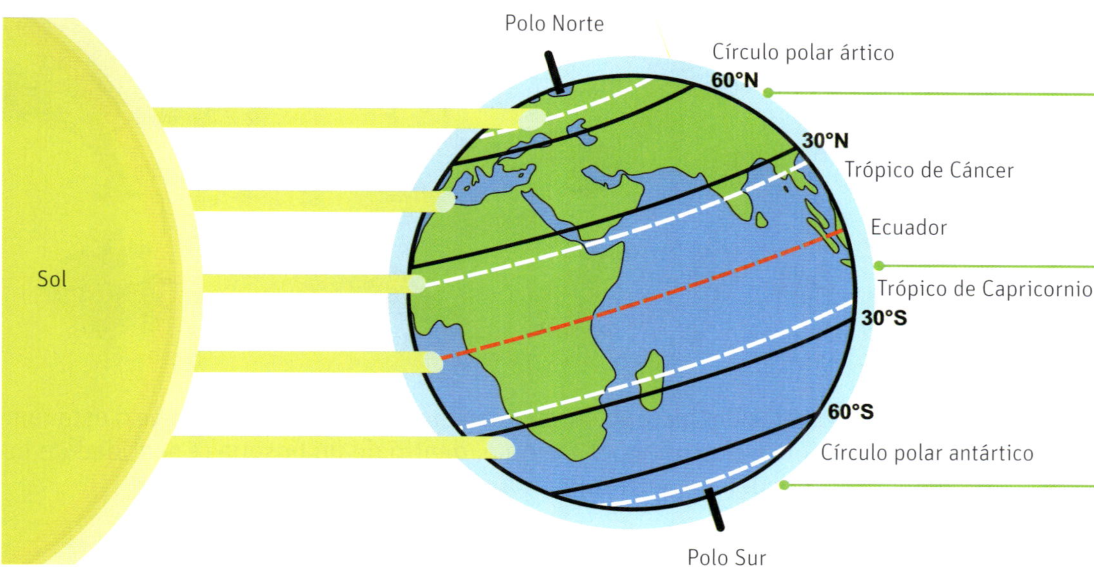

En las **zonas templadas** la radiación solar no es constante y hay estaciones. Esto es menos favorable para los organismos.

En la **zona tropical** la radiación solar es constante todo el año. Por eso hay más organismos.

En las **zonas frías** la radiación llega muy inclinada. Por eso hay menos organismos.

En la superficie terrestre, la cantidad de agua depende de la **lluvia**, que varía con la latitud, la altitud y la distancia al mar. Las lluvias son escasas en las regiones donde predominan las altas presiones, y abundantes donde imperan las bajas presiones.

Estas condiciones experimentan variaciones globales, debido a las **estaciones**, y locales, a causa del **relieve**: la temperatura disminuye con la altura y las precipitaciones varían en función de la orientación del terreno.

Estos factores, junto con las **características físico-químicas** que presenta el entorno, conforman lo que conocemos como **biotopo**.

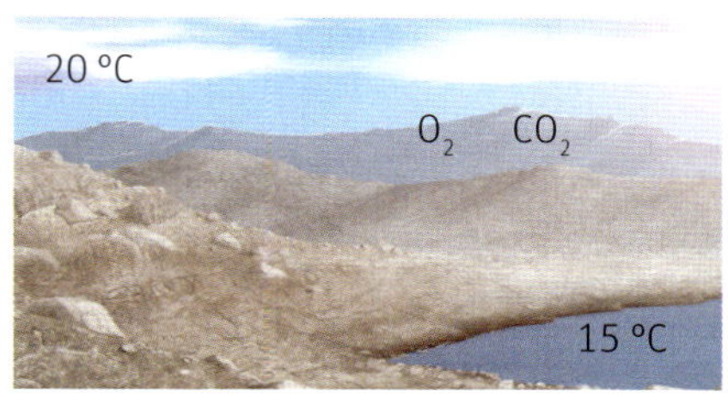

Algunos de los componentes del biotopo son la temperatura y las moléculas del aire.

ACTIVIDADES

1. Compara. Selecciona una planta y un animal de tu región y elabora un cuadro comparativo de la forma en la cual realizan sus funciones vitales.
2. Investiga sobre la forma en la cual la atmósfera y el campo magnético de la Tierra nos protegen de los rayos del sol.
3. Resume en un esquema las condiciones que permiten a los ecosistemas intertropicales ser ambientes propicios para el desarrollo de una alta biodiversidad.
4. Explica. ¿Cómo influye el relieve en la distribución de los organismos? Expón algún caso.
5. Razona. Aporta ejemplos que pongan de manifiesto las razones por las cuales el sol es un elemento fundamental para los seres vivos.
6. Representa. El relieve influye en la distribución de los organismos. Expón algún caso para demostrarlo e ilustrarlo mediante un dibujo o esquema.

2 Los seres vivos en el medio

El conjunto de **seres vivos** que habitan un **biotopo** constituyen la **biocenosis**. Entre ambos, biotopo y biocenosis, se establecen relaciones necesarias para formar un **ECOSISTEMA**.

La vida en el biotopo

Los seres vivos necesitan un entorno y unas condiciones ambientales determinadas para poder llevar a cabo sus funciones vitales. Ese "fondo" es el biotopo.

La biocenosis

Los seres vivos no pueden existir fuera de un biotopo, aunque siempre los imaginemos aislados y sin pensar en las condiciones físicas que los rodean. Además, para sobrevivir, todo ser vivo necesita de otros; por ejemplo, los animales dependemos de las plantas para alimentarnos y para respirar.

El conjunto de **seres vivos** y las **relaciones** que se establecen entre ellos y con el medio constituye la **biocenosis**.

Las características del biotopo determinan la biocenosis, pero, a su vez, esta también influye sobre el medio; por ejemplo, dentro de un bosque la cantidad de luz y la temperatura del aire en verano son menores que fuera de él.

¿Qué es un ecosistema?

Podemos definir un **ecosistema** como un entorno natural (biotopo) habitado por un conjunto de organismos (biocenosis) que se **relacionan** entre sí y con el medio.

Es importante insistir en el carácter dinámico del ecosistema. Como puedes intuir en esta ilustración y observar en la propia naturaleza, en un ecosistema, el todo (ecosistema) es más que la suma de las partes (biotopo y biocenosis).

La función de los seres vivos en el ecosistema

En los ecosistemas los seres vivos desempeñan diferentes funciones: hay productores, consumidores y descomponedores.

El criterio utilizado para hacer esta distribución en los distintos niveles tróficos es la manera en que los seres vivos obtienen la **materia** y la **energía**.

Los niveles tróficos

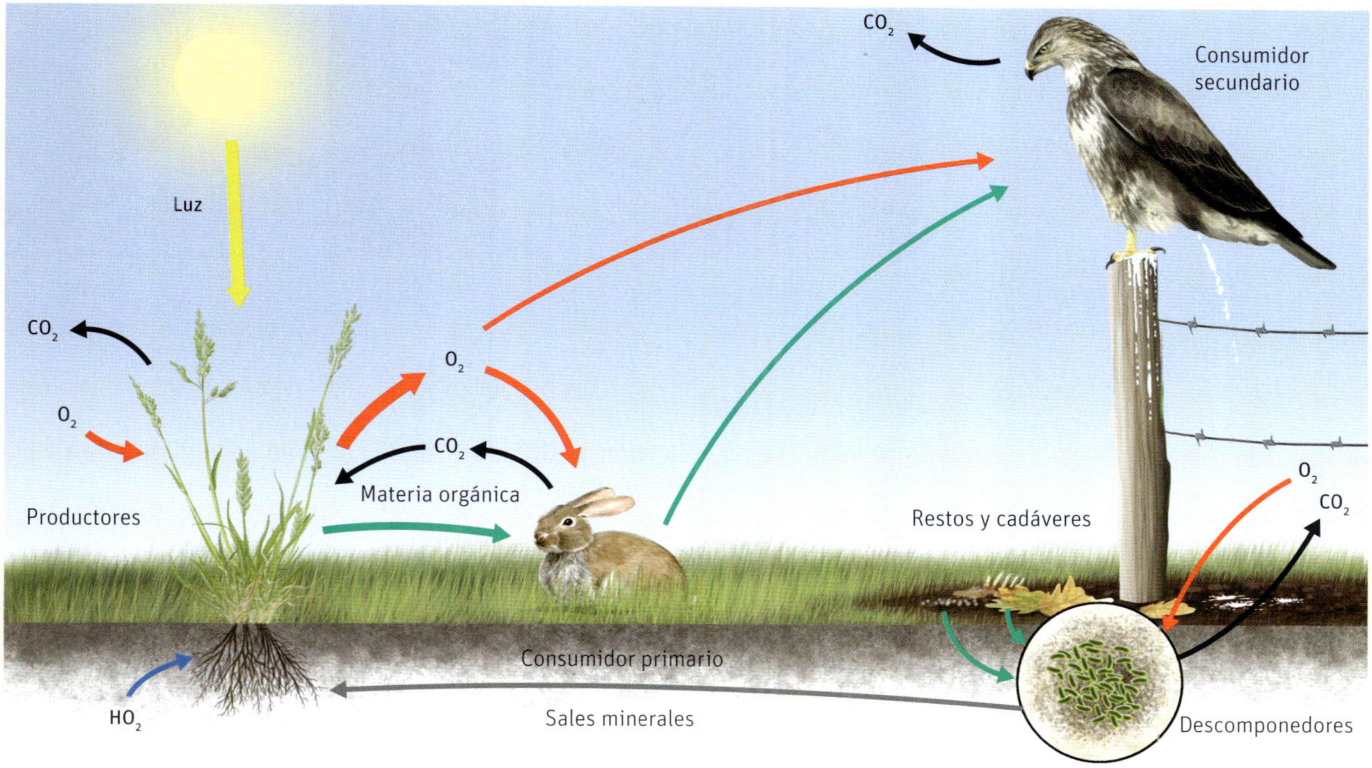

Productores
Ocupan el primer nivel trófico. Son organismos **autótrofos**, es decir, pueden producir su propio alimento. En los ecosistemas terrestres los productores más comunes son las plantas, y en los ecosistemas acuáticos, las algas.

Consumidores
Son organismos **heterótrofos**, es decir, no pueden producir su propio alimento y consumen otros organismos. Pueden ser primarios, secundarios y terciarios.

Descomponedores
Son organismos, como bacterias y hongos, que transforman la materia orgánica en sustancias que se incorporan al agua o al suelo para ser usadas de nuevo por los organismos autótrofos.

ACTIVIDADES

1. Compara. Selecciona dos ecosistemas propios de tu región, uno acuático y uno terrestre, establece las características del biotopo y la biocenosis de cada uno y elabora un cuadro comparativo entre ambos.

2. Explica. ¿Por qué se dice que los descomponedores cierran los ciclos de nutrientes en los ecosistemas?

3. Elabora un esquema o diagrama en el cual representes los niveles tróficos y expliques la función de cada uno de ellos en el ecosistema.

4. Razona. ¿Por qué la existencia y las características de la biocenosis están ligadas a las del biotopo?

5. Observa la imagen e identifica los componentes de este ecosistema.
   a) ¿Qué pasaría si las condiciones del biotopo cambiaran?
   b) ¿Qué seres vivos crees que no podrían sobrevivir en un biotopo con estas características?

3 Las relaciones entre los seres vivos

En los ecosistemas los seres vivos establecen relaciones de **alimentación** que explican el flujo de la **materia** y la **energía**. Podemos representar este flujo mediante **CADENAS** y **REDES TRÓFICAS**.

Cadenas tróficas

En los ecosistemas, los organismos establecen relaciones alimentarias o tróficas que hacen posible el flujo de **materia** y **energía**. Por ejemplo, el águila se alimenta de ardillas, y estos comen plantas que realizan la fotosíntesis con ayuda del sol, el agua, el dióxido de carbono y los minerales del suelo.

Este paso de materia y energía se puede representar gráficamente mediante las **cadenas tróficas**.

Bellotas

Ardilla

Águila

Redes tróficas

Pero la ardilla no solo come bellotas y el águila no solo se alimenta de ardillas; la dieta de los seres vivos es más variada.

Esta variedad en la dieta de los seres vivos implica que las cadenas tróficas, o alimentarias, de un ecosistema no son cerradas, y se entrelazan unas con otras. Se forman así las **redes tróficas**.

Los seres vivos se relacionan

Los seres vivos de un ecosistema se relacionan con el medio físico en que habitan y también entre ellos, pues dependen unos de otros para vivir.

Las **relaciones intraespecíficas** se presentan cuando las interacciones se producen entre organismos de la **misma especie**. Pueden ser de competencia, si compiten por los recursos, o de cooperación, si se ayudan unos a otros.

Las **relaciones interespecíficas** se presentan cuando los organismos de **diferentes especies** se relacionan unos con otros y de diversas formas en un ecosistema. Se pueden clasificar de acuerdo con el perjuicio o el beneficio producido.

COMPRENDE ¿Cómo se relacionan los componentes de un ecosistema?

Relaciones intraespecíficas

Gregarias

Los individuos viven juntos con el fin de defenderse y buscar alimento.

Sociales

Los individuos viven juntos y se organizan para dividir el trabajo.

Familiares

Los individuos se agrupan para reproducirse y cuidar de sus crías.

Coloniales

Los individuos originados por reproducción asexual se mantienen unidos.

Relaciones interespecíficas

Mutualismo

Dos organismos se ayudan mutuamente.

Parasitismo

Un organismo se beneficia y el otro se perjudica.

Simbiosis

Dos organismos se benefician al vivir completamente asociados.

Depredación

Un organismo mata a otro para alimentarse de él.

ACTIVIDADES

1. **Observa** un jardín de tu entorno e identifica cinco seres vivos que habiten en él. Dibuja en tu cuaderno una cadena alimentaria en la que representes el proceso de transferencia de materia y energía de ese ecosistema.

2. **Investiga.** Las hormigas establecen relaciones sociales de cooperación.
   - Describe la división de funciones que tienen (castas) y la dinámica de las relaciones que establecen.

3. **Analiza** la imagen:
   a) ¿Qué seres vivos forman parte de los productores?
   b) ¿Qué organismos pueden pertenecer al nivel de consumidores primarios?
   c) ¿Qué animales podrían ser los depredadores del ecosistema?

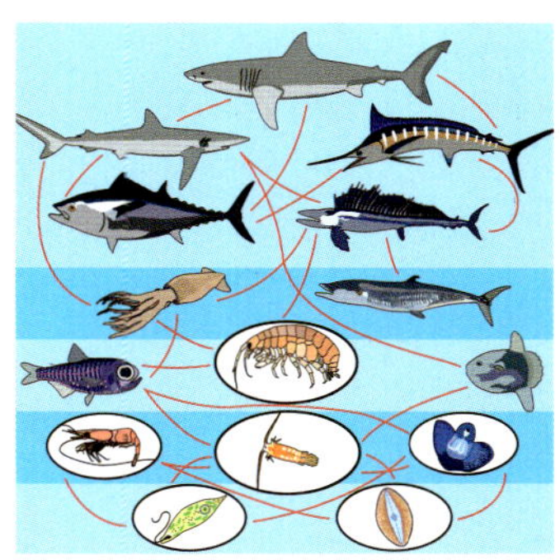

4. **Elabora** una red trófica terrestre y señala los niveles tróficos de cada organismo que la conforma.

4 Los grandes biomas terrestres

Las zonas con similares **condiciones climáticas** en las que las comunidades de seres vivos presentan semejanzas constituyen un **BIOMA**.

Los biomas y la biodiversidad

El ecosistema de la selva amazónica y el de la selva de África central, aunque distantes, son semejantes, ya que poseen unas **condiciones ambientales** parecidas: altas temperaturas durante todo el año y abundante humedad.

Recuerda que las condiciones ambientales en la superficie terrestre dependen del **clima**. La temperatura, las precipitaciones y la cantidad de luz son los factores abióticos necesarios para la **fotosíntesis**, un proceso que determina la cantidad de materia viva que se produce en una zona, condicionando así la cantidad de organismos consumidores y descomponedores que la pueblan.

Ten en cuenta que la **altitud** puede modificar las condiciones ambientales, ya que cada 180 m de altura, la temperatura disminuye 1 °C. Por este motivo, en el ecuador, una montaña de más de 4 700 m de altura puede poseer nieves perpetuas, pero no tiene estacionalidad, es decir, carece de invierno y verano.

El proceso de adaptación a condiciones climáticas semejantes puede llevar a que especies distintas cumplan papeles muy similares y se construyan ecosistemas muy parecidos en lugares muy distantes entre sí.

OBSERVA Las características de los principales biomas de la Tierra.

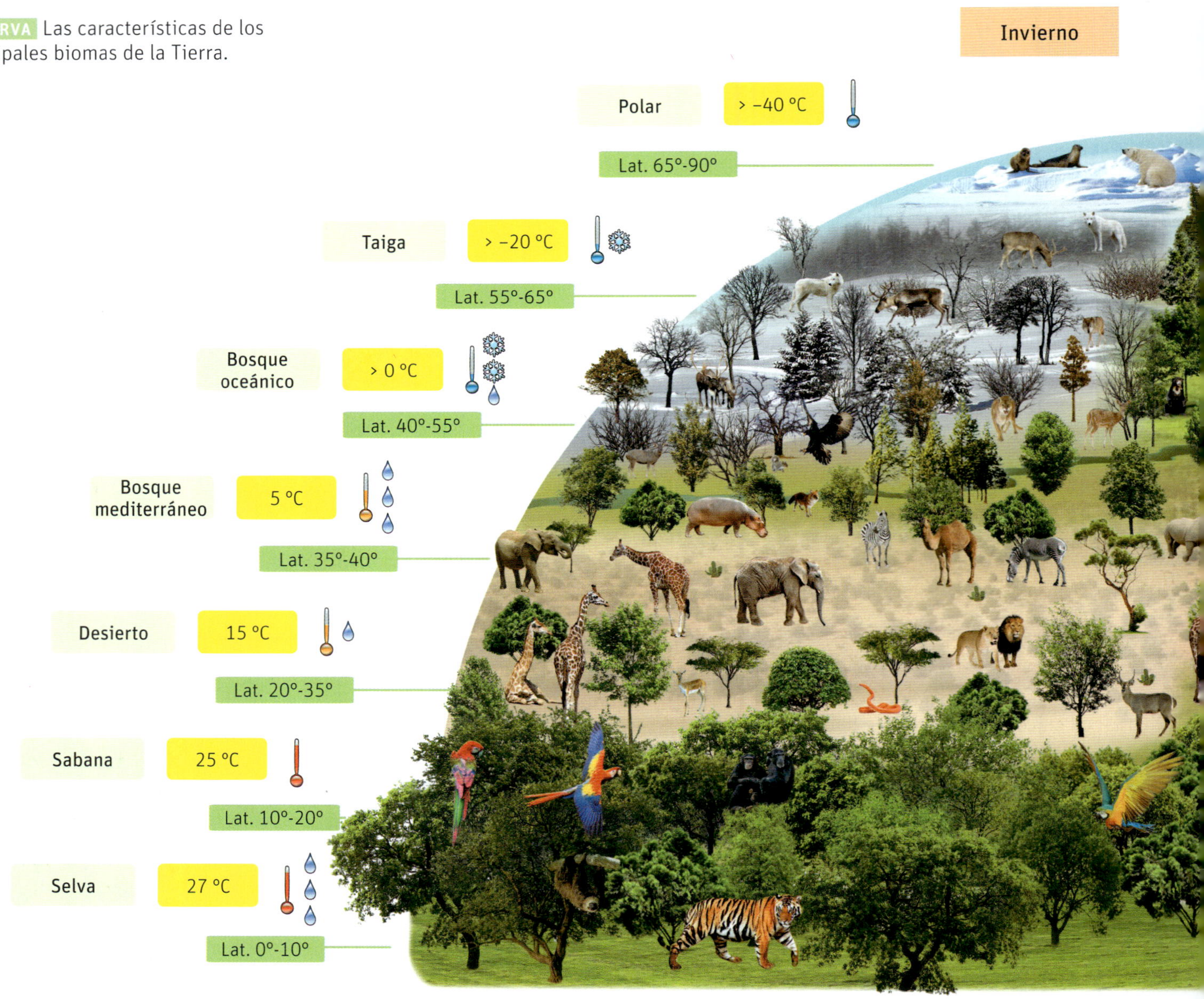

ACTIVIDADES

1. **Explica.** ¿Qué características comparten los biomas que se encuentran alejados de la línea del ecuador?

2. **Relaciona.** ¿Qué ocurre con la temperatura de los biomas a medida que nos alejamos de la línea del ecuador? ¿En cuáles biomas no hay estaciones climáticas?

3. **Elabora** en tu cuaderno una tabla de datos en la que registres la temperatura media de cada bioma terrestre y la humedad. Luego, elabora una gráfica.

4 **Investiga.** ¿Cuáles son los biomas que poseen mayor grado de biodiversidad?

La **BIODIVERSIDAD** es mayor en las zonas en las que la **temperatura** y la **precipitación** son mayores.

La biodiversidad es muy escasa.

La vida animal depende del mar.

Verano

> 0 °C

La biodiversidad es media-escasa. Predominan los bosques de coníferas, bajo los cuales crecen líquenes y musgos. En los claros hay hierbas. Los animales presentan protección contra las bajas temperaturas y migran durante los meses fríos. Sobre los 60° de latitud solo hay líquenes, musgos y arbustos.

10 °C

La biodiversidad no es muy abundante. Los árboles pierden las hojas en otoño. En las zonas más frías también hay coníferas. Los animales almacenan grasa e hibernan o migran.

20 °C

La biodiversidad es abundante. Para soportar la sequía estival, las plantas presentan hojas pequeñas y duras, y los animales suelen migrar.

25 °C

La biodiversidad es muy escasa. Para adaptarse al calor y la sequía, las plantas presentan superficies cerosas y espinas en vez de hojas, y los animales tienen hábitos nocturnos.

28 °C

La biodiversidad es escasa en árboles y abundante en hierbas y animales. Los árboles pierden la hoja durante la estación seca. Los animales migran buscando los pastos más frescos.

28 °C

Biodiversidad muy abundante. En los bosques, siempre verdes, existe una gran competencia por la luz. Los animales se mimetizan para pasar desapercibidos, salvo los pájaros, que presentan llamativos colores. La mayoría de los animales vive en las copas de los árboles, donde abunda el alimento.

27 °C

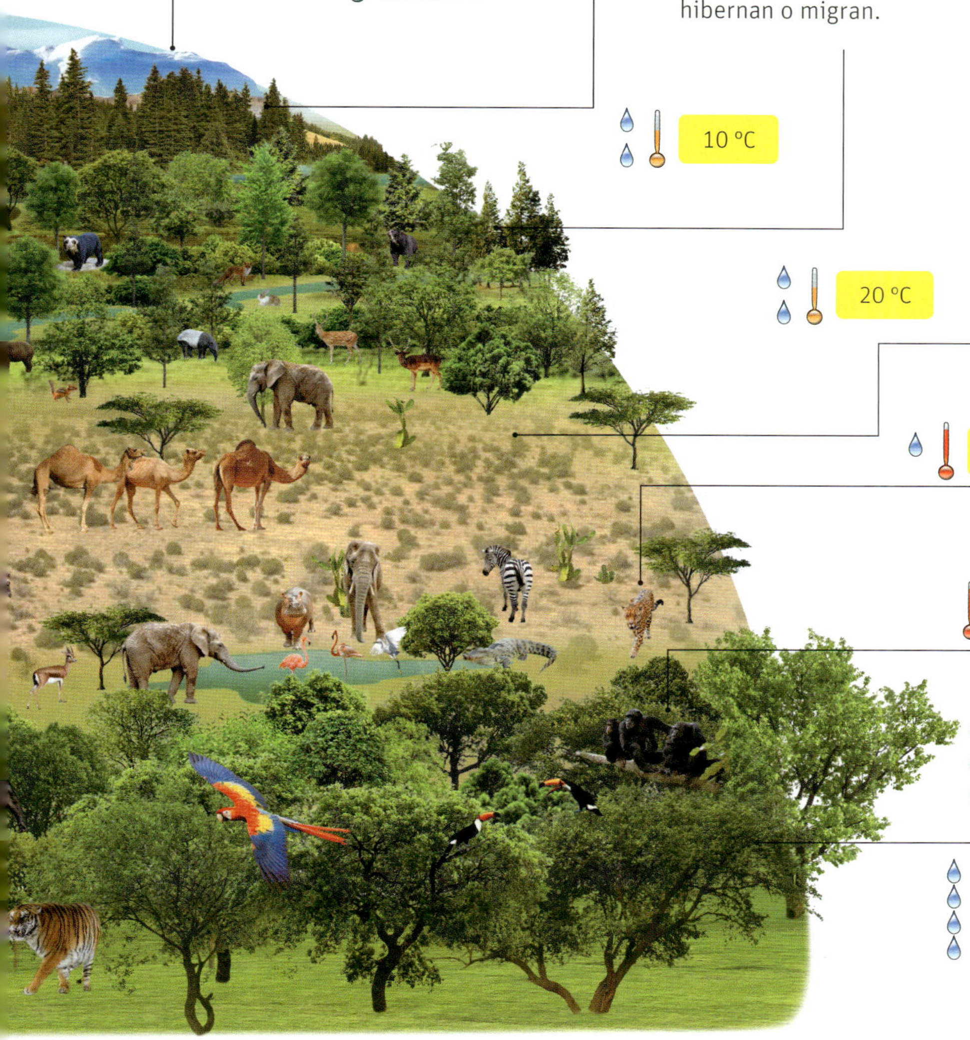

5 Los ecosistemas de agua dulce

En acuíferos asociados a rocas salinas y en las zonas de unión entre los ríos y el mar se originan ecosistemas de aguas salobres.

En los ecosistemas acuáticos el elemento fundamental del biotopo es el **agua**. En el agua, al igual que en la superficie emergida, existen organismos productores, consumidores y descomponedores.

Los ecosistemas acuáticos pueden ser de agua salada, como el mar, o de agua dulce, como los ríos, los lagos y los pantanos.

Mucho más que ríos

El agua superficial de los continentes procede de la lluvia y del afloramiento de las aguas subterráneas. En general, su profundidad es escasa y posee pocas sales disueltas, salvo que procedan de aguas subterráneas que hayan circulado a través de rocas muy solubles.

Los ecosistemas de agua dulce pueden ser de **aguas quietas** o de **aguas en movimiento**. Ambos son muy ricos en biodiversidad.

Aguas en movimiento. Son los ríos y los arroyos. Suelen poseer más oxígeno disuelto y ser más pobres en nutrientes que las aguas quietas.

Aguas quietas. Son los lagos, los pantanos y los humedales. Se trata de aguas poco oxigenadas y de ecosistemas muy ricos en nutrientes.

Los ecosistemas de aguas quietas

Son ecosistemas que no presentan una corriente continua sino que permanecen estancados, como lagos, lagunas, charcos, pantanos, humedales y ciénagas.

Su tamaño, su profundidad y la cantidad de nutrientes son variables. Las características del fondo de estos ecosistemas son muy importantes, ya que las algas y las plantas se anclan a fondos firmes.

Lagos y lagunas

En **lagos** y **lagunas** se observan diferentes zonas de vida:

1. El área más cercana a la orilla es la zona **litoral**, la cual tiene poca profundidad, muchos nutrientes, abundante luz y un fondo firme. Estas condiciones la hacen la zona más diversa del ecosistema.

2. A medida que se aleja de la orilla y aumenta la profundidad, se encuentra la zona **limnética** o **iluminada** donde el fitoplancton y plantas como la lenteja de agua realizan la fotosíntesis.

3. En la **zona profunda**, donde no llega la luz, abunda la materia orgánica que cae desde la superficie: es el alimento de descomponedores, como caracoles, larvas de insectos y bacterias.

ACTIVIDADES

1. Explica. ¿Qué peces tienen mayor capacidad nadadora, los de los ríos o los de las lagunas? Explica tu respuesta.
2. Representa elaborando un mapa mental la clasificación de los ecosistemas de agua dulce. Puedes utilizar distintos colores e incluir tanto palabras como dibujos.
3. Investiga. Los peces, al igual que todos los demás animales, son organismos aerobios, es decir, utilizan oxígeno en su respiración. ¿De dónde obtienen oxígeno los peces y demás animales acuáticos?
4. Elabora un cuadro comparativo de las diferencias entre los ecosistemas de aguas quietas y de aguas en movimiento.
5. Analiza. Los datos de la tabla reflejan la cantidad de oxígeno disuelto en las aguas de un río en un día. Represéntalos mediante una gráfica.

Hora	O_2 disuelto (mg/L)
6:00	4,5
12:00	6
18:00	7

a) ¿Cuándo hay menos oxígeno? ¿Cuándo hay más?

b) ¿A qué crees que se debe?

6 Los ecosistemas de agua salada

Los **océanos** y los **mares** son ecosistemas de **AGUA SALADA**.
En los océanos se encuentra la **zona litoral** y la **zona oceánica**.

Las características fundamentales de las aguas marinas son:

- Su **salinidad**, dado que poseen, de media, 35 gramos de sal por litro.
- Su **gran volumen**, que hace que su **temperatura** sea muy estable en comparación con la de las superficies continentales.

En la costa, el oleaje oxigena las aguas, los ríos aportan nutrientes al mar y la luz permite la fotosíntesis. Son aguas llenas de nutrientes y, por tanto, repletas de vida. En mar abierto, las aguas poseen menos nutrientes y la biodiversidad disminuye.

Los océanos y los mares

Los océanos son acumulaciones de grandes volúmenes de agua que se encuentra principalmente en estado líquido, mientras que los mares tienen menor extensión y son menos profundos.

La estratificación marina

En el océano se distinguen varias zonas.

- Según la distancia a la costa, se encuentran las siguientes zonas:
  - **Zona costera o litoral.** Comprende el área marina situada sobre la plataforma continental, la parte sumergida de los continentes. Incluye diversos ecosistemas, como los estuarios, los humedales costeros o los arrecifes de coral.
  - **Zona oceánica o de mar abierto.** Situada más allá de la plataforma continental.
- Según la penetración de la luz solar, se diferencian:
  - **Zona eufótica.** Es la zona iluminada y en ella viven los organismos fotosintéticos. Suele alcanzar hasta unos 200 metros de profundidad.
  - **Zona batial.** Tiene muy poca iluminación y se encuentra entre los 200 y los 2000 metros de profundidad.
  - **Zona abisal.** Es la zona profunda y oscura del océano.

Las zonas batial y abisal solo se encuentran en el mar abierto y carecen de organismos fotosintéticos por la falta de luz.

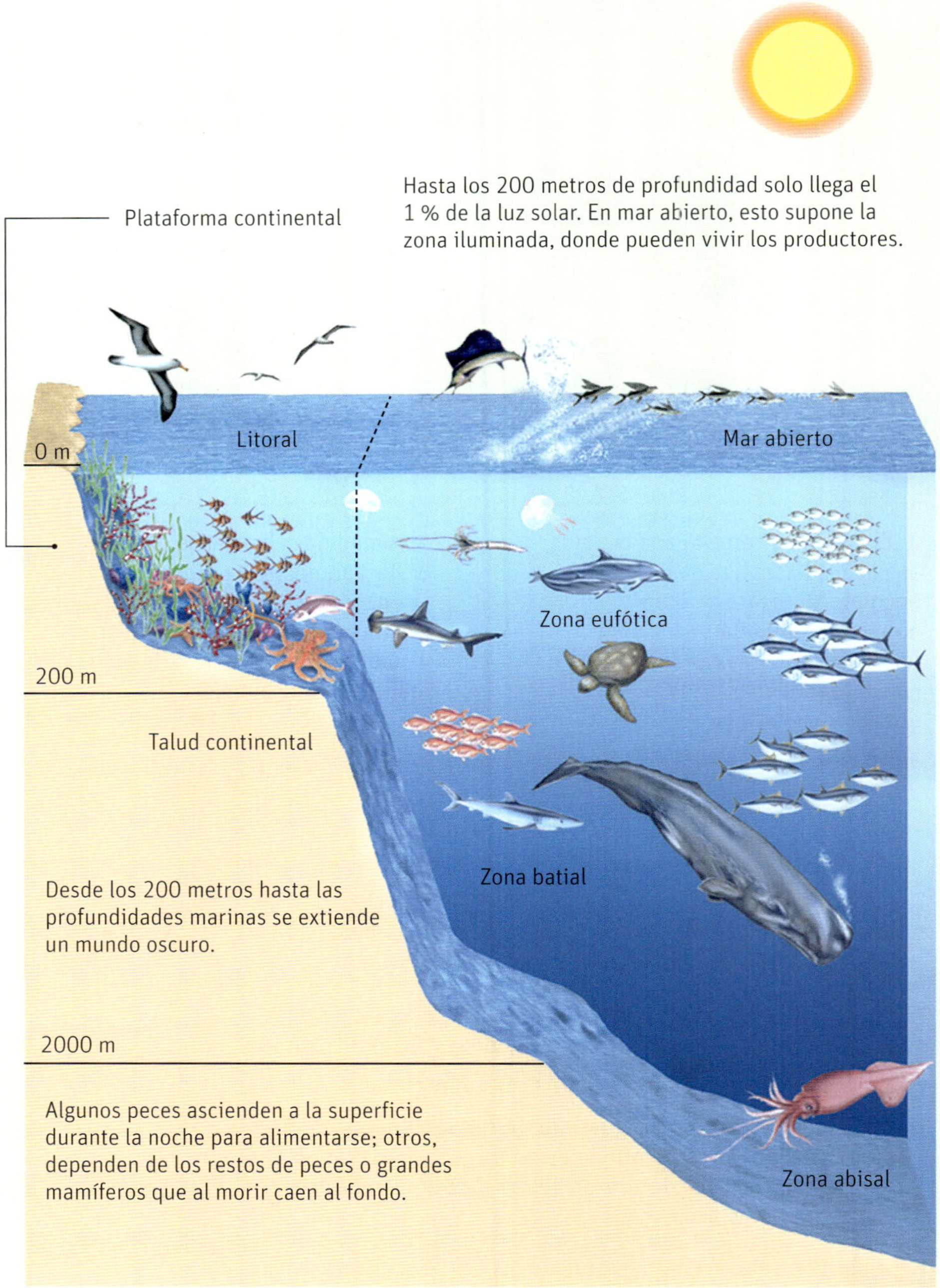

Distribución de los organismos marinos

La distribución de los organismos en los océanos tiene poca influencia climática, por esto se observa una mayor uniformidad que en los continentes. Sin embargo, en los océanos se pueden establecer zonas en las cuales se distribuyen los seres vivos, y que están determinadas en gran medida por los siguientes factores:

- La presencia de la luz solar.
- La profundidad.
- La distancia a la costa.

Los organismos marinos

Los organismos marinos se distribuyen en tres grupos:

Plancton

Son los organismos que se dejan arrastrar por las aguas. Puede ser fitoplancton, constituido por algas microscópicas que son los productores, la base de las redes tróficas en los ecosistemas acuáticos, o zooplancton, constituido por larvas, protozoos, alevines y pequeños crustáceos que se alimentan de fitoplancton.

Bentos

El bentos está formado por los organismos que se encuentran sobre el fondo marino. Pueden ser de vida libre, es decir, que se mueven y se desplazan de forma activa, o sésiles, cuando permanecen fijos al suelo o sustrato.

Las anémonas, los corales, las estrellas de mar y, si llega la luz, las algas son ejemplos de bentos.

Necton

El necton está constituido por organismos de mayor tamaño que el plancton. Estos se mueven de manera activa, es decir, no dependen de las corrientes oceánicas para desplazarse en el océano sino que lo hacen a voluntad.

Los peces, los moluscos cefalópodos, algunos reptiles y los mamíferos acuáticos son ejemplos de necton.

ACTIVIDADES

1. Investiga sobre algunas de las adaptaciones de los organismos que habitan en las zonas profundas del océano.
2. Amplía la información de las zonas del océano según la penetración de la luz solar y elabora un cuadro comparativo con las características más representativas y ejemplos de los seres vivos que habitan cada una de ellas.
3. Investiga. ¿Cómo obtienen su alimento los organismos nectónicos como las anémonas?
4. Compara las características de las zonas en que se divide el océano. ¿En cuál de ellas habita el plancton? Argumenta tu respuesta.
5. Elabora un esquema que represente la distribución de los organismos marinos y responde:
   a) ¿Cómo se desplazan los organismos planctónicos?
   b) ¿Cómo es la forma de desplazamiento de los organismos bentónicos?

7 El suelo como ecosistema

OBSERVA La formación del suelo.

Composición y formación del suelo

El suelo contiene **partículas minerales**, huecos en los que se acumula aire y el agua necesaria para las raíces de las plantas, así como seres vivos y los restos orgánicos de los que estos se nutren.

El suelo se forma por la **meteorización** que sobre las rocas ejercen los seres vivos y los agentes meteorológicos: el agua, el hielo, el viento, etc.

Los restos de los seres vivos, principalmente de las plantas, forman la materia orgánica que cubre la roca alterada y que servirá de alimento para los seres vivos que habitan el suelo.

Formación del suelo

La formación del suelo es un proceso muy lento. La evolución que aparece reflejada en este dibujo tarda miles de años en producirse. A medida que el suelo evoluciona, cambian las comunidades vegetales que lo cubren.

Suelo inmaduro

Las rocas se fragmentan por efecto de la meteorización que ejercen los seres vivos y los agentes meteorológicos: el agua, el hielo.

Suelo joven

Los restos de los seres vivos, principalmente de las plantas, forman la **materia orgánica** (humus) que cubre la roca alterada.

Suelo maduro

El suelo se va formando de abajo arriba y de arriba abajo. En un suelo se pueden distinguir tres **horizontes** diferentes: horizonte A, horizonte B y horizonte C.

Interacciones en el suelo

La **biocenosis** del suelo está compuesta principalmente por microorganismos (bacterias, algas, hongos y protozoos) y animales invertebrados (gusanos, insectos y algunos artrópodos). El **biotopo** dependerá de las condiciones ambientales y del tipo de roca madre que lo originara.

Organismos y suelo

Hongo-planta: algunos hongos viven en las raíces de plantas. Las plantas les aportan protección y nutrientes, y los hongos materia inorgánica.

Bacteria-planta: Las bacterias fijadoras de nitrógeno permiten a las plantas obtener **nitrógeno**, uno de nutrientes fundamentales.

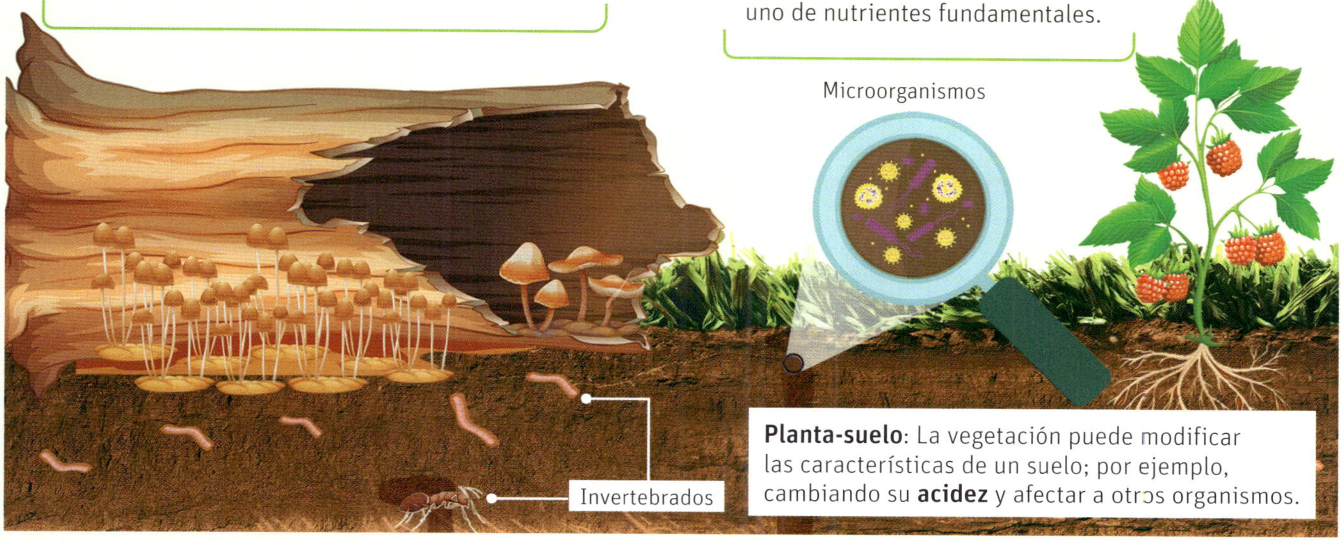

Planta-suelo: La vegetación puede modificar las características de un suelo; por ejemplo, cambiando su **acidez** y afectar a otros organismos.

Las funciones del suelo

El suelo es el **sustrato fundamental** en el que se desarrolla la vida en la superficie de los continentes.

- En sus huecos se **almacena el agua** de lluvia necesaria para las plantas.
- Los organismos descomponedores, al nutrirse con los restos de los seres vivos, liberan los nutrientes inorgánicos que estos contienen y que son absorbidos de nuevo por las raíces de las plantas, completando así el **ciclo de la materia**.

ACTIVIDADES

1. Observa **la imagen:**

a) ¿Cómo crees que se verá el suelo sin lombrices de tierra? Dibuja ese suelo.

b) ¿Por qué es importante la presencia de las lombrices para el adecuado flujo de agua y nutrientes en el suelo?

c) ¿Cuáles son las características de los suelos que no presentan seres vivos?

2. Investiga **algunos tipos de adaptaciones de las plantas a diferentes tipos de suelo.**

3. Razona. **El aumento de zonas dedicadas a la agricultura y ganadería se ha incrementado en todo el mundo, con procesos como la deforestación de grandes zonas.**

a) ¿Cómo impactan en el suelo las prácticas excesivas de ganadería y agricultura?

b) ¿Cómo se relacionan las problemáticas sociales con el impacto ambiental sobre los suelos?

4. Experimenta. **Recoge tres muestras de suelo: arenosa, tierra negra y tierra compacta (arcillosa). Agrégales agua hasta alcanzar su máximo de absorción.**

a) ¿Puedes ver seres vivos en ellas? ¿En cuál?

b) Elabora una tabla que indique la cantidad de agua que absorbió cada tipo de suelo.

LO ESENCIAL

Los ecosistemas y sus características

Los seres vivos nos caracterizamos por estar compuestos por sustancias llamadas **biomoléculas** y llevar a cabo funciones vitales.

Los factores abióticos de una región, sumados a las características físico-químicas de un lugar, conforman el **biotopo**.

Un ecosistema se define como la suma del **biotopo** y la **biocenosis** que se relaciona entre sí y con el medioambiente.

Según la forma de obtener energía, los seres vivos se clasifican en los niveles tróficos: **productores**, **consumidores** y **descomponedores**.

Las **relaciones tróficas** que establecen los seres vivos en un ecosistema se representan mediante **cadenas** y **redes tróficas**.

Las relaciones que establecen los seres vivos pueden ser **intraespecíficas** (competencia) o **interespecíficas** (mutualismo, parasitismo).

El suelo está compuesto por sustancias **sólidas**, **líquidas** y **gases**. En él interactúan gran cantidad de seres vivos.

Los biomas son **ecosistemas** muy extensos que presentan **condiciones climáticas** y **cobertura vegetal** muy similares.

Los ecosistemas acuáticos de **agua dulce** pueden tener aguas quietas (lagunas) o aguas en movimiento (ríos).

Los ecosistemas de **agua salada**, como los océanos y los mares, se caracterizan por su salinidad y gran volumen.

1. Organiza tus ideas. **Copia, completa y amplía el siguiente esquema para construir tu propio mapa mental de la unidad.**

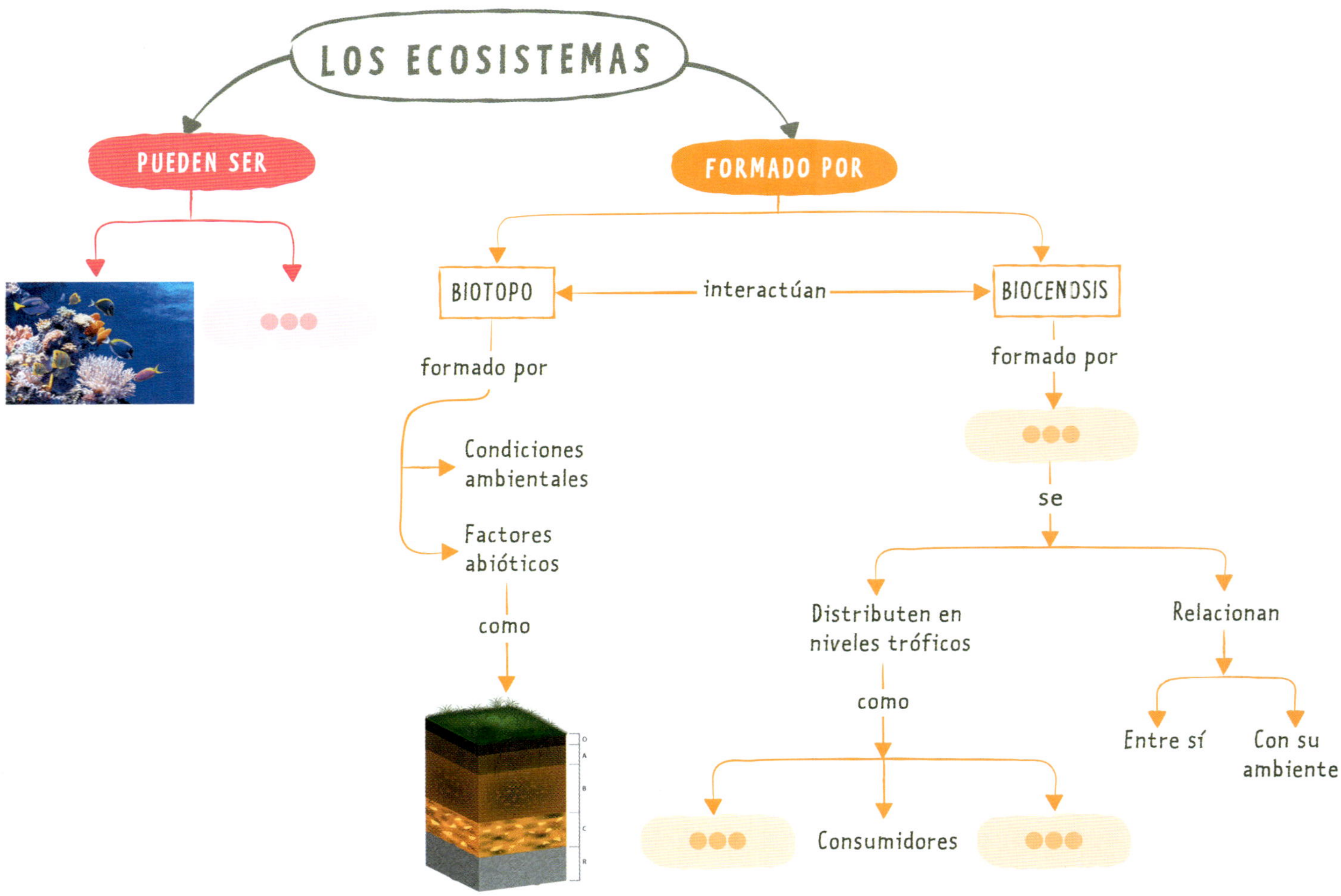

VALORA LO APRENDIDO Autoevaluación y resumen.

1. Observa las interacciones entre los seres vivos presentados en las imágenes.

a) ¿Qué tipo de interacción se está llevando a cabo en cada imagen? Descríbela.

b) ¿Cuáles de los seres vivos presentados se benefician de la relación que están estableciendo?

2. Observa. **Analiza la gráfica y responde a las preguntas. Ten en cuenta que la temperatura y el agua son factores limitantes de la biodiversidad.**

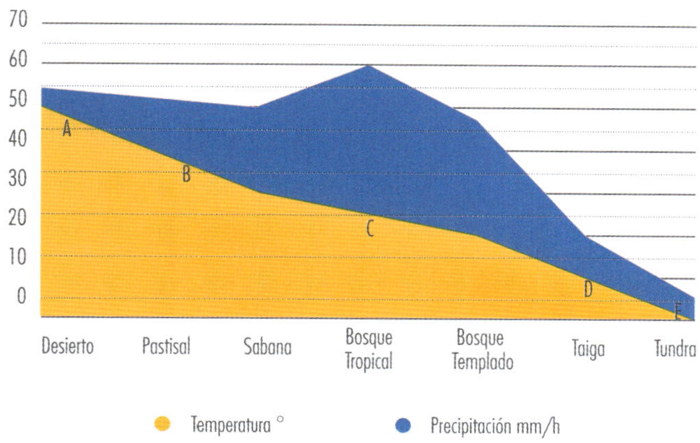

a) ¿En qué bioma crees que hay mayor biodiversidad?

b) ¿Qué bioma considerarías como un desierto helado?

c) ¿Qué letra coincide con las condiciones climáticas de la selva amazónica?

d) ¿Cómo son la temperatura y las precipitaciones en el bioma de taiga?

3. Observa **la siguiente imagen, presenta la relación entre un hongo y una planta.**

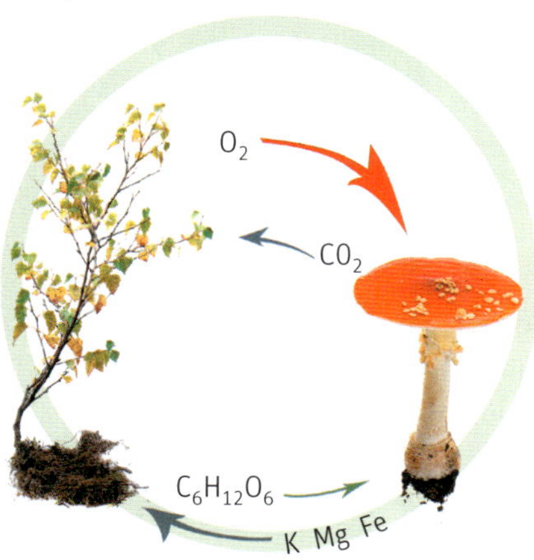

- ¿Cuál es el tipo de alimentación del hongo de la imagen?

4. Soy competente

Observa con atención la gráfica y resuelve las actividades.

En algunos ecosistemas, como los bosques de tipo mediterráneo, los linces se han alimentado durante décadas de las liebres que habitan esta región. En la siguiente gráfica se ilustra esta interacción entre las dos poblaciones. ¿Qué se puede concluir de la gráfica sobre las poblaciones de lince y de liebre?

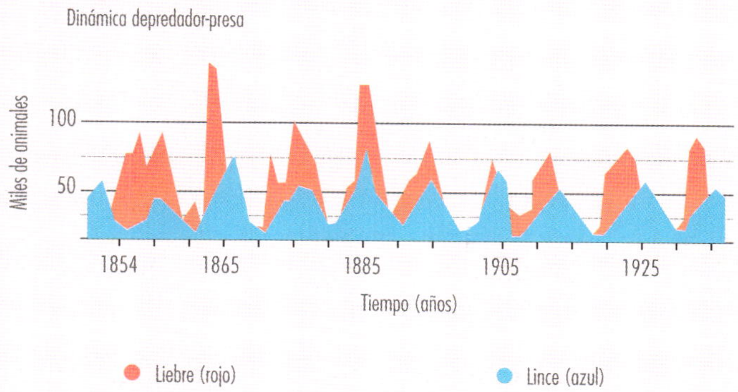

a) Analiza si la siguiente afirmación es correcta: Cada vez que aumentan las presas, sigue un aumento en los predadores. Razona tu respuesta.

b) Observa atentamente la gráfica y contesta de forma razonada: ¿Podría ser la población de liebres superior a la de linces?

c) Tanto las liebres como los linces son especies típicas de los bosques mediterráneos. Diseña una red trófica representativa de este bioma en la que intervengan tanto el lince como la liebre.

5. Observa **la imagen.**

a) ¿A qué nivel trófico pertenecen los hongos?

b) ¿Por qué se señala un flujo de nutrientes hacia ellos?

c) ¿El esquema representa una cadena o una red trófica? Explica la diferencia entre ambas.

6. Explica. Observa atentamente la imagen.

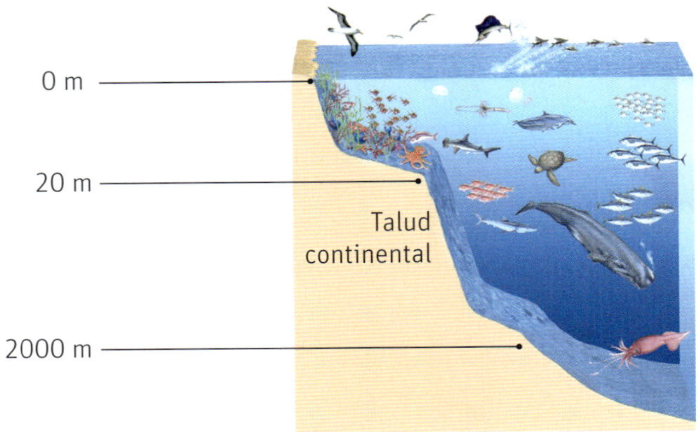

a) ¿Cuál es el nombre de la estratificación del océano según la profundidad y la cercanía a la costa?

b) A partir de la imagen escribe ejemplos de animales:

- Bentónicos
- Planctónicos
- Nectónicos

7. Investiga. **La gráfica representa el efecto de la velocidad de la corriente de agua en la distribución de dos especies de larvas de insectos.**

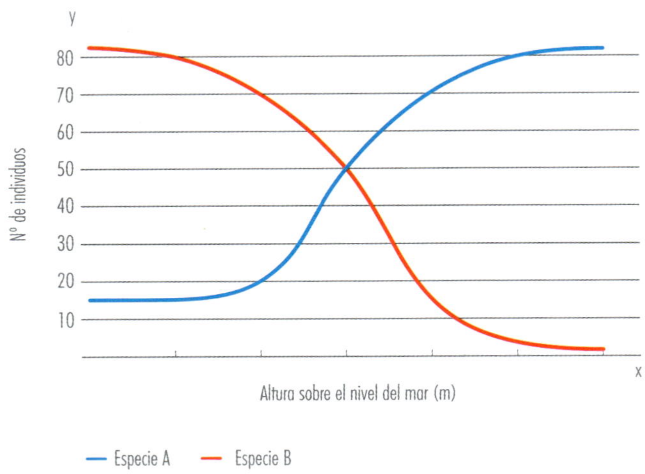

a) ¿En qué tipo de ecosistema de agua dulce se realizó el estudio? ¿Por qué?

b) Si la corriente del cuerpo de agua va en aumento, ¿qué pasaría con las especies de larvas?

c) ¿Qué tipos de adaptaciones esperarías encontrar en cada una de las especies?

8. Analiza. **Una interacción mirmecófila es aquella donde la planta suministra alimento para las hormigas en forma de néctar y las hormigas la defienden de animales herbívoros que intentan alimentarse de sus partes. ¿Qué tipo de interacción se lleva a cabo en este ejemplo?**

9. Razona. **En una zona de la ciudad muy cercana a un humedal están construyendo un proyecto de vivienda. ¿Qué problemas ecológicos puede ocasionar este proyecto?**

10. Explica. **Las siguientes gráficas muestran el crecimiento de dos especies diferentes de microorganismos por separado. La tercera, representa un cultivo conjunto de ambas durante 20 días.**

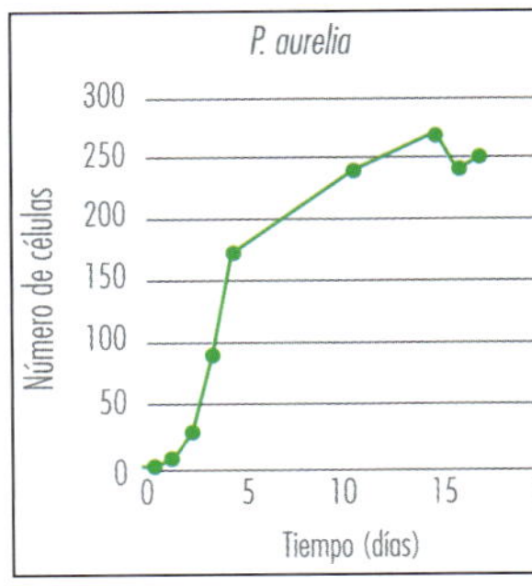

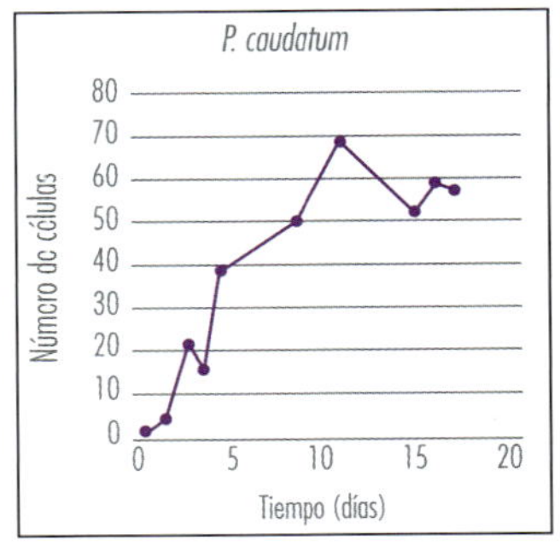

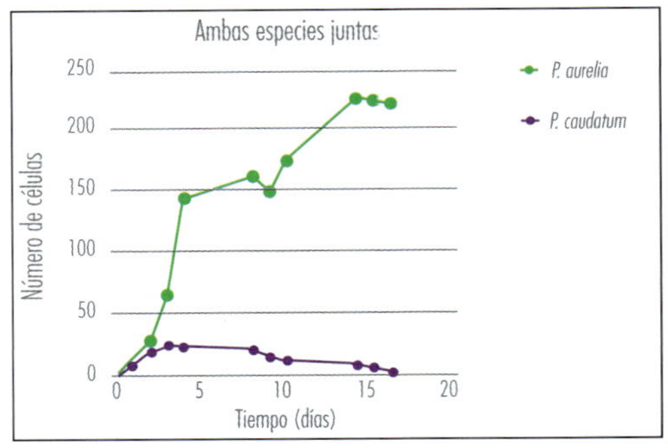

a) Describe lo que ocurre con las bacterias en cada una de las gráficas.

b) ¿Qué tipo de interacción puede explicar este comportamiento en ambas cepas de bacterias?

c) ¿Cómo puedes explicar la tendencia de las poblaciones de bacterias en la gráfica que representa su interacción en el mismo medio?

11. Identifica. **En el mapa se representa la distribución de la biodiversidad en el planeta.**

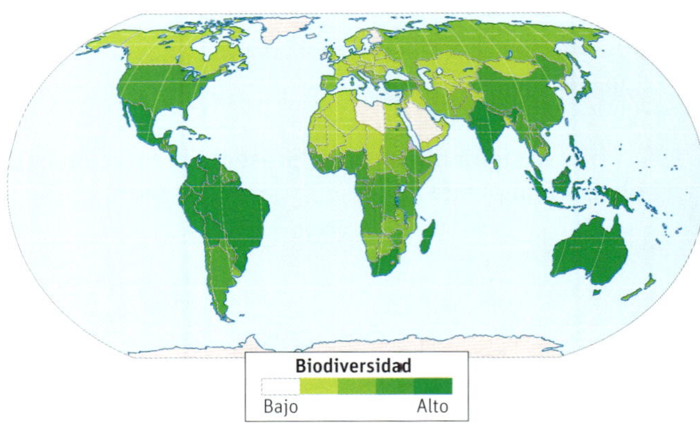

Responde a las preguntas de acuerdo con lo que observaste en el mapa.

a) ¿Qué regiones de la Tierra presentan los valores más altos de diversidad?

b) ¿Qué regiones de la Tierra presentan los valores más bajos de diversidad?

c) ¿Qué factores influyen para que ciertas áreas sean más diversas que otras?

12. Razona. Un grupo de científicos realizó el conteo de los individuos de algunas especies animales en una isla antes de ser habitada por los humanos. Cuatro años después realizaron el mismo conteo y registraron los datos en las siguientes gráficas.

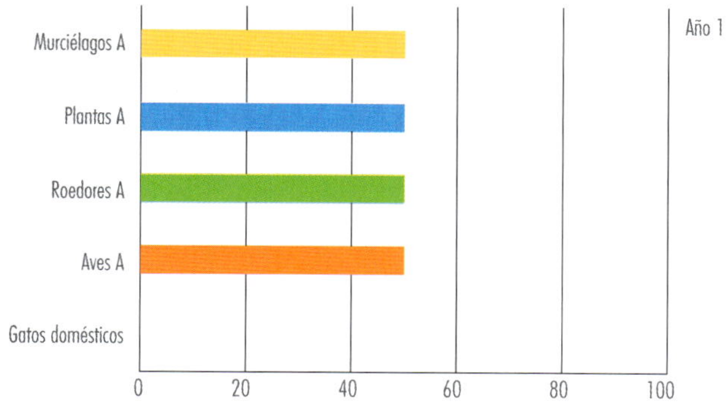

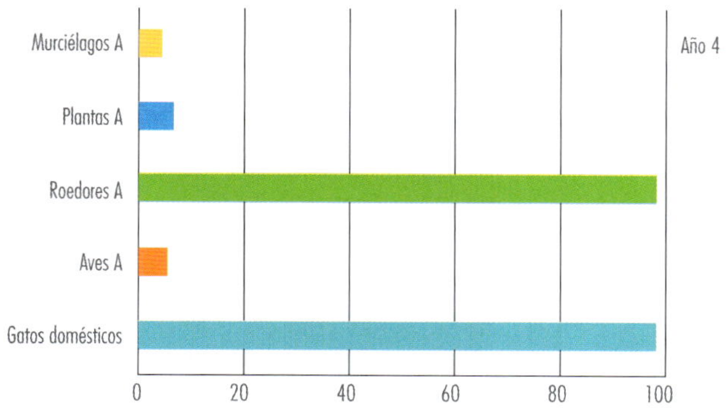

a) ¿Qué especie alteró el ecosistema?

b) ¿Qué población mantenía controlado el número de roedores de la especie A?

c) ¿Cuál es el organismo productor en la isla?

13. Analiza. La altitud es un factor abiótico que tiene influencia sobre la distribución y la diversidad de los seres vivos.

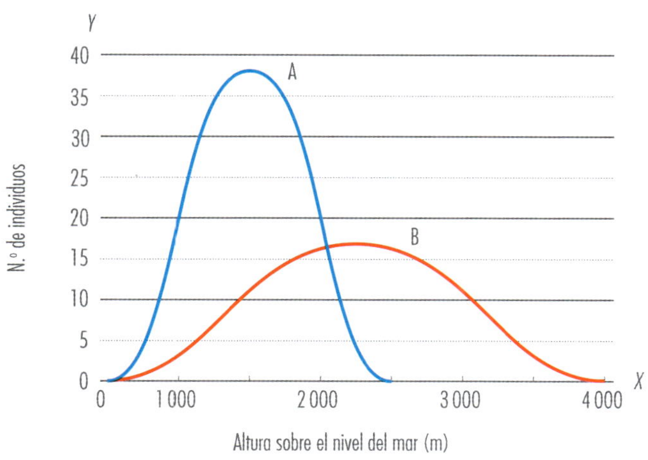

a) Describe la relación que se observa entre el número de individuos y la altitud.

b) La temperatura es un factor relacionado en gran medida con la altitud, ¿cómo varía la temperatura a medida que la altitud aumenta?

14. Retoma la pregunta de la apertura de unidad y respóndela utilizando todos los conocimientos que aprendiste sobre los ecosistemas.

Ciencia en la calle

Lee y comprende el siguiente texto:

Aracnofobia

Muchas personas en el mundo sienten miedo por las arañas, mientras otras solo sienten repulsión y desprecio por estos pequeños artrópodos. Podemos encontrar arañas en todas partes, desde las selvas hasta las más atractivas y sofisticadas ciudades del mundo.

Su función en las cadenas tróficas de estos ambientes resulta fundamental, ya que se alimentan de insectos, como moscas y mosquitos, que pueden llegar a convertirse en plagas, pues transmiten enfermedades a los seres humanos.

En muy probable que te las encuentres en las calles o en tu casa. Si esto ocurre, trata de no lastimarlas, recuerda que pertenecen al nivel trófico de los consumidores y se alimentan de esas plagas que viven en la basura o están esperando la oportunidad para succionar tu sangre y transmitir enfermedades.

En las áreas rurales, las arañas se alimentan de los consumidores primarios que pueden convertirse en plaga y llegar a arrasar con los cultivos.

Los beneficios que traen estos depredadores a la ciudad y los ecosistemas son muy grandes, así que la próxima vez que veas una araña no la pises, déjala cumplir con su misión de limpieza y protección contra las plagas que conviven contigo, y si te fastidia demasiado, solo sácala de tu casa sin hacerle daño.

a) ¿Por qué crees que las arañas tienen tan mala fama?

b) ¿Qué ocurriría si se eliminaran todas las arañas de los ecosistemas y las ciudades?

c) ¿Qué recomendaciones les darías a las personas que acostumbran a pisar a los insectos y demás artrópodos?

12 DEGRADACIÓN Y CONSERVACIÓN DEL MEDIO

En esta unidad aprenderás...

- Cuál es la importancia de conservar el medioambiente.
- Cuáles son los factores desencadenantes de desequilibrios en ecosistemas.
- Qué estrategias se pueden utilizar para recuperar ecosistemas en desequilibrio.
- Cuáles son los problemas ambientales globales.
- Qué acciones se pueden desarrollar para cuidar el medioambiente.

¿Cómo nos relacionamos con el medio que nos rodea?

Los árboles cumplen funciones muy importantes: son el hogar de diversidad de animales, disminuyen la contaminación, nos cubren del sol, protegen la capa vegetal del suelo y embellecen el paisaje.

- ¿Qué pasó con la vegetación en una de las zonas de la fotografía?
- ¿Qué pudo haber ocasionado este fenómeno?
- ¿Qué impacto puede tener para el ecosistema?

1 Los desequilibrios en los ecosistemas y los seres vivos

>> ¿Qué aire respiras?

Algunas formas de producir energía, así como determinadas actividades industriales y el uso de ciertos vehículos, han cambiado la composición del aire al emitir sustancias peligrosas que pueden provocarnos enfermedades.

El frágil equilibrio de los ecosistemas

Un ecosistema está compuesto por dos grandes componentes:

- El **componente biótico**, que reúne todos los seres vivos que habitan en él.
- El **componente abiótico**, que agrupa todos los factores físicos y ambientales que permiten el desarrollo de los seres vivos y sus interacciones.

Un ecosistema está en **equilibrio** cuando existe armonía entre los seres vivos y las condiciones físicas y ambientales. Este equilibrio es **dinámico**. Esto significa que un ecosistema reacciona ante los cambios, ya que tiene la capacidad de regularse, y puede retomar las condiciones de armonía.

Este equilibrio puede romperse cuando algún factor interrumpe las interacciones que existen entre los componentes biótico y abiótico, produciéndose así un **desequilibrio**. Estos factores pueden ser:

- Los **factores naturales**, como las erupciones volcánicas, las inundaciones, los huracanes o las avalanchas.
- Los **factores antrópicos**, que son producidos por el ser humano, como los derrames de petróleo, la tala de árboles o la contaminación.

¿Qué es la contaminación?

La **contaminación ambiental** es la presencia de agentes dañinos en el medioambiente. Estos agentes se pueden presentar solos o combinados. Además, dependiendo de su tipo y cantidad, pueden causar daños tanto a los seres vivos, ocasionándoles problemas de salud como enfermedades respiratorias, cutáneas y gástricas, como al entorno, ya que afectan el aire, el agua y el suelo. A continuación se presenta la clasificación de algunos contaminantes que alteran y modifican el ambiente.

Los tipos de contaminante

Biológico

Son desechos que pueden contener microorganismos susceptibles de generar alergias, intoxicaciones y enfermedades.

Las aguas residuales que producimos.

Químico

Son sustancias químicas originadas en actividades industriales como la petrolera, la minera, o la producción y el uso de plaguicidas.

Los derrames de petróleo

Físico

Son el efecto de cambios en la energía, como el ruido, la luz intensa, la presión, las vibraciones, los cambios de temperatura y elementos ajenos al paisaje.

El ruido de la industria

Radiactivo

Son sustancias radiactivas. Por ejemplo, el material nuclear, que acaba con la fauna y la flora, ya que deteriora los tejidos vivos de estos organismos.

Los residuos producidos en centrales nucleares.

Desequilibrios en la biosfera

El planeta Tierra no es ilimitado y sus recursos tampoco lo son.

Para comprender cómo el ser humano ha incrementado su población, vamos a colocar los distintos niveles tróficos de un ecosistema en una pirámide: situaremos los **productores** en la base, y sobre ellos, los **consumidores primarios**, los **secundarios**, etc.

Obtenemos así una pirámide trófica. La anchura de cada nivel trófico indica la cantidad de **biomasa** o **materia viva** que hay en él. Como puedes observar, esta cantidad se reduce según se asciende en los niveles tróficos.

En las siguientes pirámides podremos observar cómo han afectado las acciones humanas a la pirámide global.

Pirámide trófica

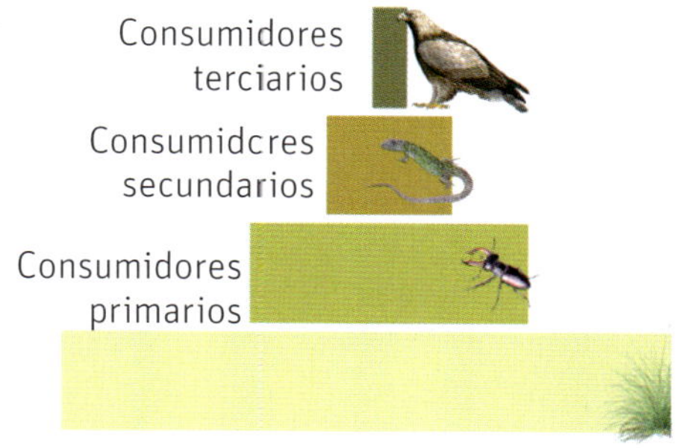

Acciones humanas y pirámide global

Hace 5 000 años

A día de hoy

A diferencia del resto de organismos, los seres humanos, más que adaptarnos al medio, hemos adaptado el medio a nosotros. Estos cambios implican importantes consecuencias:

- **Destrucción de hábitats y disminución de la biodiversidad.** Hemos transformado las redes tróficas en una red muy simple cuyo eslabón final somos solo nosotros. La estrategia es muy egoísta, ya que los recursos del biotopo (suelo, luz, agua, etc.) se destinan a los elementos de la biocenosis que sirven para nuestro sustento.
- **Aparición de plagas.** Con la transformación de las redes tróficas por la acción humana se pasa de pocos individuos de muchas especies a muchos individuos de pocas especies. Así, los roedores y los insectos, que se alimentan de las plantas que cultivamos, crecen en número y se convierten en plagas.
- **Bioacumulación.** Empleamos productos químicos como los plaguicidas que entran en las cadenas tróficas y su concentración aumenta a medida que estas avanzan. Este proceso se denomina bioacumulación.

OBSERVA Algunos de los principales problemas medioambientales.

ACTIVIDADES

1. Reflexiona. ¿Con qué evidencias científicas contamos para afirmar que estamos pasando por un periodo de desequilibrio ambiental?
2. Analiza. Indica si la siguiente frase es falsa o verdadera: Las interacciones entre las abejas polinizadoras y las flores ayudan a mantener el equilibrio en los ecosistemas.
3. Emprende. Formad equipos de tres estudiantes y preparad un documental sobre la responsabilidad que todos tenemos en el origen de los problemas medioambientales y en sus posibles soluciones.
4. Busca cuatro imágenes que muestren ejemplos de contaminantes y escribe un pie de imagen para cada una.

2 La contaminación del agua

>> ¿Qué recorrido hace una molécula de agua en la Tierra?

En un periodo de 100 años, una gota de agua pasa 98 años en el océano, 20 meses en forma de hielo, 2 semanas formando parte del agua dulce y menos de 7 días en la atmósfera.

El agua es un recurso natural fundamental para que exista la vida. Como ya sabes, en nuestro planeta podemos encontrarla en forma de **agua salada** (97,5%) y de **agua dulce** (2,5%). El agua dulce, a su vez, se encuentra en forma de agua congelada, agua subterránea y agua superficial.

Las reservas de agua están contaminadas en muchos lugares debido a malas prácticas que, en ocasiones, se llevan a cabo en la industria, la agricultura, la ganadería y el uso doméstico. Estas acciones implican que se acaben arrojando los desechos de la producción y de las actividades diarias al agua; estos desechos contienen **sustancias químicas nocivas** que se acumulan en los ecosistemas y generan la desaparición de especies.

La contaminación de las aguas continentales

OBSERVA Los principales usos del agua y los problemas que generan.

La mayor parte del agua dulce se oculta a nuestros ojos, pues se encuentra en el subsuelo como **agua subterránea**. Estas aguas circulan lentamente a través de los poros y las grietas de las rocas, desde las zonas con nivel freático más alto hacia las zonas donde es más bajo.

El riego por aspersión de cultivos o campos de golf **consume gran cantidad de agua**, que se pierde por evaporación, sobre todo en épocas estivales.

Si se extrae del subsuelo más agua de la que se infiltra, el nivel freático desciende y las aguas superficiales pueden desaparecer, lo que ocasiona la **desecación de los humedales**.

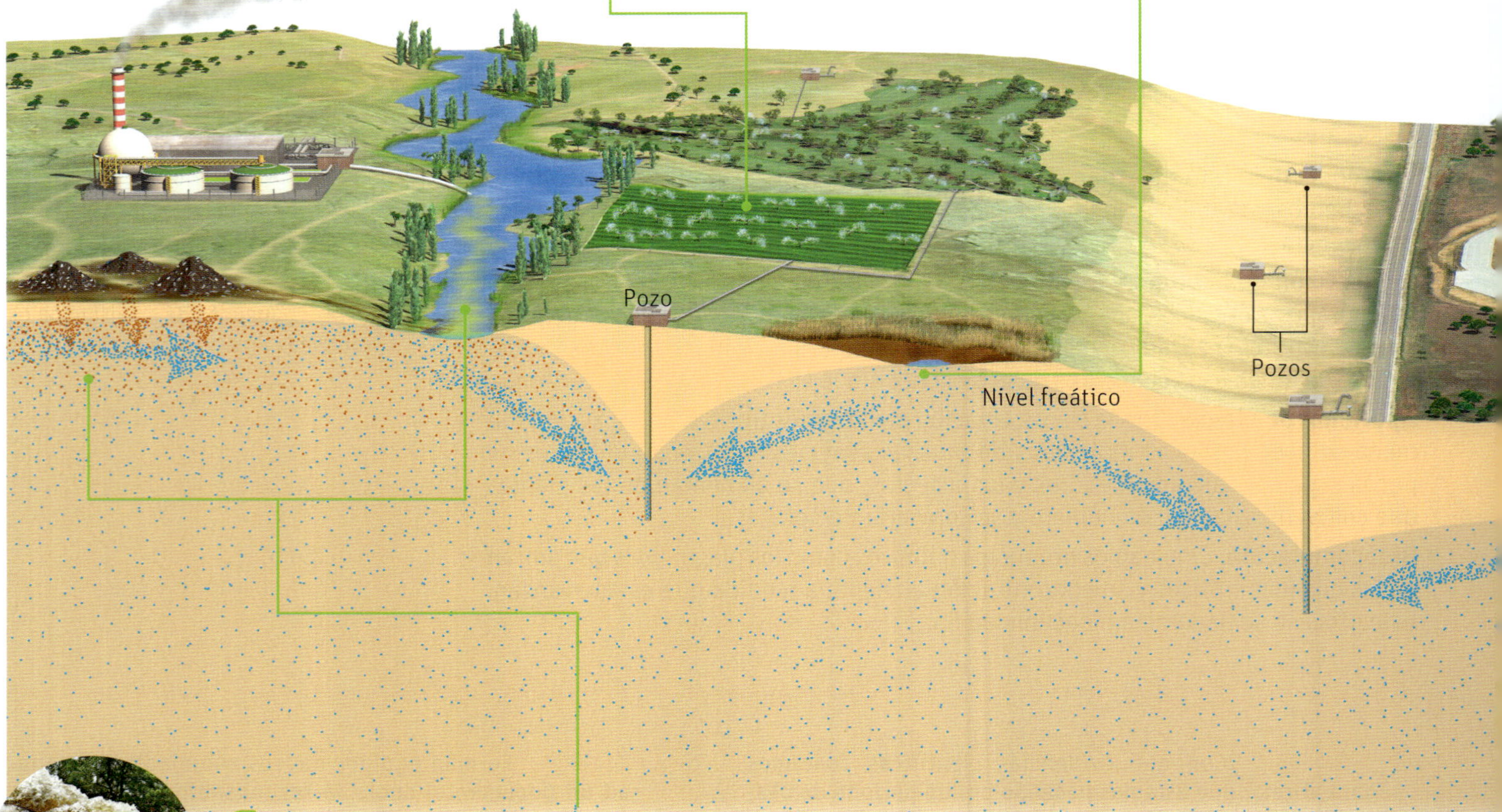

El agua superficial (ríos y lagos) se contamina directamente si se realizan vertidos sobre ella, e indirectamente si se contamina el suelo. En este caso, el contaminante tarda más tiempo en llegar a las aguas superficiales.

La contaminación de las aguas marinas

¿Seguimos pensando que los mares y los océanos, dada su inmensidad, no pueden sufrir alteraciones graves causadas por la actividad humana? Nada más lejos de la realidad: además de afectar a la flora y la fauna marinas, nuestras acciones son una amenaza para la regulación del clima, favorecida por el **fitoplancton**, la base de las redes tróficas marinas y el principal regulador de la concentración del CO_2 atmosférico.

Hasta la década de 1970, se creía que los océanos, debido a su extensión, tenían la capacidad de disolver todas las sustancias contaminantes. Sin embargo, estos contaminantes se han ido acumulando y distribuyendo por todo nuestro planeta, habiendo llegado, incluso, a lugares tan lejanos como la Antártida, donde la actividad humana es mínima.

El calentamiento global provoca la **subida del nivel del mar** (por la fusión del hielo continental y la dilatación del agua) y altera las costas y las corrientes marinas.

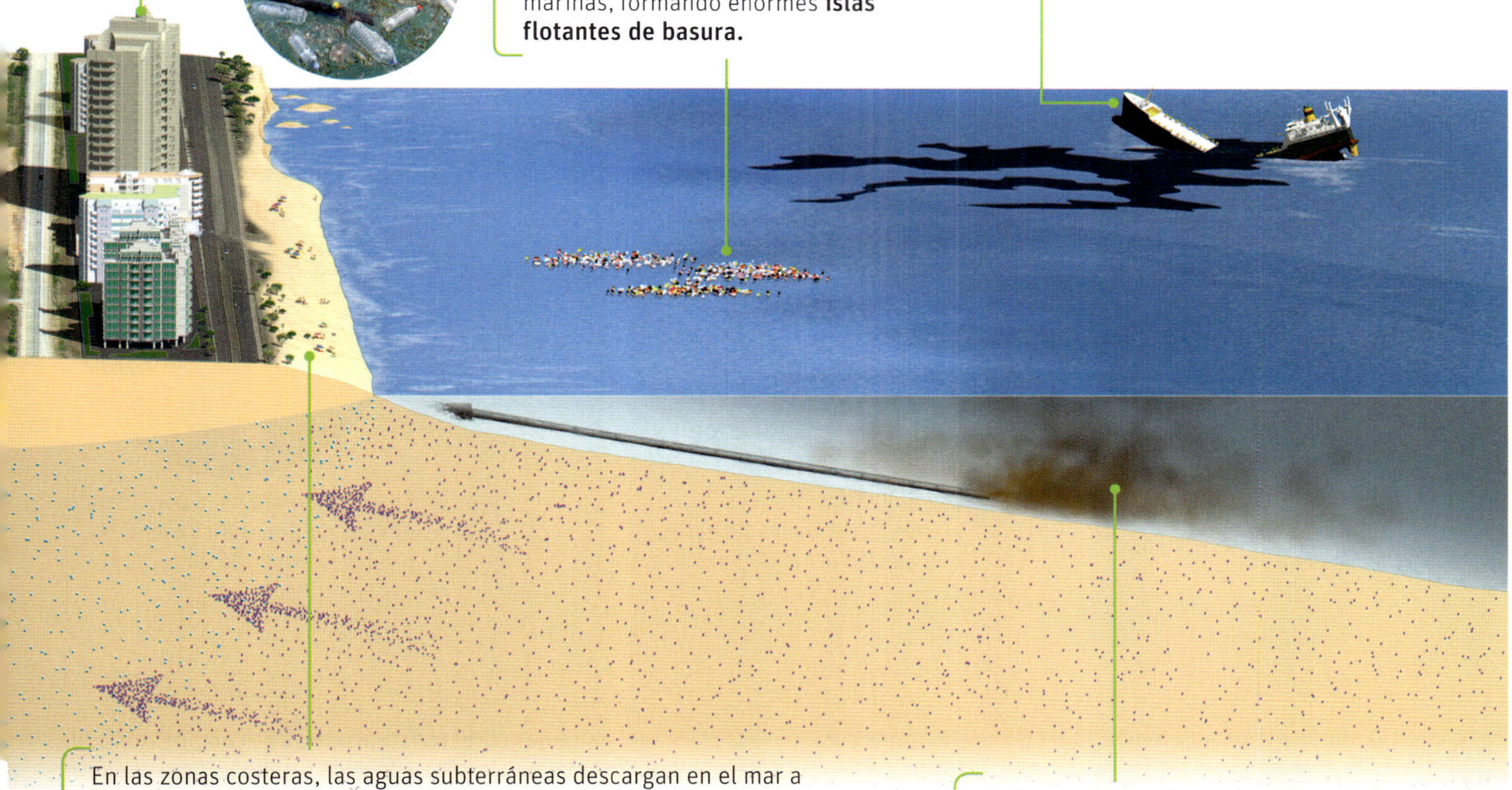

Los accidentes de los petroleros y la limpieza de sus tanques envenenan las aguas y generan **mareas negras** que destruyen la flora y la fauna marinas en extensas zonas.

Los plásticos y los microplásticos perduran durante décadas y se acumulan en amplios espacios, por la acción de las corrientes marinas, formando enormes **islas flotantes de basura.**

En las zonas costeras, las aguas subterráneas descargan en el mar a través del terreno. Si el nivel freático desciende por debajo del nivel del mar, el sentido de la circulación se invierte y el agua salada entra en el terreno produciendo la **salinización** de las aguas subterráneas.

En las costas se vierten, mediante colectores, aguas residuales urbanas y **vertidos** industriales sin depurar.

ACTIVIDADES

1. Sintetiza. Realiza una gráfica en la que muestres cómo es la distribución de agua en la Tierra.
2. Consulta qué estrategias se están utilizando a escala mundial para remediar los derrames de petróleo.
3. Analiza. El "séptimo continente" tiene una extensión de 3,4 millones de km^2, casi siete veces la superficie de España. ¿De qué estamos hablando? Investiga y elabora un informe científico sobre este fenómeno.
4. Explica. ¿A qué niveles tróficos pertenece el plancton marino? ¿Por qué es tan grave la desaparición del fitoplancton en las aguas marinas?
5. Observa el dibujo: al bombear agua de los pozos, ¿los agricultores están usando indirectamente el agua del río?

3 La contaminación del aire

» La calidad del aire

La contaminación atmosférica en España provoca alrededor de 33 000 muertes prematuras al año.

La quema de combustibles fósiles, como el carbón y los derivados del petróleo, produce **gases contaminantes** como el dióxido de carbono (CO_2), óxidos de azufre y de nitrógeno y partículas sólidas muy finas que forman el humo. Además de dispersarse, pueden ser arrastrados por el aire y afectar a zonas alejadas del foco contaminante.

Estos gases contaminantes desequilibran la composición natural del aire; algunas afectan a nuestra salud y otras modifican el clima de nuestro planeta.

Partículas sólidas

Se generan especialmente por la circulación de los vehículos, como resultado del uso de combustibles fósiles, y debido a las actividades mineras y de la construcción.

Hacen que el aire sea más denso. Pueden producir irritación en los ojos y en la nariz, tos o dificultad para respirar. Cuando la exposición es permanente producen cáncer pulmonar.

El humo que se emite por un tubo de escape se debe a las partículas en suspensión.

Óxidos de azufre y óxidos de nitrógeno

Se generan a partir de la quema de combustibles fósiles, como el petróleo y sus derivados. También a partir de malas prácticas en procesos industriales sin tratamiento ni control de emisiones.

Son responsables de la lluvia ácida, puesto que los gases reaccionan con el agua de la atmósfera y forman ácidos que dañan la calidad del ambiente y causan enfermedades.

Las industrias producen grandes cantidades de gases que alteran la calidad del aire.

Monóxido de carbono

Se produce por la combustión incompleta de combustibles fósiles. Se puede dar en los motores de los vehículos, calderas, fogones, calentadores y otros aparatos domésticos.

A bajas concentraciones puede causar desde alteraciones nerviosas hasta pérdida del conocimiento, y en concentraciones más altas, la muerte.

El color naranja en la combustión del gas natural indica que se produce monóxido de carbono.

ACTIVIDADES

1. Elabora en tu cuaderno un listado de las actividades cotidianas que se realizan en tu casa y que contribuyen a la emisión de gases contaminantes.

2. Diseña un folleto en el que hagas una campaña de sensibilización que se llame: "¿De dónde proviene el CO_2?".

3. Consulta algunas características de otros compuestos contaminantes como las dioxinas y los furanos. ¿Cómo se producen? ¿Por qué son dañinos para la salud?

4. Analiza. ¿Cuál es el principal agente contaminante en tu ciudad? ¿Qué lo produce?

4 La contaminación del suelo

Los suelos se contaminan

El suelo es muy sensible a la acción humana. El abandono de basuras, los vertidos industriales, el uso de abonos y plaguicidas, la actividad minera o el riego con aguas contaminadas y salobres depositan sustancias contaminantes. Estas sustancias se acumulan en el suelo, contaminan el agua, son absorbidas por las raíces y entran en las cadenas tróficas.

Estas sustancias implican la aparición de factores contaminantes **biológicos,** como bacterias; **químicos**, como compuestos ácidos, y **físicos,** como radiación.

Principales agentes contaminantes del suelo

Pesticidas

Son sustancias tóxicas que se utilizan para combatir el ataque de insectos en los cultivos. Los pesticidas, como el DDT, se acumulan en los tejidos de los organismos, entrando en las cadenas tróficas.

Fumigación de cultivos

Fertilizantes

Son sustancias que se utilizan en la producción agrícola. Los fertilizantes causan la acumulación de nitratos y sulfatos en el suelo que modifica la composición del suelo y pone en riesgo la biodiversidad local.

Adición de fertilizantes

Residuos sólidos

Son desechos que no han sido debidamente procesados y se acumulan en el suelo. Estos residuos producen sustancias tóxicas que, a menudo, son también inflamables, pudiendo causar incendios.

Acumulación de basuras

Lixiviados

Son líquidos que se generan por la descomposición de la basura. Los lixiviados se filtran en el suelo y causan acumulación de sustancias tóxicas en el suelo y en fuentes de agua cercanas.

En los vertederos se producen lixiviados.

Los suelos pierden su riqueza

Pero no solo la contaminación directa del suelo produce desequilibrios en la litosfera. La **deforestación** causada por las talas y los incendios origina, además de la pérdida de la biodiversidad y que empeore la calidad del aire, la desaparición del suelo.

Al perderse la cubierta vegetal, como consecuencia de la deforestación, el suelo queda más expuesto a los cambios térmicos, a las corrientes de agua y a las corrientes de aire, facilitando que se produzca la **erosión** y causando un empobrecimiento del suelo.

Junto a la erosión, la **sobrexplotación** de los suelos, con monocultivos extensivos, implica una importante pérdida de materia orgánica, y, por tanto, de fertilidad. A este empobrecimiento del suelo debido a la acción del ser humano se lo conoce como **desertificación**.

ACTIVIDADES

1. Consulta cuál es la diferencia entre erosión y desertificación.
2. Reflexiona. ¿Por qué, si se contamina el suelo, pueden contaminarse también el agua y los alimentos que consumes?
3. Calcula. Se necesitan 22 árboles para suplir la demanda de oxígeno de una persona al día. ¿Cuántos árboles se necesitan para suplir la demanda de oxígeno de tu colegio en un día?

5 Problemas ambientales globales

Los **PROBLEMAS AMBIENTALES** globales han generado un desequilibrio en nuestro planeta afectando el **clima** y la **biodiversidad**.

El efecto invernadero

El efecto invernadero es un fenómeno natural que se da en el planeta Tierra, gracias a la existencia de la atmósfera. Es importante porque mantiene una temperatura moderada, apropiada para el desarrollo de la vida humana y la de otros seres vivos. Sin el efecto invernadero la temperatura promedio del planeta sería de –18 °C en vez de 15 °C.

Sin embargo, en los últimos 250 años se ha producido un incremento artificial de los gases de efecto invernadero por las acciones humanas, provocando un aumento de la temperatura promedio de la superficie terrestre a una velocidad y magnitud inusuales.

El calentamiento global

El calentamiento global es la consecuencia del aumento inusual del efecto invernadero y se refiere al incremento de la temperatura promedio del planeta.

El clima está cambiando en el mundo, lo que se refleja en periodos de lluvias y sequías mucho más intensos o que se presentan en épocas atípicas. Aunque el clima del mundo ha cambiado a lo largo de su historia, la principal causa de esta modificación son las acciones antrópicas.

1. El dióxido de carbono (CO_2) en la atmósfera evita que el calor se refleje al espacio, lo que aumenta la temperatura de la Tierra.

2. Una consecuencia del aumento de la temperatura de la Tierra es el derretimiento de los polos que, a su vez, ocasiona un ascenso del nivel de los mares.

3. La respiración de los organismos aerobios aporta CO_2 a la atmósfera.

4. El CO_2 también se produce al quemar combustibles fósiles como el petróleo y sus derivados.

5. La disminución de las plantas ocasiona mayor acumulación de dióxido de carbono, como consecuencia de la tala indiscriminada de bosques.

6. El aumento del consumo de carne implica una mayor actividad ganadera intensiva, que produce importantes cantidades de metano, otro de los gases de efecto invernadero.

La lluvia ácida

La combustión de carbón y de petróleo, principalmente hecha por la industria, genera dióxido de carbono y también otros gases, como óxido de azufre y nitrógeno, que se liberan a la atmósfera. Estos gases son causantes de la lluvia ácida.

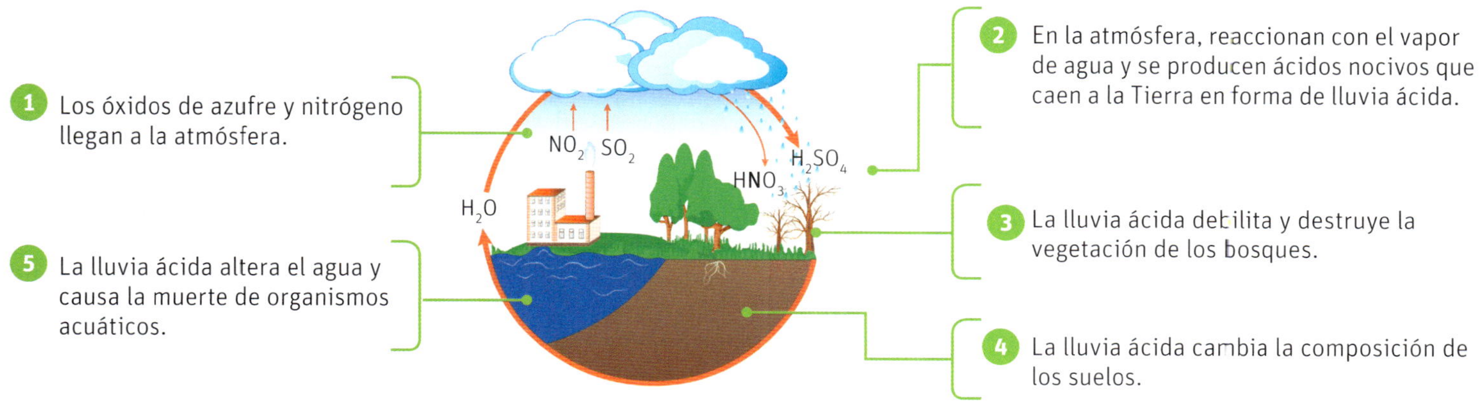

La disminución de la capa de ozono

La atmósfera, además de ser un abrigo, nos protege de la radiación nociva del sol, en particular de los **rayos ultravioleta**. Esta función la realiza uno de los gases de la estratosfera, el ozono.

En la década de 1970 los científicos dieron su voz de alarma: la cantidad de ozono en la atmósfera se estaba reduciendo alarmantemente. El problema era especialmente intenso en el polo sur. El principal responsable de la destrucción del ozono eran unos gases conocidos por las siglas CFC, utilizados en la refrigeración y como impulsores de los espráis. La limitación de su uso ha mejorado este grave problema.

OBSERVA La evolución de la disminución de la capa de ozono.

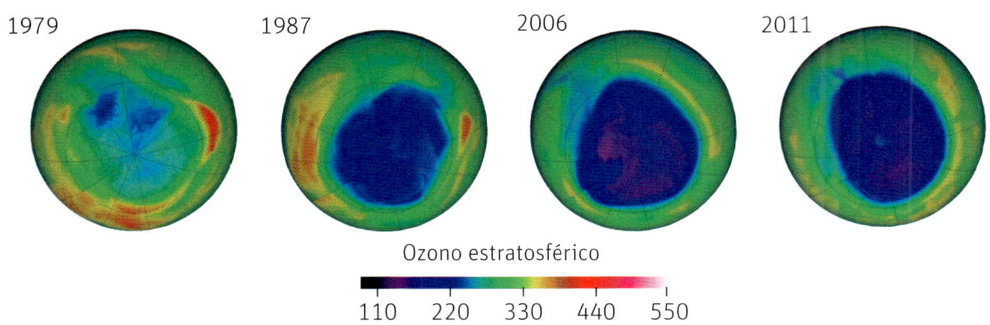

Evolución en la concentración de ozono

ACTIVIDADES

1. Reflexiona. Escribe tres acciones para mitigar algunos problemas como la lluvia ácida o la disminución de la capa de ozono.

2. Identifica. Cuál de los siguientes gases son de efecto invernadero.

3. Consulta. ¿Cuál es la principal causa del aumento de la temperatura en nuestro planeta?

4. Construye una gráfica en la que muestres qué proyecciones hay sobre el aumento de la temperatura en la Tierra en los próximos cien años.

5. Analiza. La combustión de petróleo y carbón no solo genera CO_2, también otros compuestos que se combinan con el vapor de agua y provocan una lluvia con características particulares. ¿Cómo se denomina este tipo de lluvia? ¿Qué efectos ambientales causa?

6. Explica. ¿Cómo afectan a la biodiversidad los problemas ambientales globales?

6 En busca del equilibrio perdido

Para conseguir un EQUILIBRIO estable y duradero en el tiempo es necesario adoptar un modelo de desarrollo sostenible.

La huella ecológica

La superficie necesaria para sustentar nuestro bienestar se denomina huella ecológica. La huella ecológica es un **indicador ambiental** que se utiliza para conocer cómo afectan nuestros hábitos al ambiente y qué área de producción de recursos es necesaria para mantener dichos hábitos de vida, de tal forma que se puedan asimilar los residuos que producimos a diario.

Actualmente se estima que sería necesaria una media de 2,7 hectáreas por persona y año (una hectárea equivale a un cuadrado de 100 m x 100 m). Esto significa que los seres humanos estamos sobrepasando la capacidad ecológica del planeta Tierra aproximadamente en un 35 %.

El desarrollo sostenible

La población del planeta crece y su nivel de consumo también, pero los recursos naturales son **limitados**.

Para evitar el agotamiento de los recursos es necesario buscar un nuevo modelo de consumo. El desarrollo sostenible tiene el compromiso de ser capaz de satisfacer nuestras necesidades actuales sin comprometer los recursos y las posibilidades de las futuras generaciones.

ACTIVIDADES

1. Explica brevemente qué es el desarrollo sostenible. ¿Cuáles son las alternativas a este desarrollo?

2. Debate en clase junto a tus compañeros: ¿creéis que es conveniente controlar el crecimiento de la población mundial? ¿Cómo se podría controlar?

3. Comenta junto a tus compañeros de clase este viejo refrán indio: "La Tierra no es una herencia de nuestros padres, sino un préstamo de nuestros hijos".

4. Analiza. ¿Qué piensas que quiere decir el lema "Acción local, pensamiento global" en relación con la defensa del medioambiente?

5. Observa la imagen y elabora un cartel con una reflexión sobre la huella ecológica.

6. Redacta una carta al planeta Tierra. En ella incluye compromisos para reducir la contaminación y lograr el desarrollo sostenible.

7 Y tú, ¿qué puedes hacer?

¿Cómo ayudar al cuidado del ambiente?

Ya conoces los problemas del consumo de recursos naturales: se agotan y generan residuos. Además, la obtención de muchos de ellos conlleva conflictos e injusticias sociales. Cada uno puede contribuir a cuidar el medioambiente con el ahorro de agua y energía, y siguiendo la regla de las 5R:

Reduce el consumo de recursos.

Reutiliza lo que aún puede usarse.

Recicla los residuos que generas.

Rechaza productos nocivos.

Repara los objetos que están dañados.

Ahorrar agua

Toma duchas cortas. Con esto puedes ahorrar hasta un 80 % de agua.

Cierra los grifos mientras te cepillas los dientes o te enjabonas.

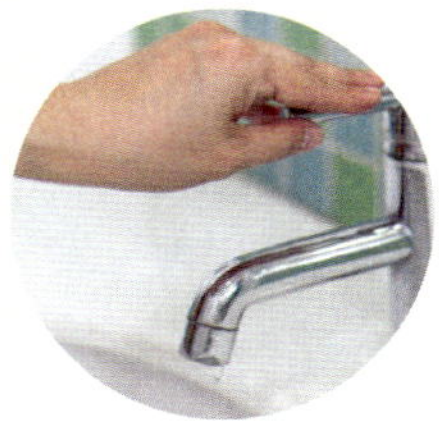

Cierra grifos. Un grifo goteando desperdicia 50 litros diarios de agua.

Ahorra energía

Apaga las luces y los electrodomésticos que no uses.

Cambia las bombillas. Las bombillas de bajo consumo gastan un 80 % menos que las incandescentes.

Renueva los electrodomésticos. Los que tienen calificación A+ consumen un 40 % menos que los de tipo A.

Evita el coche, emplea el transporte público, la bicicleta o simplemente camina.

Mantén una temperatura de 21 ºC. Cada grado que subas o bajes supondrá un gasto de un 5 % más de energía.

Los productos que no son de temporada gastan más energía porque provienen de un lugar distante o han sido congelados.

ACTIVIDADES

1. Escribe otras tres recomendaciones diferentes de las que aparecen en esta página para proteger el medioambiente.
2. Analiza. Después de leer esta página, ¿modificarías alguno de tus hábitos de consumo? ¿Cuáles?
3. Explica esta cita: "Para cambiar el mundo hay que empezar por uno mismo".
4. Analiza. La ecoauditoría es un proceso de evaluación para detectar los hábitos poco convenientes y mejorar nuestra relación con el medioambiente. ¿Qué medidas se podrían tomar para que tu colegio mejore la relación con el medioambiente?
5. Graba un videoclip en el que cuentes a tus familiares y amigos qué pueden hacer ellos para cuidar el medioambiente.

LO ESENCIAL

El equilibrio y desequilibrio ambiental

Los **desequilibrios ambientales** causan disminución de la biodiversidad, extinciones, aparición de plagas y acumulación de sustancias tóxicas.

Las **aguas continentales** y **marinas** se ven afectadas por la contaminación y la sobrexplotación.

La **quema** de **combustibles fósiles** emite gases tóxicos e incrementa la concentración de dióxido de carbono.

El uso de suelo para el cultivo y la ganadería ha deforestado enormes extensiones de tierra, provocando su **erosión** y la **pérdida de fertilidad**.

La Tierra experimenta **problemas globales** como el efecto de invernadero, el calentamiento global, la lluvia ácida y la reducción de la capa de ozono.

La superficie necesaria para sustentar nuestro bienestar se denomina **huella ecológica**. Cuanto menor sea, menor será nuestro impacto negativo en el medioambiente.

Para lograr el **equilibrio** en los ecosistemas es necesario alcanzar un modelo de **desarrollo sostenible**.

El **desarrollo sostenible** satisface las necesidades de la población actual sin comprometer el bienestar de las generaciones futuras.

Las medidas personales se basan en concienciarse para **reducir, reutilizar, reciclar, rechazar y reparar** (las 5R).

Se puede ayudar al cuidado del medioambiente **ahorrando agua** y **energía** en las actividades cotidianas.

1. Organiza tus ideas. **Copia, completa y amplía el siguiente esquema para construir tu propio mapa mental de la unidad.**

VALORA LO APRENDIDO Autoevaluación y resumen.

1. Observa las imágenes y responde a las preguntas.

a) ¿A qué tipo de contaminante corresponde cada una de las imágenes?

b) ¿Qué imágenes son ejemplos de factores naturales de desequilibrio ambiental? ¿Y antrópicos?

2. Analiza **las pirámides de la página 235 que muestran cómo la presencia del ser humano ha cambiado los elementos de un ecosistema con el paso del tiempo. Luego, realiza las siguientes actividades:**

a) ¿En qué nivel de las pirámides se sitúa el ser humano? ¿Con quién lo comparte en la primera pirámide?

b) ¿Ha variado el número de especies en la segunda pirámide con respecto a la primera? ¿Es menor o mayor? ¿Se ha transformado el ecosistema con estos cambios?

c) ¿Qué nuevos elementos introduce el ser humano en el biotopo de la segunda pirámide? ¿Aumenta o disminuye la cantidad de biomasa que puede aprovechar de los productores?

3. Observa **la gráfica que muestra el crecimiento de la población mundial y realiza las actividades que se proponen a continuación.**

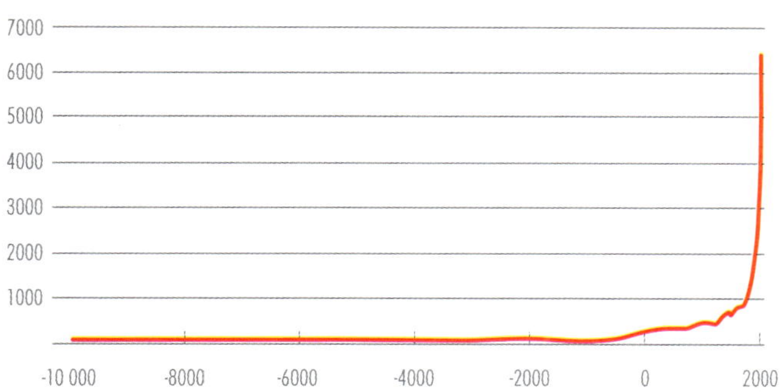

a) Redacta una frase con la cual describas el comportamiento de la gráfica.

b) ¿Qué implicaciones tiene el crecimiento de la población para el medioambiente y para la explotación de recursos naturales?

c) Realiza una gráfica en la cual describas cómo sería el crecimiento poblacional proyectado al año 2050.

4. Explica. **La práctica de cultivar grandes extensiones de terreno con una misma especie se llama monocultivo.**

a) ¿Por qué el ser humano lleva a cabo esta modalidad de agricultura?

b) ¿Qué consecuencias tiene esta práctica desde el punto de vista de la biodiversidad?

c) Observa la fotografía: ¿qué repercusiones tiene el monocultivo en el paisaje?

5. Analiza. **Si se abonan excesivamente los cultivos, el abono se infiltra y llega al agua subterránea. Al aflorar en los cauces, esta agua produce un crecimiento desmesurado de algas, que impiden que la luz llegue al fondo de los ríos y lagos. Este tipo de contaminación se conoce como eutrofización y también tiene lugar cuando se vierten aguas residuales sin depurar en los cursos fluviales.**

a) La cantidad de oxígeno en las aguas eutróficas, ¿disminuye o aumenta con la profundidad? ¿Por qué?

b) ¿Qué efectos tiene la eutrofización sobre los organismos que viven en el bentos de esas aguas?

6. Reflexiona. **Los pueblos indígenas de la Amazonia emplean cientos de plantas medicinales, en la que se considera como la mayor "farmacia natural del planeta". Expón razones por las que debemos respetar la biodiversidad.**

7. Analiza. **En estas bandejas hay un mismo tipo de suelo: uno está cubierto por vegetación y el otro está desnudo. A las dos se les ha practicado un orificio en la base para medir el agua infiltrada en el terreno. Se riega cada suelo con 2 litros de agua.**

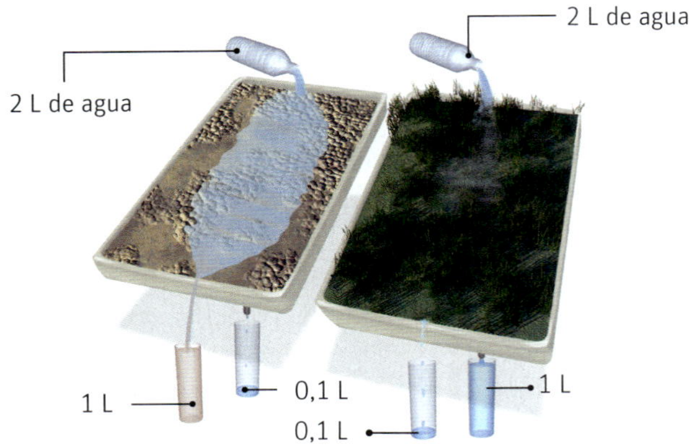

a) ¿Qué ocurre con el agua de lluvia cuando el suelo está desprovisto de vegetación? ¿Y con este suelo?

b) ¿Qué diferencias observas cuando el suelo está cubierto por vegetación?

c) ¿Crees que hay alguna relación entre la vegetación y la intensidad de las inundaciones? Explica.

8. Interpreta. **La gráfica representa el grado de erosión (g/L) del suelo que se pierde en función de la cantidad de lluvia y del porcentaje de cobertura vegetal.**

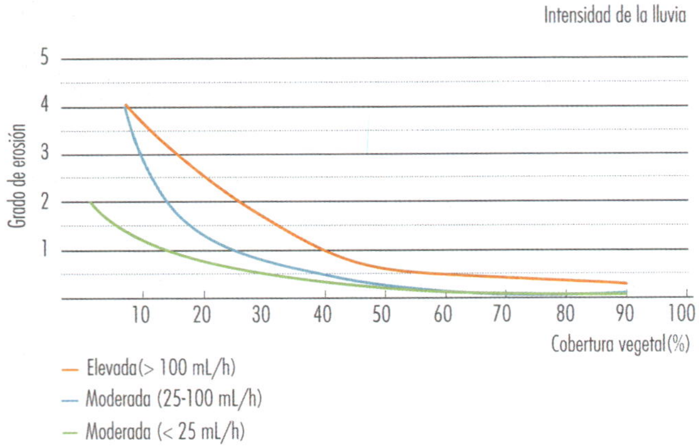

a) ¿Cuándo se produce más erosión, con una lluvia intensa o con una suave?

b) Para una misma intensidad de lluvia, ¿cómo actúa la vegetación?

9. Identifica **la respuesta correcta para la siguiente pregunta. ¿Por qué una de las principales causas para que se inicien procesos de erosión del suelo es la deforestación?**

A. Porque la ausencia de vegetación obliga a los animales a usar la materia orgánica del suelo.

B. Porque la pérdida de capa vegetal permite que el viento y el agua arrastren la materia orgánica del suelo.

C. Porque esta produce una cantidad excesiva de material orgánico que sobrecarga la capacidad del suelo.

D. Porque la pérdida de capa vegetal daña la estética del paisaje y causa la migración de los animales que habitan el suelo.

10. Deduce. A continuación se presenta una experiencia para ver cómo actúa el aire normal y otro rico en CO_2 ante una misma fuente de calor, la columna de agua a 90 °C. Para obtener CO_2 se ha vertido en uno de los botes ácido clorhídrico sobre mármol triturado. A continuación, se han cerrado los botes, se ha esperado unos minutos y medido la temperatura del aire en ambos. Estos son los resultados:

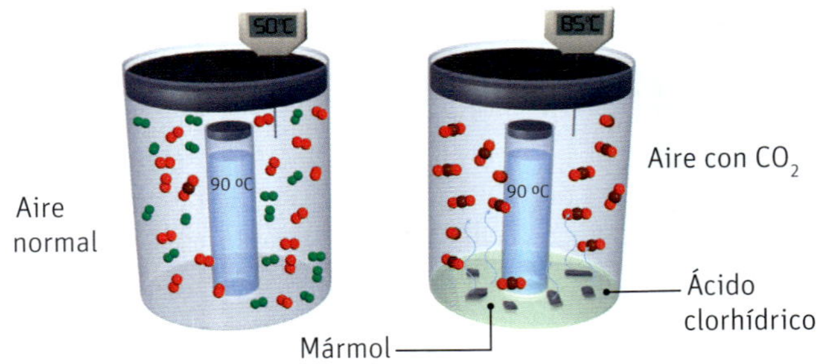

a) ¿Cuál es la temperatura de las "atmósferas" de cada bote? ¿Y su composición?

b) ¿Existe relación entre la composición del aire y la temperatura?

c) ¿Cuál es el gas que se genera en mayor medida en las combustiones? ¿Tendrá algún efecto sobre la temperatura de la atmósfera?

11. Soy competente

Lee la información y realiza las actividades.

Los arrecifes son ecosistemas muy frágiles ante la contaminación y debido al calentamiento global se encuentran en peligro. Las siguientes gráficas muestran una proyección sobre estos ecosistemas para los próximos cien años.

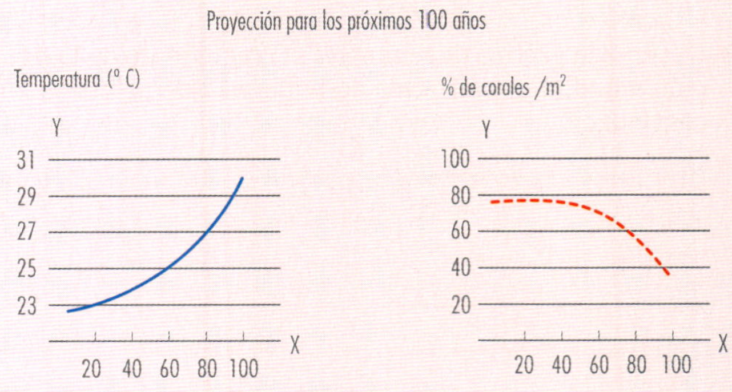

a) ¿Durante cuántos años se espera que se mantenga estable el porcentaje de corales?

b) Explica la relación entre la variación de la temperatura y el porcentaje de corales.

c) ¿Cuál es la temperatura crítica sobre la cual se empieza a observar disminución drástica en el porcentaje de corales?

d) ¿Aproximadamente en cuánto tiempo se alcanzará esta temperatura?

12. Compara y contrasta. **El transporte necesita de los combustibles fósiles, ya sea para los motores o para generar la electricidad que los mueve. En la ilustración se reflejan los gramos de CO_2 por viajero y kilómetro recorrido.**

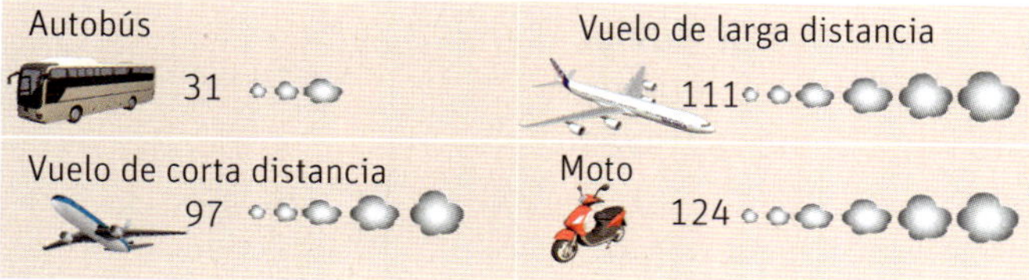

Entre Madrid y Barcelona hay unos 615 km. ¿Cuánto CO_2 emitirá un avión de corta distancia de 150 pasajeros en ese recorrido? ¿Y los tres autobuses necesarios para llevar a ese número de personas? ¿Cuánto CO_2 se produciría si fueran todos en moto?

13. Razona. **Algunas industrias realizan vertidos tóxicos en el mar, creyendo equivocadamente que el gran volumen de agua hará que el contaminante prácticamente desaparezca sin ocasionar efectos.**

Sin embargo, al analizar las aguas y los tejidos de algunos de los seres vivos que habitan las costas, nos encontramos con que la concentración del contaminante en los organismos se incrementa a medida que se avanza en la cadena trófica.

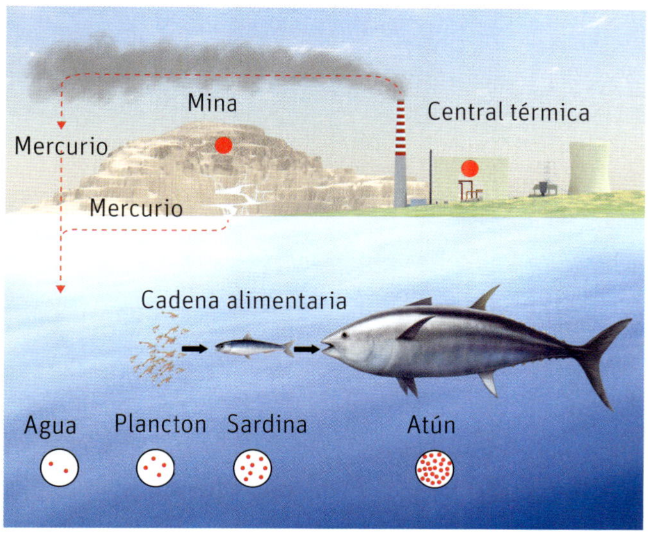

a) ¿Dónde será mayor la concentración del contaminante?

A. En el agua

B. En la sardina

C. En el plancton

D. En el atún

b) Explica cuál puede ser el motivo de que esto ocurra.

c) ¿Podría llegar el contaminante al ser humano? Justifica tu respuesta.

d) ¿A qué nivel trófico pertenecen los organismos que aparecen en la ilustración?

14. **Escribe un breve ensayo que responda a la pregunta propuesta al inicio de la unidad. Para ello, aplica los conocimientos que adquiriste.**

Ciencia en la calle

Lee el texto y realiza las actividades.

La basura en España

En España se generan aproximadamente 120 millones de toneladas de basura al año. Esto quiere decir que cada habitante produce en promedio 1,4 kg de basura al día (equivalente a 511 kg en el año). Pero ¿a dónde va la basura que tiramos todos los días?

En España hay dos tipos de vertedero de basura: los controlados y los descontrolados.

La ley establece que los vertederos controlados deben estar ubicados lejos de las zonas habitadas, del agua potable y de los terrenos de cultivo. En cambio, los vertederos descontrolados se forman porque empresas y personas desechan los residuos en zonas que no están permitidas.

a) **¿Qué cantidad de basura se recicla al año por habitante en España? Ten en cuenta que la tasa de reciclado anual es de, aproximadamente, el 30 %.**

b) **¿Qué peligros ambientales y para la salud pueden tener los vertederos de basura descontrolados?**

c) **¿Por qué clasificar las basuras en casa ayuda a su correcta gestión? ¿Qué tipo de residuos se deben colocar en cada contenedor?**

d) **Consulta e indica cuáles son las sanciones por tirar basura en la calle.**

e) **La nueva legislación europea obliga a los miembros a reciclar, al menos, el 50 % de sus desechos para 2025. ¿Está España en el camino adecuado? ¿Qué se debe mejorar para lograr este objetivo?**

Los bosques y el agua

Los bosques tropicales desempeñan un importante papel en el ciclo del agua. En la enorme superficie de hojas de la selva tropical se evapotranspira una gran cantidad de agua que pasa a la atmósfera. El agua evaporada se condensa y cae en forma de lluvia. Así, se quedan retenidos billones de toneladas de líquido en el ciclo del agua, que es continuo y permanente. Solo una pequeña parte del agua que cae llega al mar a través de las aguas subterráneas y los ríos.

PASO 1 **PLANTEAMOS una hipótesis:** la destrucción de los bosques conduce a una reducción de la evapotranspiración. Así, el clima de la región se hará más caluroso, ventoso y seco, y en las partes bajas de los ríos el riesgo de inundaciones será mayor.

PASO 2 **REALIZAMOS un experimento** con el que poner a prueba nuestra hipótesis. Para ello, utilizaremos dos vasos graduados. Metemos idéntica cantidad de agua en ambos y marcamos con un rotulador el nivel de la misma. Después, introducimos en uno de los vasos una pequeña rama con hojas de un arbusto. Ponemos los vasos al sol y esperamos veinticuatro horas.

PASO 3 **OBSERVAMOS** qué ha ocurrido, si el nivel del agua ha variado. En uno de los vasos se ha producido evaporación y en el otro, evapotranspiración (evaporación y transpiración).

1. ¿En cuál de los vasos ha tenido lugar la evaporación? ¿Y la evapotranspiración?
2. ¿Por qué, si se destruye el bosque, el clima se vuelve más caluroso y seco? Justifica tu respuesta.

El suelo y la contaminación

La permeabilidad del suelo y de la roca es muy importante con respecto a la contaminación del agua, ya sea subterránea o superficial.

PASO 1 **PREPARAMOS el experimento.**

Coloca en uno de los embudos arena de río, muy permeable, y en el otro, arena arcillosa o de miga, poco permeable. Vierte sobre ellos agua con tinta.

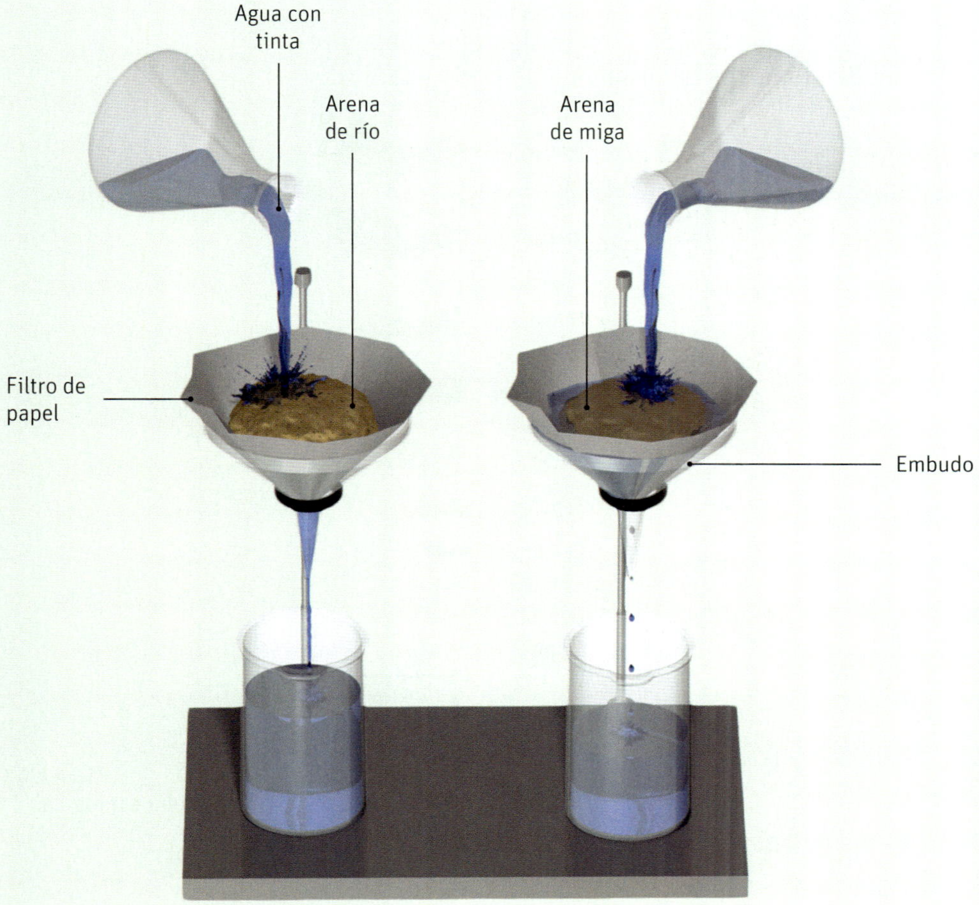

PASO 2 **OBSERVAMOS los resultados.**

En el primer caso el agua que recogemos está tintada, mientras que en el segundo caso, en el que hemos utilizado arena de miga, el agua sale con menos cantidad de tinta. Además, la cantidad de agua recogida es menor en este caso, dado que tarda más en atravesar el sustrato.

1. Van a construir un vertedero en una zona de suelos arcillosos. Sabemos que los vertederos generan líquidos (lixiviados) muy contaminantes que pueden infiltrarse en el terreno. ¿Crees que se ha elegido una buena ubicación para construir el vertedero?
2. En el suelo podemos encontrar diversos organismos, como microorganismos o animales invertebrados. ¿Cómo puede afectar el vertedero a la biocenosis del suelo?

La huella ecológica

¿Qué superficie de cultivo se necesita para producir los alimentos que consumes? ¿Cuántas hectáreas de bosque hacen falta para absorber el dióxido de carbono que se genera al quemar combustibles fósiles para fabricar la energía que utilizas en tu transporte, calefacción, luz, etc.?

PASO 1 **NOS INFORMAMOS** para dar respuesta a esas preguntas. Sabemos que la huella ecológica es una medida aceptada internacionalmente para conocer nuestro impacto en el planeta.

PASO 2 **ANALIZAMOS Y COMPARAMOS** los datos que aparecen en la siguiente tabla y reflexionamos: ¿toda la población mundial tenemos la misma huella ecológica?

	Población (millones de habitantes)	Huella ecológica (hectáreas)
Mundo	7000	2,7
Países desarrollados	980	6,4
Países en vías de desarrollo	3220	2,2
Países no desarrollados	2800	1

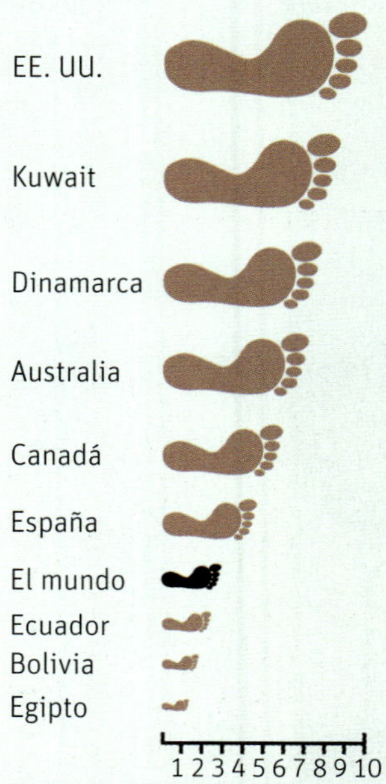

PASO 3 **ANALIZAMOS** nuestra huella ecológica y la comparamos con los resultados que muestra el esquema.

- Compara tu resultado con los de tus compañeros y calcula la media de la huella ecológica de toda clase.
- ¿Tu huella ecológica es superior o inferior a la media de todo el mundo? ¿Y la de tu clase?
- Observa tu resultado. ¿Se ajusta a la media de un país desarrollado?
- ¿Qué medidas podrías tomar para reducir tu huella ecológica hasta conseguir un desarrollo sostenible?

PRACTICA Calcula tu huella ecológica.

1. Si para vivir bien necesitamos 2,7 hectáreas por persona y año, ¿cuál es la conclusión que extraes?
2. ¿Dejamos todos los habitantes del planeta la misma huella ecológica? ¿Por qué?
3. Interpreta el esquema de las huellas. ¿Qué quiere decir?
4. La huella ecológica de los habitantes de nuestro país es de 6,5 hectáreas por persona. ¿En qué grupo de países nos incluimos?

La desaparición del mar de Aral

En 1960, sin prever las consecuencias, los dos ríos que desembocaban en el mar de Aral se desviaron para irrigar tierras y cultivar algodón.

PASO 1 **OBSERVA** la siguiente secuencia de imágenes.

PASO 2 **ANALIZA** ahora la siguiente imagen actual del mar de Aral.

PASO 3 **REFLEXIONA** e indica cuáles de las siguientes propuestas serían viables y eficaces para revertir la situación del mar de Aral.

- Repoblar con plantas resistentes a la salinidad, para retener el suelo y evitar la erosión del viento.
- Imponer tasas a los campesinos por el uso del agua de los ríos.
- Introducir cultivos alternativos que requieran menos riego.
- Trasvasar agua de los glaciares de Siberia para reemplazar el agua perdida en el mar de Aral.
- Hacer un canal que una el mar Caspio con el de Aral.
- Reducir el uso de productos químicos en los cultivos.

1. Diseña una línea del tiempo en la que se reflejen los principales factores que han llevado a la desaparición del mar de Aral.
2. En el área del mar de Aral el clima se ha extremado, los alrededores del lago son un desierto de arena y sal contaminados por fertilizantes químicos, cientos de especies animales han desaparecido y se han multiplicado las enfermedades infecciosas. ¿Qué acciones son las que han dado este resultado?

INVESTIGAR para tomar decisiones informadas

Repoblación de bosques autóctonos

Los millones de especies que existen en la Tierra están determinados por las condiciones físico-químicas del medio en el que intervienen. Vamos a llevar a cabo una investigación para conocer las características del biotopo en el que se desarrolla el alcornoque. Actualmente, el área de distribución del alcornoque es muy reducida, por eso te proponemos repoblar con esta especie. ¿Podría plantarse en cualquier lugar de la península Ibérica? ¿Crecería en la zona donde vives?

PASO 1 **OBSERVAMOS DATOS** consultando algunos mapas.

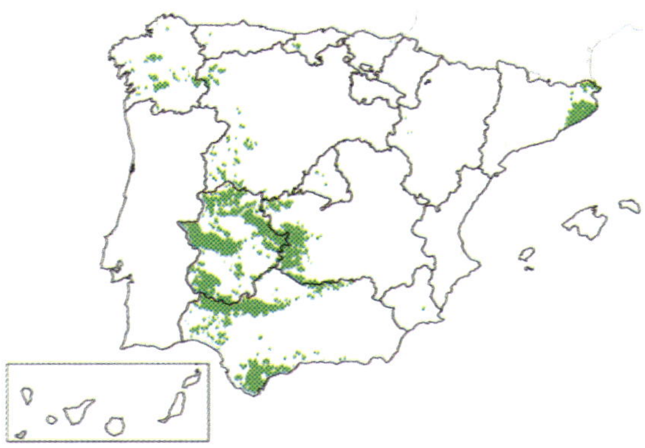

• Distribución actual del alcornoque

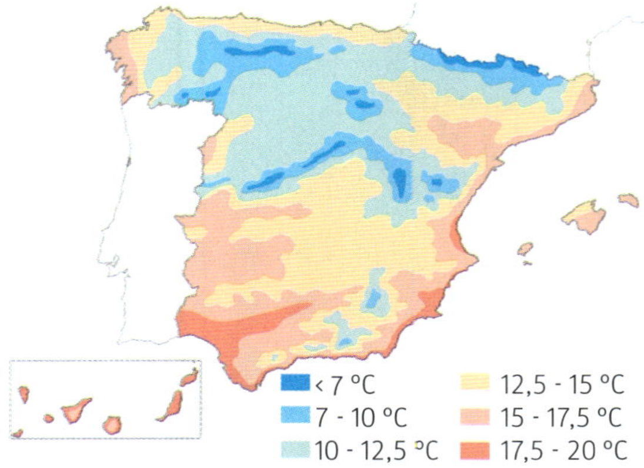

• Temperaturas medias anuales

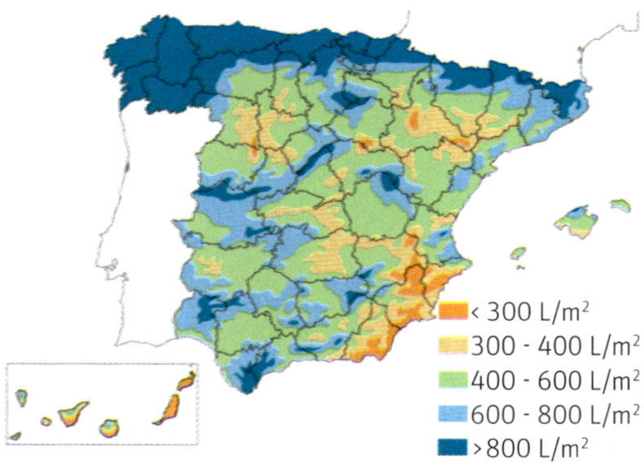

• Precipitaciones medias anuales (L/m^2)

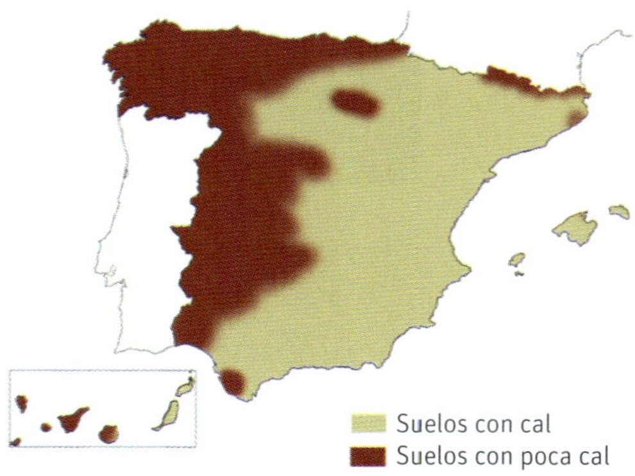

• Contenido en cal de los suelos

PASO 2 **DEFINIMOS** las condiciones del biotopo que precisa el alcornoque. ¿Qué temperatura media necesita? ¿Qué precipitaciones medias requiere? ¿Crece en suelos con cal o sin cal?

PASO 3 **SACAMOS CONCLUSIONES.** Dibujamos el mapa de distribución del alcornoque y lo completamos con las zonas que podrían repoblarse con este árbol.

1. Busca en internet el área de distribución del palmito en España y deduce con estos mapas cuáles son sus requerimientos. ¿Podría vivir en la zona donde tú habitas?

El impacto ambiental

Todas nuestras acciones repercuten en nuestro entorno. Por eso, es necesario estudiar qué efecto pueden causar en el medio las acciones que las personas llevamos a cabo y qué riesgo conllevan.

PASO 1 **OBSERVAMOS** la siguiente ilustración. En ella se muestra una fábrica que acumula sustancias tóxicas en un depósito subterráneo.

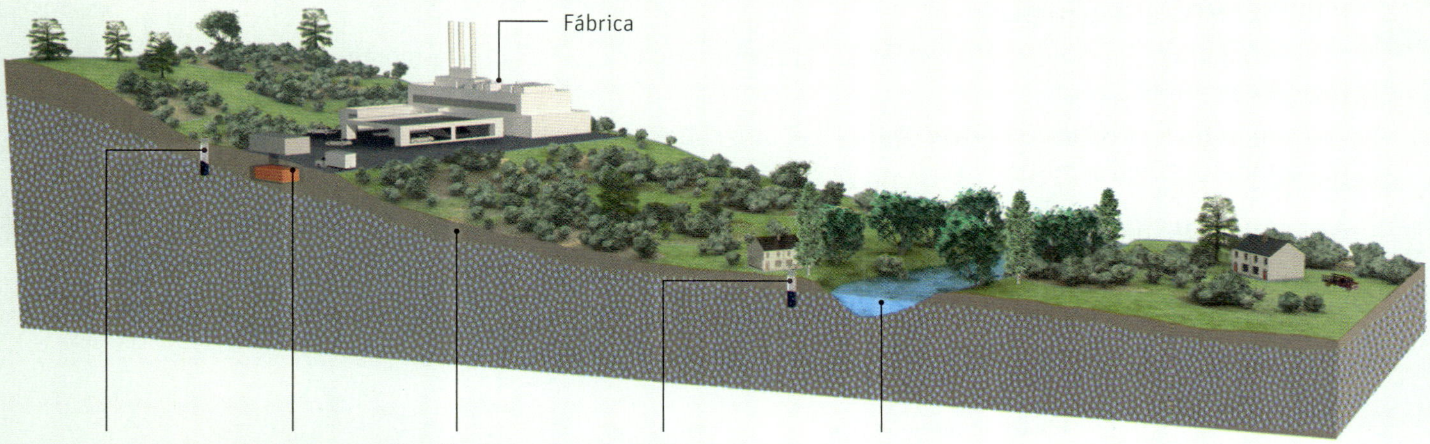

Escala: 1 cm = 50 m

PASO 2 **ESTUDIAMOS** las condiciones del medio para saber qué podría ocurrir en caso de que hubiera un escape en la fábrica. Para ello, realizamos un experimento en el que estudiaremos la velocidad de circulación del agua subterránea, o permeabilidad, relacionando el espacio recorrido con el tiempo.

El resultado obtenido es el siguiente:

Tiempo	1 hora	2 horas
Distancia recorrida	6,3 cm	15 cm

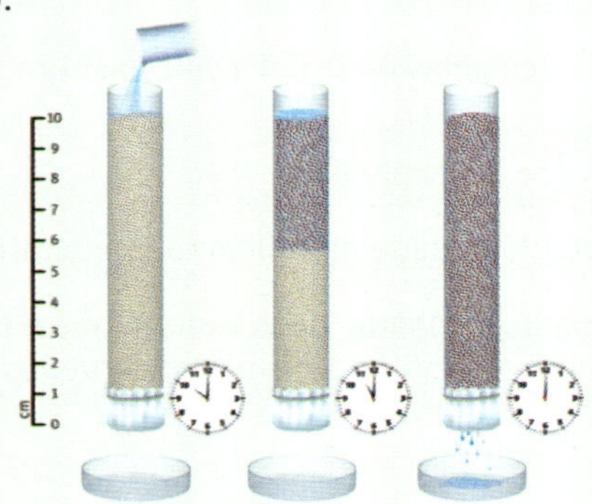

1. Si se produjese una rotura y un escape en el depósito, ¿se contaminaría el agua de los dos pozos?
2. ¿Podría contaminarse el río?
3. Calcula la permeabilidad del terreno en cm/hora. ¿Cuántos metros recorrerá el agua en un día?
4. Teniendo en cuenta la escala de la imagen, ¿cuánto tardará el contaminante en aparecer en las aguas del río?
5. Observa la imagen con atención. ¿Crees que la fábrica se ubicó en el lugar más indicado?

La vegetación, la temperatura y el sol

El sol aporta las energías calorífica y luminosa necesarias para que exista vida en la Tierra. La cantidad de luz y la temperatura son dos elementos fundamentales del biotopo. Pero, ¿cómo afecta la cantidad de luz a la biocenosis? ¿Puede un elemento de la biocenosis influir en las características del biotopo?

EXPERIMENTO. La vegetación y la temperatura

PASO 1 **PREPARAMOS el experimento.**

Para estudiar la relación entre las plantas y la temperatura necesitas dos termómetros y una cartulina verde.

Colocamos un termómetro sobre el césped y el otro sobre la cartulina. Ambos deberán estar al sol o en semisombra.

PASO 2 **OBSERVAMOS**, tras unos minutos, la temperatura de los dos termómetros y la anotamos en la siguiente tabla:

Temperatura	
Sobre el césped	•••
Sobre la cartulina verde	•••

1. **Según los resultados que has obtenido en el primer experimento, ¿cuál de las siguientes afirmaciones es correcta? Razona tu elección.**
   A. La vegetación influye en la temperatura.
   B. El impacto de la vegetación en la temperatura se debe únicamente a su capacidad para proporcionar sombra.
   C. La vegetación no tiene relación con la temperatura.
2. **¿Qué proceso asociado a la vegetación puede modificar la temperatura?**
3. **Observa un parque o un jardín del lugar donde vives y anota qué elementos de la biocenosis pueden ejercer una influencia sobre el biotopo. Explica, en aquellos casos en los que ocurra, qué acción llevan a cabo para producir cambios en el biotopo.**

DISEÑA Y COMUNICA TU PROPIA EXPERIENCIA

1. **Imagina que quieres convencer a tus vecinos de la conveniencia de ajardinar tu barrio. Para ello, seleccionarás dos zonas y diseñarás una experiencia para demostrar la influencia de la vegetación en la temperatura.**
   - ¿Qué dos zonas elegirías y qué condiciones deben tenerse en cuenta?
   - ¿Qué tipo de vegetación elegirías para las zonas que has escogido?
   - Haz un dibujo esquemático de la experiencia que has diseñado y las variables investigadas.

Investigamos sobre el medio

La actividad humana suele ser causa de degradación de los ecosistemas. La mayor parte de los paisajes de la Tierra llevan ya las cicatrices de nuestras acciones. Esto puede hacer pensar que progreso y conservación del entorno natural son incompatibles. ¿Será así o no?

PASO 1 **OBSERVAMOS**, en el siguiente mapa, los diferentes usos del terreno y las actividades de la zona de estudio.

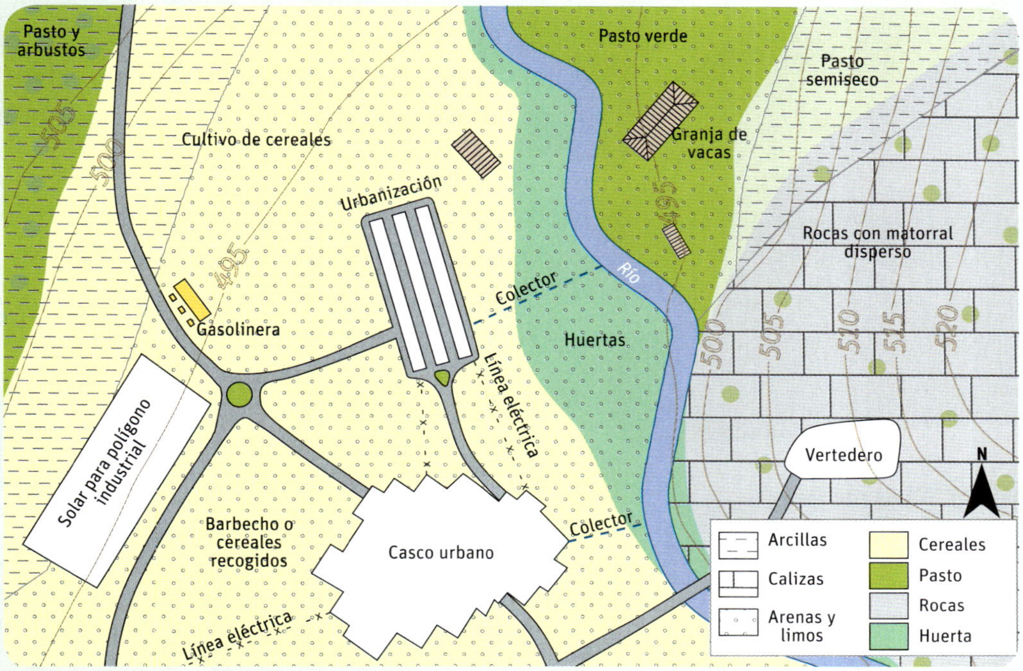

PASO 2 **ANALIZAMOS** la imagen atendiendo a estas preguntas:

- Si su clima es mediterráneo, ¿qué tipo de formaciones vegetales debieron poblar esa zona originalmente: bosque de encinas y pinos, o de hayas y robles?
- ¿Cuáles de las actividades humanas pudieron ser las causantes de la desaparición del bosque?
- Si los vientos dominantes en la zona son del oeste, ¿es una buena opción ubicar el polígono industrial en la parcela propuesta?

1. **Relaciona las actividades con el impacto que generan.**
2. **Copia en tu cuaderno el mapa y sitúa puntos rojos en aquellos lugares donde consideres que existe un impacto ambiental.**

DISEÑA Y COMUNICA TU PROPIA EXPERIENCIA

1. Tu labor ahora es disminuir los impactos sobre el medio y mejorarlo, para lo cual tendrás que realizar cambios.
2. Utiliza estos símbolos de los elementos que producen un impacto y dibújalos cambiando su ubicación en el mapa que has copiado, para que su impacto sobre la explotación o el medio sea menor.
3. Propón acciones para mejorar el paisaje.

Locos por la Ciencia

- ★ Galileo
- ★ Johnson, Vaughan y Jackson
- ★ Celestino Mutis
- ★ Mary Anning
- ★ Jane Goodall
- ★ Jacques Cousteau
- ★ Félix Rodríguez de la Fuente

Galileo Galilei (1564-1642) nació en Pisa. Su padre era músico y matemático, pero, como tantos otros padres en el mundo, quería que su hijo estudiase medicina.

En la universidad no le gustaban las clases y escribió un panfleto contra los métodos de los profesores. ¡Se volvió a casa sin el título! Lo que realmente le gustaba era investigar y aplicar el método científico.

A Galileo le interesaban todas las áreas del conocimiento y se convirtió en el prototipo del hombre de su época, el Renacimiento. Uno de sus experimentos más conocidos para estudiar la gravedad lo hizo desde la torre de Pisa.

En 1609 aparecen los primeros telescopios en Holanda, pero Galileo los mejora. Decide mirar al cielo y descubre que los astros no son tan lisos y perfectos como se creía. ¡El Sol tenía manchas, y la Luna, montañas!

ACTIVIDADES

1. **Dibuja** en tu cuaderno los modelos geocéntrico y heliocéntrico. ¿En qué caso el cuerpo central es de mayor tamaño?

2. **Investiga.** Las lunas de Júpiter que descubrió Galileo en el año 1610 aparecían como cuatro puntitos borrosos. Busca en páginas fiables de internet los nombres y las imágenes de esas cuatro lunas y saca conclusiones sobre la evolución de la ciencia y la tecnología.

3. **Razona.** ¿Qué fases del método científico se muestran en las investigaciones de Galileo? Enuméralas en tu cuaderno.

4. **Observa.** Galileo observó con su telescopio que Venus cambiaba de tamaño, y lo explicó mediante el siguiente esquema:

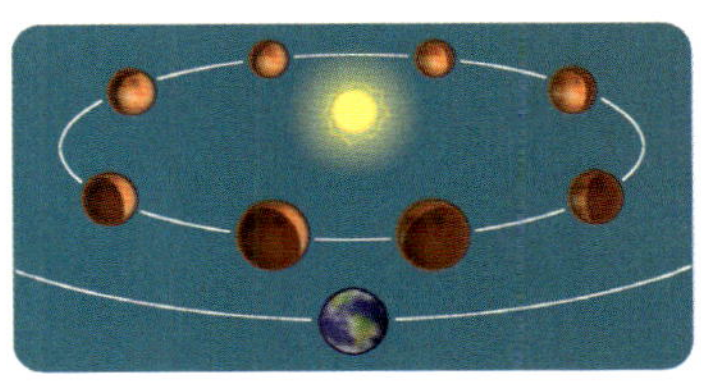

   a) A la vista del esquema, contesta a la pregunta: ¿Cambia Venus de tamaño?
   b) ¿Cómo explicarías este aparente cambio de tamaño que observó Galileo?

A mediados del siglo pasado, los rusos y los estadounidenses se enfrentaban para ganar la carrera del espacio. Los rusos fueron los primeros en poner un satélite en órbita, el *Sputnik*; un ser vivo, la perrita Laika, y después, en 1961, el primer ser humano, Yuri Gagarin.

Los norteamericanos estaban muy preocupados y decidieron impulsar la investigación espacial. El presidente Kennedy animó a los estudiantes y a todo el país, que no estaban muy convencidos de gastar tantos millones de dólares.

En aquella época todavía no había computadoras y los cálculos se hacían a mano. Tres jóvenes afroamericanas destacaron en esa tarea.

Dorothy Vaughan era la jefa de personal de un grupo de matemáticas afroamericanas que, en esa época, estaban separadas de los matemáticos de etnia blanca.

Mary Jackson fue la primera ingeniera negra de la NASA, aunque para ello tuvo que ganar un juicio para poder estudiar en una escuela solo para blancos.

Katherine Johnson fue una niña prodigio. A los catorce años ya había acabado el Bachillerato. En la NASA superaba a todos en los cálculos matemáticos más complejos.

La llegada de las primeras computadoras de IBM constituyó una amenaza para las "computadoras humanas", pero Dorothy aprendió rápidamente por su cuenta a manejarlas y a programarlas.

Con sus cálculos, ayudaron a hacer realidad, en 1962, un año después de Gagarin, el primer vuelo orbital realizado por un norteamericano, John Glenn.

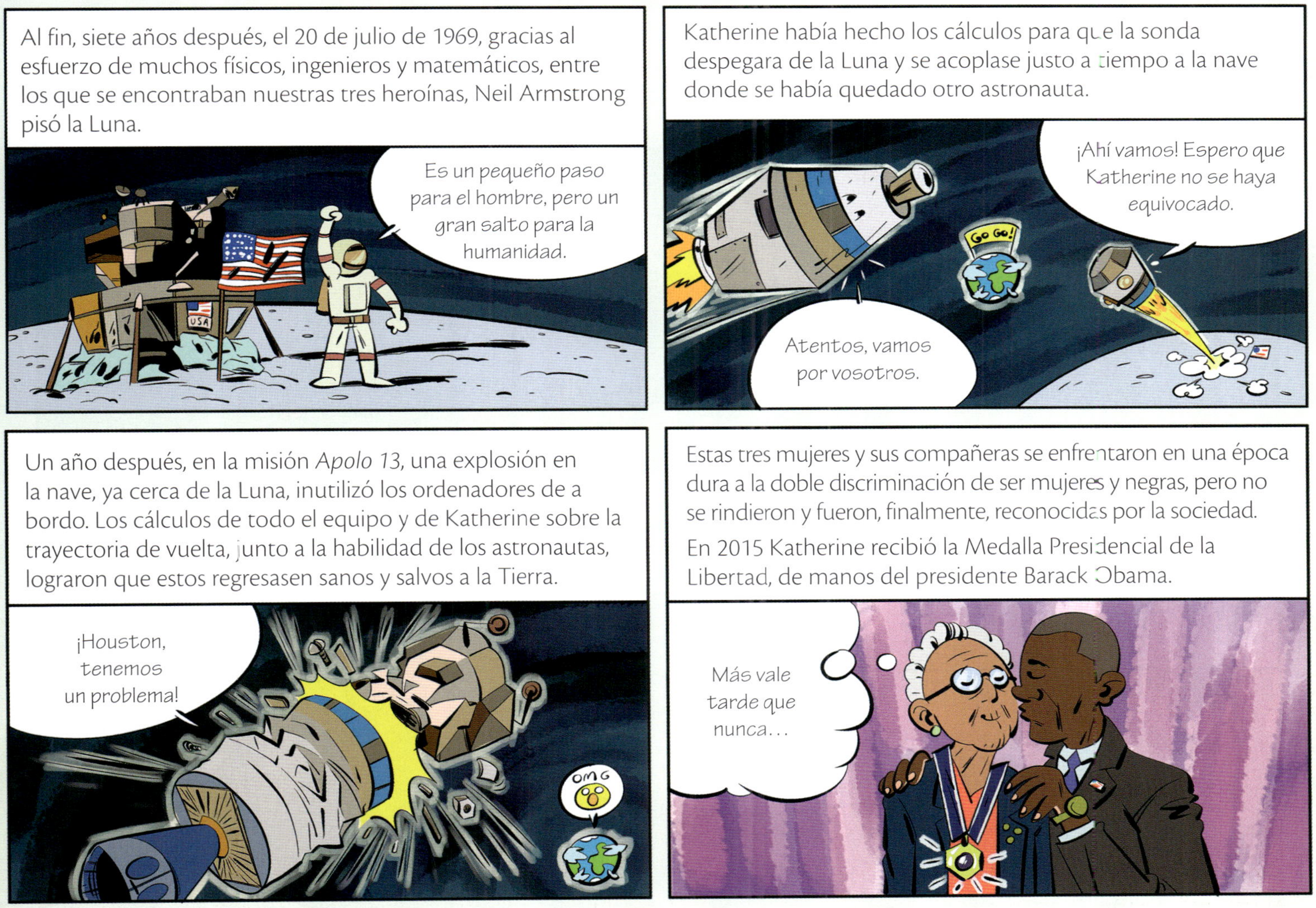

ACTIVIDADES

1. Representa, a través de una línea del tiempo, los principales hitos de la carrera espacial que se describen en el cómic.

2. Investiga. Por fortuna, la carrera espacial finalizó en 1975 y muchos países colaboran en la Estación Espacial Internacional (EEI).

a) Busca información acerca de la EEI y sobre las agencias espaciales Roscosmos, ESA, NASA y CMSA.

b) ¿A cuál de ellas pertenece España?

3. Escribe. En plena década de los años sesenta, los ciudadanos negros eran aún discriminados y tratados como ciudadanos de segunda. ¿Cómo pudieron, en una sociedad tan intolerante, optar a un puesto de trabajo en la NASA? Busca información y contesta a la pregunta redactando un breve ensayo.

4. Elige la afirmación correcta:

A. El trabajo de Katherine Johnson, Mary Jackson y Dorothy Vaughan fue reconocido inmediatamente por la sociedad.

B. El trabajo de Katherine Johnson, Mary Jackson y Dorothy Vaughan tardó más de veinte años en ser reconocido por la sociedad, pues permaneció hasta entonces en el anonimato.

5. Opina. Recientemente, Estados Unidos vetó a China para participar en la Estación Espacial Internacional. Ante este hecho, China está desarrollando una nueva estación internacional abierta a los países que no poseen tecnologías espaciales. Además, China está planeando enviar una nave a la cara oculta de la Luna y otra a Marte. ¿Crees que habrá una nueva carrera espacial?

En el centro de Madrid se halla un hermoso jardín que alberga mucho más que plantas, el Real Jardín Botánico. Su biblioteca dispone de una multitud de tesoros científicos, y dibujos y herbarios de plantas que habitan en lugares lejanos. Algunos de los más hermosos llevan allí desde 1817. ¿De dónde llegaron? ¿Quién los dibujó?

Corría el año 1783. En Nueva Granada (actualmente, Colombia) un sacerdote y médico gaditano, Celestino Mutis, recibe la noticia de que el rey Carlos III al fin va a financiar su expedición científica.

Durante treinta años, y siguiendo los criterios de clasificación de Linneo, elaboró un inventario de plantas, la mayor parte de ellas desconocidas.

Pero a Mutis no solo le interesaba clasificar, también buscaba las aplicaciones medicinales y económicas de las plantas. Así, inició el cultivo de la canela, el café y el quino en esas regiones.

Para conocer las propiedades de las plantas, Mutis consultaba a los curanderos indígenas. Descubrió que la quina, corteza del quino, era un buen remedio para la malaria, enfermedad de la que se desconocía su origen.

Mutis, como buen científico, trabajó y experimentó con cortezas de diferentes especies de quino. Descubrió que no todas eran eficaces. Además, debido a la escasez y el alto precio, a menudo la quina estaba adulterada.

La quina concentrada tenía efectos secundarios. Así que se le ocurrió una brillante idea con la que se adelantó más de un siglo a una bebida muy popular hoy día, la tónica.

Para Mutis, la ciencia también era un modo de mejorar la vida de las personas. Reformó la enseñanza de la medicina, y sus avances con la quinina permitieron que hoy sea uno de los medicamentos que ha curado a más personas.

ACTIVIDADES

1. Experimenta. La luz ultravioleta detecta algunas sustancias que se vuelven fluorescentes cuando la reciben. Realizaremos un experimento con agua y tónica.

- Guarda una botella de tónica y otra de agua en la nevera para que estén frías durante el experimento. Recuerda que ambas botellas deben ser idénticas.
- Cuando las botellas estén frías, deja el aula a oscuras. Con una linterna de luz ultravioleta ilumina la botella con tónica. ¿Qué observas?
- Repite el paso con la botella que contiene agua. ¿Qué ocurre en este caso?

2. Selecciona la forma correcta en la que está escrito el nombre de la flor descubierta por Celestino Mutis:

A. Mutisia *clematis*

B. *Mutisia Clematis*

C. “Mutisia” clematis

D. *Mutisia clematis*

3. Investiga la enfermedad para la que Celestino Mutis encontró el remedio a partir de la corteza del árbol del quino, la quina. Escribe un breve texto en el que reflejes cómo se contagia y qué medidas se deben tomar para combatirla.

4. Razona. ¿Por qué crees que fue importante la aportación de Celestino Mutis de renovar la enseñanza de la medicina y hacerla más experimental?

En el año 1800, tres amigas veían un espectáculo al aire libre con un bebé de quince meses. Un rayo cayó y solo sobrevivió el bebé; era Mary Anning (1799-1847). Posteriormente, algunos incluso llegaron a pensar que fue una mujer tan inteligente debido a la acción del rayo.

Mary y su hermano recogían conchas y caracolas petrificadas en los acantilados del sur de Inglaterra, y las vendían para ayudar a sus padres.
Por aquel entonces nadie cuestionaba las ideas bíblicas sobre el origen del mundo y de la vida.

En 1811, su hermano encontró un cráneo que tenía una extraña forma y, tras meses de trabajo, Mary extrajo de la roca con gran destreza el esqueleto completo de un ictiosaurio. Sus tesoros eran adquiridos por coleccionistas y afamados científicos de la época.

Mary nunca estudió, pero siguió descubriendo otros muchos fósiles de animales ya extintos, como el del plesiosaurio. A causa de estos hallazgos de especies extinguidas, comenzó a tambalearse la idea creacionista sobre el origen de la vida.

A partir de sus hallazgos, los científicos comenzaron a hacer interpretaciones de un pasado con fauna y flora muy diferentes a las de su época. Nunca citaron a Mary Anning, pues no era "apropiado" que el mérito se lo llevase una mujer que, además, era pobre.

Por aquellos años, un joven biólogo, Charles Darwin, se embarcaba en el *Beagle* para dar la vuelta al mundo. Tiempo después, en 1859, publicó *El origen de las especies*, obra que supuso el fin de la teoría creacionista sobre el origen de la vida. En ella, Darwin explicaba el mecanismo por el cual las especies evolucionan.

ACTIVIDADES

1. Elige. ¿Qué sucedió hace millones de años para que aparecieran fósiles marinos en los estratos?

A. Los antiguos habitantes llevaban alimentos marinos desde el océano hasta esta área.

B. Se produjo un gran diluvio que inundó todo.

C. En esa época, la zona estaba cubierta por un océano.

D. Algunos animales marinos vivieron una vez sobre la tierra antes de aprender a nadar.

2. Reflexiona. En la época de Mary Anning, las mujeres no solo no podían pertenecer a las sociedades científicas, sino que tampoco podían votar. Busca información acerca de los problemas que se encontraron otras biólogas y geólogas del siglo XIX y principios del XX. ¿Crees que en la actualidad ese panorama ha cambiado?

3. Observa. En los estratos del Gran Cañón del Colorado se encuentran abundantes fósiles de animales marinos. En la siguiente imagen, vemos dos de ellos localizados en el lugar en el que se han hallado. ¿Cuál es más antiguo?

Jane Goodall nació en 1934, en Londres. Con solo cuatro años quiso averiguar cómo ponían huevos las gallinas y desapareció dentro de un gallinero durante horas.

A los diez años soñaba con ir a África y escribir acerca de los animales, pero su sueño tuvo que esperar. A los veintitrés años, una amiga la invitó a ir a Nairobi, la capital de Kenia.

Más tarde se fue a Tanzania, donde coincidió con el matrimonio Leakey, que investigaba los fósiles que han ayudado a conocer la evolución humana.

En 1960, Jane aceptó la propuesta de los Leakey y comenzó el estudio de los chimpancés en su ambiente natural: la reserva de Gombe.

Durante su estudio, observó que los chimpancés usaban herramientas para capturar termitas o utilizaban piedras para partir frutos.

ACTIVIDADES

1. **Infiere.** El proyecto de investigación sobre los chimpancés, al que el matrimonio Leakey invitó a Jane Goodall a participar, tenía una duración estimada de seis meses. No obstante, ese proyecto sigue abierto y en activo. ¿Cuántos años lleva Jane Goodall estudiando el comportamiento de los chimpancés de Gombe?

2. **Localiza.** Además de en Gombe, Jane Goodall ha estudiado el comportamiento de los primates en otras muchas regiones del planeta. Busca información sobre sus estudios y realiza un mapa en el que identifiques las poblaciones de primates que ha estudiado, y qué especies de primates podemos encontrar en ellas.

3. **Razona.** ¿Cuál es la primera semejanza que encuentra Jane Goodall entre los homínidos, como el *Homo habilis*, por ejemplo, y los chimpancés?

4. **Representa.** Una de las primeras observaciones en las que reparó Goodall con respecto a los chimpancés fue el hecho de encontrar enormes similitudes entre los humanos y el *Homo habilis*. Busca información y elabora un esquema de árbol en el que se represente el origen compartido de los chimpancés y los homínidos.

5. **Investiga.** Jane Goodall ha recibido numerosos premios por sus investigaciones. ¿Cuáles han sido los más relevantes?

6. **Elabora.** Además de sus estudios sobre primates, Goodall es una de las personas más comprometidas en la lucha por la conservación de los ecosistemas naturales. En referencia a la humanidad ha dicho: “Si somos la criatura más inteligente que ha pisado la Tierra, ¿cómo es posible que estemos destruyéndola?”. A partir de esta reflexión, elabora un póster donde indiques por qué es importante conservar los espacios naturales.

JAQUES COUSTEAU... y el mundo submarino

Desde muy pequeño, Jacques-Yves Cousteau ya apuntaba maneras y se interesaba por todo aquello que estuviera relacionado con el agua.

Comenzó a prepararse para ser aviador naval, pero un accidente de coche cambió sus planes. Así que decidió dedicarse al mar.

El fondo marino era un lugar desconocido. Solo los buzos, conectados a la superficie por un tubo de aire y unas botas de plomo, podían sumergirse, pero a escasa profundidad.

Junto a un amigo, inventó el Aqua-Lung, un pulmón acuático que permitía sumergirse sin necesidad de largos tubos. ¡Había nacido el buceo autónomo!

Los ecosistemas marinos solo podían ser visitados por los buceadores, pero Cousteau nos los enseñó a todos. Para ello, diseñó una cámara submarina y grabó más de cien documentales televisivos.

Además, se convirtió en un gran defensor de la conservación marina. En octubre de 1960, organizó una campaña para evitar que la Comunidad Europea de la Energía Atómica vertiera residuos radiactivos en el mar.

Un mes después, el presidente de Francia, Charles de Gaulle, se reunió con Jacques Cousteau para pedirle que fuera más permisivo, pero este no cejó con su campaña en defensa de la conservación marina.

Cousteau continuó toda su vida luchando contra la contaminación de los mares. Gracias a sus documentales nos concienció de la grave problemática de mares y océanos. En ellos denunció la contaminación del agua marina y la pesca abusiva.

ACTIVIDADES

1. **Elige.** **¿Por qué Cousteau, sin ser un gran científico, fue importante? Señala la respuesta incorrecta.**
   - A. Porque gracias a sus inventos se pudieron mejorar las técnicas de buceo.
   - B. Porque él y su equipo consiguieron difundir el interés por el estudio de los ecosistemas marinos y su conservación.
   - C. Porque él y su equipo demostraron que los vertidos de residuos radiactivos en los océanos no son peligrosos para los ecosistemas marinos.

2. **Razona.** **Jacques Cousteau filmó en sus documentales muchas especies marinas que vivían en las profundidades de los océanos. ¿Por qué algunos seres vivos pueden vivir en las profundidades si allí no llega la luz del sol y, por tanto, no hay fotosíntesis?**

3. **Investiga.** **Cousteau luchó contra la contaminación de los mares. Busca información sobre distintas formas de contaminación marítima y sus consecuencias. Resume toda esa información en una tabla indicando "contaminante", "causa" y "consecuencias".**

Félix Rodríguez de la Fuente (1928-1980) nació en Poza de la Sal, un pueblo de Burgos. Hasta los diez años no fue a la escuela. Su padre, notario, lo educó en libertad y le inculcó el amor a la naturaleza.

Estudió odontología, pero dejó el oficio de dentista en 1960 y se dedicó a la cetrería. Colaboró en la famosa película *El Cid* y comenzó a trabajar en programas divulgativos de ciencia en televisión.

En 1966 consigue la protección en España del halcón peregrino y las rapaces nocturnas (normativa pionera en el mundo). Este logro, junto al empeño por salvar a los lobos de su posible extinción, consigue crear una conciencia ecológica y cambiar el concepto de "alimañas" por el de organismos necesarios en los ecosistemas.

En las Tablas de Daimiel (un gran humedal), por ley se permitía desecar las zonas pantanosas y transformarlas en cultivables. Con los pozos y el regadío se "robaba" el agua subterránea, y se desecaba las lagunas. Félix luchó en los años setenta para acabar con estas prácticas, puesto que las zonas pantanosas poseen una enorme biodiversidad, y logró que se crease el Parque Nacional de las Tablas de Daimiel, un espacio natural protegido.

Además de los estudios científicos, su mayor logro lo constituyeron sus documentales, pues con ellos acercó la naturaleza al público mundial. Programas como *El hombre y la Tierra* o *Fauna ibérica* fomentaron las vocaciones científicas de los estudiantes.

En 1980 viaja a Alaska, en el círculo polar ártico. Desde el cielo se dispone a filmar la carrera de trineos con perros más importante del mundo. En Iditarod, y el día que cumplía cincuenta y dos años, la avioneta se estrella. Ese día había hecho un comentario premonitorio...

ACTIVIDADES

1. **Reflexiona.** En la naturaleza no solo hay animales. Pon un ejemplo de representantes de cada uno de los otros reinos y argumenta por qué son imprescindibles en el medio.
2. **Investiga.** Más del 50 % de la población mundial vive en las ciudades, y los documentales nos acercan a la naturaleza. Conocerla nos permite protegerla. Busca en YouTube algunos vídeos de Félix y otros más actuales, y disfruta con ellos.
3. **Elige.** ¿Se debería eliminar a los lobos? Señala las afirmaciones que consideres correctas:
   - A. Sí, habría que acabar con los lobos porque son peligrosos.
   - B. No, porque eliminan animales enfermos y carroña.
   - C. Sí, porque los lobos, al comerse las ovejas, nos están quitando nuestra comida.
   - D. No, porque sin los lobos podría haber una plaga de conejos.

ANEXO

Gestión de los recursos hídricos en Andalucía

Usos del agua

El agua es un recurso escaso que debemos cuidar y gestionar de forma correcta, para asegurar su calidad y abastecimiento. La siguiente gráfica muestra la distribución aproximada del uso del agua en Andalucía.

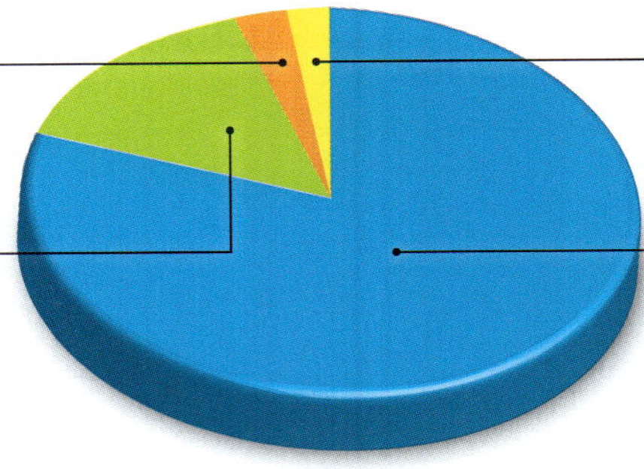

La mayor cantidad de agua se destina, principalmente, a la agricultura; por eso se deben aplicar medidas en este ámbito para realizar una gestión lo más sostenible posible.

Medidas para ahorrar agua en la agricultura

Modernizar los sistemas de riego.

Mantener los sistemas de riego en buen estado.

Regar en las horas con poco sol.

Planificar los cultivos en función de la disponibilidad de agua.

Utilizar herramientas de programación de riego.

Consultar a técnicos especializados.

Aguas subterráneas

Los acuíferos son reservas de agua subterránea. En Andalucía son muy abundantes en la cuenca del Guadalquivir, aunque se encuentran repartidos por todo el territorio.

Acuíferos

- De ellos procede el 45 % del agua que se consume en Andalucía.
- La sobrexplotación puede provocar que lleguen a secarse.
- Son una fuente de reserva de agua en períodos de sequía.
- La agricultura y la ganadería pueden hacer que estén sometidos a salinización y contaminación.

Sobrexplotación del acuífero de Doñana

Doñana es uno de los parques nacionales más importantes de Europa. En él habitan multitud de especies, y es un lugar de descanso, nidificación y cría de numerosas aves. Pero hay un grave problema, y es que el régimen de explotación de su acuífero es totalmente insostenible.

El parque nacional de Doñana constituye un claro ejemplo de sobrexplotación de un acuífero.

El aumento de los cultivos de regadío, como la fresa y el arándano, junto con los pozos ilegales, ha disminuido las reservas de agua del acuífero.

Al disminuir las reservas de agua, el acuífero y toda la flora y la fauna que de él dependen se ven afectadas.

ACTIVIDADES

1. ¿Por qué crees que el consumo de agua para la agricultura y la ganadería en Andalucía es mayor que la media en España?
2. Justifica por qué en Andalucía se destina tan poca cantidad de agua a la producción de energía eléctrica.
3. ¿Cómo ayuda en el ahorro de agua regar en las horas de poco sol?
4. ¿Por qué es importante cuidar y mantener las aguas subterráneas y no realizar una sobrexplotación de los acuíferos?
5. Si se saliniza un acuífero, ¿se puede emplear el agua para la agricultura?
6. ¿Qué crees que sucederá si continúa la sobrexplotación del acuífero de Doñana?

Biodiversidad en Andalucía

Andalucía es una de las comunidades de Europa con mayor biodiversidad. Esto se debe a su situación geográfica, a la extensión del territorio y a la variedad de ecosistemas, que disponen de una flora y una fauna muy ricas y diversas.

Principales ecosistemas de Andalucía

Muchos de los ecosistemas andaluces son espacios naturales protegidos. Entre los más importantes destacan:

Alta montaña

Pinar

Bosque de ribera

Bosque caducifolio

Bosque mediterráneo

Áridos y semiáridos

Lagunas y humedales

Fondo marino

Litoral

Humedales

Los humedales son zonas de tierra cuya superficie se inunda de manera permanente o intermitente. Se trata de ecosistemas muy frágiles que tienen una gran importancia para la biodiversidad.

Conforman el hábitat y proporcionan sustento a una gran variedad de plantas, anfibios, reptiles, aves, mamíferos, peces e insectos.

Andalucía posee uno de los patrimonios de humedales más ricos y variados de la Unión Europea. Doñana es el humedal más extenso e importante de la península Ibérica.

Los flamencos están entre las más de trescientas especies diferentes de aves que viven o pasan por Doñana al año.

Los humedales constituyen un importante lugar de cría para una gran variedad de aves, como la espátula común.

Multitud de aves, como la garza real, pasan los inviernos en la península Ibérica o realizan un descanso antes de continuar su viaje hacia África.

Algunas especies representativas de Andalucía

En Andalucía habitan especies endémicas; es decir, especies que únicamente se encuentran allí. Otras tienen su población mayoritaria en la comunidad andaluza. Además, muchas de ellas están en peligro de extinción.

El lince ibérico tiene su mayor población en Andalucía. Es uno de los felinos más amenazados del planeta.

El águila imperial ibérica es endémica de la península Ibérica y una de las aves más amenazadas.

Actualmente, el camaleón solo se encuentra en ecosistemas costeros de Andalucía.

El sapo partero ibérico es endémico de Andalucía y de la Región de Murcia.

El fartet es un pequeño pez que está en peligro de extinción.

Esta mariposa es endémica de Sierra Nevada.

El pinsapo es un abeto que se distribuye por las sierras del sur de la península Ibérica.

La posidonia es una planta acuática endémica del mar Mediterráneo.

La siempreviva es endémica de Sierra Nevada.

Red de Espacio Naturales Protegidos

La Red de Espacios Nurales Protegidos de Andalucía (RENPA) está formada por 249 áreas. Esta red rmite proteger y conservar la gran diversidad biológica, geológica y paisajíst de la comunidad andaluza.

Espacios protegidos

Andalucía es la comidad autónoma con más superficie protegida de España. Numerosos espaciosn sido declarados espacios naturales, según diversas categorías de protecci Existen parques nacionales, parques naturales, paisajes naturales, reservas urales y reservas de la biosfera, entre otros.

En el mapa se muest los dos parques nacionales y los múltiples parques naturales de la comunid

ACTIVIDADES

1. Investiga qué istemas hay en tu provincia e indica la flora y la fauna representativas.
2. ¿Por qué los hlales son importantes para la conservación de la biocidad?
3. Además de laras de protección que se nombran en el texto, ¿qué otxisten?
4. ¿Por qué Anda es una de las comunidades de Europa con mayor biosidad?
5. La dehesa es le los ecosistemas más importantes de Andalucía. Se de una modificación del bosque mediterráneo. Inve acerca de su importancia.
6. Busca información sobre las causas por las que el lince ibérico se encuentra en peligro de extinción y las medidas que se están adoptando para protegerlo.
7. ¿Qué dos parques naturales andaluces son también parques nacionales?
8. Por grupos, elegid un parque natural para realizar un mural y exponerlo en clase. Incluid fotos, ilustraciones e incluso noticias. Debéis ubicar el parque en un mapa de Andalucía e indicar los ecosistemas que lo forman, y la flora y fauna más representativas de cada uno de ellos. ¿Hay especies en peligro de extinción? ¿Y endémicas de la península o de Andalucía?

El libro **Biología y Geología 1.º ESO** forma parte del Proyecto Editorial de Educación Secundaria del Grupo SM. En su realización ha participado el siguiente equipo:

Autoría
Emilio Pedrinaci, Concha Gil, José Antonio Pascual, Antonio José Hidalgo

Edición
Marina Archanco, Pablo Lobato, Carmen Martul, Equipo SM Colombia, Nágora Soluciones Editoriales

Corrección
Alejandro Feijóo

Ilustración
Alberto García Ayerbe, Jacinto Rodríguez Montoro, Antonio Muñoz Tenllado, Ariel Alejandro Gómez, Daniel Cruz Ruiz, Diego Burdío Román, Eduardo Rodríguez Marín, El ojo del huracán, Félix Moreno Arrastio, José Santos González, Nicolás Fernández Prímola, Ricardo Salas Loizaga, Santiago Alberto Moralejo, Suri, Víctor Fuertes Melón, Ramón Colera Cañas, GlezBros, ARCHIVO SM

Fotografía
Sergio Cuesta, Javier Calbet, Fidel Puerta, Juan Baraja, María Pía Hidalgo / Archivo SM, 123RF, BARRES FOTONATURA, CONTACTO, CORDON PRESS, Daniel Gallego Flórez, Pedro Carrión Juárez, Emilio Pedrinaci, José Antonio Pascual Trillo, Peter Rey, Antonio Sacristán Gallego, Juan José Balbuena, Carlos Jiménez, Juan Ignacio Medina, Micheline Pelletier / Corbis, Dotta, Dreamstime, EFE, ESY agefotostock, G Tres Online, Getty Images, Ignacio Meléndez, Luis Carcavilla, Marli Bryant Miller / University of Oregon, USA, iStock, LATINSTOCK, MELBA PHOTOAGENCY, NASA, PAISAJES ESPAÑOLES, Photodisc, Photolink, PHOTONONSTOP, PRISMA, Reinhard Dirscherl / Age Fotostock, Shutterstock, Spainstock, Thinkstock, Ablestock, Album, GRUPO ORMO, PRISMA, ARCHIVO SM

Iconografía
Sergio Cuesta

Diseño de cubierta e interiores
Estudio SM

Maquetación
Estudio SM, Equipo SM Colombia, Nágora Soluciones Editoriales

Responsable de desarrollo
Mireia Casaus

Gerencia de Desarrollo
Yolanda Hernández

Gerencia de Arte
Mario Dequel

Gerencia de Producto
Charo Zazo

Gerencia de Producción
Antonio de Pedro

Dirección editorial
Jorge Lite

Todas las actividades contenidas en este libro han de ser realizadas en un cuaderno aparte, nunca en el propio libro. Los espacios incluidos son meramente indicasu finalidad es puramente didáctica.

Uso del lenguaje inclusivo de género

En SM utilizamos el masculino genérico, según las directrices académicas establecidas, para evitar textos excesivamente artificiosos y difíciles de entender. fin de agilizar la lectura, utilizamos nombres de género común, y recurrimos a la duplicidad masculino/femenino cuando pueda producirse ambigüedad en el mensaje. En cualquier caso, equilibl uso de ambos géneros y evitamos estereotipos.

Gestión de las direcciones electrónicas

ISBN: 978-84-1318-479-1
Depósito legal: M-7895-2020
Impreso en la UE / *Printed in EU*